RapidMiner 著作權聲明

本書已獲得 RapidMiner 之授權，得以使用 RapidMiner 之內容

為推動大數據分析，RapidMiner 提供個人以學術為目的之免費軟體

若您以 RapidMiner 從事：

❶ 對價研究：如科技部補助計畫

❷ 商業研究：如產業研究報告

❸ 企業用戶：如公司內部使用

請尊重著作權並取得 RapidMiner 使用授權

本書讀者 可享優惠

詳情請洽 RapidMiner 台灣總代理　昊青股份有限公司

https://www.sciformosa.com.tw/

Add 104076 台北市中山區復興北路 354 號 11 樓

Tel (02) 2505-0525

Fax (02) 2503-1680

推薦序

RapidMiner 台灣總代理 昊青股份有限公司

每個產業每天都有大量的資料產生，如何協助企業從這些資料中提取隱藏的知識和有用的資訊，提供企業做為決策的參考；同時建立預測模型做進階的分析，RapidMiner 作為一個人工智慧機器學習的平台，可協助企業解決問題，提高競爭力。

本書針對常用的 13 個商業預測模型進行實作分析，並以淺顯易懂的方式說明操作流程，使讀者透過 RapidMiner 輕鬆瞭解大數據分析的內涵，把編寫電腦程式的時間用於商業模式的創新，把使用者介面不方便的痛苦轉變成快樂的學習。相信藉由本書的介紹可以提升您對於資料處理的能力，協助您克服工作上的挑戰與困難，同時透過本書的說明，也可以培養您對問題的獨特見解，並啟發您對大數據分析的興趣。

我們非常高興有這麼一本針對 RapidMiner 介紹的專書，不僅可以讓更多的人透過 RapidMiner 的實作認識大數據分析，也希望透過本書可以培養更多有創造力的資料分析人員，在各行各業提供優秀的解決方案，就如 RapidMiner 的自我期許一樣「超越您的期望」!

推薦序

中華經濟研究院 王健全 副院長

近年來隨著 AI、5G 科技的進步，大數據也成為顯學，針對大量資料的快速分析，應用到不同的領域，例如精準醫療、智慧製造、金融科技、商業決策等已成趨勢。沈金清與陳佩瑩整合大數據專業知識應用於商業決策，有利於企業和個人的商業分析與決策參考。

大數據聽起來非常深奧，操作也非一般人唾手可得，但本書利用視窗軟體進行大規模的分析，簡化了繁瑣的演算過程，透過淺顯的基本模型，只要針對問題設定參數，進行決策將會快速而有效。例如針對競爭對手的定位、預測客戶的決策、規劃商品的組合、建立商品的推薦系統、了解客戶的下單意願、預測客戶的違約機率、篩選可能會跳槽的客戶以便留住他們、預測公司未來的營收等重大議題，透過本書的模型、數據分析、議題演練，對於公司和個人都是非常有用的決策工具。同時，本書每個單元之後都有章節練習，讓讀者可以得心應手舉一反三，達到實務操作之目的。

本書結合了理論、實際數據、實務操作，透過簡單的模型進行大數據分析，是企業和個人進行商務決策時，非常有用的工具書。

推薦序

元智大學 工業工程與管理研究所 蘇傳軍 教授

隨著消費者和全球企業每分鐘生成的數據量，大數據分析具有巨大的價值，成為數據科學極其重要的一環。其藉由分析大量的數據萃取數據中有意義的資訊如隱藏的模式、未知的相關性、市場趨勢、客戶偏好等等，企業得以藉由數據分析出來的結果做最佳化的決策，而非憑空臆測或根據過往經驗與直覺。

大數據分析的應用非常廣泛，跨足領域含括製造、工業控制、醫療、商業、金融、服務業等等不一而足。但是在解決實務問題時經常會碰到的問題是領域知識（Domain Knowledge）與數據分析經驗的不對稱。擁有多年豐富領域知識的從業人員通常較為欠缺數據分析的背景，而反之亦然，具備數據分析能力的人員往往很難在短期內獲取掌握實務問題所需之領域知識，大數據分析的成功落地恰恰需要兩者完美的結合。比較好的解決方案是讓從業人員具備一定程度的數據分析能力。

儘管數據挖掘是統計學、機器學習和數據處理的融合，具備大學水平的統計和數據處理入門課程會有所幫助，但藉由本書中的許多實際範例以及 RapidMiner 平台的簡單性，讀者無需在這些領域具有很強的背景即可學習大數據分析的必要概念和技術是本書的一大優勢。不同於市面上多數數據分析書籍著重於理論及演算法的探討，本書從商業實務問題的視角審視如何運用數據分析技術解決問題並找出優化的決策，同時藉由簡明易懂的 RapidMiner 平台協助從業人員快速而有效地完成數據分析實作。本書也許不能將業界人士一夜之間變成數據分析專家，但是對於有將數據分析技術應用於商業場景需求的人會是一個很好的導遊。

推薦序

臺灣大學 國際企業學系所 林修葳 教授

人類一再改寫好課程、好老師、好書的定義，欣見本書深入淺出地引領讀者瞭解大數據分析的模型建立與商業應用，實為一本有助於啟發資料分析創造力的好書。

大家都在談的大數據決策科學建立在統計與諸多演算法的基礎上，利用數據資料解釋現象（Interpret）或預測未來（Forecast），發揮儀表板功能，讓決策者鑑昔知今，其應用遍及各產業，更是近年來數位金融、數位行銷所關注的核心。本書闡述如何「辨識競爭對手」與「預測競爭對手的下一步棋」、「建構商品銷售組合」與「規劃推薦系統」、以及「篩選行銷名單」與「管理信用風險」，都是企業更精準決策需求之所在。

值得放在書架上的商管應用書籍，應該是能夠在七、八年後還能切合時宜，屆時仍能夠襄助企業主、專業經理人、志在深度認識管理的讀者因應環境需求、聰明行止。

推薦序

政治大學商學院 周冠男 副院長
財務管理學系教授

行為財務學上經常發現：基於主觀的直覺和經驗作決策，導致不理性的選擇，進而造成損失。解決方案之一便是跳脫傳統的行為模式，並尋求「客觀可預測」的決策參考，而這正是大數據分析的基本精神。因為大數據分析基於實際的資料和科學的演算法，提供各種可能情境的發生機率。這對於決策者而言，不失為一個重要的參考依據。

本書在真實資料的基礎上，提供了 13 個大數據分析的實作模型，而這些模型涵蓋了許多決策所需的參考要素，可廣泛應用於：辨識成功關鍵因素、策略群組、數位行銷、電子商務、財務風險管理、財務預測等；並且以淺顯易懂的語言、生動靈活的圖解說明，將每個個案都進行深入的解析與完整的詮釋，因此對於企業而言，是一本極為實用的工具書；此外，本書採用免程式的軟體進行實作，對於我們個人的學習而言，也將大幅降低進入大數據分析的門檻，確實是一本普惠 AI 的好書。

決策著重實務的情境，本書所提供的模型，若予以適當的應用，相信可以適合企業經營與個人生活的諸多場景中，畢竟能限制我們的只有想像力，而在大數據分析的應用也是如此。

推薦序

清華大學 計量財務金融學系 余士迪 教授

隨著科技的進步與交易資料量的快速增加，為財務與會計實務的研究領域提供了許多的工具和挑戰，近年來許多研究逐漸形成一個趨勢：用文字探勘蒐集即時的資料，用區塊鏈儲存具有公信力的資料，用大數據分析資料並且對症下藥。

在這個整合應用中，大數據分析佔有重要的角色，其基本的功能包括分析過去的資料（Analysis）、預測新資料（Predict）、預測未來的資料（Forecast），這些能力不僅有助於提升財務與會計實務研究的能力，更可以擴大到行銷、投資、社會研究等不同的領域，為各領域的研究和實證啟發更新的主題。然而大數據卻有兩道門檻令人卻步：一是深奧的演算法理論、二是複雜的電腦程式，這制約了大數據的使用與推廣。

本書即是為了克服這兩個障礙，首先，在演算法的說明方面，以淺顯易懂的方式說明原理並以參數為主體說明其內涵意義，這樣便可以讓讀者在建立模型的過程中知道參數的意義並且依照自己的需求進行調整；其次，在建立模型方面，引進不用寫程式的 RapidMiner 軟體，透過簡明易懂的圖形化視窗取代密密麻麻的電腦程式，並以圖形畫面說明參數的功能概要與修改方式，為讀者建立一個「不用寫程式，就可以輕鬆進入大數據分析」的途徑。

本書的另外兩個特色：一是採用實際的資料數據，並且存放於本書配套的網站中隨時更新，透過適當的分類應用於不同的模型中，使讀者可以得到真實世界的預測結果；二是每個模型的分析結果都有詳盡的詮釋，包括視覺化的分析圖表與商業應用的文字說明，這對於學術研究與商業決策都有極大的幫助。因此，無論是對於企業或個人，本書是一本非常適合做為探索大數據分析領域的工具書。

推薦序

林君信 前陽明交通大學管理科學研究所所長

對情況無法充分掌握與對未來的不確定性是企業經營者在作商業決策時常會遇到的難題，因此大數據分析應運而生，在電腦計算能力大幅提升的幫助下，大數據分析模型可以協助企業在短時間內從大量資料中擷取有用的資訊，並形成視覺化的圖表作為決策參考，成為企業與個人強而有力的決策輔助工具。

本書以深入淺出的方式介紹常用的 13 種大數據分析模型，並採用真實的數據逐一進行分析，最為難能可貴的是採用視覺化的軟體 RapidMiner 實作建立模型，這大幅降低了學習大數據的門檻，尤其是本書在商業上的應用更是涵蓋競爭分析、市場行銷、風險管理、營收預測等多項議題，可以提供企業更為全面的參考。

此外，每個模型都依「解資料、選方法、設參數、看結果、作詮釋」一系列的流程逐步快速有效建立預測模型並對預測結果提出解析，這有助於讀者建立完整的大數據分析觀念，而且每一個單元附有章節練習，讓讀者實際使用不同的資料操作，相信可以得到更深入的啟發。

例如本書所介紹的「推薦系統」(Recommender Systems)讓我們發現更適合應用在電子商務(E-Commerce)等領域中，這使得推薦系統有機會走出工程領域的電腦程式，讓經營管理領域的人員也可以自行建立，從而在建立的過程中探索創新的應用與跨領域的整合，或更進一步建立智慧型商務。因此，大數據分析適合作為跨領域的研發工具，而本書有助於加速大數據分析之普及，人人可上手，謹此推薦。

推薦序

中興大學 財務金融學系 董澍琦 教授

歷經 2008 年全球金融危機、2010 年歐洲主權債務危機，以及近年來非金融機構進逼金融領域的業務，各國銀行都在思索未來的發展方向，如何維持市場佔有率，增加獲利以及降低風險。經過多方觀察，發現大部分銀行的戰略都是加強在金融大數據的收集與分析。金融大數據的定量分析和模型已成功協助當前許多金融機構進行產品開發、效率提升、精準行銷、風險控制甚至決策支援。不僅金融產業，多年來各行各業一直在增加使用資料驅動的量化決策工具，解決各產業在製造與服務所面臨的問題。

由於現實環境固有的複雜性，必須搜集適當數據，建立模型進行分析，進而產生預測，以供企業決策參考。模型的品質，可以通過多種方式來衡量：精度、準確性、辨別力、穩健性、穩定性和可靠性等等。然而模型不是唯一，也從來都不是完美的，必須經過不斷的測試，選擇符合公司品質要求的模型。由於模型存在的簡化和假設，瞭解一個模型的功能和局限性亦非常重要。

本書採用真實的數據進行探討，分析結果極具實務參考價值；而且原理說明淺顯易懂，使讀者容易進入問題的情境。各章分析結果的詮釋著重商業應用更是貼近生活，相信可以提供各行各業的讀者解決問題的啟發。此外，本書採用免寫程式的 RapidMiner 軟體，大幅降低了進入大數據分析的門檻，使讀者能夠使用大數據分析工具解決切身的問題。因此本書適合作為進入大數據分析的第一本書，協助讀者提升解決問題的能力；也有助於企業在激烈的競爭中，利用大數據分析工具進行預測，藉以提升客戶關係管理，優化服務流程，實現精準行銷，同時降低經營風險，創造未來收益。

推薦序

元智大學 數位金融學群 丘邦翰 教授

2020 年 6 月正值元智校園鳳凰花盛開時節，金融科技碩士學程首屆畢業生陳佩瑩與沈金清在一次會議中，向與會師生出示二人聯袂編纂之機器學習實作初稿，眾人傳閱後莫不連聲讚嘆。這份稿件內容的源頭是元智大學智慧生產與管理創新研究中心主任蘇傳軍教授在其所授巨量資料分析 (一) 課程的上課講義，經陳沈二生盡數月之功精心梳理、埋首加註後始成。陳沈二生出示之意旨在徵得蘇教授首肯、師友同儕建議、且內容臻於完善後始付梓上市。經一寒暑努力後，當中包括蘇教授門下弟子黃士峰、李奕、湯怡姿、與黃雅君等諸君之共襄盛舉，與 RapidMiner 代理商昊青股份有限公司之大力支持，終於在 2021 年 7 月定稿付梓，書名「大數據驅動商業決策」。二生素來與我志趣相投，常共思如何將科技教育惠及眾多非科技背景人群，特於本書面世之際，懇切邀我作序以申述其志。鑒於二生志向宏遠固不待論，善行淑世殊值獎掖，乃作序如下：

本書作者發心弘深，黽勉力行。始於淑世之初心，繼以煅金煉器，乃成莫邪干將之功，其實效發顯於下：

1. 凌越工程與管理之領域藩離，非科技背景學生可循跡而昇至科技殿堂；

2. 凌越業界與學界之領域藩離，革除產學障礙，相融無礙、共創新猷；

3. 統整科技與管理之課程強項，激發跨域創思、創造全新場景與體驗；

4. 統整業界數位轉型與學界創客孵化，催生國家產業升級、經濟成長。

準此，不論政界、業界、與學界，但凡有志推動數位升級者，本書是啟動之鑰。

目錄

CONTENTS

0 大數據商業應用的基礎知識與軟體介紹

» *Episode 1*

1 如何辨識競爭中的關鍵因素

2 我的競爭對手在哪裡？策略群組的量化分析

» *Episode 3*

5 你的客戶可能會喜歡⋯ 會員制俱樂部如何推薦商品

6 買了此商品的客戶，也買了⋯ 電子商務如何推薦商品

10 哪些客戶會違約？客戶貸款違約預測

» *Episode 5*

11 電話行銷應該打給哪些客戶？找出可能會買定存的客戶

12 如何避免客戶流失？分類電信客戶跳槽名單

» *Episode 6*

13 如何預測公司未來的營收？銷售預測

結語

CHAPTER

0

大數據商業應用的基礎知識與軟體介紹

本書應用大數據分析方法中的機器學習演算法，處理 13 個商業案例中的資料，來介紹大數據分析決策的方法。第 0 章會先從基本概念談起，以及一些名詞的解釋。建立好觀念，才能有效學習後續的技術。

0.1 數據特性

0.1.1 數據表格

日常工作中，我們最常見的數據表格大致如表 0.1.1 所示，表格由三個部分組成：**欄**（Column）、**列**（Row）、和表格內的**值**（Value）。

表 0.1.1 常見數據資料表

	欄 1	欄 2	欄 3	欄 4
列 1	值	值	值	值
列 2	值	值	值	值

欄

數據表中縱向（上下方向）的資料集合代表一組**特徵**（Feature），最上方通常是欄位的名稱，用於說明下方資料的含義。例如：班級成員表中常見的欄位會有姓名、學號、年齡等。在機器學習中，最常見的任務就是讓機器自動學習不同特徵之間的關係，以完成某些任務。例如：透過學習過往客戶資料與最終是否下單的數據，讓機器能夠自動預測潛在客戶的購買意願。用數學方程式來說，可用於預測的欄位是方程式的**自變數** X ；被預測的欄位是方程式的**應變數** Y ，通常稱為**目標**（Target）欄位。

列

數據表中橫向（左右方向）的資料集合代表一筆資料。通常每筆資料會有一個獨一無二的特徵資訊，以區分不同筆的資料，例如：序號、索引、編號、時間等。

值

每個欄位下的內容都是值，是數據表格中主要記錄的內容。常見值的類型大致可以分為四大類：**數值型**（Numeric）、**類別型**（Category）、**文字型**（Text）和**時間型**（Datetime），不同類型的值會有不同特點。

0.1.2 數據類型

常見的數據值的類型如表 0.1.2，表中為學生成績數據表，其中包含了常見的姓名、出生年份、性別、成績（英文、數學、歷史）、名次共 7 個欄位。

表 0.1.2 學生成績表中的不同類型的數據

姓名	出生年份	性別	英文	數學	歷史	名次
陳一	2010	男	97	99	99	1
林二	2009	女	92	94	94	2
張三	2010	男	91	89	89	3
李四	2010	女	82	85	85	4
王五	2009	男	85	82	84	5

數值型

成績表中「英文」、「數學」、「歷史」、「名次」四個欄位都是數值型的數據。數值型的資料可以進行數學計算，例如：對英文欄位進行平均計算，從而獲得該科目的學生平均成績。

類別型

成績表中「性別」欄位是類別型的數據。除了使用文字記錄以外，還有些情況下會轉換成數字來表示，例如：使用 0 表示女，使用 1 表示男。文字記錄的方式比較難進行一些統計分析，而轉成數字之後就可以進行數學計算，快速得到統計結果。例如：求男生比例時，可以使用「整個欄位的總和」除以「資料筆數」。除了使用 0 和 1 外，也可以使用 -1、0、1，或者是 1、2、3、4、5…等方式進行轉換。

文字型

成績表中「姓名」欄位是文字型的數據。通常文字型的數據是用於區別不同筆資料。例如：常在數據表中看到的 ID 欄位。雖然有時 ID 是使用數字來記錄，可是並無法對 ID 進行數學計算或分類，因此也歸類為文字型的數據。

時間型

成績表中「出生年份」欄位是時間型數據。時間型數據可以是記錄年份、月份、日期、年月日、週次等，常見於**時間序列**（Time Series）的資料表中，可以分析數據在時間維度上的變化情況。運用機器學習演算法，更可以預測未來的變化趨勢。

0.1.3 數據屬性

除上述提到的類型之外，數據資料還有其他眾多的性質，而本書中特別提出來的是「定性與定量」以及「衡量尺度」。

- **定性**（Qualitative）：定性資料又稱為**類別資料**，這種資料本質上不能以數值來表示，僅能以類別區分。例如：性別、血型、教育程度、宗教信仰、教師學歷等。

- **定量（Quantitative）**：定量資料是指本質上能以數值來表示的資料。例如，身高、體重、統計學期末考成績、台北市溫度等。

0.1.4 衡量尺度

從衡量尺度上看，數據可以分為**名目（Nominal）**資料，**順序（Ordinal）**資料，**區間（Interval）**資料，**比例（Ratio）**資料。

- **名目資料**：數字只是代號。例如身分證上數字第 1 碼「男生為 1、女生為 2」，或是地址資料選項「基隆市為 1、新北市為 2、台北市為 3、…」。在這些例子中「2 沒有大於 1」，也就是說**數字的大小並沒有意義**。
- **順序資料**：數字的大小表示「高低」或「順序」。例如「滿意度為 5 分比 4 分還好、4 分比 3 分好」，或是「考試名次第 1 名比第 2 名表現好、第 2 名比第 3 名好」。**數字的大小有意義，但數字之間的差距沒有意義**。例如第 1 名是 100 分、第 2 名可能是 60 分、第 3 名是 59 分。
- **區間資料**：數字間的「差距」是有意義。例如攝氏溫度是把水的熔點訂為 0 度、沸點訂為 100 度、中間分成相等的 100 個等分。因此「100 度和 99 度的距離」跟「1 度到 0 度的距離」是相同，但是因為 0 度的標準制定，使得**並不是 100 度的比 1 度熱 100 倍**。
- **比例資料**：**數字 0 代表「完全沒有」**。例如收入 0 元表示真的沒有任何收入，因此收入 100 元確實比收入 1 元高 100 倍。

結合數據的屬性，以及衡量尺度特點，表 0.1.3 簡單總結了四種衡量尺度資料的不同之處。

表 0.1.3 不同衡量尺度資料的特點

尺度	屬性	意義	舉例說明
名目	定性	純代號	男是 1，女是 2
順序	定性	只論排名	滿意度 1~5
區間	定量	0 是自定	溫度
比例	定量	0 等於「完全沒有」	收入

0.2 數據分析

0.2.1 分析目標

無論你是從事什麼行業、什麼職位，在當今高度數位化的環境中，你都可以輕鬆地獲取到大量數據資料，但你卻不一定知道能夠從數據資料中獲取什麼有價值的資訊。不同的數據特性，能夠透過分析來獲取到的價值也不同。以上一小節所介紹的數據特性進行分類，可以簡單的總結如表 0.2.1。

表 0.2.1 5 種常用的分析目標

分析對象		分析目標	範例
欄	X 為定性	關聯（Association）	判斷 2 個 X 是否同時出現
	X 為定量	相關（Correlation）	計算 2 個 X 是否同升同降
	Y 為定性	分類（Classification）	判斷是否為第 1 名
	Y 為定量	迴歸（Regression）	預測每個同學的名次
列		群聚（Clustering）	找各科分數接近的人

如果數據中無明顯的應變數 Y，則分析目標則是自變數 X。當**自變數 X 為定性**的情況下，可以分析自變數 X 之間的**關聯性**（Association）。例如：透過分析客戶在超商的結賬清單數據，分析關聯性最高的商品，這就是最常聽到的**菜籃子分析**。當**自變數 X 為定量**的情況下，則可以分析自變數 X 之間的**相關性**（Correlation），例如：透過分析使用者對影片的評分，向其推薦可能會喜歡的新影片，這就是影片網站的推薦系統。

如果數據中有明確的應變數 Y，同樣也分為兩種情況。當**應變數 Y 為定性**，可以使用機器學習演算法建立**分類**（Classification）模型。例如：透過銀行歷史貸款審核記錄數據訓練分類模型，讓機器掌握審核的原則，並代替人工進行線上自動審核。當**應變數 Y 為定量**，可以使用機器學習演算法建立**迴歸**（Regression）模型。例如：透過大量的房屋銷售數據訓練迴歸模型，可以讓機器掌握評估房價的能力，可代替房屋中介進行快速估價。

不同於在圍繞數據「欄」分析特徵之間的關係，在「列」的維度進行分析，研究的是樣本與樣本之間的關係，像是樣本之間的相似度，即針對樣本進行**群聚**（Clustering）。例如：透過客戶基本資訊與其在商場中的消費數據，將客戶分類為不同的族群，針對不同族群的客戶應該提供不同的行銷方案，以便提升客戶的消費量。

0.2.2 分析步驟

以機器學習和深度學習為方法的大數據分析流程，大致可以分為 8 個步驟。

數據收集。按照決策需求與產業知識決定自變數 X，應變數 Y。

Step 2 **數據預處理**。預處理的目標是為了保證後續機器學習的順利進行，常見預處理有數據轉換、填補數據中的**缺失值**（Missing Data），刪除**離群值**（Outlier）、數據**標準化**（Standardization）、數據**正規化**（Normalization）等。

Step 3 **數據分割**。將資料分為三個部分，分別用於機器學習的**訓練**（Training）、**驗證**（Validation）和**測試**（Testing）。如果使用**交叉驗證**（Cross Validation），則是將訓練和驗證部分的資料合併，再切分成 n 等份，然後循環使用 n 等份中的 1 份資料作為驗證資料，其餘作為訓練資料，藉此提升機器學習的驗證效果。常見切割比例可以如表 0.2.2 所示。

表 0.2.2 常見數據切割比例

訓練	驗證	測試	備註
80%	10%	10%	
70%	20%	10%	
70%	15%	15%	
80%		20%	交叉驗證
90%		10%	交叉驗證

圖 0.2.1 交叉驗證與普通驗證的差異

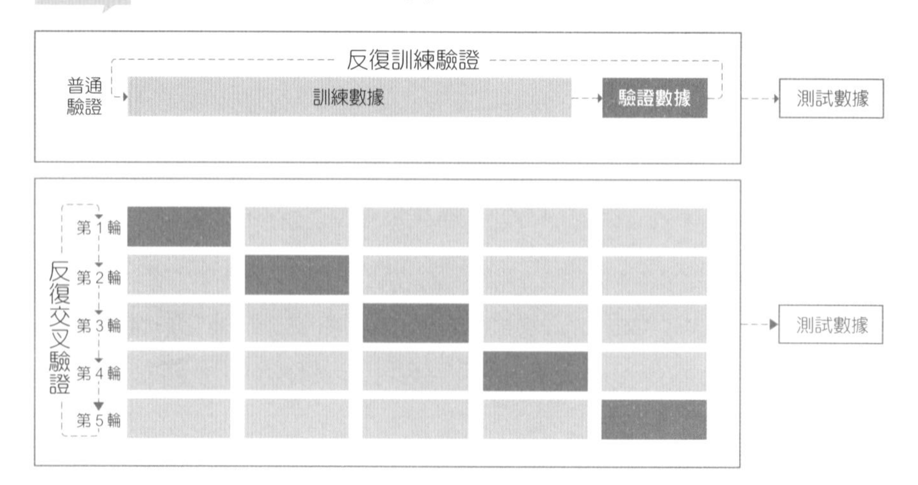

可以使用學習數學過程來理解**機器學習的過程**。數學課本中的範例題目就是**訓練數據**，課後習題是**驗證數據**，最終的期末考試題目則是**測試數據**。為了掌握數學知識，學生要反覆練習範例題目和課後習題，完成後會有參考答案供學生訂正。而期末考試的題目則是為了最終驗證學習情況，如果未能通過最終的驗證則需要進行重新學習或補考。機器學習大致也是這樣的思路，使用訓練數據與驗證數據反復加強機器對數據的理解和掌握，最終使用來自相同數據源，卻未出現在訓練與驗證環節的數據進行測試，以判定機器學習的效果。

Step 4

模型訓練。使用恰當的機器學習演算法對訓練數據進行分析，這一過程也稱為**擬合**（Fitting），最終產出為**模型**（Model），模型可用於後續相關數據資料的預測分析。

Step 5

模型驗證。將驗證數據中的自變數 X 輸入訓練好的模型，會得到**預測值** $\hat{Y}$，$\hat{Y}$ 又稱為**擬合值**。

Step 6

模型評估。模型評估的主要方式是比較應變數 Y 的值和預測值 $\hat{Y}$ 之間的差異性，差異越小則模型效果越好；反之，則效果越差。Y 的屬性不同，則評估方式也有所不同。不同案例中將會使用到不同的評估方式，我們將在後續章節中詳細說明。

- Y **是定性**：常用的評估方法有**混淆矩陣**（Confusion Matrix）、**準確度**（Accuracy）、ROC **曲線下方面積**（AUC）等。
- Y **是定量**：常用的評估方法有**均方根誤差**（RMSE）、**平均絕對誤差**（MAE）、**判定係數**（R^2）等。

Step 7

模型未達標準。可能的調整方式有增加訓練次數、調整演算法中的超參數、更換其他演算法、重新處理數據集、擴大數據量等。當符合標準後，即可進入測試階段。

模型測試。將來自同一資料集卻未參與訓練與驗證的數據輸入模型中進行模型評估，評估通過的模型即可應用於實際場景。

> 模型評估過程中可能出現 2 種不好的情況，一種情況是在驗證階段的評估低於預期標準，這種情況為**擬合不足（Underfitting）**。另一種情況是驗證階段的評估符合標準，但測試階段的評估卻不符合標準，或與驗證階段有較大的差異，這種情況為**擬合過度（Overfitting）**，擬合過度代表模型過於在意訓練數據的細節，而忽視了整體趨勢，因此不利於使用在真實場景中。

圖 0.2.2 數據分析建模流程

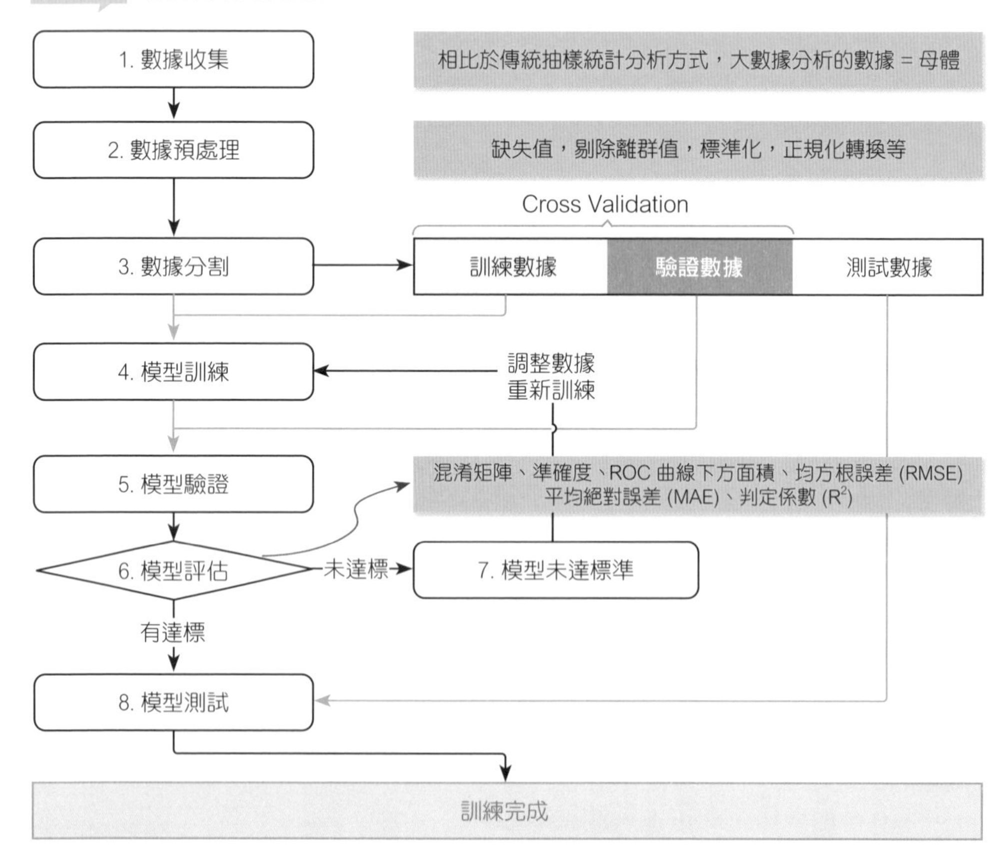

0.2.3 分析方法

針對不同的分析目標，所使用到的分析方法有非常大的差異，特別是機器學習的演算法。後續章節中，所有的案例將圍繞著以下 6 種目標來介紹分析方法。對初學者而言，從數學層面完全理解各類演算法並不容易，能從分析目標出發，並選擇適合的工具與演算法，同樣也能解決實際的問題。

群聚分析

群聚分析是指分析樣本之間的群聚特點。透過群聚分析，提取出不同的群組，以及群組的特性，可以快速理解樣本的分佈特性。實務範例是客戶分群，或是策略群組。常用的分析方法是 **K 平均演算法** (K-Means)，該演算法主要是將不同樣本所有特徵的差異程度，視作樣本之間的**距離**，則距離越近的樣本越應該歸為同一群組。最後再透過整體分佈情況，確定最合理的群組數量 K，並將所有的樣本分為 K 個群組。

關聯分析

關聯分析是指分析數據欄位的共現性，是一種潛在的因果關係，應用場景可以是網頁瀏覽預測，或賣場促銷方案制定等。常用的分析方法有**樞紐表格**（Pivot Table）分析、**頻率形態**（Frequency Pattern，FP）分析、**相關規則**（Rule）分析。第一個方法能夠快速摘要數據資料，以便獲得有價值資訊，後 2 者與 Apriori 演算法相關，後續章節會詳細說明。

相關分析

相關性分析可以使用**皮爾森**（Pearson）**相關性**或**斯皮爾曼**（Spearman）**相關性**。相關分析的應用有客戶評價預測（Rating Prediction，RP）、隱藏因素分析（Biased Matrix Factorization，BMF）、商品推薦引擎（Item Recommendation，IR）等。

分類

分類是指透過演算法找出數據中自變數 X 與**定性**應變數 Y 之間的關係，從而建立可以透過自變數 X，預測應變數 Y 的機器學習模型。應用場景可以是客戶購買預測、貸款違約預測、電話行銷預測、客戶跳槽預測等。分析方法有**單純貝氏**（Naive Bayes）、**邏輯斯迴歸**（Logistic Regression）、**支援向量機**（Support Vector Machine, SVM）、**K-近鄰演算法**(K Nearest Neighbor, KNN)、**決策樹**（Decision Tree）等。

迴歸

迴歸是指透過演算法找出數據中自變數 X 與**定量**應變數 Y 之間的關係，從而建立可以透過自變數 X，預測應變數 Y 的機器學習模型。應用場景可以是房價預測、客戶等候預測、庫存預測等。分析方法有**線性迴歸**（Linear Regression）、**隨機森林**（Random Forest）等。

時間序列分析

時間序列是另一種有應變數 Y 的數據場景，但數據在時間維度有強烈的相關性。例如：銷售額會隨著季節的變化有固定的模式，或者已發生的情況會對未來的情況產生影響，像是股票的變化趨勢等。分析的方法有**自我迴歸綜合移動平均**（Autoregressive Integrated Moving Average, ARIMA）、**季節性自我迴歸綜合移動平均**（Seasonal Autoregressive Integrated Moving Average, SARIMA）等。

圖 0.2.3 多種分析方法之總結

自變量 X 對應變量 Y 有顯著影響

分類

定性 Y 的情況下，可根據各學科成積推斷課外評價等級

迴歸

定量 Y 的情況下，可根據各學科成積計算課外評價分數

無明顯之應變量 Y

關聯分析

定性 X 屬的情況下，可以分析國文優秀 (>90 分) 與英文優秀是否同時出現

相關分析

定量 X 的情況下，可分析國文與英文分數的高低是否有相關性

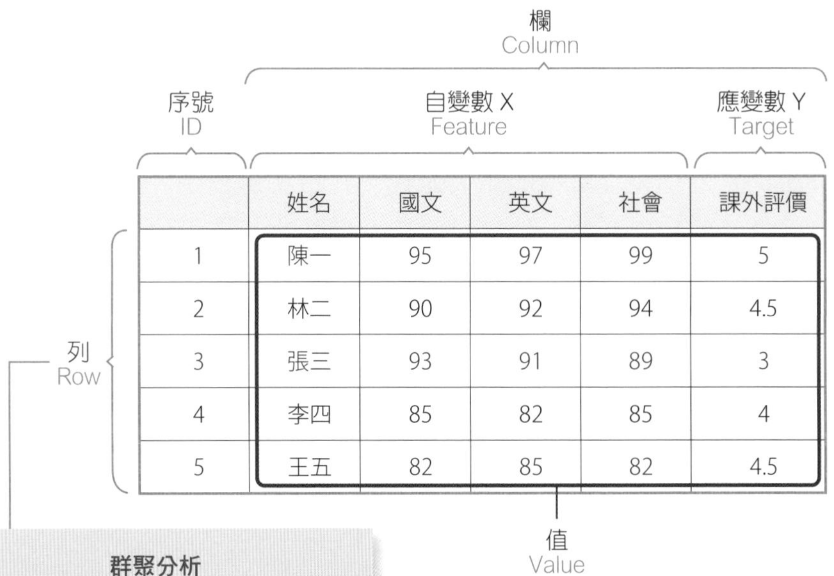

	姓名	國文	英文	社會	課外評價
1	陳一	95	97	99	5
2	林二	90	92	94	4.5
3	張三	93	91	89	3
4	李四	85	82	85	4
5	王五	82	85	82	4.5

群聚分析

可以圍繞列的維度對學生進行分群，找出學習情況相似的同學

0.3 本書理念

0.3.1 數據驅動（Data-Driven）

本書除第0章外，後續章節都是以解決實際常見商業問題為目標。藉由真實數據資料，使用簡單易上手的軟體進行數據分析，並解決問題。所有的問題貫穿了企業發展、管理的整個生命週期，所以無論現在的你處於什麼階段，都可以找到切身相關的問題，並學會如何使用大數據分析的方式解決，從而真正實現**數據驅動決策**（**Data-Driven Decision Making**）的管理方式。

在高度數位化的當下，無論什麼領域或行業，都已經累積了大量的數據資料。**大數據**除了資料量巨大之外，還有豐富的類型，繁雜的特徵等。越是從頂層看，數據越是雜亂，造成數據無法直接為公司的管理貢獻價值。**數據分析**則是一個整理數據的重要過程，在這個過程中，能夠將雜亂的數據進行有效的整理、轉換。特別是使用合理的分析演算法，能夠快速獲得容易理解的數據內容，並得出結論，進而基於結論作出合理的決策。

圖 0.3.1 數據驅動決策示意圖

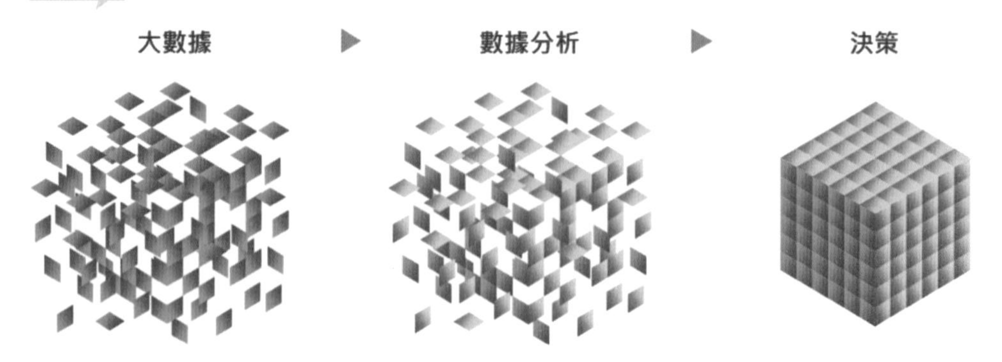

在最近一次世界 500 強公司職員的調查中（https://bi-survey.com/data-driven-decision-making-business），有 58% 的受訪者表示，他們的公司至少有一半的常規業務決策是基於直覺，而不是數據。這樣的決策方式非常依賴決策者之經驗，且難以做到經驗的傳承，這會影響公司的整體擴張與高速發展。相比於傳統經驗驅動的決策方式，**數據驅動**的決策方式能夠更好地避免人為偏見或錯誤假設，這些問題往往會影響判斷力，並導致錯誤的決策制定。

0.3.2 公司發展曲線

圖 0.3.2 為公司發展的曲線，公司的發展大致可以分為**創業期、成長期、穩定期、退轉型期**，藍色實線表示公司處於正向發展階段，藍色虛線表示公司處於負向發展階段，綠色實線表示公司拓展新業務，進入二次成長階段。本書後續章節正是圍繞著公司成長與轉型階段的常見問題，並說明解決方案。

圖 0.3.2 公司發展曲線

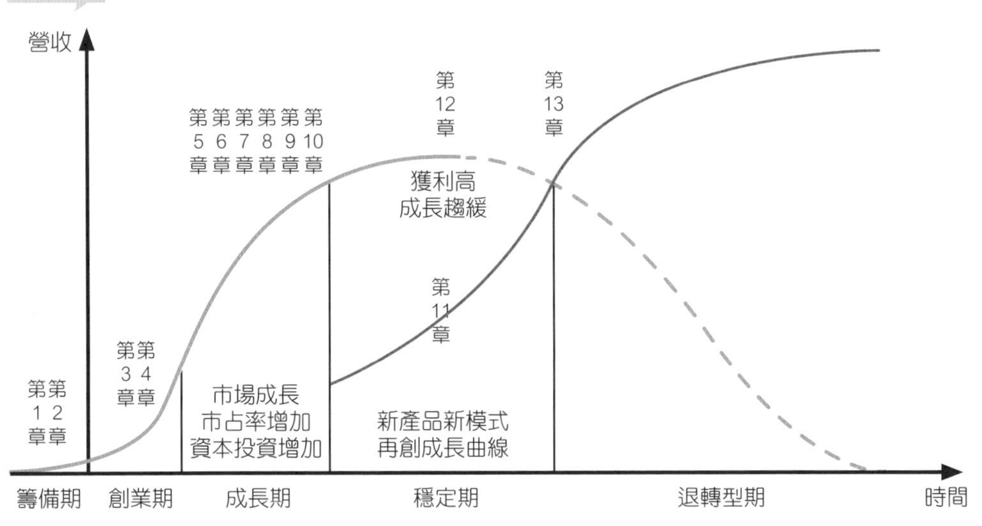

籌備期

創業、開公司是一個需要付出大量金錢和精力的商業行為，而這個商業行為之所以為許多人的目標，是因為現在社會中有些成功人士是企業家，他們透過自己的努力打造事業，獲得高額收益的同時，也為這個社會提供了大量的工作機會，因此受到了社會大眾的廣泛認同。但創業並不是一件容易的事情，想要公司有好的發展，得要有專業的商業思維能力與決策方法。

當你自己要開公司之前，也需要進行專業的評估，去了解目標產業、客戶和競爭對手的具體情況，甚至最後可能還需要佈局自己的廠址。所以在本書的第 1 章和第 2 章就是圍繞著**如何辨識產業競爭的關鍵因素**，以及**競爭對手在哪裡**這 2 個問題。解決第 1 個問題後可以確認自身具備能夠在該產業中生存的基本能力，解決第 2 個問題則是為了透過分析競爭對手，進一步理解產業的生存與發展之道。正所謂「知己知彼，百戰不殆」，認清行業現狀，了解對手情況，甚至透過分析潛在對手狀況，快速累積行業知識。這些問題都是評估該行業是否有較高創業可行性，以及自己進入後是否有成功機會的重要依據。

創業期

當開始創業後，最重要的一件事情就是聚集人氣，讓更多的客戶來到你的公司，或讓更多的瀏覽者進入到你的線上商城，並且停留足夠長的時間，以便能夠產生實際的訂單。眾多新商店或新品牌的開幕，往往都會舉辦一些促銷活動，讓更多的客戶認識到你的品牌或產品。但促銷不可成為業務的常態，因為促銷一方面會降低收益，另一方面更會降低品牌價值。其實除了讓潛在客戶認識你之外，促銷行為的另一個最重要目的是了解客戶。促銷可以短時間內快速與客戶產生互動，而這些互動在實際的商業場景中就是**客戶的瀏覽行為**，以及**客戶的購買行為**。如何深入理解這 2 種行為將是進一步提升公司整體業務量的關鍵，而本書中的第 3 章和第 4 章正是圍繞這 2 個部分進行講述。

透過分析客戶網頁瀏覽行為，可以了解客戶所希望看到的東西，從而引導客戶瀏覽更多商品。透過分析客戶成交訂單內物品的關聯性，則可以為商品擺放或優惠活動的規劃提供準確的資訊。

成長期

成長期階段會獲得更多的資本投資，而整個營運的重點將是提升市場的佔有率。這個階段除了要擴張影響力，接觸到更多的新客戶，也應該關注過往客戶的實際需求，提升回購率。導購是引導客戶下單的重要環節，除了當客戶有需求時，被動的為其提供產品資訊外；還需要超出客戶預期，主動為其推薦新的商品。而要實現主動推薦就必須基於對過往**客戶喜好**、**產品的特性**有充分的了解。本書的第 5、6、7 章都是圍繞這個主題介紹推薦系統，分別以會員制俱樂部、電子商務、以及文化產業三種不同的場景，說明**推薦系統**的三種不同方式。

向客戶推薦喜愛的產品之後，**客戶是否會下單購買**，其實又是另一個問題。如果能夠透過分析相關數據資料，提前預測客戶是否會下單，將會為營運工作帶來極大的幫助。在本書第 8 章中的高爾夫球俱樂部案例，正是巧妙地找到了客戶出現與當天天氣情況所存在的潛在關聯性，接著使用演算法實現利用天氣情況預測客戶是否會來打高爾夫球。

或許在高爾夫球俱樂部，天氣情況與客戶是否出現的關聯性還較為明顯。但在其他的領域，要發現重要的影響因素就非常不容易。以房價為例，影響二手屋定價的重要因素可能是位置、周邊設施、房屋年齡。如何能夠找到**最具影響力的因素**，並正確為目前的房屋定價，這就是第 9 章中所介紹的內容。影響因素的挖掘，將是提升業務量的最為重要的手段。

在完整的銷售行為中，除了售前環節以外，售後環節同樣是至關重要的。當客戶下單量增加，客戶退換貨的數量也會同比例的增加。甚至使用多種促銷方法後，退換貨增加的比例可能會更高，這就非常不利於公司利潤。所以在成長期中最後一個需要關注的重點就是**客戶會是否會違約**，即客戶下單後因自身原因而取消訂單。在本書的第 10 章的銀行客戶貸款案例中，就是利用了貸款前的審核環節對客戶的潛在違約情況進行預測，盡可能發覺違約意向較高的客戶，進而提前干預，避免潛在的損失。

穩定期

在穩定期的公司業務增長幅度將大大減緩，甚至遇到天花板，這個時候主要有 2 種營運的策略。第 1 種策略是突破型，即以居安思危的態度著手準備新的產品、新的模式，吸引新的客戶；或者讓你的老客戶能夠接受你的新產品，從而創造新的業務增長點。如何能夠讓老客戶接收到你的新產品資訊呢？這個時候最常用的方式往往是電話行銷，但這種方法是一種容易引起反感且低效的推廣方式，其主要原因還是在於傳統的電話行銷是地毯式行銷，即不管客戶是誰，是否有需要，都進行無差別的推銷。

而本書的第 11 章圍繞電話行銷議題，介紹如何從既有的客戶中**挑選適合進行推銷的客戶**，也就是不打擾無關的客戶，這樣的好處是提升行銷的效率、降低人力成本、保持品牌觀感。

第 2 種策略是穩健型，保持公司營收情況，避免公司業務出現大幅度下滑，這其中的重點就是**避免客戶流失**。如果能夠在客戶流失之前，預測到這樣的事情發生，那麼公司可以提前進行干預，例如使用一些優惠等，吸引客戶再次消費，讓客戶回到穩定的關係中。本書的第 12 章正是以電信業為例，透過客戶資料與使用情況，預測客戶是否會在下一個合約期之前流失。

當公司的業務穩定且達到一定規模時，公司將進入到一個全新的階段，那就是成為上市公司。上市可能是無數創業者的主要目標，這意味著公司被資本市場認同，自己也將獲得大量的收益。但在上市之前，最為重要的一環就是要向大家證明公司的未來是一片光明的。本書的第 13 章正是透過過往的營收數據**預測公司未來的營收走向**，使用合理的方式進行預測，將進一步讓潛在的投資者們能夠看好公司的未來發展。

透過以上多個階段的有效營運，你將擁有一家屬於自己的上市公司！

0.3.3 分析場景

以公司成長路線為主軸，後續 13 章節中，會涉及到多個大數據分析的具體方法。以數據分析的場景和類別整理，包含了以下 3 種，這三種場景所涉及到的範例與具體章節可詳見圖 0.3.3。

1. 單純對過去數據進行分析，從而獲取有價值的資訊。
2. 使用現有的數據進行非監督學習（分群、關聯、相關）或監督學習（分類或迴歸），從而實現對新數據的預測。
3. 使用時序性的數據對未來的情況進行分析。

圖 0.3.3 分析場景

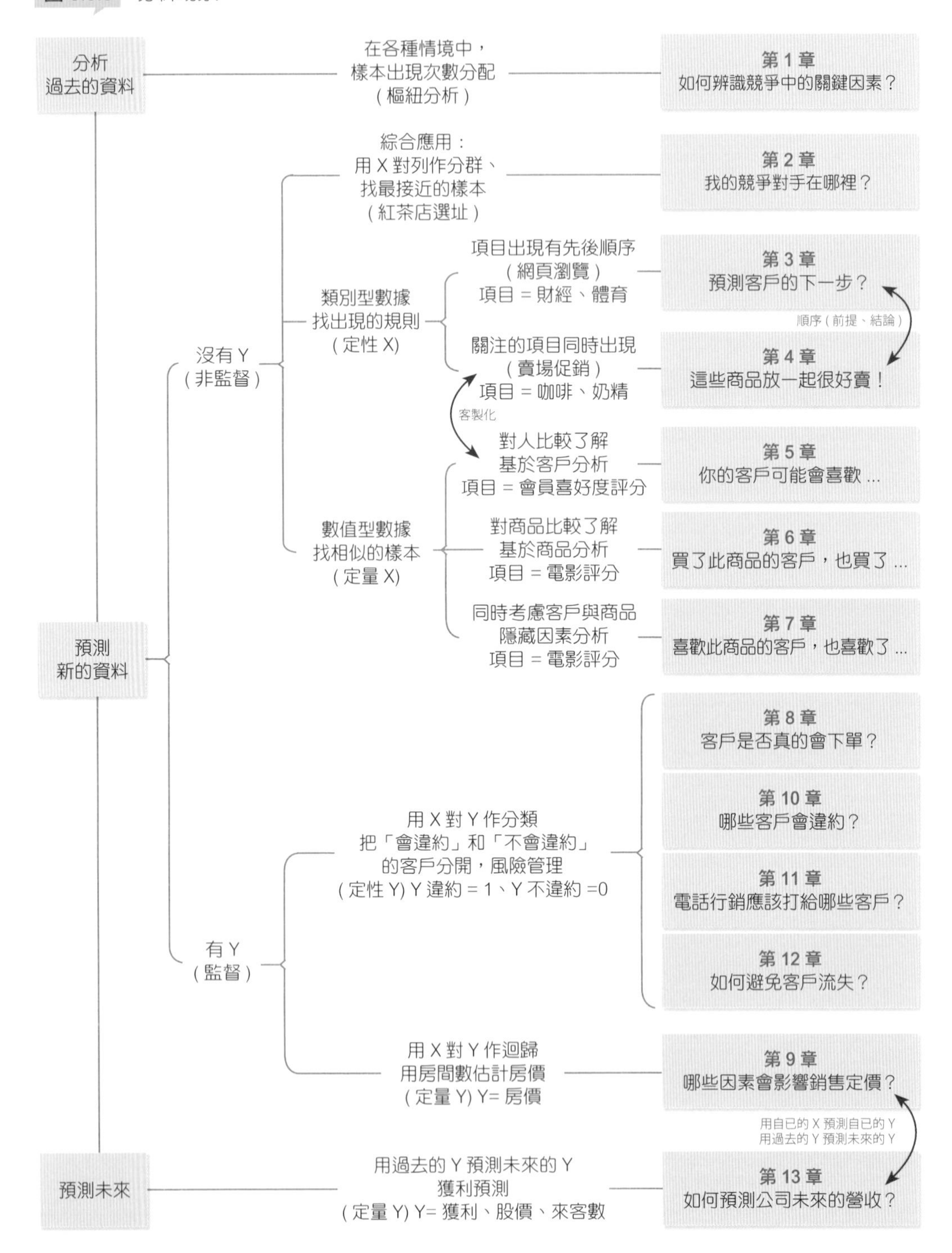
分析
過去的資料
在各種情境中，
樣本出現次數分配
(樞紐分析)
第 1 章
如何辨識競爭中的關鍵因素？
綜合應用：
用 X 對列作分群、
找最接近的樣本
(紅茶店選址)
第 2 章
我的競爭對手在哪裡？
項目出現有先後順序
(網頁瀏覽)
項目 = 財經、體育
第 3 章
預測客戶的下一步？
順序(前提、結論)
類別型數據
找出現的規則
(定性 X)
關注的項目同時出現
(賣場促銷)
項目 = 咖啡、奶精
第 4 章
這些商品放一起很好賣！
沒有 Y
(非監督)
客製化
對人比較了解
基於客戶分析
項目 = 會員喜好度評分
第 5 章
你的客戶可能會喜歡 ...
數值型數據
找相似的樣本
(定量 X)
對商品比較了解
基於商品分析
項目 = 電影評分
第 6 章
買了此商品的客戶，也買了 ...
同時考慮客戶與商品
隱藏因素分析
項目 = 電影評分
第 7 章
喜歡此商品的客戶，也喜歡了 ...
預測
新的資料
第 8 章
客戶是否真的會下單？
第 10 章
哪些客戶會違約？
用 X 對 Y 作分類
把「會違約」和「不會違約」
的客戶分開，風險管理
(定性 Y) Y 違約 = 1、Y 不違約 =0
第 11 章
電話行銷應該打給哪些客戶？
有 Y
(監督)
第 12 章
如何避免客戶流失？
用 X 對 Y 作迴歸
用房間數估計房價
(定量 Y) Y= 房價
第 9 章
哪些因素會影響銷售定價？
用自已的 X 預測自已的 Y
用過去的 Y 預測未來的 Y
預測未來
用過去的 Y 預測未來的 Y
獲利預測
(定量 Y) Y= 獲利、股價、來客數
第 13 章
如何預測公司未來的營收？

0

0.3.4 商業模式

Osterwalder 與 Pigneur (註 1) 在 2010 年提出了一種通用的商業模式生成法，其中分市場區隔、價值訴求、價值傳遞、顧客關係、營業收入、關鍵資源、關鍵活動、關鍵夥伴和成本結構 9 個模塊，整個規劃方法在將想法轉變成獲利的過程中整合了**商業理念**和**相關資源**。如表 0.3.1 所示，本書中各章節也體現了該方法中的第 1 到第 5 個模塊，後續會詳細說明這 5 個模塊中的每條項目。

Osterwalder 與 Pigneur 的經典著作詳細地把商業模式細分為 9 個步驟，並逐一舉例說明。在經營企業時往往可以提供具有建設性的決策方向。對此，本書目的在於：為**文字敘述**的商業模式，提供一套**具體的大數據分析模型**，以便提升**商業決策的信心**與**風險管理能力**。

我們可以將作者的**商業模式**右邊的第 1 格到第 5 格、左邊的第 6 格到第 9 格，分開來看。右邊在**敘述一個獲利的故事**，左邊則是要**擬定實現故事的工作計畫**。通常提案的經理會把右邊的故事說的天花亂墜，然後在財務預測時調整折現率（Discount Rate）或調整參數讓 IRR>0（Internal Rate of Return），然後得到**計畫會有獲利**的結論。但是有經驗的老闆、投資人、創投都熟悉這個套路，所以與其把故事說的比唱的好聽，倒不如反璞歸真，用實際的資料算給老闆看。當我們拿出「提案計畫書」給老闆或投資人、拿出「營運計劃」給創投，如果能夠將**商業模式**右邊的每一格，都以實際資料做預測，這樣在**風險預測**時就能夠有憑據。對於是否決定投資的人而言，其實**風險**才是最關心的事情。而**商業模式**右邊 5 格提供了**報酬**的可能性，因此可以藉由大數據的預測，將**報酬合理性**與**風險可控性**一次說清楚，也許提案的成功機率會提高。

(註 1)：Osterwalder, A., & Pigneur, Y. (2010). Business model generation: a handbook for visionaries, game changers, and challengers (Vol. 1). John Wiley & Sons.

表 0.3.1 商業模式生成法

<table>
<tr>
<td rowspan="2">8. 關鍵夥伴 KP

供應鏈中
最重要的夥伴

(1) 最佳化：一般的供需關係；規模經濟，降低成本
(2) 降低風險：規格標準化
(3) 取得關鍵夥伴：專注提供關鍵服務</td>
<td>7. 關鍵活動 KA

讓商業模式有效
最重要的活動

(1) 生產：設計、行銷、品質
(2) 解決問題：知識管理
(3) 平台策略：搭平台引人來</td>
<td rowspan="2">2. 價值訴求 VP

商品替客戶
帶來的效益

第 3-4 章

(1) 新鮮感
(2) 性能提升
(3) 客製化
(4) 解決問題
(5) 設計外觀
(6) 品牌形象
(7) 低價與降成本
(8) 降低風險
(9) 買的到
(10) 使用方便</td>
<td>4. 顧客關係 CR

企業和客戶
建立關係

第 8-12 章

(1) 個人助理
(2) 個人化服務
(3) 自助服務
(4) 自動化服務
(5) 網路社群
(6) 共創價值</td>
<td rowspan="2">1. 市場區隔 CS

企業瞄準的
客戶群

第 1-2 章

(1) 大眾市場
(2) 利基市場
(3) 區隔市場
(4) 多角化市場
(5) 多邊平台</td>
</tr>
<tr>
<td>6. 關鍵資源 KR

讓商業模式有效
最重要的資產

(1) 物質：廠房、網路
(2) 智財：品牌、專利
(3) 人力：知識密集、文化創意
(4) 財務：經費支援</td>
<td>3. 價值傳遞 CH

企業和客戶
的溝通

第 5-7 章

(1) 知曉
(2) 評估
(3) 購買
(4) 傳遞
(5) 支援</td>
</tr>
<tr>
<td colspan="2">9. 成本結構 CS

所有的成本

(1) 成本驅動：廉價
(2) 價值驅動：豪華
(3) 固定成本：租金
(4) 變動成本：產季
(5) 規模經濟：量大
(6) 範疇經濟：綜效</td>
<td colspan="3">5. 營業收入 RS

從客戶取得的現金流

第 13 章

(1) 商品銷售
(2) 客戶使用服務收費
(3) 會員費
(4) 租賃費用
(5) 授權費
(6) 仲介費
(7) 廣告費</td>
</tr>
</table>

本書著重大數據分析在 Osterwalder **商業模式**第 1 格到第 5 格的應用，範例方面多為大數據分析中經典的資料。在個案練習方面，盡量與商業場景相契合的資料為主。接下來，我們簡要說明**商業模式**第 1 格到第 5 格，以便讓讀者可以在應用大數據預測模型之前，可以對商業模式有更好的理解，因此可以選擇適當的模型與資料。

市場區隔 (Customer Segments，CS)

創業或新產品開發首先要確定企業瞄準的客戶群，再投入後續的資源。客戶大致分為以下幾種：

- **大眾市場**：針對相似需求的多數人，如成衣市場。
- **利基市場**：為客戶量身訂作，如汽車零件廠針對汽車公司製作符合規格的商品。
- **區隔市場**：如銀行以存款作為標準，分為 1 億以上的 VIP 和 1 億以下的小客戶。
- **多角化市場**：公司提供的服務可應用於不同市場區隔，如電子商務公司可以跨足雲端運算以發揮 IT 長才。
- **多邊平台**：利用平台策略，如入口網站以免費服務發展使用者人數，接著吸引「內容提供者」讓搜尋內容更豐富，雙邊效應形成正向循環，網站就有廣告價值創造營收。或是網站開放原始碼可以讓全球的第三方開發商開發新功能新應用，並透過**公開透明的分潤機制**永續經營。

市場區隔的分析方法，可以參考本書的第 1 章與第 2 章。

價值訴求 (Value Propositions，VP)

鎖定客戶之後，接下來便要思考如何用商品的特點，吸引客戶購買。世界上最遠的距離，就是把錢從你的口袋，拿到我的口袋。透過大數據的分析，可能會讓這個距離縮短一些。常見的商品特點有以下幾項：

- **新鮮感**：以前沒有產品，創造出全新的功能或商品。如從功能型手機進入智慧型手機。
- **性能提升**：把既有的商品進行性能提升。如電腦一直在更新換代。
- **客製化**：在經濟規模許可下，利基型客戶大量下單訂作，共創價值。
- **解決問題**：幫客戶解決特定的問題。如電動車電池廠需要解決續航力的問題。
- **外觀設計**：外觀的第一印象，常會影響消費決策，消費性電子更是如此。
- **品牌形象**：某些品牌的手錶可能代表著財富、而其他品牌可能代表著時尚。
- **低價與降成本**：消費者總是希望以更低價滿足相同需求，尤其是成熟的商品。
- **降風險**：基於資訊不對稱等原因，消費者希望降低風險，如二手車提供保固。
- **買的到**：以前買不到，現在變得容易了，如餐點的外送平台服務。
- **使用方便**：讓產品的操作變簡單，尤其是手機等 3C 產品，要讓操作介面更方便。

價值訴求的分析方法，可以參考本書的第 3 章與第 4 章。

價值傳遞（Channels，CH）

當我們準備好商品後，接下來便是要讓目標客戶知道**商品有多好、在哪裡買的到**，進而促進第一次成交，因此無論是透過商業廣告、網路口碑行銷、推薦系統，都可以看成是企業與客戶的溝通。溝通的目標在於讓客戶知道「我了解你的痛點，現在我推出這樣的產品就是為了滿足你的需求，所以這個產品對你是有價值，如果進行試用體驗，相信這價值將會符合你的期待」。價值傳遞大致分為以下幾種：

- **知曉**：利用廣告等方法，讓客戶知道有新產品上市，或用情境提醒客戶其實你有這樣的需求，亦即**創造需求**。知曉是很需要資本、腦力的商業活動，除了要準確無誤地傳達價值給目標客戶，也要藉此塑造商品和企業的形象。

- **評估**：藉由試用、口耳相傳等方法，讓客戶相信這是一個好的商品，如 2007 年智慧型手機剛上市時，廠商會在賣場提供試用並說明，這種**體驗行銷**會讓客戶在沒有成本與使用障礙下，準確無誤地接收到**產品的價值**。如此一來，客戶在體驗試用的過程中便在進行評估。

- **購買**：東西好，也要能讓客戶容易買的到，才能對公司產生可觀的營收。所以銷售通路必須普及，現在透過網路也可以降低實體店面的成本。

- **傳遞**：企業的期望當然是商品的價值符合客戶的需求，對於認為**商品符合需求的客戶**，應進一步發展成為忠實的顧客，降低跳槽（Churn）的機率。

- **支援**：對於認為**商品不符合需求的客戶**，必須明快解決客訴問題，或提供退換貨的服務。對於所有客戶而言，應提供完善的售後服務。

價值傳遞的分析方法，可以參考本書的第 5 章、第 6 章與第 7 章。

顧客關係（Customer Relationship，CR）

企業總是希望永續經營，所以要**讓首購的客戶，能夠繼續回購，形成忠實的客戶，甚至形成粉絲**。因此企業要思考：長期而言，我希望和顧客維持怎樣的關係？我希望成為顧客不可或缺的哪一個部分？這通常與創業時公司的使命有關。顧客關係有很多種，常見的有以下幾種：

- **個人助理**：通常是一般使用問題，成為顧客的解決方案提供者。
- **個人化服務**：如私人銀行提供 VIP 量身訂做的理財服務，或是網路成衣平台透過推薦系統，將顧客可能會喜歡的新款衣服直接寄給客戶，並附上顧客穿上衣服的模擬照片。客戶只要把喜歡的衣服留下來、不喜歡的寄回來就可以。事實證明大數據分析的推薦系統若與商業模式適當的結合，將會創造很好的經營績效。
- **自助服務**：若商品或服務可以透過設計讓顧客 DIY，則可以提高效率降低成本，但會缺乏與顧客有溫度的溝通過程。
- **網路社群**：企業建立平台，讓同好針對感興趣的話題彼此問答。對於大數據的語意分析而言，這些問答和互評是在幫助企業**訓練**預測模型，當社群內容越來越豐富時，預測該社群的輿論風向也就越準確。
- **共創價值**：若將社群應用於對商品的評價（如書評、新款手機等），大數據的語意分析可以協助推薦系統更準確的進行評分、預測，也可以提供廠商行銷與產品修改意見，達到內容提供者、廠商、社群平台共創價值的目標。

顧客關係的分析方法，可以參考本書的第 8 章、第 9 章、第 10 章、第 11 章與第 12 章。

營業收入（Revenue Streams，RS）

毫無疑問的，這是企業以及投資人最關心的課題。基於前述的分析和預測，可以營業收入分為以下幾類：

- **商品銷售**：客戶買斷商品，如賣手機、賣書、賣 CD 等。
- **使用費**：用越多收費越多，如電話費、旅館。
- **會員費**：只賣使用權，如健身房、線上遊戲。
- **租賃**：有使用才付費，如租車。
- **授權費**：賣同意權，如智慧財產權（專利、著作、商標、營業秘密）。
- **仲介費**：撮合勞務的費用，如房屋仲介、推薦系統。
- **廣告費**：**知曉**的通路，如媒體、網路平台。

營業收入的預測方法，可以參考本書的第 13 章。

0.4 軟體介紹

RapidMiner 為一款綜合型的數據科學軟體平台，其中提供了數據預處理、機器學習、深度學習和文本挖掘等功能。使用者可以採用操作流的方式使用其中的各類功能，完成機器學習過程中的所有步驟，包括數據可視化、數據預處理、模型建立與驗證等。無論是對於新手使用者，還是有經驗的使用者都具有良好的使用體驗。

本書中範例中使用到的軟體版本為 **RapidMiner Studio 9.10**，其他的版本之間會有些許差異，但整體功能不會有太大變化，不影響學習使用。

0.4.1 安裝說明

軟體可以於 RapidMiner 官網（https://rapidminer.com）下載。RapidMiner 支援 Windows、Mac、以及 Linux 三大平台，根據你的實際需求進行下載即可。

圖 0.4.1 RapidMiner 下載頁面

Downloads

Click on a RapidMiner product of your choice to download it.

RapidMiner Studio 9.10

Click on your operating system to start the download:

32bit

Windows

64bit

64bit

Requires: Java 8

- Installation Guide
- Getting Started Tutoria
- Support
- Download Source

需要注意的是，RapidMiner 是商用軟體，需要註冊、申請帳戶才能進行使用，註冊之後有 30 天免費使用權限，30 天後處理資料的筆數上限為 10,000 筆。

如果你是教育機構成員，無論是學生、教師，或是相關工作人員，只要你擁有 edu 相關信箱，即可申請 Educational Program 獲得一年的免費使用權限。具體方案請參考 RapidMiner 官網說明。

官網提供豐富的安裝指南與使用指南，可供初學者進行學習使用。軟體、擴充工具（Extension）安裝、及更多資訊請參考本書線上教學網站：books.datadriven.center。

0.4.2 介面環境

RapidMiner 採用流程化的操作方式，核心是使用眾多功能模組構建資料處理流程，其介面的區塊介紹如下圖 0.4.2 所示。

- **Repository**（儲存庫）：連結本機或遠端的儲存庫，用來儲存數據、分析流程、使用的 operators、分析結果。其中含有一些 RapidMiner 內建的範例資料集與分析流程，可以直接使用。

圖 0.4.2 介面環境

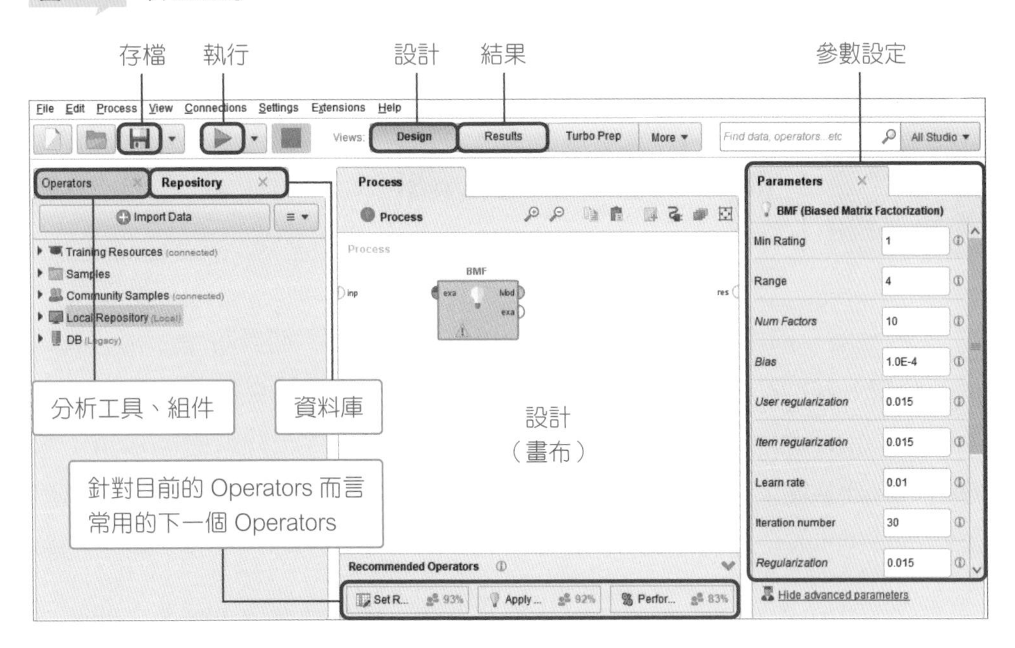

- **Operators**（分析工具）：組成分析流程的「元素」，以資料夾的形式分類不同功能的 operators，像是資料前處理、建立模型、進行驗證等相關的元素可以使用。

- **Process**（流程設計）：可將 operators 拖曳至此，以建立數據分析流程、調整所需參數。

- **Parameters**（參數）：不同的 operator 會有不同的 parameters 選項，會直接影響分析結果。
- **Help**（幫助）：說明頁面、operators 的功能。
- **Design**（設計）：建立、設計分析流程的畫布。
- **Result**（結果）：查看分析結果的頁面。
- **存檔**：儲存整個 process 至 repository 中。
- **執行**：執行建立好的分析流程，跑出 result 頁面。

0.5 線上教學資源

本書後續章節中都會使用實際的數據資料作範例，而且每章節都有設計章節練習，其中都使用到相關的數據資料。所有的數據資料可以在 books.datadriven.center 下載。線上教學資源網站還會包含相關軟體的最新下載連結、詳細軟體安裝流程、擴充工具安裝流程等資訊，以便初學者可以更快做好學習前的準備工作。

此外，書中涉及了大量的機器學習演算法，相比於讓讀者深入了解演算法的理論，本書更傾向於讓讀者們掌握其使用方法，故不會對演算法中的數學理論或概念做非常詳細的說明。在線上教學資源網站中，會提供更多的閱讀資料與介紹影片，可供有興趣的讀者進行深入的學習研究。

最後，線上教學資源網站將作為各位讀者長期學習和相互交流的平台，故請持續關注並多加使用。

MEMO

Episode 1

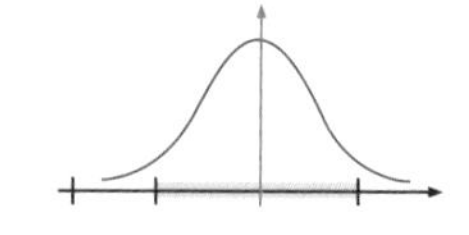

這一刻，時間似乎停止了，除了走廊盡頭鳶尾花開的聲音，一切都靜止了，玻璃窗外的行人從這高樓看出去是如此的渺小。Joe 和 Eddy 為了創業把錢都花光了、親戚朋友也都得罪光了，這是最後的機會也是最大的創投，若再被拒絕就得去街頭賣藝擺地攤了……

勞碌命的 Joe 還在回想著剛才的簡報是否還有疏漏：簡介完技術優勢、商品的價值訴求後，緊接著的行銷規劃以樞紐分析圖說明**如何辨識產業競爭的「關鍵因素」**。

在簡報中，為了說明競爭對手在哪裡，Eddy 使用了 Joe 不太了解的 K-means 和 KNN 等數據分析方式，一下子就從數據中**分析出客戶、對手及開店資訊**，進而做出了 SWOT 的風險分析。正當 Joe 想認真的問 Eddy 是如何進行分析時，突然間，會議室的門打開了，創投的經理說：為了降低風險，我們公司決定分 2 輪投資：第 1 輪按你們的財務預測先給 18 個月的資金，之後再看看經營績效投資第 2 輪資金。Joe 平靜的道謝，以便顯得一切是如此的理所當然，但心裡卻吶喊著：你真是慧眼識英雄！

在下樓的電梯裡，Eddy 說：那我們要盡快開始架設網站。Eddy 是網路的行家，一些 Joe 看不懂的高科技玩意兒，對 Eddy 而言是如數家珍。然而創業初期總是萬事待興，沒多久兩人找了間小店面，一樓是實體店面的展示與銷售、二樓是辦公室，主要是 Eddy 經營網路行銷，Joe 則在一樓看店招呼客人。

CHAPTER

1

如何辨識競爭中的關鍵因素

本章的分析方法可以協助你辨識商業競爭中的關鍵因素，以確定公司資源投入的重點。並且藉由瞄準客戶群，確認公司的競爭市場區隔且隨時調整策略。對創業者而言，選擇一個商業領域進行創業是極其不容易的事情，只有快速了解領域中的關鍵競爭因素，才能在該領域中有立足之地。對成熟業者來說，市場狀況瞬息萬變，如何在競爭激烈的市場端獲得更高的佔有率，又如何能保有自身的領先地位，這都需要對市場的關鍵競爭因素有充分的了解。

1.1 樞紐分析的基本原理

樞紐分析（Pivot Table）是用來匯總各種表格數據。透過分組並對組內數據進行合理的操作，如排序、平均、累加、計數等，從而挖掘數據中的潛在資訊。樞紐分析是商業分析中最常見的一種分析方式，在面對陌生的數據時，樞紐分析能非常快速、直觀挖掘出數據中的訊息。

樞紐分析可以動態地改變表格的版面配置，以便按照不同方式分析資料。例如：重新安排行號、標籤、以及欄位。每一次改變版面配置時，樞紐分析表會立即按照新的配置重新計算資料。另外，如果原始資料有改變，則可以直接更新樞紐分析表。

以表 1.1.1 的數據為例，其中顯示了貨運記錄的原始數據。當使用樞紐分析後，可以變為表 1.1.2，能更加清晰、直觀了解每月不同地區的貨運總量，以及所有地區的總量，若切換第一欄的 Region 為其他特徵，就可以快速的分析出每月該特徵的貨運量等。

表 1.1.1 貨運記錄原始數據

Region	Style	Ship Date	Units	Price	Cost
South	Tee	1/31/2015	12	11.99	10.42
East	Golf	1/31/2015	12	13.99	12.6
East	Fancy	1/31/2015	12	13.99	11.74
East	Fancy	1/31/2015	12	13.99	11.96
North	Tee	1/31/2015	11	12.99	10.94
West	Golf	1/31/2015	11	13.99	11.73
West	Fancy	1/31/2015	11	12.99	11.51
…	…	…	…	…	…

表 1.1.2 貨運記錄樞紐分析表

Region	1/2015	2/2015	3/2015	4/2015	5/2015	6/2015
East	66	80	102	116	127	125
North	96	117	138	151	154	156
South	123	141	157	178	191	202
West	78	97	117	136	150	157
Total	363	435	514	581	622	640

1.2 實例操作 - 鐵達尼號存活旅客

1.2.1 資料解析

本章範例使用到的是鐵達尼號旅客的相關數據。鐵達尼號是相當有名的一艘船，首航就遇到冰山不幸沉入海底，其故事也已經拍成電影。在大數據分析領域，旅客的相關數據也幾乎是初學者都會接觸到的一份經典資料集。本章會利用 RapidMiner 中的樞紐分析功能，挖掘出這艘船上存活旅客的特點，期望透過經典的數據，讓初學者能快速掌握 RapidMiner 的基本功能，為後續的學習之旅打好基礎。

在這份數據中共有 1309 筆資料，分別為 1309 位登上鐵達尼號的旅客。每一筆資料有 13 個欄位，表示與旅客相關的資訊。這份數據主要記錄了 1309 位旅客是否在這次災難中存活，以及他們的基本資訊。具體欄位說明如表 1.2.1 所示。

這份數據資料在 RapidMiner 內建的 dataset 庫中，無需下載即可進行進一步的分析使用。

表 1.2.1 鐵達尼號旅客資料

欄位名稱	說明
Row No.	資料索引
Passenger Class	艙等
Name	姓名

接下頁

欄位名稱	說明
Sex	性別
Age	年齡
No of Sibilings or Spouses on Board	船上兄弟姐妹或配偶的數量
No of Partners or Childern on Board	船上父母子女的數量
Ticket Number	船票號碼
Passenger Fare	船票價格
Cabin	船艙編號
Port of Embarkation	登船港口
Life Boat	逃生艇編號
Survived	是否存活

1.2.2 選擇分析方法

分析目標

找出倖存旅客最主要的特點。

設計流程

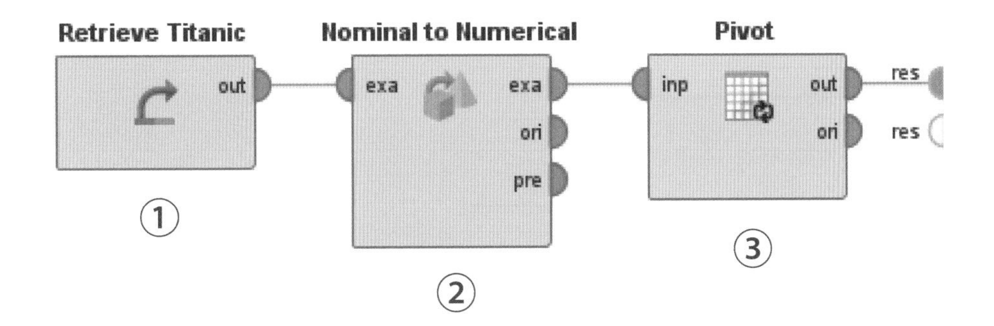

表 1.2.2 組件清單

組件索引	功能模組	操作	說明
1. 原始資料	Repository ↳ Samples ↳ data ↳ Titanic	拖拉至畫布中	1309 樣本 8 個定性 X 4 個定量 X 1 個索引
2. Dummy Coding	Operators ↳ Blending ↳ Attributes ↳ Types ↳ Nominal to Numerical	拖拉至畫布中	對 **Survived** 作 dummy coding
3. 樞紐分析	Operators ↳ Blending ↳ Table ↳ Rotation ↳ Pivot	拖拉至畫布中	列：艙等 (分 3 組) 欄：性別 (分 2 組) 值：存活機率 (0~1)

操作步驟

① 啟動 **RapidMiner Studio**，選 **Blank Process**

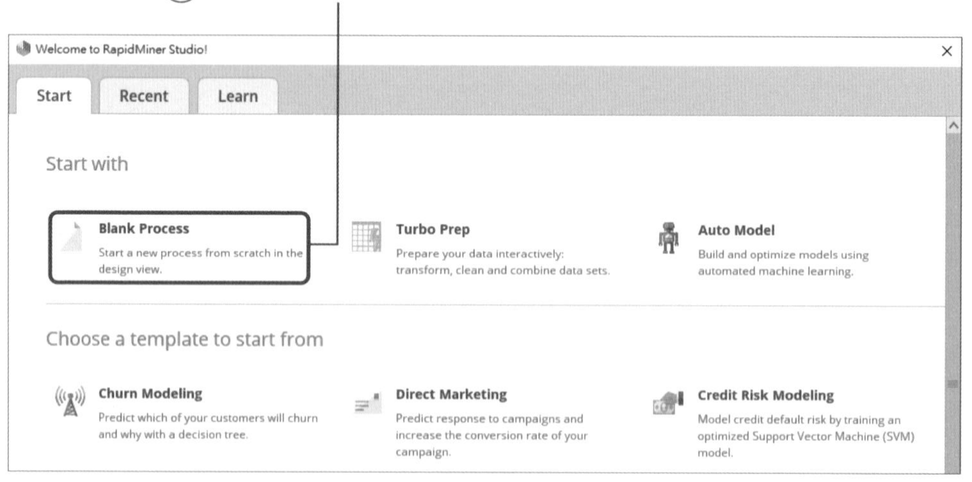

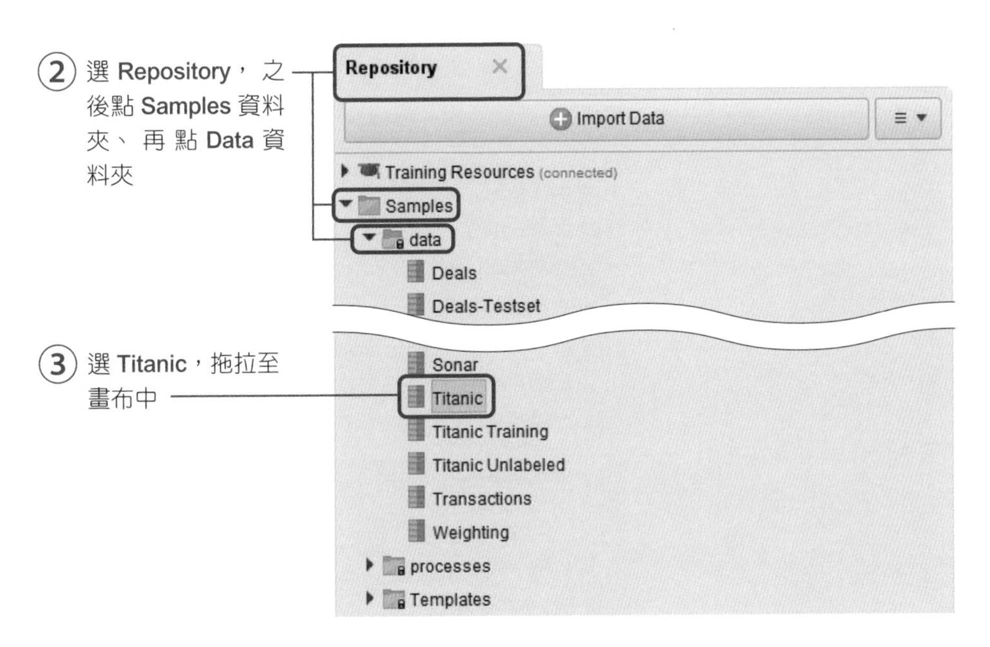

② 選 Repository，之後點 Samples 資料夾、再點 Data 資料夾
③ 選 Titanic，拖拉至畫布中
Repository
Import Data
Training Resources (connected)
Samples
data
Deals
Deals-Testset
Sonar
Titanic
Titanic Training
Titanic Unlabeled
Transactions
Weighting
processes
Templates

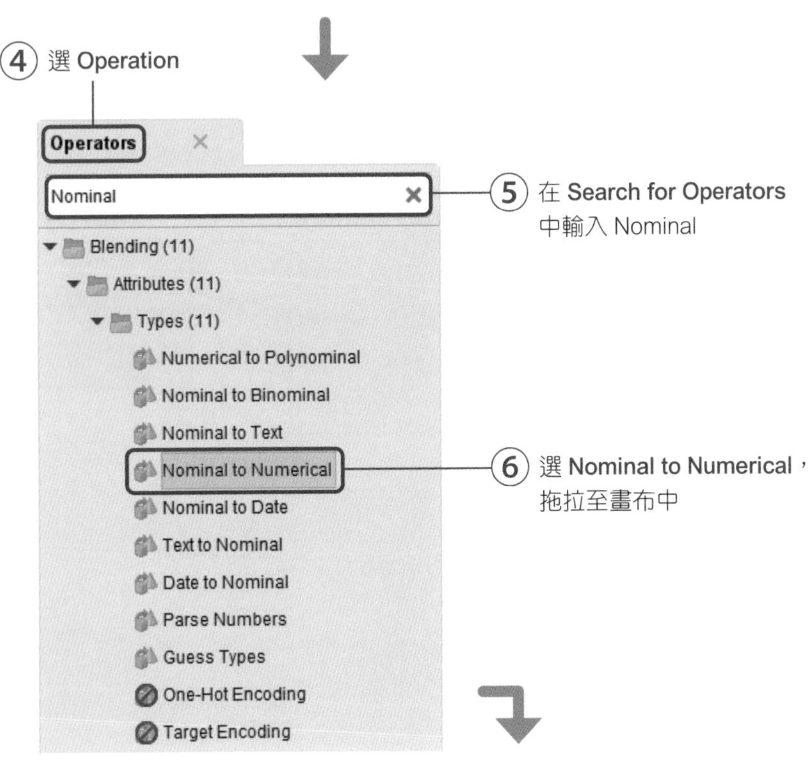

④ 選 Operation
⑤ 在 Search for Operators 中輸入 Nominal
⑥ 選 Nominal to Numerical，拖拉至畫布中
Operators
Nominal
Blending (11)
Attributes (11)
Types (11)
Numerical to Polynominal
Nominal to Binominal
Nominal to Text
Nominal to Numerical
Nominal to Date
Text to Nominal
Date to Nominal
Parse Numbers
Guess Types
One-Hot Encoding
Target Encoding

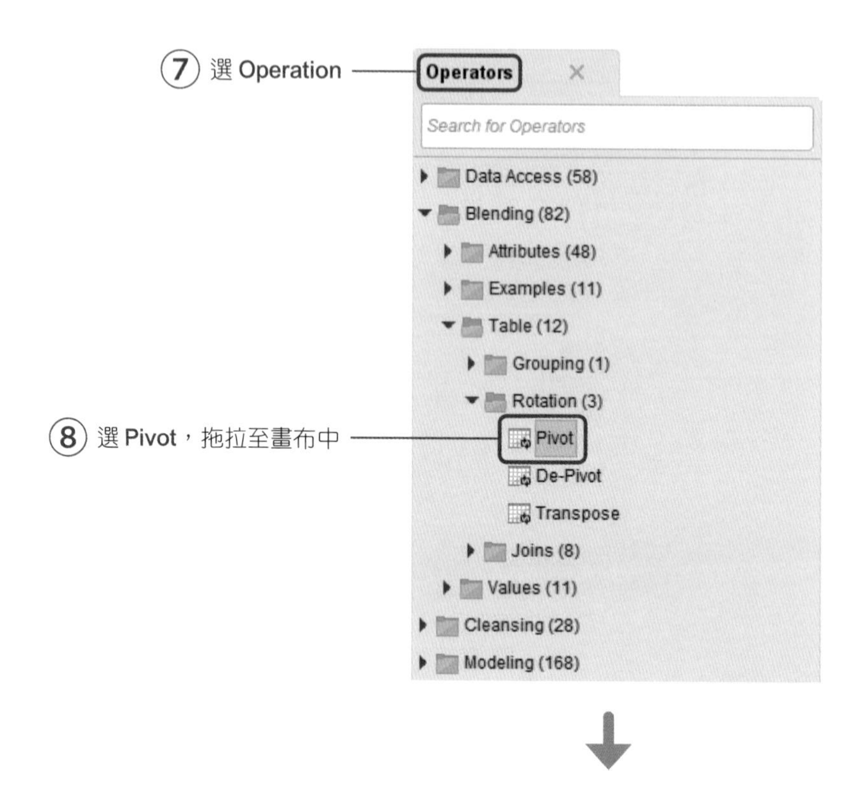

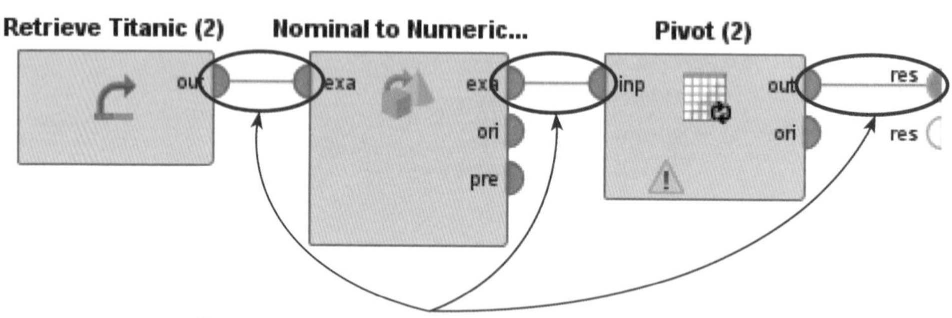

⑨ 將元件連接起來（只要依序點選模組周邊的半圓形，就可以用線把 2 者連接起來）

1.2.3 設定參數

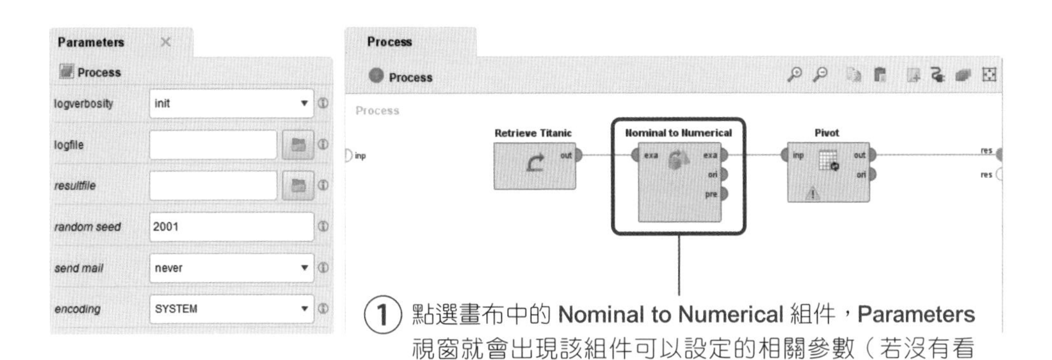

① 點選畫布中的 Nominal to Numerical 組件，Parameters 視窗就會出現該組件可以設定的相關參數（若沒有看到 Parameters 視窗，請點選 RapidMiner 視窗上方的 View → Show Panel → Parameters）

Parameters

Nominal to Numerical

create view

attribute filter type: single

attribute: Survived

invert selection

include special attributes

coding type: dummy coding

use comparison groups

unexpected value handling: all 0 and warning

use underscore in name

② 將資料中的 Survived 進行 dummy coding

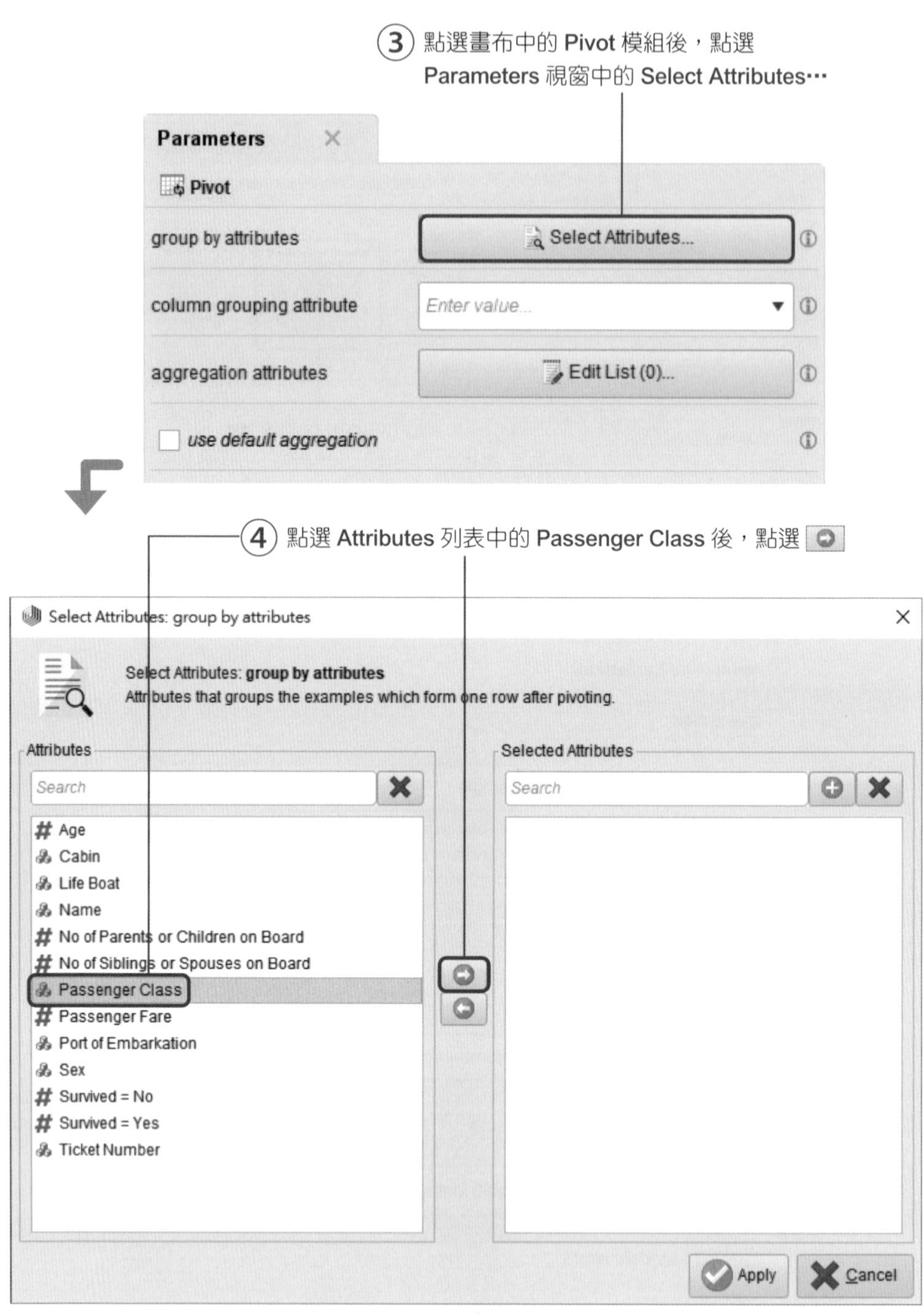
③ 點選畫布中的 Pivot 模組後，點選 Parameters 視窗中的 Select Attributes…
Parameters
Pivot
group by attributes
Select Attributes...
column grouping attribute
Enter value...
aggregation attributes
Edit List (0)...
use default aggregation
④ 點選 Attributes 列表中的 Passenger Class 後，點選
Select Attributes: group by attributes
Select Attributes: group by attributes
Attributes that groups the examples which form one row after pivoting.
Attributes
Search
Age
Cabin
Life Boat
Name
No of Parents or Children on Board
No of Siblings or Spouses on Board
Passenger Class
Passenger Fare
Port of Embarkation
Sex
Survived = No
Survived = Yes
Ticket Number
Selected Attributes
Search
Apply
Cancel

⑤ 點選 Apply

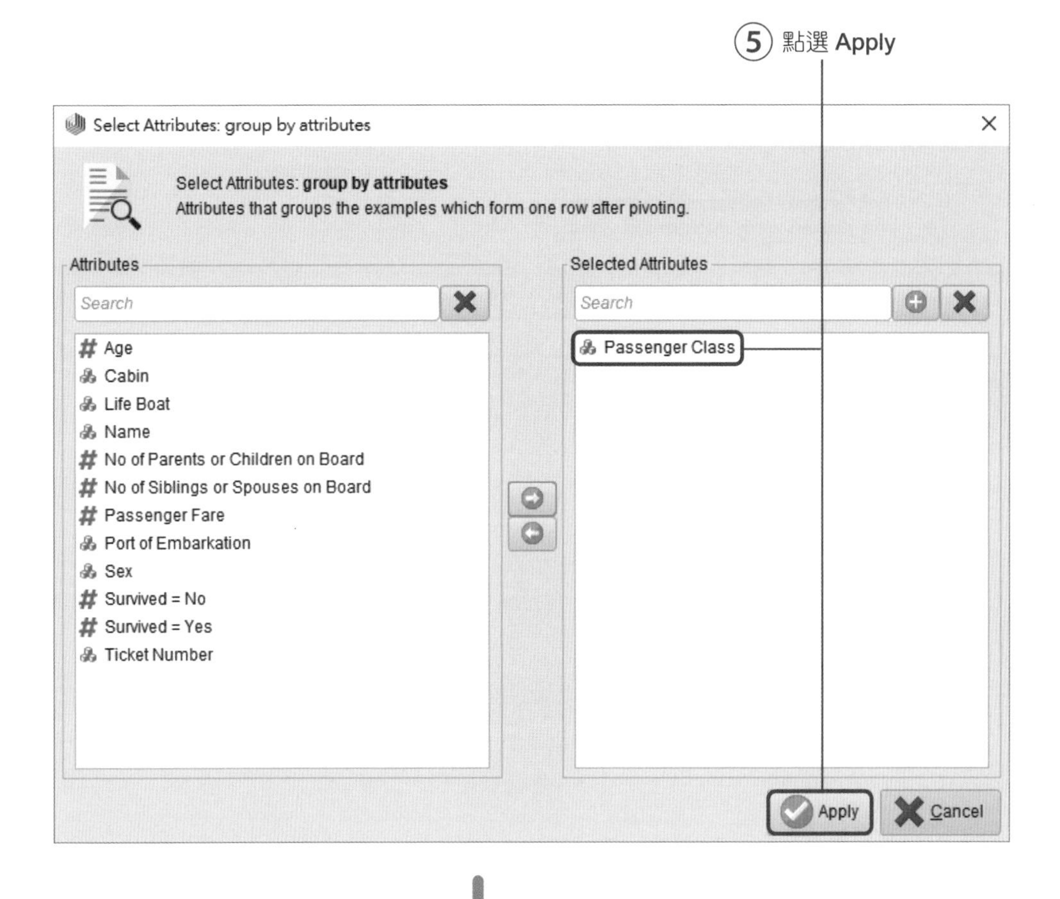

⑥ column grouping attribute 選 Sex，接著選 Edit List(0)⋯

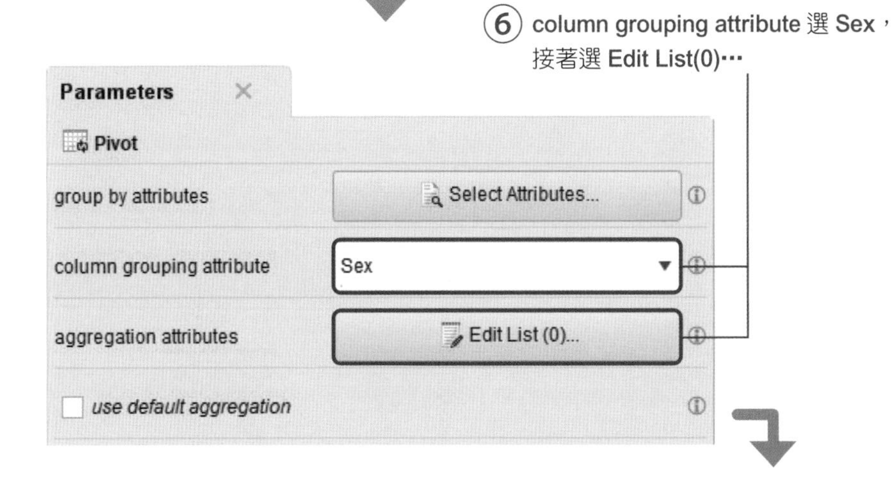

⑦ 在 aggregation attribute 選擇 Survived = Yes，並在 aggregation function 選擇 average

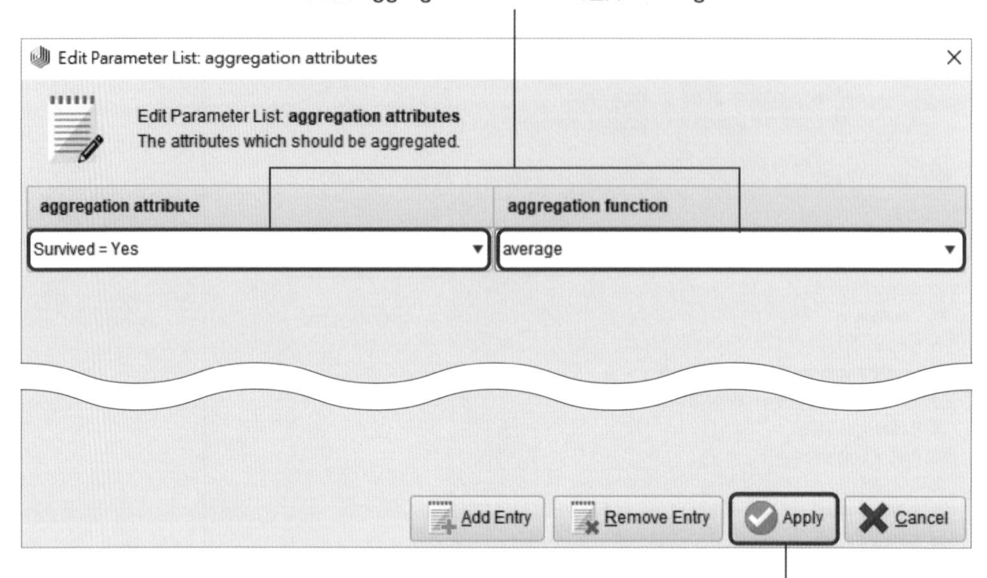

⑧ 最後選 Apply，如此一來，我們就可以計算不同群組、性別中所有 Survived = Yes 的平均值，其中群組依據為 Passenger Class

1.2.4 執行結果

① 點選 Start the execution of the current process

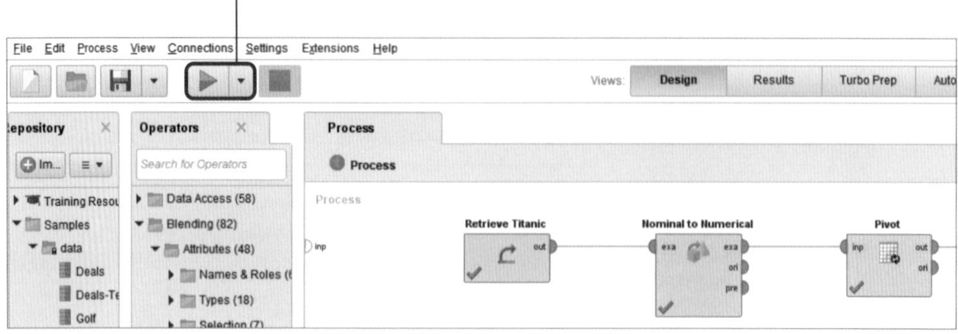

② 點選 Results，查看 ExampleSet (Pivot) 中 Data 的結果

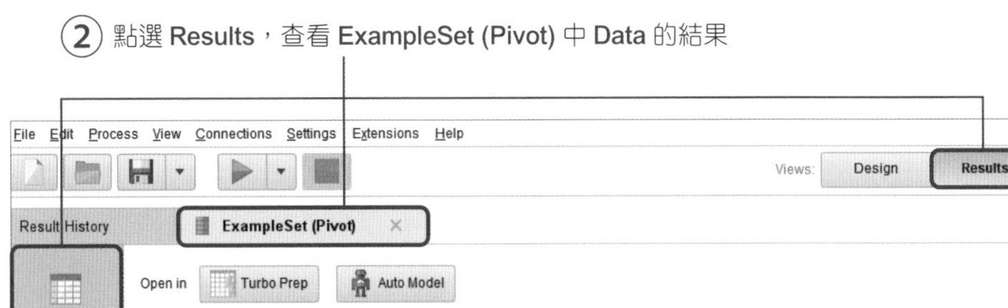

Row No.	Passenger Class	average(Survived = Yes)_Female	average(Survived = Yes)_Male
1	First	0.965	0.341
2	Second	0.887	0.146
3	Third	0.491	0.152

1.2.5 詮釋結果

- 以同一艙等而言：頭等艙的女性乘客中有 96.5% 存活，頭等艙的男性乘客中只有 34.1% 存活。以頭等艙而言，女性存活機率 > 男性存活機率；同理，二艙等、三等艙也有這種現象。
- 以女性而言，頭等艙存活機率 > 二等艙 > 三等艙。以男性而言，頭等艙存活機率 > 三等艙 > 二等艙。
- 大致趨勢：艙等越高，存活機率較高，此為鐵達尼船難中存活的「關鍵因素」。

大數據分析講究「ABCDE」，其中 A（Analysis）是指分析人員要具備分析資料的能力，如釐清問題、決定該用何種模型、如何調參數等。B（Big Data）是指要有適當的資料，無論是筆數多或變數多都可以。這通常會由委任的公司提供，或從網路上找到開源的研究用資料。C（Computing）代表要有計算能力，通常是需要一台好的電腦處理運算工作，筆者建議

提升 RAM 隨機存取記憶體的容量，有助於提高計算速度。D（Domain Knowledge）是產業知識，這通常需要向各行各業的老師傅請教「哪些變數（X）會影響我們關心的議題」。例如鶯歌老街的店家想要預測銷售量（Y），也許需要考慮是否為假日（X1）、有無下雨（X2）、氣溫高低（X3）、有無促銷活動（X4）等。E（Evidence）是指需要有真實的場景，來驗證預測模型的績效，如準確度或誤差是否符合期待。

變數的選擇是影響預測模型績效的主要因素之一，以鐵達尼號的資料而言，若我們關心的議題是「旅客是否存活（Y）」，對 12 個 X 逐一進行樞紐分析，可能要進行 $C_2^{12}=66$ 次。但我們可以透過一些方法減少這些工作量，例如經由合理判斷排除一些 X，像是「旅客叫什麼名字」和「是否能夠存活下來」似乎關係不大，則可以考慮排除和「姓名」有關的樞紐分析。

對於留下來的 X 逐一進行樞紐分析時，需要辨識的是「分析結果有沒有特殊趨勢」。以本例而言，「艙等」與「性別」的分析結果可以歸納為：「艙等越高存活機率越大」與「對同一艙等而言女性存活機率普遍比男性高」這 2 個特殊趨勢。由於這些都有助於我們預測「是否能夠存活下來」，因此可以列為「關鍵的因素」。至於「到底有多關鍵」，則需要後續單元內容的進一步分析。

在商業競爭中，能夠辨識出產業競爭的「關鍵因素」，並集中資源逐步提升關鍵因素，在競爭中脫穎而出的機率將會增加。

1.3 章節練習 - 影響汽車銷售的重要因素

汽車行業是一個競爭非常激烈的產業，但也蘊藏著巨大的市場機會。影響汽車銷量的因素有很多，且不同時期市場對於汽車需求的偏好也不相同。如何透過市場銷售數據，提取影響銷量的關鍵因素是至關重要。本練習使用的數據集為 E1_CarSales，其中包含 150 餘車款的基本資訊與銷量記錄。數據中 13 個欄位具體說明如下：

- Brand：表示生產廠商。
- Model：表示汽車型號。
- Vehicle Type：表示汽車類型，Car 表示普通車型，SUV/Truck/Van 表示其他車型。
- Engine：表示引擎油耗。
- Horsepower：表示馬力大小。
- Wheelbase：表示軸距。
- Width：表示整車寬度。
- Length：表示整車長度。
- Weight：表示整車質量。
- Fuel Capacity：表示油箱容量，單位加侖。

- **Fuel Efficiency**：表示燃油效率。
- **Price**：表示零售價格（美元）。
- **Sales**：表示最近半年銷量。

練習目標

請使用本章節中所介紹的 RapidMiner 工具中的樞紐分析功能分析汽車銷售數據，找出影響銷量最關鍵的因素。並進一步對不同類型、價位、油耗、品牌的汽車進行更深入的分析。

CHAPTER

2

我的競爭對手在哪裡？策略群組的量化分析

本單元可以協助公司辨識自己的競爭對手，以及新進競爭者歸屬哪一個競爭群體，讓公司在既定的市場區隔中站穩腳跟，進一步把公司資源應用在關鍵競爭因素上。若零售產業的「關鍵競爭因素」為商場面積、商品種類、商圈人口數、商圈平均收入，則可以使用本章的方法尋找「自己的競爭對手」。若有「新的競爭者」進入市場，則可以找到這位新進競爭者應該「歸屬於哪一個競爭群組」，若與本公司同群組，則應即時擬定因應策略；若不屬於同一群組則密切保持關注。

2.1 非監督式 K-平均（K-Means）以及監督式 K- 近鄰（KNN）演算法的基本原理

2.1.1 演算法概念

K- 平均演算法（K-Means）

把資料分成「K 個群組」，means 意旨每一群組的群心。例如：全班 20 人身高、體重散佈圖如下（男 = ▲、女 = ●）。若想找出「代表性男女生」的身高、體重，則分別對男生的身高、體重取平均（男 = ❋），以及對女生的平均身高、體重取平均（女 = ★）。此時稱對此資料「取 2 個中心點」，也就是 K 為 2。

圖 2.1.1 全班 20 人身高體重散佈圖

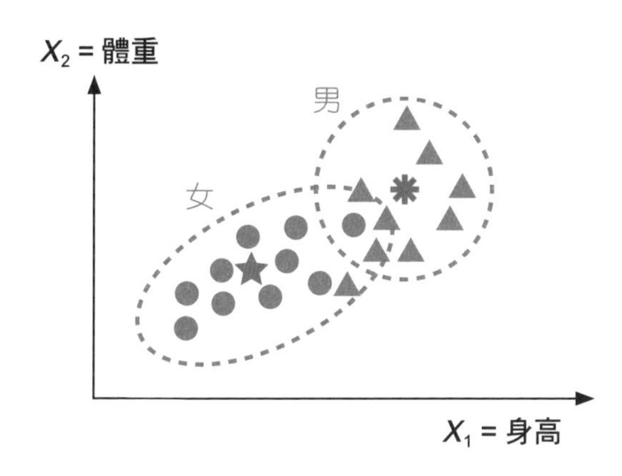

K- 近鄰演算法（KNN）

用「K 個最接近的鄰居」決定答案。例如：全班 20 人身高體重散佈圖如下圖（男 = ▲、女 = ●），若「想預測身高 175 公分，體重 70 公斤為男性或女性」，則「與此資料身材最像」的 9 個同學如紅色虛線圓圈。若我們對這 9 人再細分則會發現：有 8 位男生、1 位女生。因此此資料為男生的機率是 8/9，為女生的機率是 1/9。

圖 2.1.2 全班 20 人身高體重散佈圖

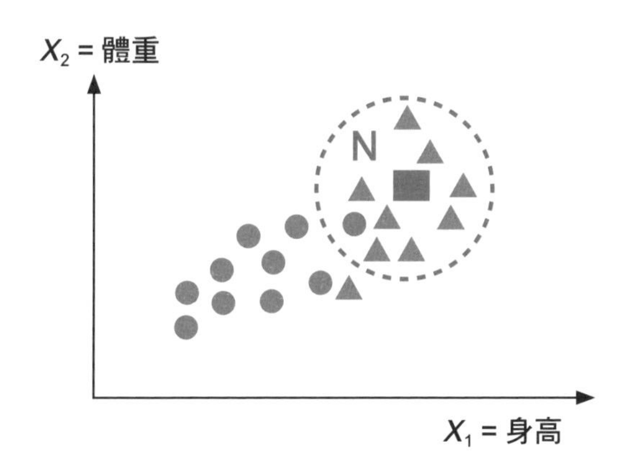

2.1.2 計算方式

衡量尺度 (Scaling)：透過縮放變數，以平等地衡量數據

- **標準化**（Standardization）：適用於近似常態分佈的定量變數，計算「x_i 離 $\bar{x}$ 有多少個標準差」，其中 x_i 為原始值，$\bar{x}$ 為平均數，s 為標準差。計算方式如下：

$$\text{臨界值}z = \frac{x_i - \bar{x}}{s}, s \neq 0$$

- **正規化**（Normalization）：即使定量變數沒有近似常態分佈也適用。**最大最小正規化**是將數據等比例縮放到 0 到 1 之間。計算方式如下：

$$\frac{x_i - \text{最小值}}{\text{最大值} - \text{最小值}} \in [0,1]$$

- **平均值正規化**則是將資料縮放到 -1 到 1 之間，且平均值為 0。計算方式如下：

$$\frac{x_i - \text{平均值}}{\text{最大值} - \text{最小值}} \in [-1,1]$$

決定權重

目的是越接近的樣本影響力越大。

距離計算方式

- **歐幾里得距離**（Euclidean Distance）：兩點間最短的距離，也就是斜邊距離。

$$AB\text{距離} = \sqrt{(X_B - X_A)^2 + (Y_B - Y_A)^2} = \sqrt{(4-0)^2 + (3-0)^2} = 5$$

- **曼哈頓距離**（Manhattan Distance）：兩點軸距的總和，也就是實際行走路徑的總和。

$$AB距離 = |X_B - X_A| + |Y_B - Y_A| = |4-0| + |3-0| = 7$$

- **柴比雪夫距離**（Chebyshev Distance）：兩點軸距的最大值。

$$AB距離 = \max(|X_B - X_A|, |Y_B - Y_A|) = \max(|4-0|, |3-0|) = 4$$

圖 2.1.3 三種距離計算方式示意圖

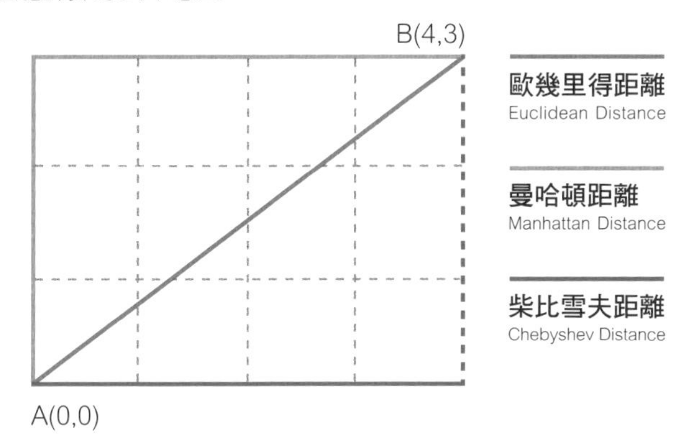

2.2 K-Means 實例操作 - 商場客戶分組

2.2.1 資料解析

本章節範例 **C2_MallCustomers.csv** 為 200 筆模擬商場會員消費紀錄之數據集，包含客戶 ID、年齡、性別、年收入和消費分數。本範例主要目的是學習如何細分客群，聚焦目標顧客群體，以提供給行銷團隊制定相對應的策略。

表 2.2.1 範例資料 C2_MallCustomers.csv（僅節錄部分數據）

CustomerID	Gender	Age	Annual Income (k$)	Spending Score(1-100)
1	1	19	15	39
2	1	21	15	81

各欄位代表之意涵：

- CustomerID：分配給每一位顧客唯一個 ID。
- Gender：顧客性別（1 為男性；2 為女性）。
- Age：顧客年齡。
- Annual Income (k$)：顧客年收入，以千計。
- Spending Score (1-100)：由賣場依照顧客行為以及消費性質給的分數，評分區間在 1-100 之間。

2.2.2 匯入資料

① 至 http://books.datadriven.center/#dataset
下載 **C2_MallCustomers.csv** 資料集

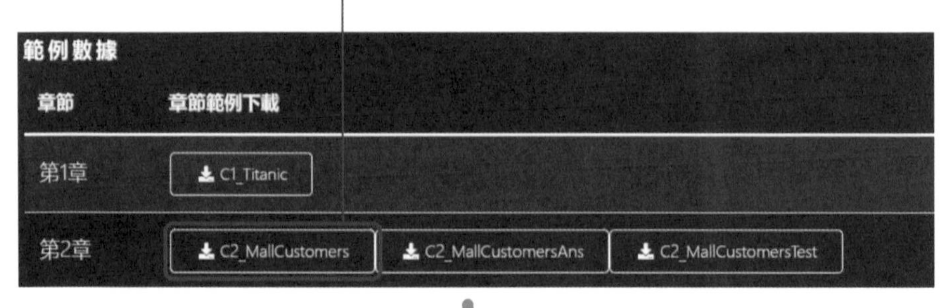

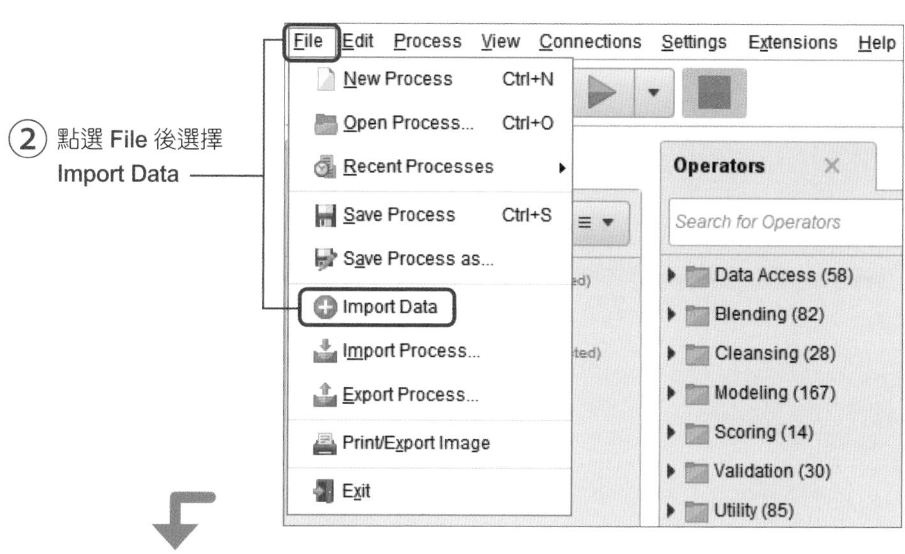

② 點選 File 後選擇 Import Data

③ 在 Import Data – Where is your data? 視窗點選 My Computer

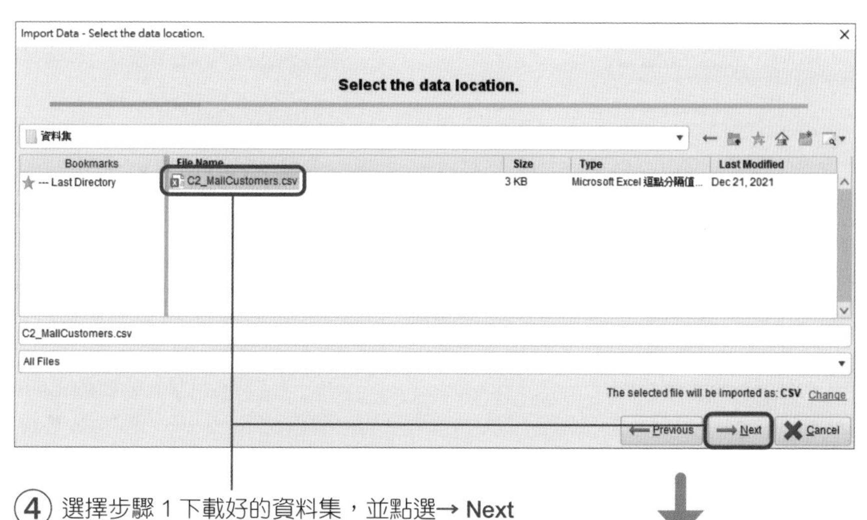

④ 選擇步驟 1 下載好的資料集，並點選→ Next

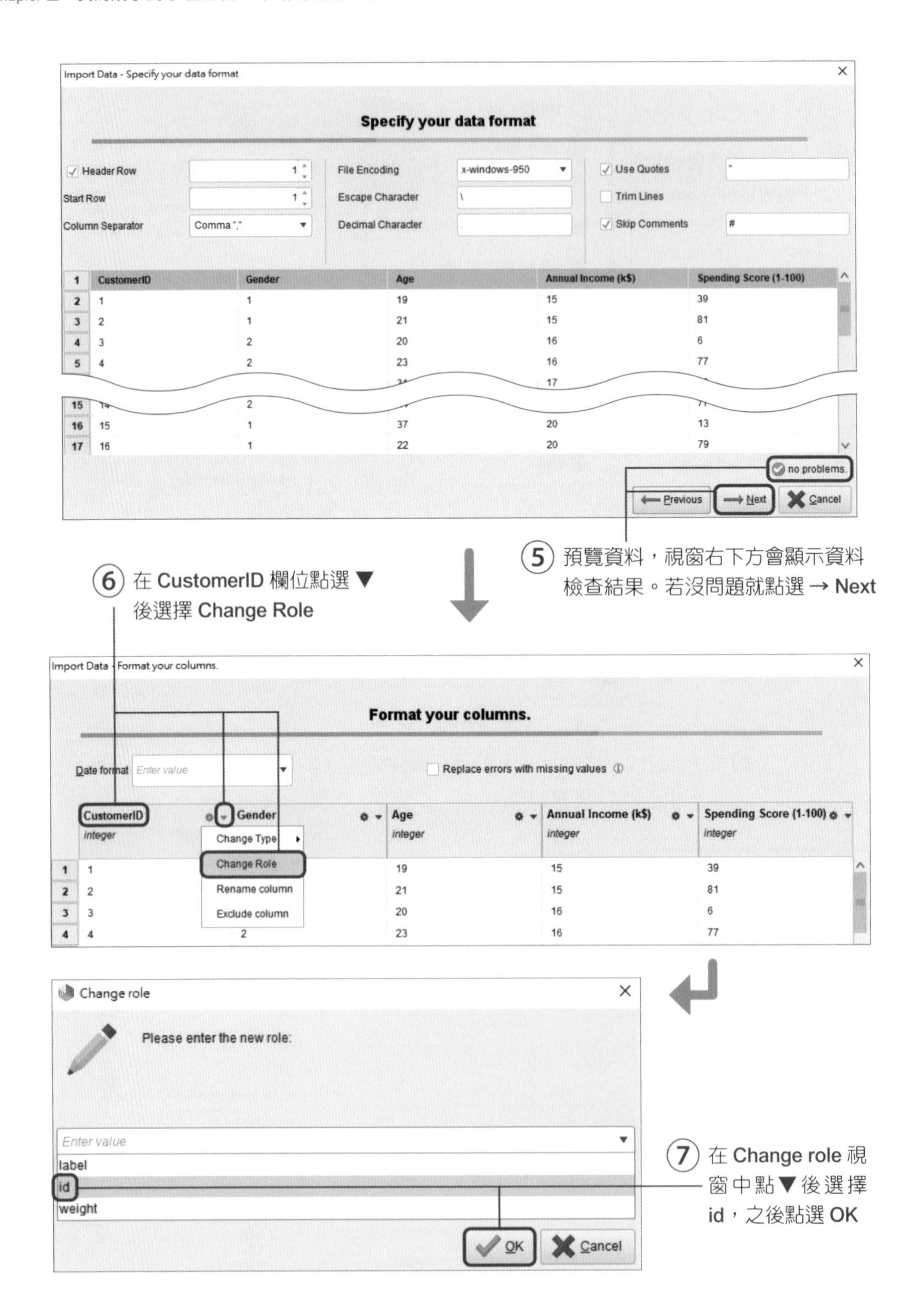
Import Data - Specify your data format
Specify your data format
Header Row
Start Row
Column Separator
Comma ","
File Encoding
x-windows-950
Escape Character
Decimal Character
Use Quotes
Trim Lines
Skip Comments
CustomerID
Gender
Age
Annual Income (k$)
Spending Score (1-100)
no problems.
Previous
Next
Cancel
⑤ 預覽資料，視窗右下方會顯示資料檢查結果。若沒問題就點選 → Next
⑥ 在 CustomerID 欄位點選 ▼ 後選擇 Change Role
Import Data - Format your columns.
Format your columns.
Date format
Enter value
Replace errors with missing values
integer
Change Type
Change Role
Rename column
Exclude column
Change role
Please enter the new role:
Enter value
label
id
weight
OK
Cancel
⑦ 在 Change role 視窗中點▼後選擇 id，之後點選 OK

Change role 的選項意思

- label：標籤，也就是 Y 值。
- id：資料編號、索引。
- weight：權重。

⑧ 在 Gender 欄位點選 ▼ 後選擇 Change Type，將設定從 integer 換成 binominal

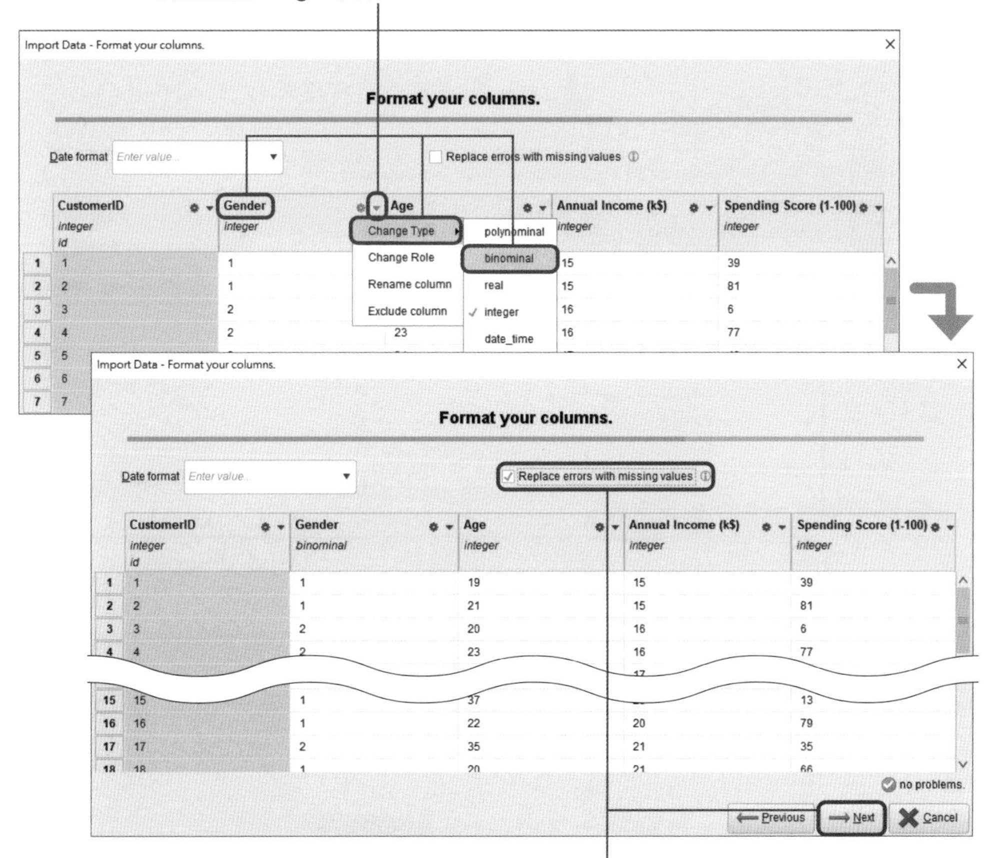

⑨ 勾選 Replace errors with missing values，將異常數據自動轉為系統可辨識之型別「Missing Value」，避免匯入過程產生錯誤。完成後點選→ Next

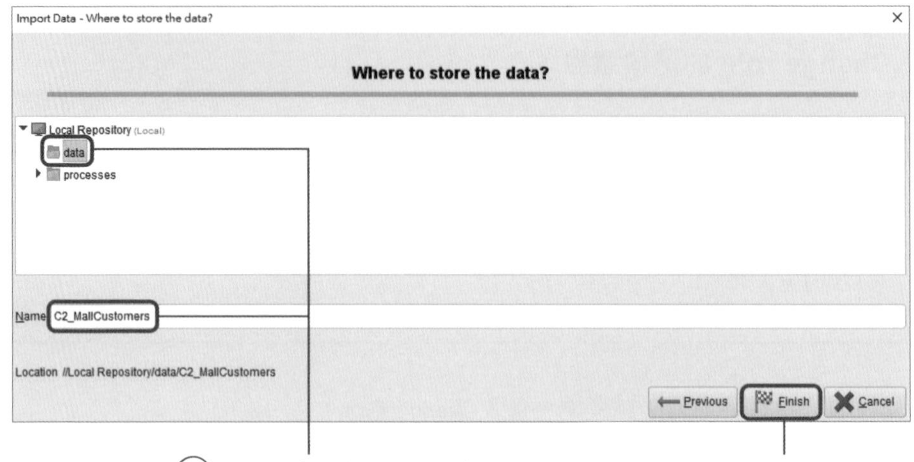

⑩ 選擇檔案儲存位置、檔案名稱，確認儲存路徑後，點選 Finish

⑪ 匯入完成，預覽資料

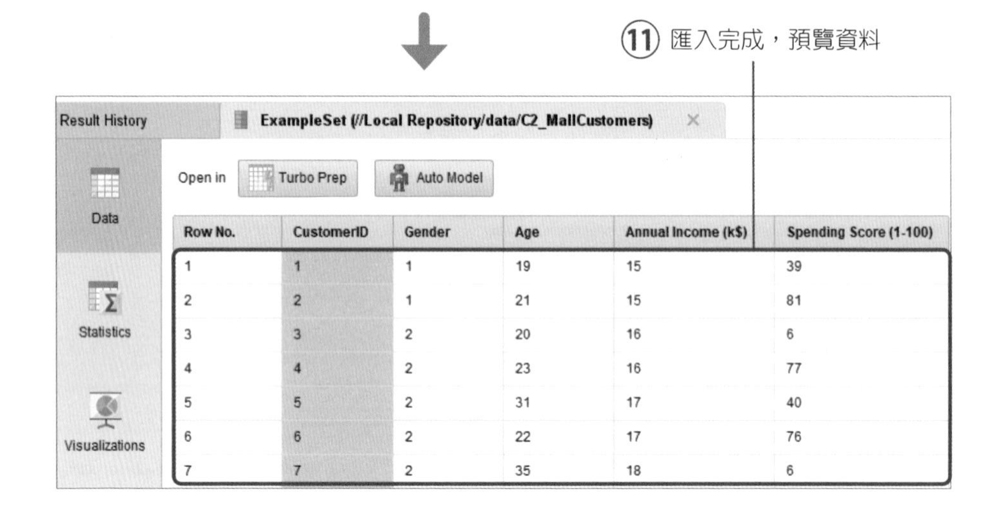

Row No.	CustomerID	Gender	Age	Annual Income (k$)	Spending Score (1-100)
1	1	1	19	15	39
2	2	1	21	15	81
3	3	2	20	16	6
4	4	2	23	16	77
5	5	2	31	17	40
6	6	2	22	17	76
7	7	2	35	18	6

2.2.3 選擇分析方法

分析目標

透過此數據，透過簡單的 K-Means 機器學習演算法，利用特徵將顧客分組。

設計流程

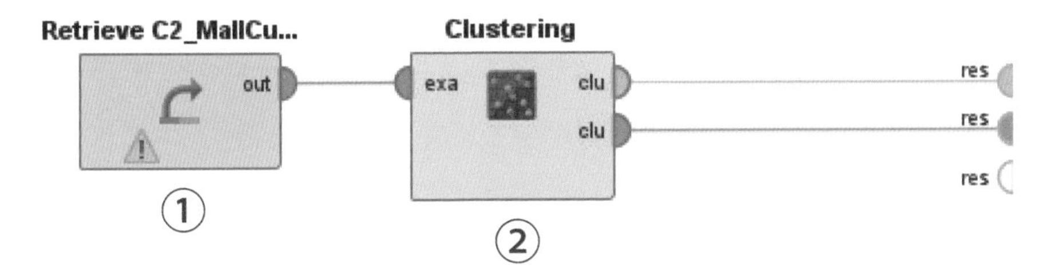

表 2.2.2 組件清單

組件索引	組件	操作	說明
1. 原始資料	Repository ↳ Local Repository ↳ data ↳ C2_MallCustomers	拖拉至畫布中	1 個 ID（CustomerID）、 1 個定性 X（Gender）、 3 個定量 X
2. 分群模型	Operators ↳ Modeling ↳ Segmentation ↳ k-Means	拖拉至畫布中	將類似樣本歸納成一類

操作步驟

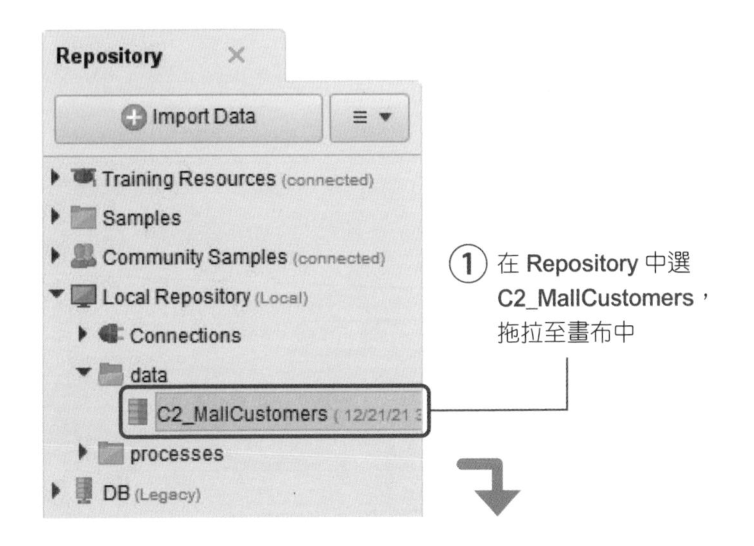

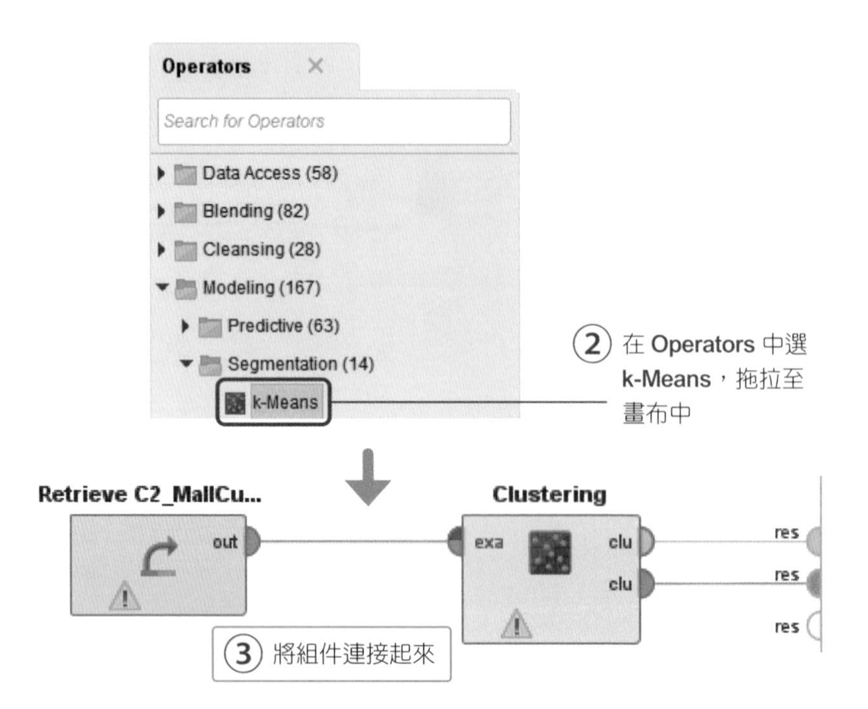
Operators
Search for Operators
Data Access (58)
Blending (82)
Cleansing (28)
Modeling (167)
Predictive (63)
Segmentation (14)
k-Means
② 在 Operators 中選 k-Means，拖拉至畫布中
Retrieve C2_MallCu...
out
Clustering
exa
clu
clu
res
res
res
③ 將組件連接起來

2.2.4 設定參數

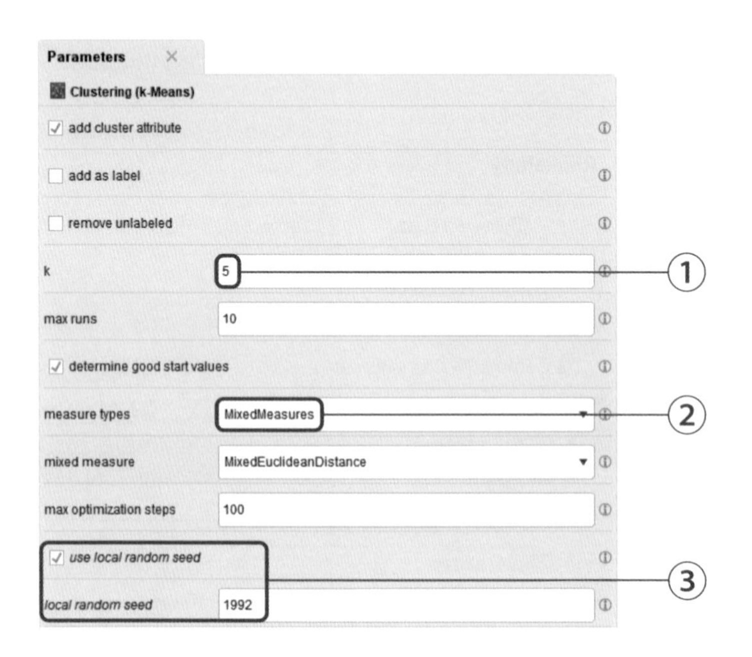
Parameters
Clustering (k-Means)
add cluster attribute
add as label
remove unlabeled
k
5
①
max runs
10
determine good start values
measure types
MixedMeasures
②
mixed measure
MixedEuclideanDistance
max optimization steps
100
use local random seed
local random seed
1992
③

① 點選畫布中的 **Clustering** 組件，在 **Parameter** 視窗中的 **k** 填入 **5**。因此。我們會將資料分成「5 個」群組。

② 設定衡量最接近鄰居的方式，在 **measure types** 選擇 **MixedMeasures**。

③ 勾選 **use local random seed**，並設定 **local random seed** 為 **1992**。透過此設定可以決定是否使用本機的隨機種子參數，使用同一組隨機亂數所抽出的樣本，也就是每次抽取的樣本都相同，比較能觀察變數改變對結果的影響。local random seed 的範圍是 1 到 2147483647，預設為 1992。

2.2.5 執行結果

① 點選 **Start the execution of the current process**

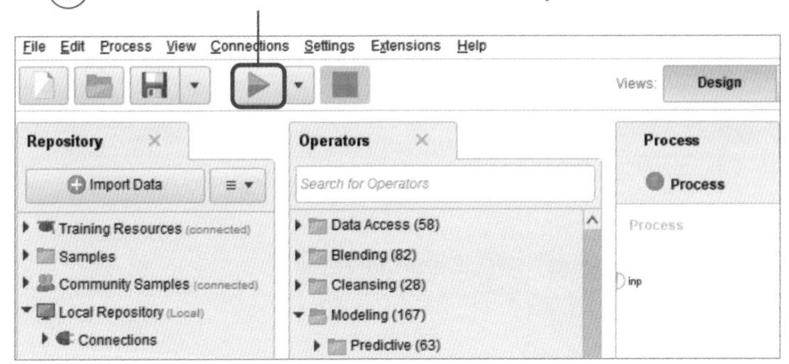

② 點選 **ExampleSet（Clustering）**中的 **Data**，**cluster** 欄位即為分群結果

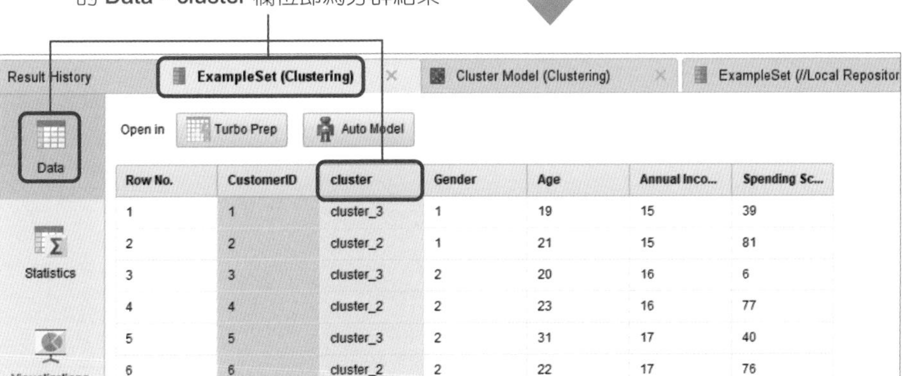

Row No.	CustomerID	cluster	Gender	Age	Annual Inco...	Spending Sc...
1	1	cluster_3	1	19	15	39
2	2	cluster_2	1	21	15	81
3	3	cluster_3	2	20	16	6
4	4	cluster_2	2	23	16	77
5	5	cluster_3	2	31	17	40
6	6	cluster_2	2	22	17	76

③ 點選 **Visualizations** 可以看到視覺化的分群結果。由散佈圖可以看出所分出的 5 群顧客，年收入及消費評分的分佈

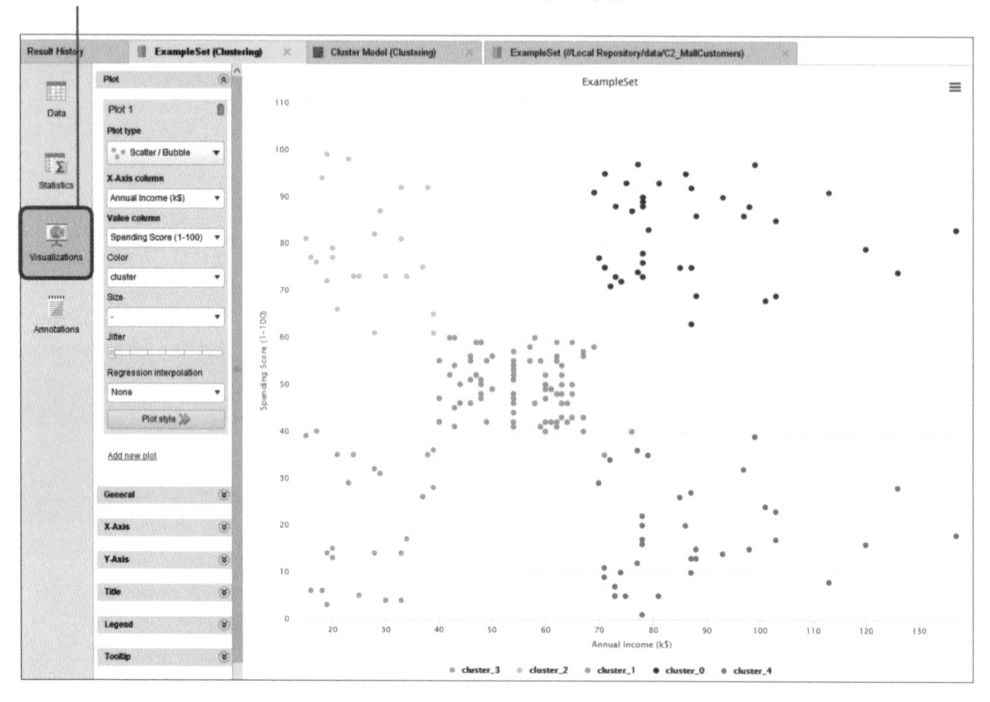

④ 點選 **Cluster Model（Clustering）**中的 **Centroid Table**，可以看到每一群的中心點（平均值）

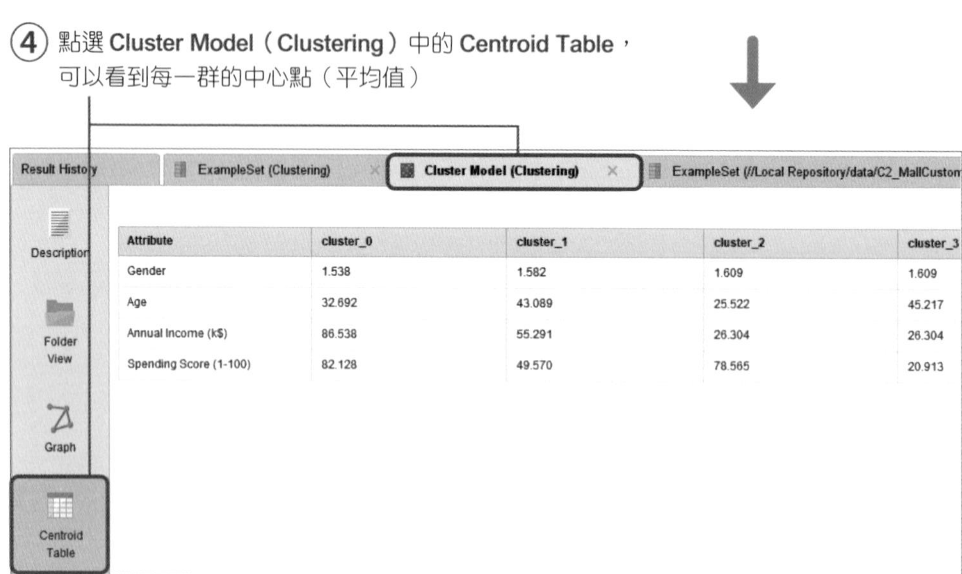

Attribute	cluster_0	cluster_1	cluster_2	cluster_3
Gender	1.538	1.582	1.609	1.609
Age	32.692	43.089	25.522	45.217
Annual Income (k$)	86.538	55.291	26.304	26.304
Spending Score (1-100)	82.128	49.570	78.565	20.913

2.2.6 詮釋結果

當我們收集所有零售同業的資料後，不用主觀分類，而是依照「關鍵競爭因素」進行客觀分類，則可以獲得每一個競爭群組的特徵。舉例來說，若 2.2.5 的分析，是關於市場上所有競爭對手的分類結果，則我們可以知道每一組競爭對手的特徵平均值，以及群組之間的差異。

2.3 KNN 實例操作 - 商場客戶分析

2.3.1 資料解析

本節範例為 200 筆模擬商場會員消費紀錄之數據集 C2_MallCustomer_ANS.csv，包含客戶 ID、年齡、性別、年收入、消費分數及**客群分組**。本範例主要目的是學習使用 KNN 建立預測模型。

表 2.3.1 範例資料 C2_MallCustomers_ANS.csv（僅節錄部分數據）

CustomerID	Gender	Age	Annual Income (k$)	Spending Score(1-100)	Cluster
1	1	19	15	39	cluster_3
2	1	21	15	81	cluster_2

各欄位代表之意涵如下：

- CustomerID：分配給每一位顧客唯一個 ID。
- Gender：顧客性別（1 為男性；2 為女性）。

- Age：顧客年齡。
- Annual Income (k$)：顧客年收入，以千計。
- Spending Score (1-100)：由賣場依照顧客行為以及消費性質給的分數，評分區間在 1-100 之間。
- Cluster：客群分組。

2.3.2 匯入資料

① 至 http://books.datadriven.center/#dataset 下載 **C2_MallCustomersAns.csv** 資料集

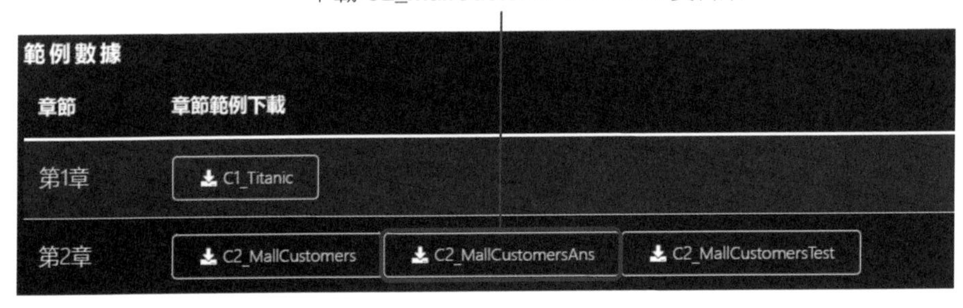

② 點選 **File** 後選擇 **Import Data**

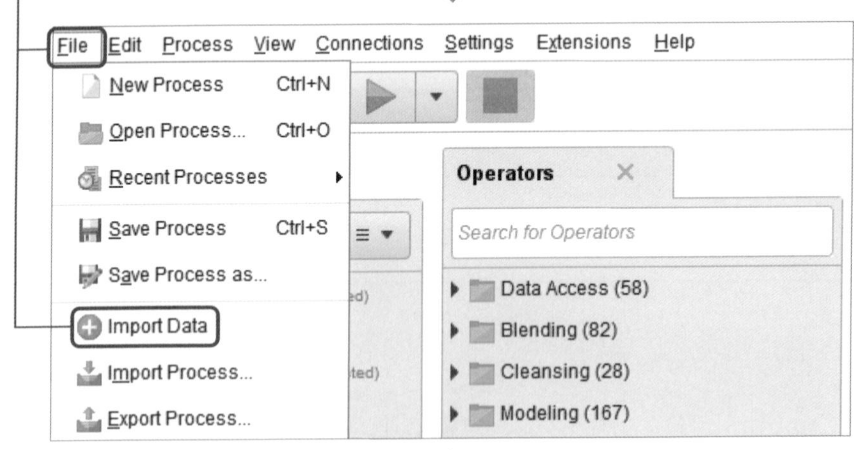

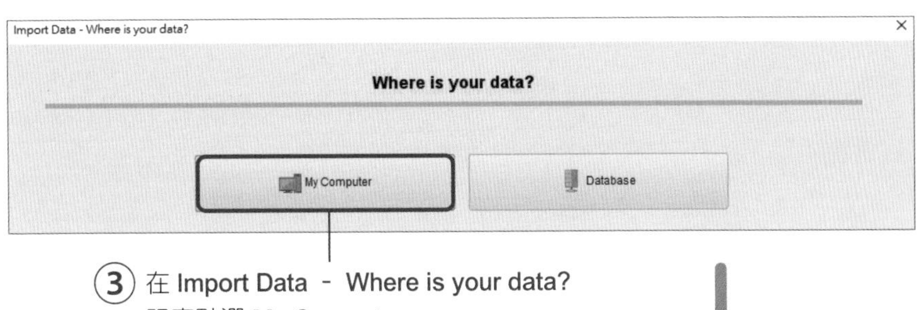

③ 在 Import Data － Where is your data?
視窗點選 My Computer

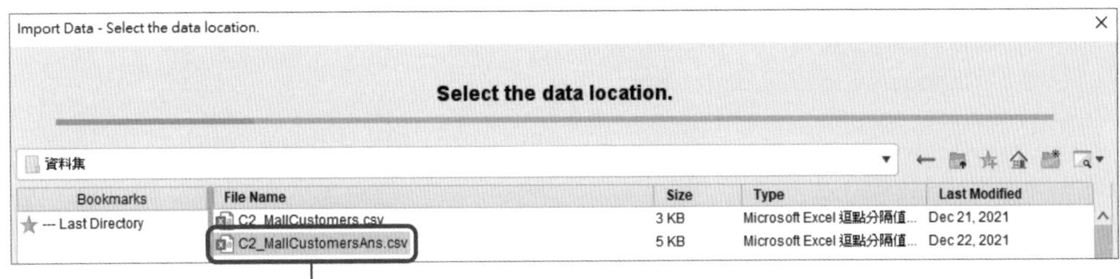

④ 選擇步驟 1 下載好的資料集，並點選 → Next

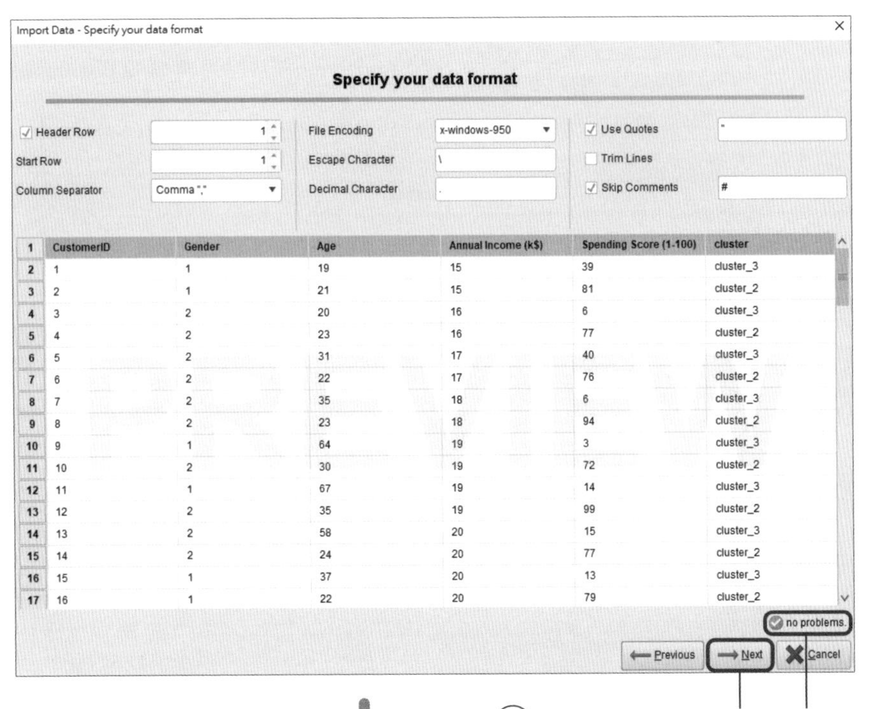

1	CustomerID	Gender	Age	Annual Income (k$)	Spending Score (1-100)	cluster
2	1	1	19	15	39	cluster_3
3	2	1	21	15	81	cluster_2
4	3	2	20	16	6	cluster_3
5	4	2	23	16	77	cluster_2
6	5	2	31	17	40	cluster_3
7	6	2	22	17	76	cluster_2
8	7	2	35	18	6	cluster_3
9	8	2	23	18	94	cluster_2
10	9	1	64	19	3	cluster_3
11	10	2	30	19	72	cluster_2
12	11	1	67	19	14	cluster_3
13	12	2	35	19	99	cluster_2
14	13	2	58	20	15	cluster_3
15	14	2	24	20	77	cluster_2
16	15	1	37	20	13	cluster_3
17	16	1	22	20	79	cluster_2

⑤ 預覽資料，視窗右下方會顯示資料
檢查結果。若沒問題就點選 → Next

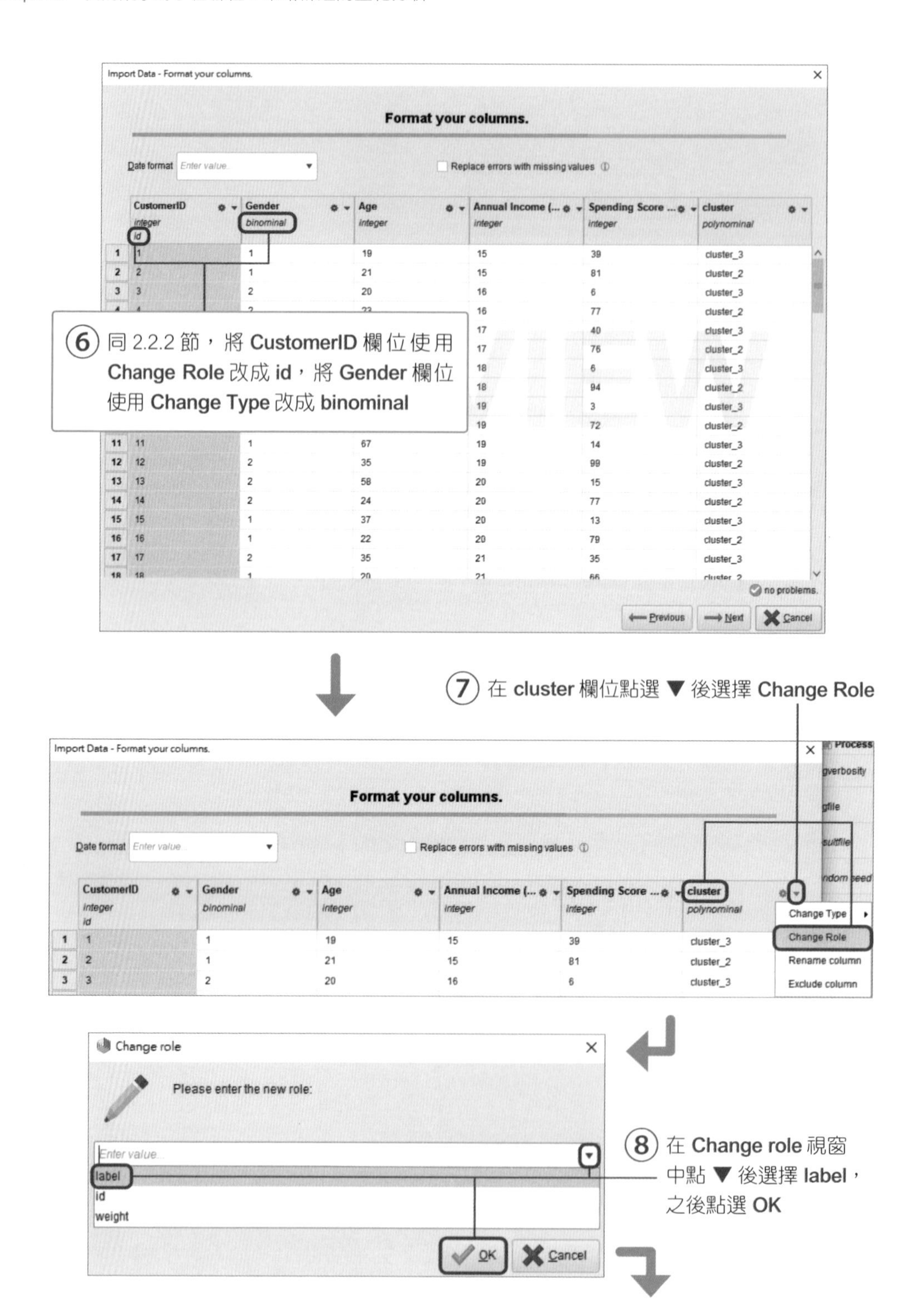
Import Data - Format your columns.
Format your columns.
Date format
Replace errors with missing values
CustomerID
Gender
Age
Annual Income (...
Spending Score ...
cluster
integer
id
binominal
polynominal
⑥ 同 2.2.2 節，將 CustomerID 欄位使用 Change Role 改成 id，將 Gender 欄位使用 Change Type 改成 binominal
no problems.
Previous
Next
Cancel
⑦ 在 cluster 欄位點選 ▼ 後選擇 Change Role
Change Type
Change Role
Rename column
Exclude column
Change role
Please enter the new role:
Enter value...
label
id
weight
OK
Cancel
⑧ 在 Change role 視窗中點 ▼ 後選擇 label，之後點選 OK

⑨ 勾選 **Replace errors with missing values**，將異常數據自動轉為系統可辨識之型別「Missing Value」，避免匯入過程產生錯誤。完成後點選 → **Next**

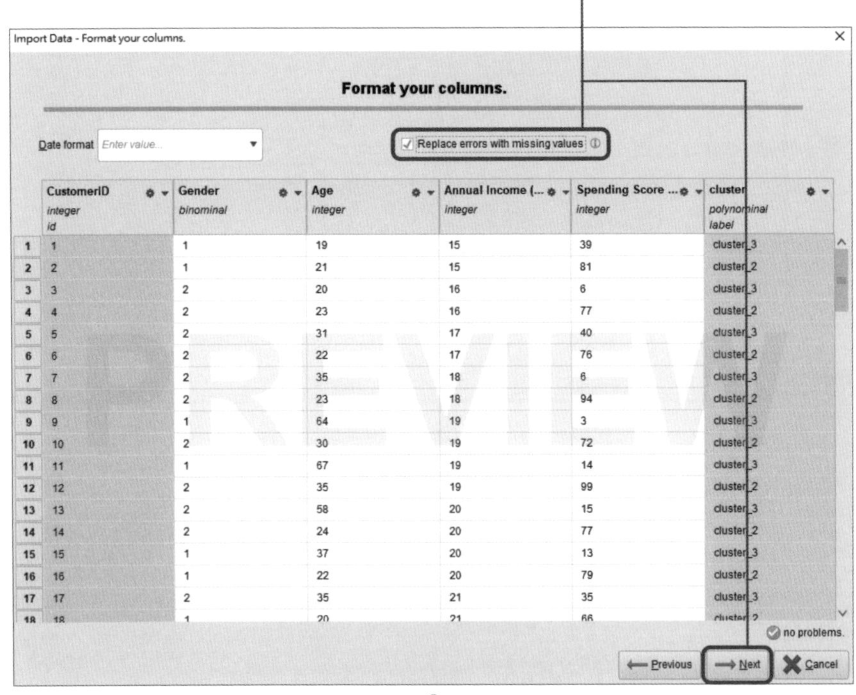

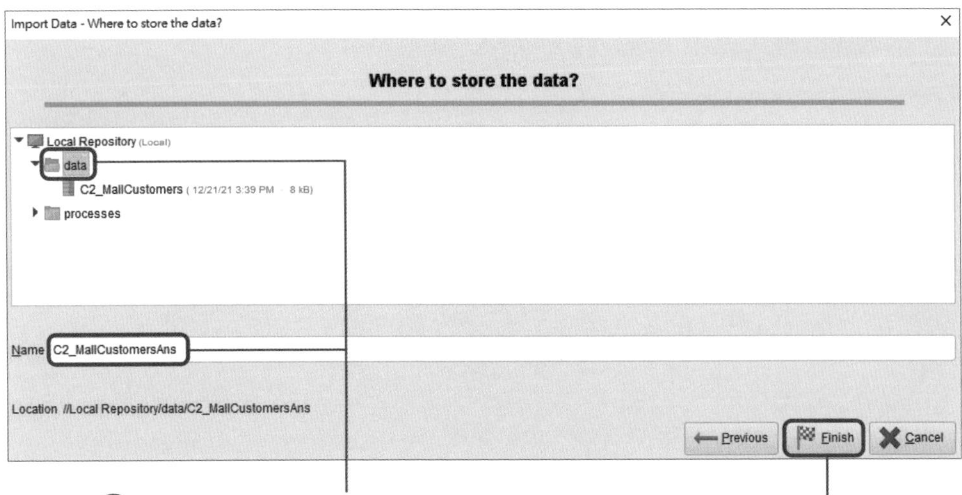

⑩ 選擇檔案儲存位置、檔案名稱，確認儲存路徑後，點選 **Finish**

Result History | ExampleSet (//Local Repository/data/C2_MallCustomersAns)

Data | Statistics | Visualizations | Annotations

Open in Turbo Prep | Auto Model

Row No.	CustomerID	cluster	Gender	Age	Annual Inco...	Spending Sc...
1	1	cluster_3	1	19	15	39
2	2	cluster_2	1	21	15	81
3	3	cluster_3	2	20	16	6
4	4	cluster_2	2	23	16	77
5	5	cluster_3	2	31	17	40
6	6	cluster_2	2	22	17	76
7	7	cluster_3	2	35	18	6
8	8	cluster_2	2	23	18	94
9	9	cluster_3	1	64	19	3
10	10	cluster_2	2	30	19	72

⑪ 匯入完成，預覽資料

2.3.3 選擇分析方法

分析目標

透過此數據，運用 KNN 建立模型，並評估此模型的績效。

設計流程

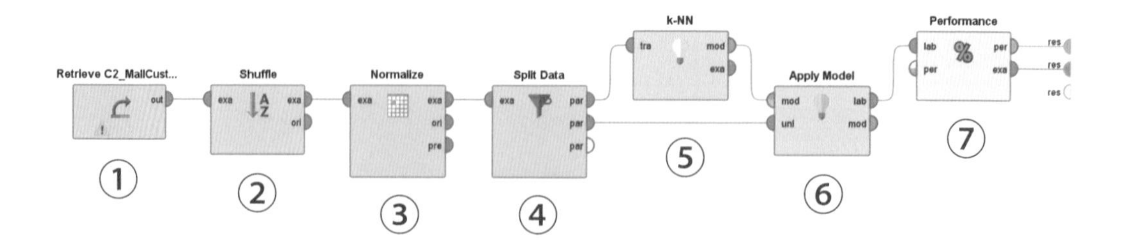

表 2.3.2 組件清單

組件索引	組件	操作	說明
1. 原始資料	Repository ↳ Local Repository ↳ data ↳ C2_MallCustomers_ANS	拖拉放到畫布	1 個 ID（**CustomerID**）、 1 個標籤 Y（**Cluster**）、 1 個定性 X（**Gender**）、 3 個定量 X
2. 洗牌	Operators ↳ Blending ↳ Examples ↳ Sort ↳ Shuffle	拖拉放到畫布	重新排列
3. 標準化	Operators ↳ Cleansing ↳ Normalization ↳ Normalize	拖拉放到畫布	對 3 個定量 X 調整成近似常態分佈
4. 分割資料	Operators ↳ Blending ↳ Examples ↳ Sampling ↳ Split Data	拖拉放到畫布	80% 的訓練資料集， 20% 的驗證資料集
5. kNN	Operators ↳ Predictive ↳ Lazy ↳ k-NN	拖拉放到畫布	用最接近的資料預測資料的類別
6. 代入模型	Operators ↳ Scoring ↳ Apply Model	拖拉放到畫布	驗證資料代入模型實際計算
7. 績效評估	Operators ↳ Validation ↳ Performance ↳ Performance	拖拉放到畫布	預測績效，輸出預測值與真實值的混淆矩陣

2.3.4 設定參數

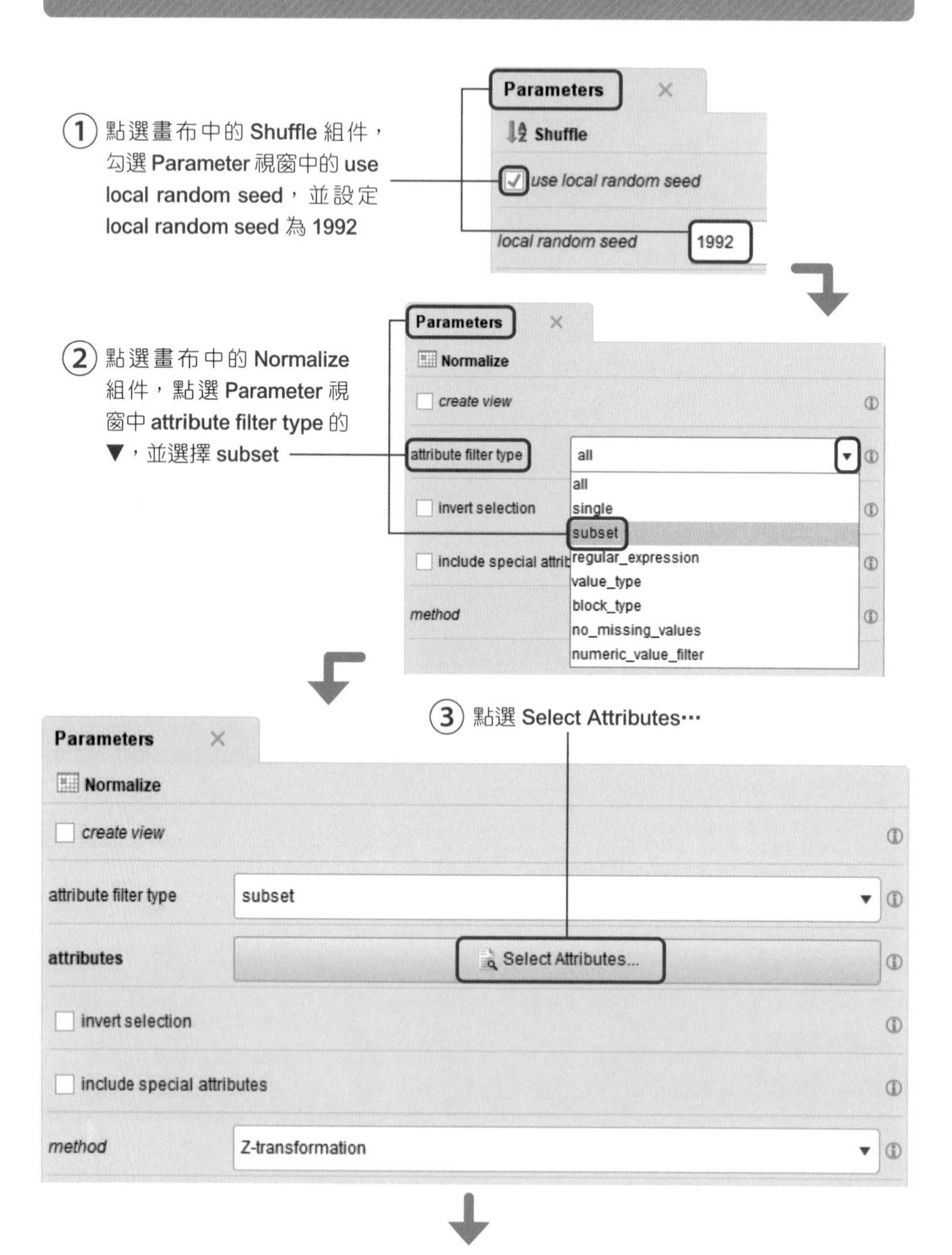

① 點選畫布中的 Shuffle 組件，勾選 Parameter 視窗中的 use local random seed，並設定 local random seed 為 1992
Parameters
Shuffle
use local random seed
local random seed
1992
② 點選畫布中的 Normalize 組件，點選 Parameter 視窗中 attribute filter type 的 ▼，並選擇 subset
Parameters
Normalize
create view
attribute filter type
all
invert selection
include special attrib
method
all
single
subset
regular_expression
value_type
block_type
no_missing_values
numeric_value_filter
③ 點選 Select Attributes…
Parameters
Normalize
create view
attribute filter type
subset
attributes
Select Attributes...
invert selection
include special attributes
method
Z-transformation

④ 使用 → 依序將 Age、Annual Income（k$）、Spending Score（1-100）這 3 個定量 X 移到右邊，並點選 Apply

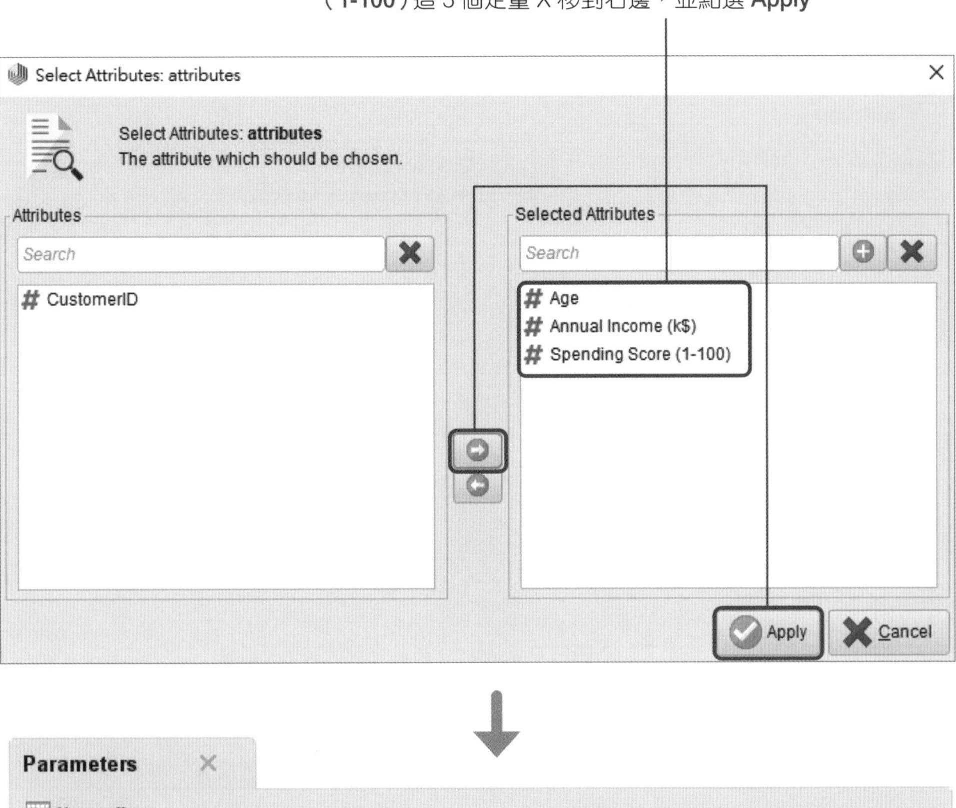

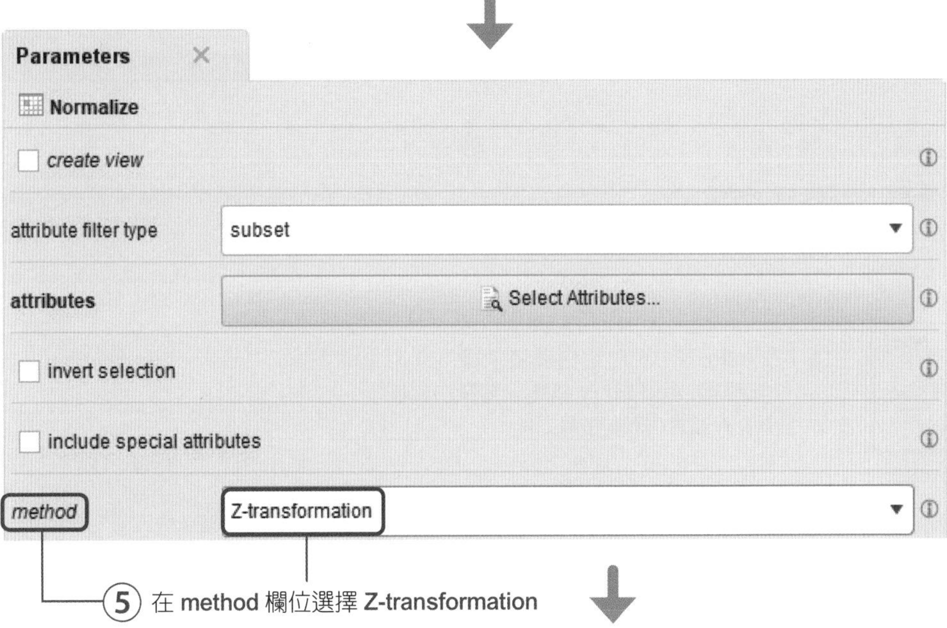

⑤ 在 method 欄位選擇 Z-transformation

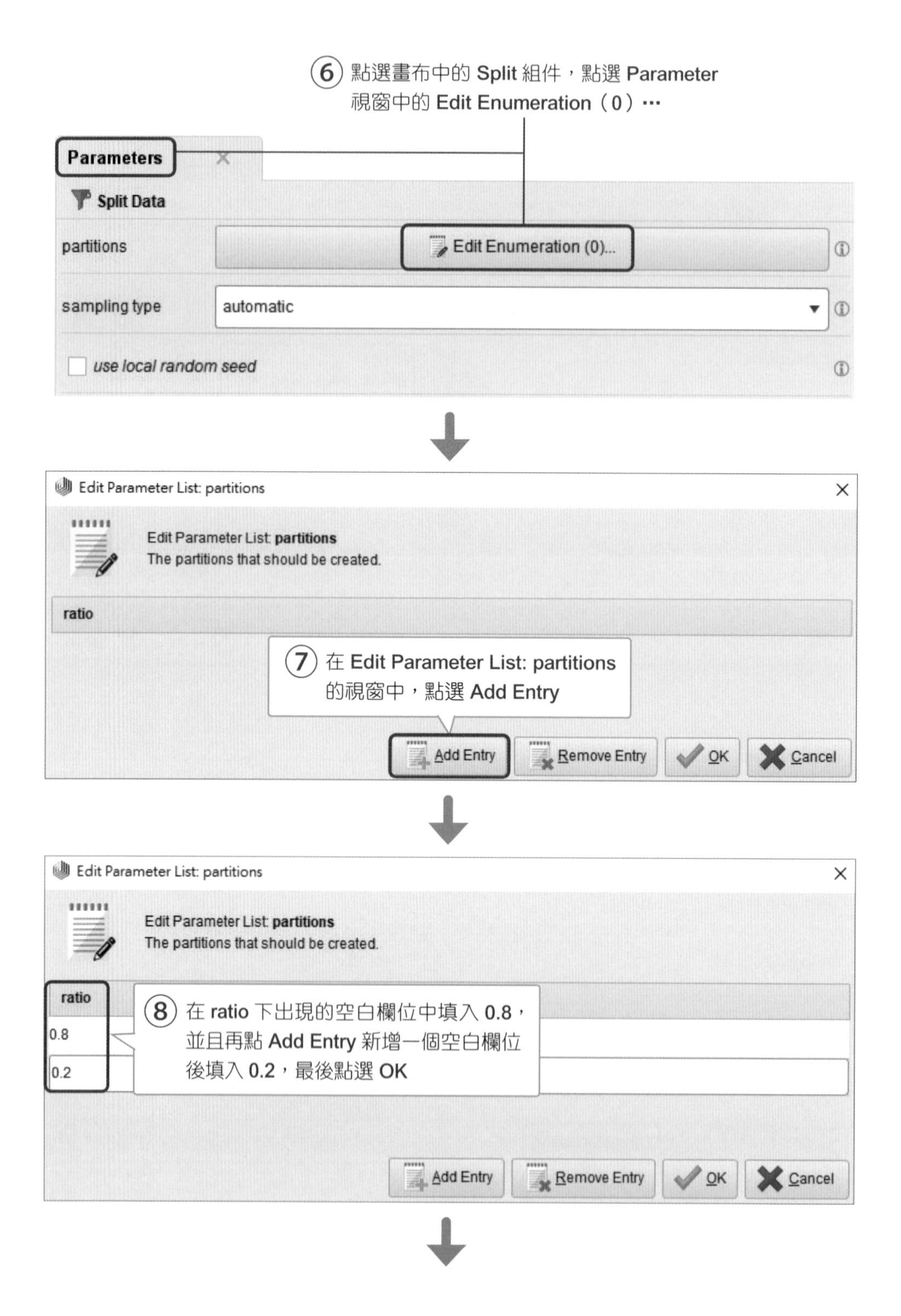
⑥ 點選畫布中的 Split 組件，點選 Parameter 視窗中的 Edit Enumeration（0）⋯
Parameters
Split Data
partitions
Edit Enumeration (0)...
sampling type
automatic
use local random seed
Edit Parameter List: partitions
Edit Parameter List: partitions
The partitions that should be created.
ratio
⑦ 在 Edit Parameter List: partitions 的視窗中，點選 Add Entry
Add Entry
Remove Entry
OK
Cancel
Edit Parameter List: partitions
Edit Parameter List: partitions
The partitions that should be created.
ratio
0.8
0.2
⑧ 在 ratio 下出現的空白欄位中填入 0.8，並且再點 Add Entry 新增一個空白欄位後填入 0.2，最後點選 OK
Add Entry
Remove Entry
OK
Cancel

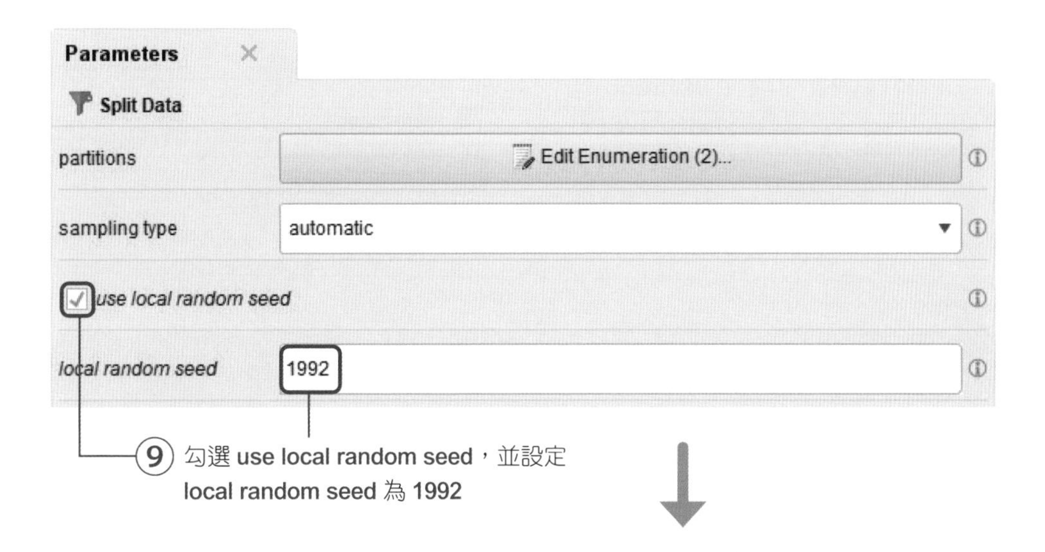

sampling type 的選項

Split 組件中有一個 **sampling type** 可以設定，**Stratified** 是指分層抽樣，讓拆分後的資料依然保留原始資料的分佈。**Shuffled** 是指洗牌之後進行隨機抽樣。選擇 **automatic** 則會根據標籤（Label，資料的 Y）來進行抽樣，如果標籤是定性資料，會進行分層抽樣；標籤是定量資料，會進行洗牌後隨機抽樣。

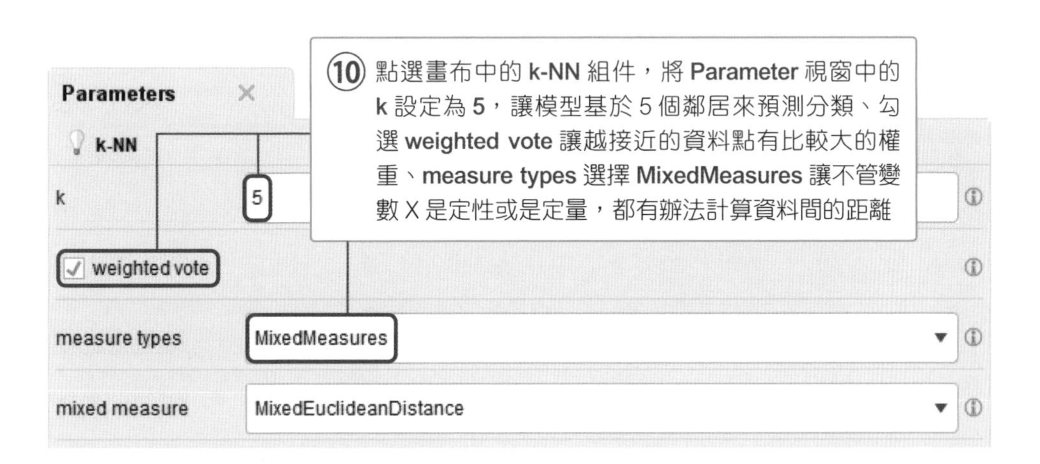

⑪ 點選畫布中的 Performance 組件，勾選 Parameter 視窗中的 use examples weights。讓模型知道最接近的資料點越重要

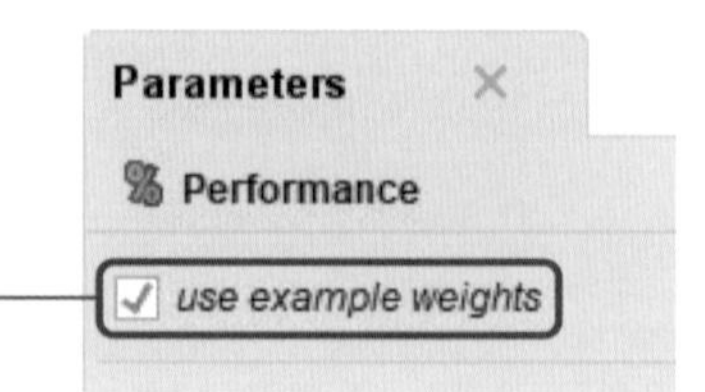

2.3.5 執行結果

① 點選 Start the execution of the current process

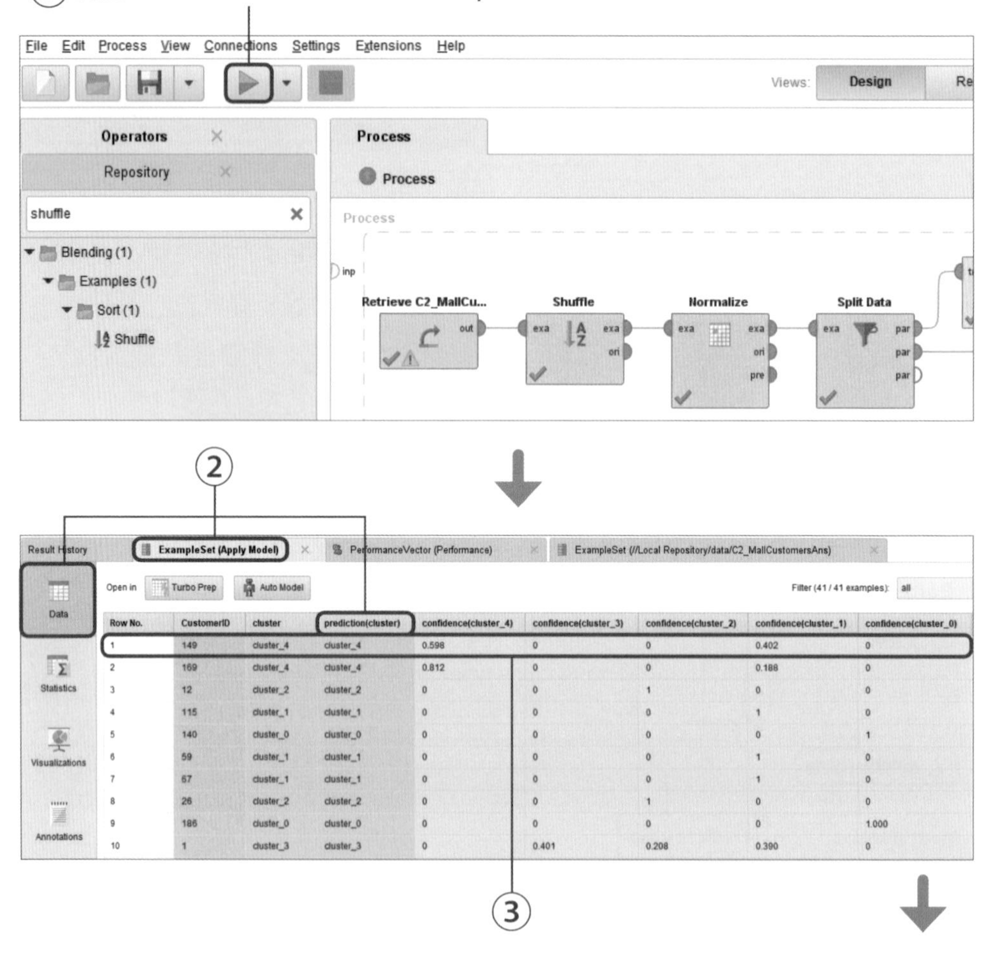

Row No.	CustomerID	cluster	prediction(cluster)	confidence(cluster_4)	confidence(cluster_3)	confidence(cluster_2)	confidence(cluster_1)	confidence(cluster_0)
1	149	cluster_4	cluster_4	0.598	0	0	0.402	0
2	169	cluster_4	cluster_4	0.812	0	0	0.188	0
3	12	cluster_2	cluster_2	0	0	1	0	0
4	115	cluster_1	cluster_1	0	0	0	1	0
5	140	cluster_0	cluster_0	0	0	0	0	1
6	59	cluster_1	cluster_1	0	0	0	1	0
7	67	cluster_1	cluster_1	0	0	0	1	0
8	26	cluster_2	cluster_2	0	0	1	0	0
9	186	cluster_0	cluster_0	0	0	0	0	1.000
10	1	cluster_3	cluster_3	0	0.401	0.208	0.390	0

② 點選 **ExampleSet（Apply Model）**中的 **Data**，**prediction（cluster）**欄位即為預測分群結果。分析結果欄位說明如下：

- **Row No.**：資料索引。
- **CustomerID**：客戶 ID。
- **cluster**：真實客群分組。
- **prediction（cluster）**：預測客群分組。
- **confidence（cluster_4）**：屬於 cluster_4 的機率。
- **confidence（cluster_3）**：屬於 cluster_3 的機率。
- **confidence（cluster_2）**：屬於 cluster_2 的機率。
- **confidence（cluster_1）**：屬於 cluster_1 的機率。
- **confidence（cluster_0）**：屬於 cluster_0 的機率。

③ 看資料的預測結果。以 Row 1 為例：

- 原始資料顯示「真實客群分組為 cluster_4」。
- 模型認為資料「屬於 cluster_4 的機率為 0.598」、「屬於 cluster_1 的機率為 0 .402」以此類推。
- 由於「屬於 cluster_4 機率」最大，因此預測此資料屬於 cluster_4。

④ 點選 **PerformanceVector（Performance）**中的 **Performance**，**criterion** 欄位選擇 **accuracy**，即可看到混淆矩陣

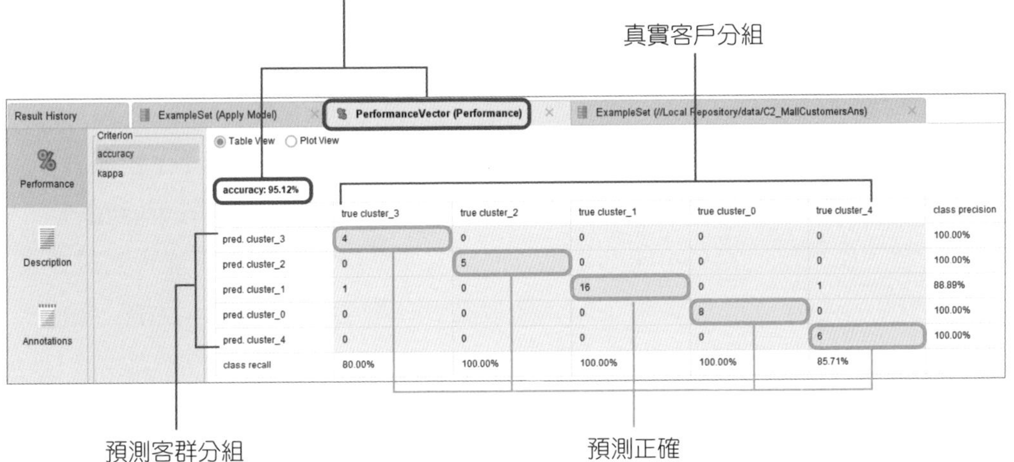

混淆矩陣的判讀方式如下：

- **單一分組的精確率（class precision）**：預測為 cluster_n 的資料中，真正為 cluster_n 的比例。
- **單一分組的召回率（class recall）**：真正為 cluster_n 的資料中，真正被預測為 cluster_n 的比例。
- **所有分組的準確率（accuracy）**：正確預測的比例。以上範例為對角線相加（39）除以總數（41）。

2.3.6 詮釋結果

模型差異

K-Means 屬於「非監督（沒有標籤值 Y）」模型，因此「不管標籤值 Y，按變數 X 分群組」分割為 5 個「各項變數 X 都很相似」的族群，所以 K-Means 輸出結果為電腦自訂的「Cluster_0、1、2、3、4」。KNN 屬於「監督（有標籤值 Y）」模型，因此可以按原始資料的變數 X 和標籤值 Y 訓練出一個「客群分組的判斷方法」，當有新資料加入時便可作預測。

商業應用

同樣是零售業，「愛買」、「全聯」、「統一 7-11」可能同時存在家裡附近，但是彼此看似相安無事，原因在於：如果只是買包小餅乾可能在統一 7-11 買，如果買把青菜可能到全聯，但是若要準備生日宴會可能會到愛買，因為賣場面積、商品種類都不同，所以彼此不算直接的對手。因此，這些影響營收的因素可視為零售業的關鍵競爭條件。

每個產業都有關鍵的競爭條件，按關鍵競爭條件進行「策略群組分析」，針對群組內對手的最新策略擬定因應對策，對於群組外同業的策略則密切關注對本群組的影響。

2.4 KNN 模型測試

2.4.1 資料解析

本節範例為延續上一小節，使用的訓練數據相同（C2_MallCustomers_ANS.csv）。本範例主要目的是學習若有一位新客戶（C2_MallCustomers_TEST.csv），要如何將其分至現有的客群分組中。

表 2.4.1 範例資料 C2_MallCustomers_TEST.csv

CustomerID	Gender	Age	Annual Income (k$)	Spending Score(1-100)
201	2	27	77	68

各欄位代表之意涵：

- CustomerID：分配給每一位顧客唯一個 ID。
- Gender：顧客性別（1 為男性；2 為女性）。
- Age：顧客年齡。
- Annual Income（k$）：顧客年收入，以千計。
- Spending Score（1-100）：由賣場依照顧客行為以及消費性質給的分數，評分區間在 1-100 之間。

2.4.2 匯入資料

請依循 2.2.2 節的方法，匯入 C2_MallCustomers_TEST.csv。

2.4.3 選擇分析方法

分析目標

透過此數據，運用 KNN 建立模型，並預測新一位顧客該屬於哪一個客群。

設計流程

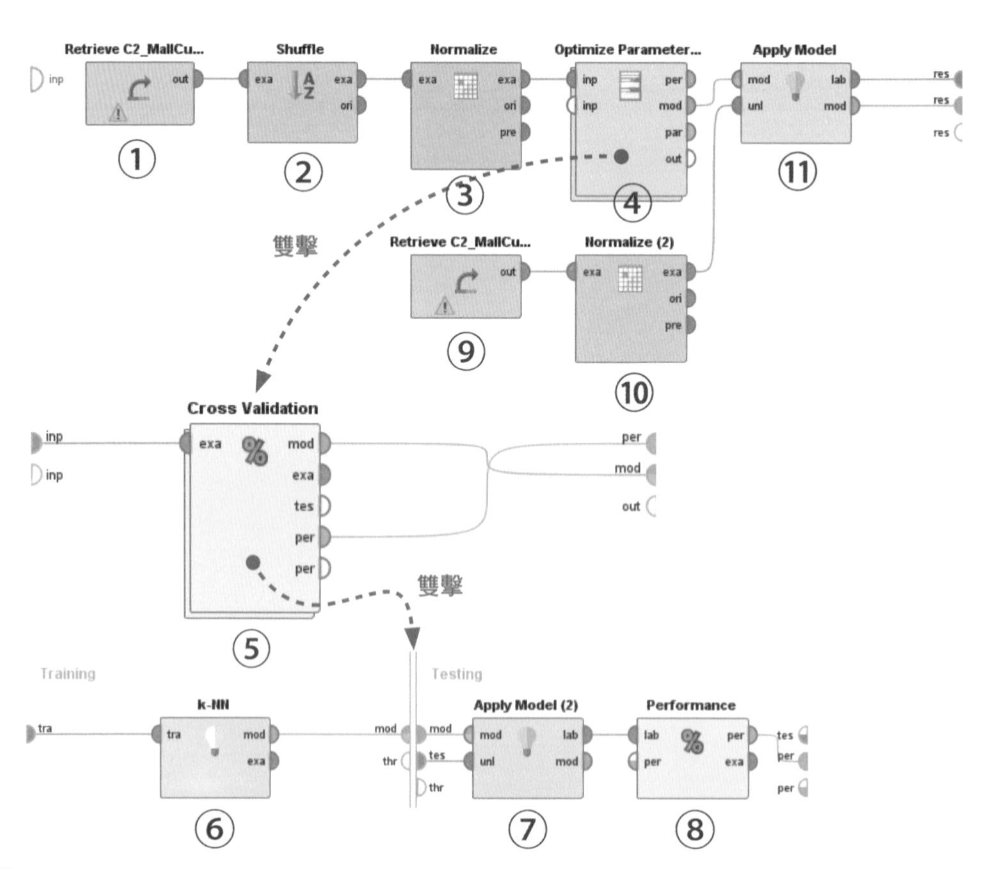

表 2.4.2 組件清單

組件索引	組件	操作	說明
1. 原始資料	Repository ↳ Local Repository ↳ data ↳ C2_MallCustomers_ANS	拖拉放到畫布	1 個 ID（**CustomerID**）、1 個標籤 Y（**Cluster**）、1 個定性 X（**Gender**）、3 個定量 X
2. 洗牌	Operators ↳ Blending ↳ Examples ↳ Sort ↳ Shuffle	拖拉放到畫布	重新排列
3. 標準化	Operators ↳ Cleansing ↳ Normalization ↳ Normalize	拖拉放到畫布	對 3 個定量 X 調整成近似常態分佈
4. 最佳化	Operators ↳ Modeling ↳ Optimization ↳ Parameters ↳ Optimize Parameters（Grid）	拖拉放到畫布	調整參數，找最好的結果
5. 交叉驗證	Operators ↳ Validation ↳ Cross Validation	拖拉放到畫布	200 筆樣本分 10 組，輪流當驗證資料集
6. kNN	Operators ↳ Modeling ↳ Predictive ↳ Lazy ↳ k-NN	拖拉放到畫布	用最接近的資料預測資料的類別
7. 代入模型	Operators ↳ Scoring ↳ Apply Model	拖拉放到畫布	驗證資料代入模型實際計算
8. 績效評估	Operators ↳ Validation ↳ Performance ↳ Performance	拖拉放到畫布	預測績效，輸出預測值與真實值的混淆矩陣

接下頁

組件索引	組件	操作	說明
9. 新資料	Repository ↳ Local Repository ↳ data ↳ C2_MallCustomers_TEST	拖拉放到畫布	1 個 ID（**CustomerID**）、1 個定性 X（**Gender**）、3 個定量 X
10. 標準化	Operators ↳ Cleansing ↳ Normalization ↳ Normalize	拖拉放到畫布	對 3 個定量 X 調整成近似常態分佈
11. 代入模型	Operators ↳ Scoring ↳ Apply Model	拖拉放到畫布	測試資料代入模型實際計算

2.4.4 設定參數

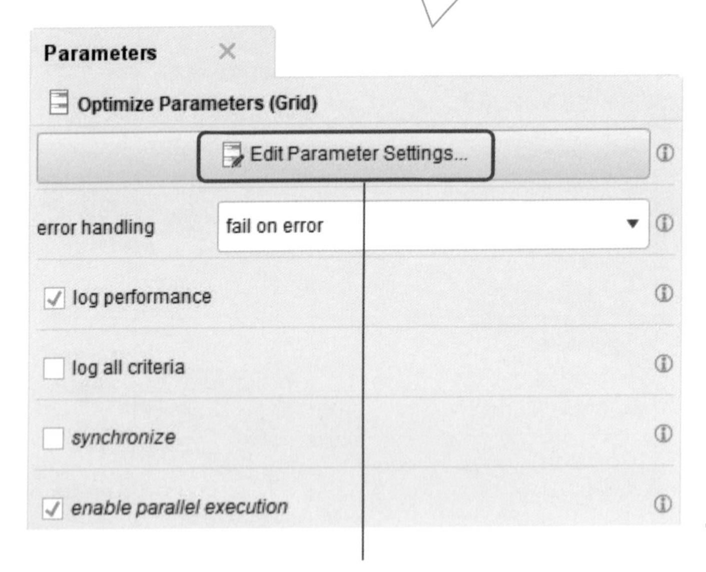

③ 在 Select Parameters: configure operator 視窗中的 Operators 區域，選擇 Cross Validation（Cross Validation），接著使用 → 將 Parameters 區域的 number_of_folds 移至 Selected Parameters 區域。最後，在 Grid/Range 的區域設定 Min 為 2、Max 為 10、Step 為 9、Scale 為 linear。透過此設定，交叉驗證的過程中會嘗試分 2 折到分 10 折，共 9 種組合。提醒一下，只看最好的分割折數，也許資料分組的方法剛好很適合模型，因此可能會發生擬合過度的問題

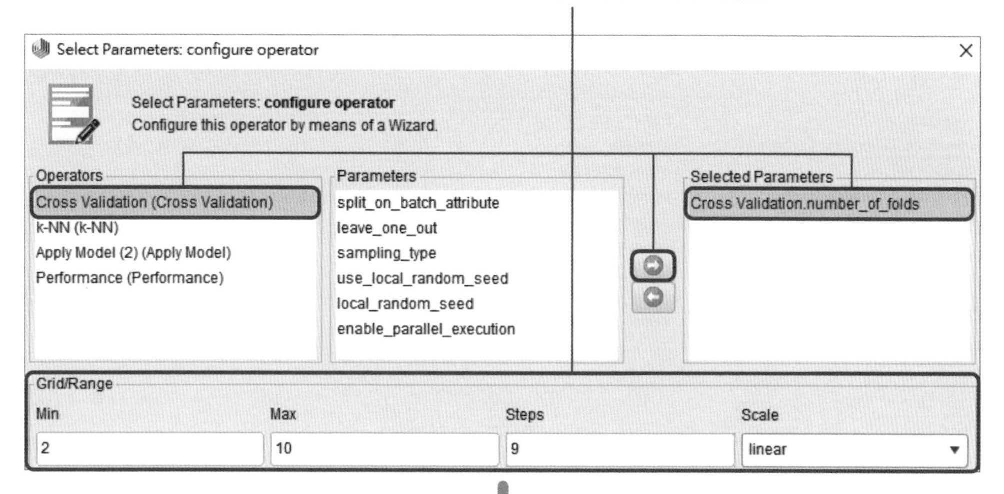

④ 在 Select Parameters: configure operator 視窗中的 Operators 區域，選擇 k-NN（k-NN），接著使用 → 將 Parameters 區域的 k 移至 Selected Parameters 區域。最後，在 Grid/Range 的區域設定 Min 為 1、Max 為 20、Step 為 20、Scale 為 linear。透過此設定，交叉驗證的過程中會嘗試看 1 到 20 個鄰居，共 20 種組合

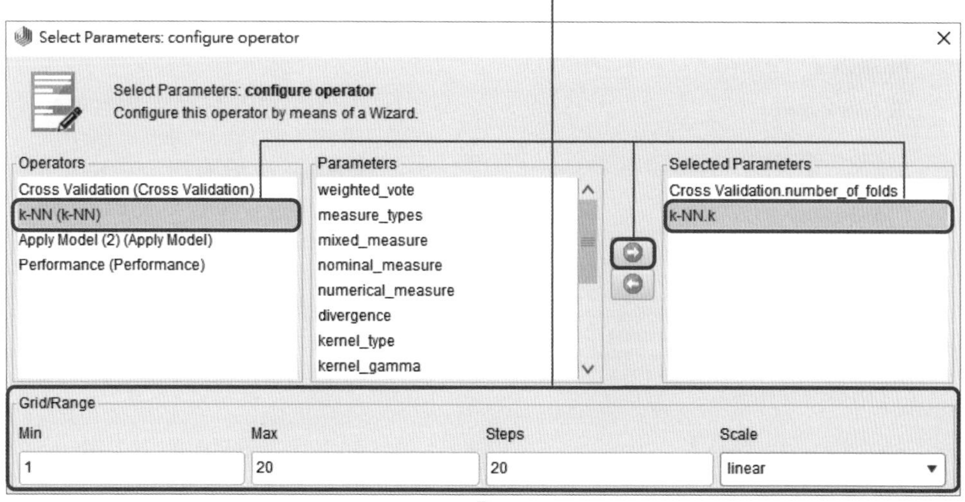

⑤ 在 Select Parameters: configure operator 視窗中的 Operators 區域，選擇 k-NN（k-NN），接著使用→將 Parameters 區域的 weighted_vote 移至 Selected Parameters 區域。透過此設定，交叉驗證的過程中會嘗試是否使用權重投票，共 2 種組合。步驟 5 結束後，可以看到總共有 360 個組合。最後點 OK

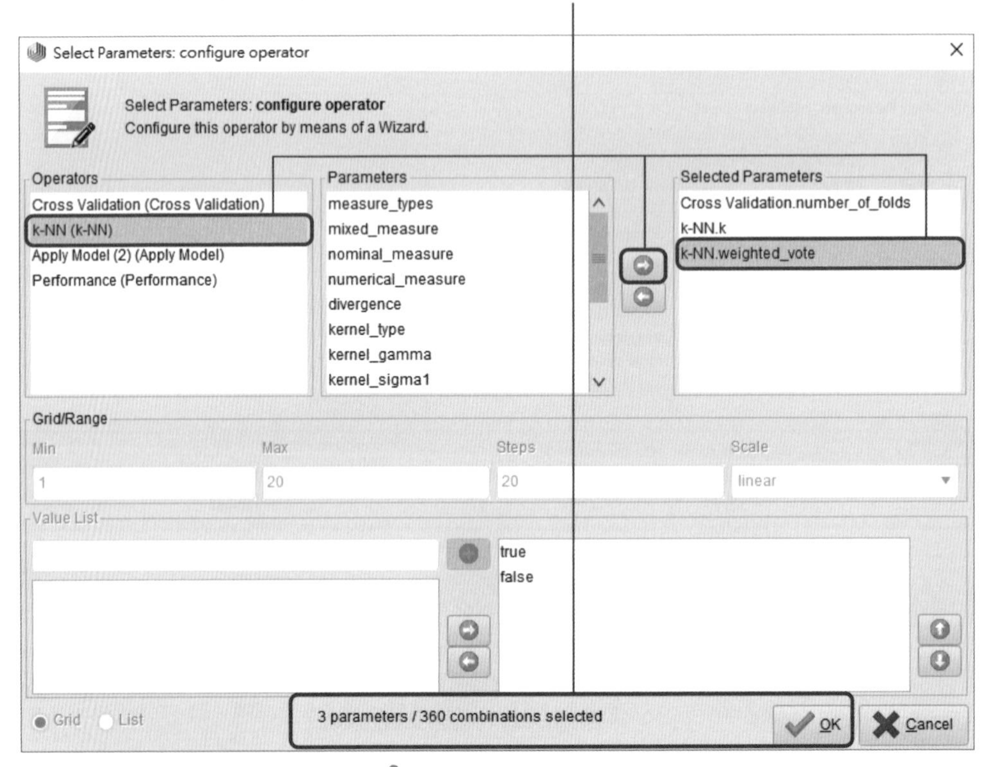

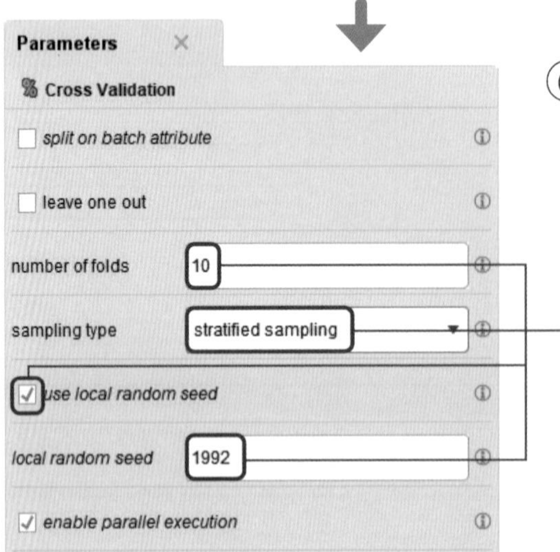

⑥ 點選畫布中的 Cross Validation 組件，將 Parameter 視窗中的 number of folds 設定為 10、將 sampling type 設定為 stratified sampling（從原始資料的每一個分組中各自抽樣 80%，以確保抽樣後的資料分布與原始資料的分佈相似。例如：若 n 種客群分組各有 80、50、x 筆資料，則各自抽樣 80% 的結果後為 64、40 、0.8x 筆資料）、並勾選 use local random seed 後 將 local random seed 設定為 1992

2.4.5 執行結果

① 點選 Start the execution of the current process

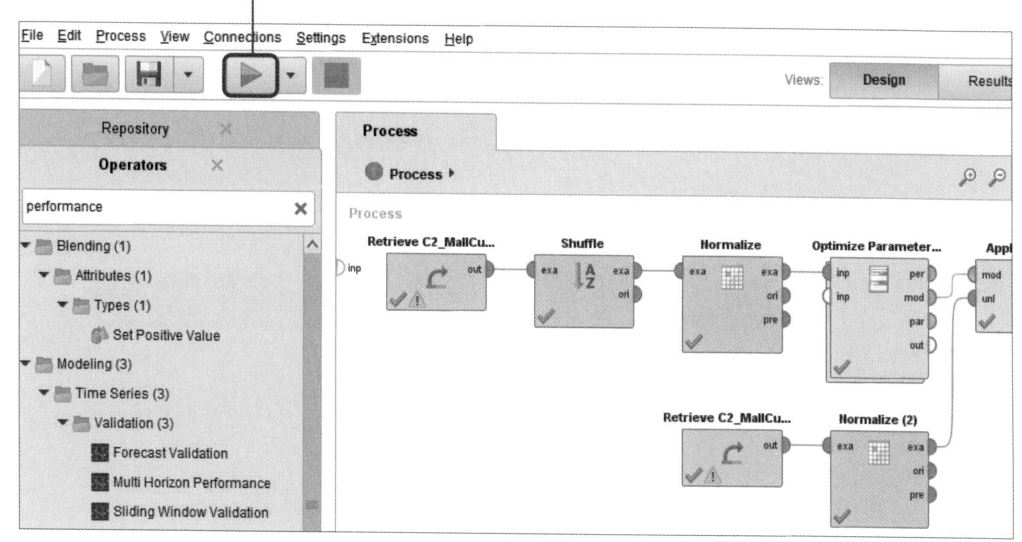

② 點選 ExampleSet（Apply Model）中的 Data，prediction（cluster）欄位即為預測分群結果。對於新資料而言，模型預測「屬於 cluster_1 的機率」為 1，其餘都為 0。因此模型很篤定的預測新資料「屬於 cluster_1」

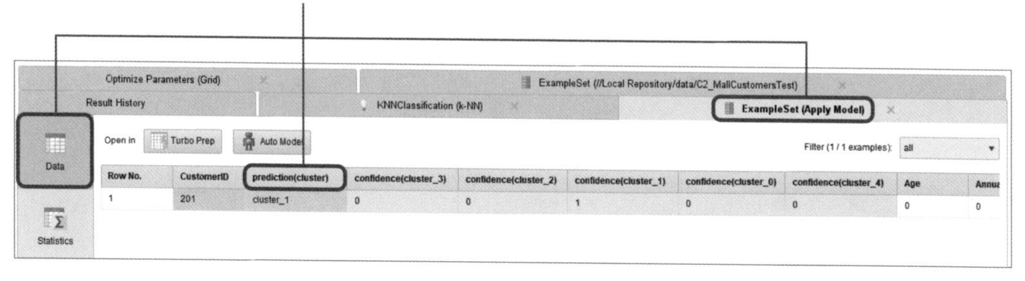

2.4.6 詮釋結果

本模型將一筆新的顧客資料，成功預測屬於哪一個客群組別。在「策略群組」中「屬於同一群組內的所有廠商都是競爭對手」。以本題為例，「顧客消費資料」分為 5 組、cluster_1 有 79 位顧客，若模型在 100% 的信心水準下，將新資料（如：市場新進入者、分析標的公司）歸類於「cluster_1」，則「cluster_1」這組內的 79 家企業都是新資料的競爭對手。

2.5 商業應用 - 尋找距離最近的競爭對手

假設想要在台北市東區開一家飲料店，目前該區域有兩大手搖飲熱區如●與● 我們的位置在★，若客戶均勻分布且買飲料只考慮距離的遠近，則我們的競爭對手有哪些？

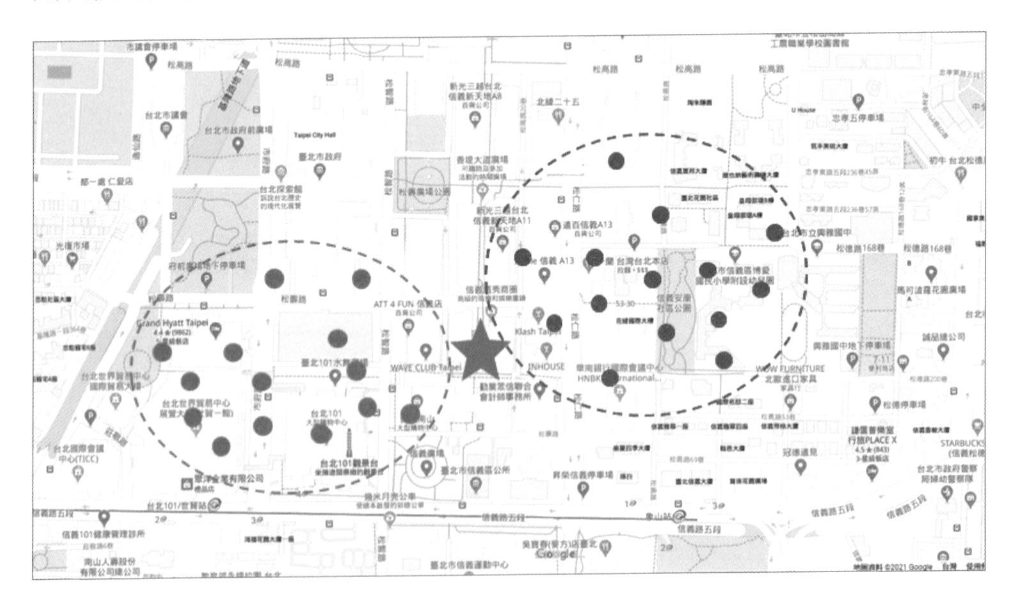

2.5.1 選擇分析方法

分析目標

尋找距離最近的競爭對手

設計流程

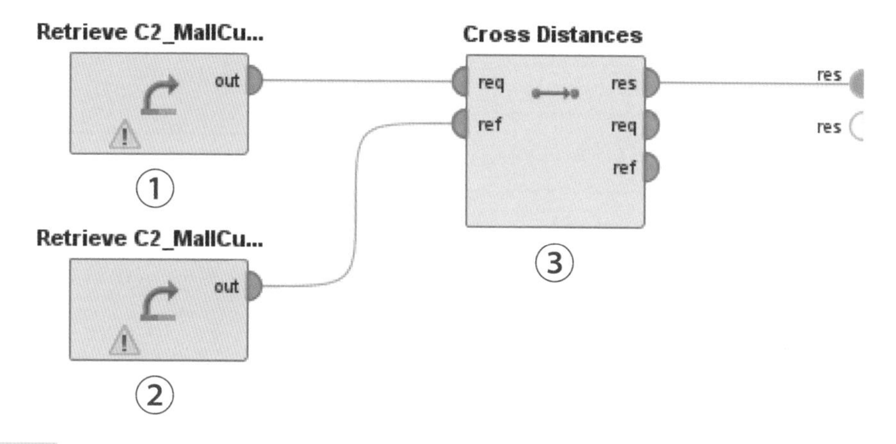

表 2.5.1 組件清單

組件索引	組件	操作	說明
1. 原始資料	Repository ↳ Local Repository ↳ data ↳ C2_MallCustomers_ANS	拖拉放到畫布	1 個 ID（CustomerID）、 1 個標籤 Y（Cluster）、 1 個定性 X（Gender）、 3 個定量 X
2. 新資料	Repository ↳ Local Repository ↳ data ↳ C2_MallCustomers_TEST	拖拉放到畫布	1 個 ID（CustomerID）、 1 個定性 X（Gender）、 3 個定量 X
3. 計算與參考資料的距離	Repository ↳ Modeling ↳ Similarities ↳ Cross Distance	拖拉放到畫布	找最近的競爭對手

2.5.2 設定參數

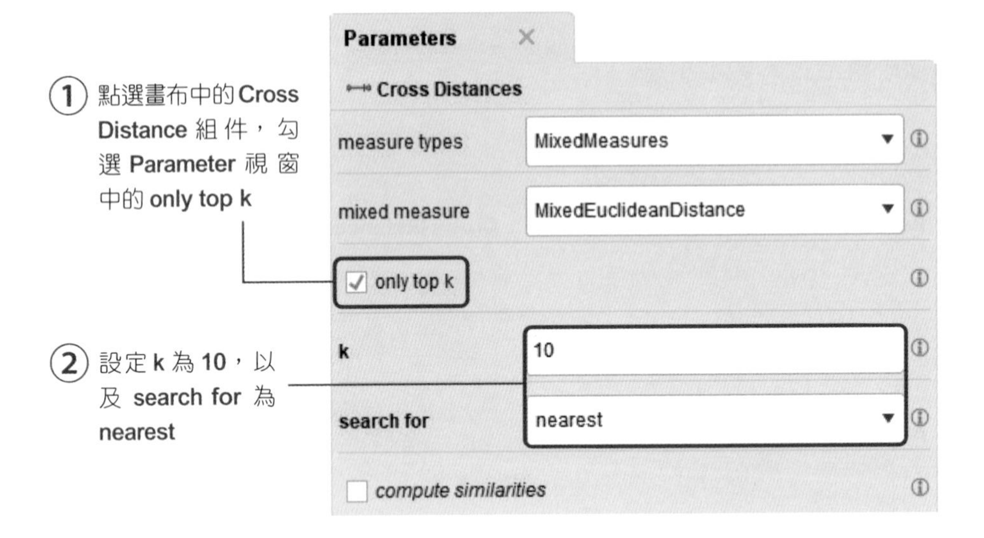

2.5.3 執行結果

①點選 Start the execution of the current process

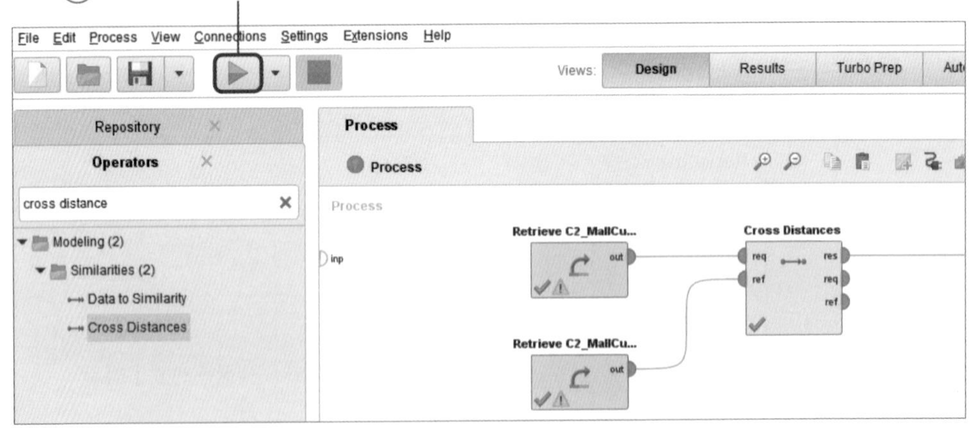

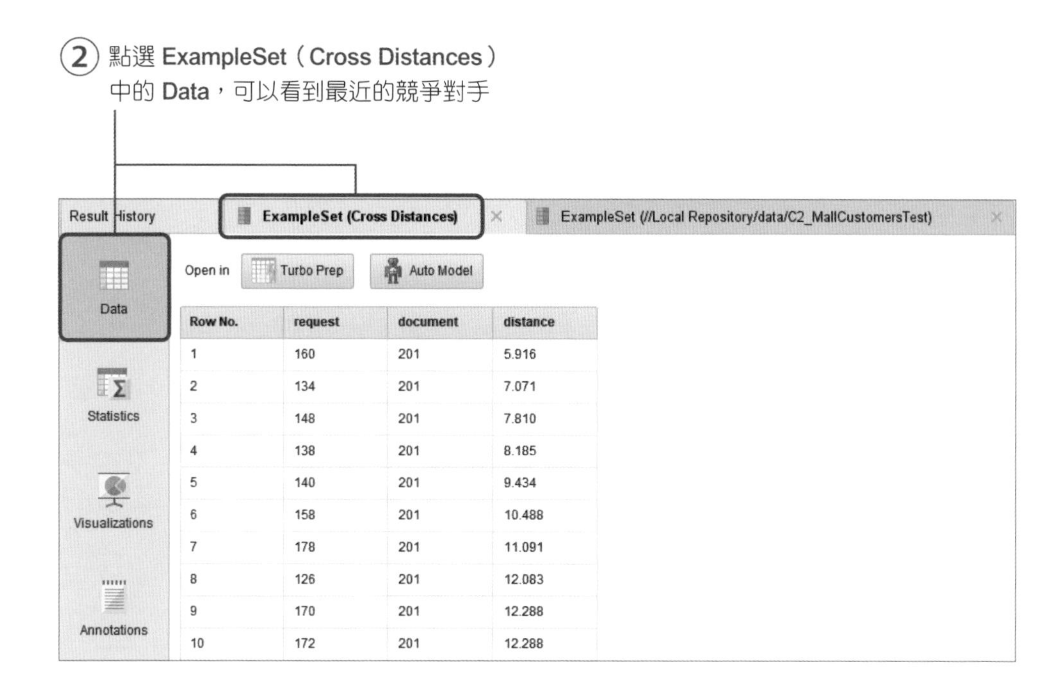

Row No.	request	document	distance
1	160	201	5.916
2	134	201	7.071
3	148	201	7.810
4	138	201	8.185
5	140	201	9.434
6	158	201	10.488
7	178	201	11.091
8	126	201	12.083
9	170	201	12.288
10	172	201	12.288

2.5.4 詮釋結果

- **取前 10 名**

在「原始資料」中與「參考資料」最接近的前 10 名即為「新飲料店」的潛在競爭對手，依序為：160 號樣本、134 號樣本、148 號樣本…以此類推。

- **建議**

本方法不須「正規化」。若參考資料只有 1 筆，正規化後的變數 X 皆為 0，找到的距離是原始資料與「各 X 平均值」最近的樣本，沒有意義。

「競爭群組」通常會因為「關鍵競爭因素 X」的調整而改變，因此是動態的。也可能因為每家公司所注重的 X 不同，產生「我把別人當對手但別人沒把我當對手」的情況。因此對於 X 的選擇應盡量客觀，不宜揚長避短挑軟柿子比。按 KNN 的演算法，特徵 1 是經度、特徵 2 是緯度，取 K 為 10，競爭商圈如下圖紅圈，商圈內的 10 家飲料店都是我的競爭對手！

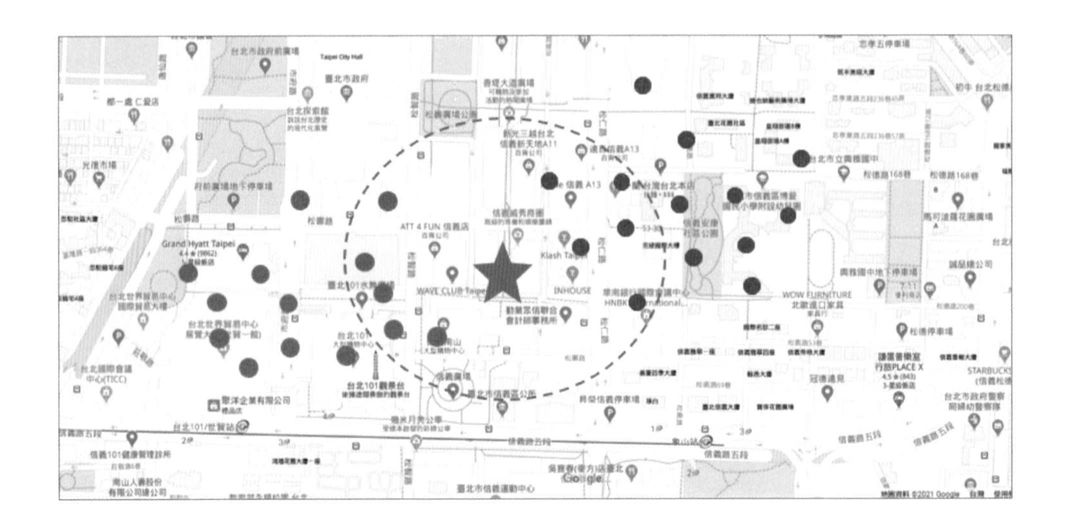

2.6 章節練習 - 競品麥片分析

隨著社會的發展，大眾對於健康的追求越來越高，健康飲食以成為絕大數人的首要目標。麥片作為一種營養豐富又方便的食品，已經越來越常出現在大眾的早餐桌。假設你的公司也希望進入這個領域，推出一款全新的麥片產品，主打健康的特色。為了對整個領域有所認識，你收集了市面上常見品牌麥片的營養成分數據，並希望透過分析的方式，了解現有麥片的主要種類。此外你還收集了這些品牌麥片的一些市場評價分數，並希望根據實驗室最新的麥片營養成分數據，評估市場對即將推出的這個產品的評價。

本練習使用的數據集為 **E2_Cereals.csv**，數據集共包含 77 筆數據，每筆數據表示一種麥片的營養成分與顧客評分，數據範例如下表 2.6.1 所示，其中 id 表示產品編號，calories 表示每份所含卡路里量，protein 表示每份所含蛋白質量，fat 表示每份所含脂肪量，sodium 表示每份中的鈉含量，fiber 表示每份所含的膳食纖維量，carbo 表示每份所含的碳水化合物量，sugars 表示每份所含的糖份量，potass 表示每份中的鉀含量，vitamins 表示每份所含維他命等級（包含 0，25，100 三個等級），weight 表示每份的重量（盎司），cups 表示每份的匙數。最後一個欄位記錄了不同品牌顧客評分，滿分 100 分，分數越高越好。

表 2.6.1 E2_Cereals.csv

id	calories	protein	fat	sodium	fiber	carbo	sugars	potass	vitamins	weight	cups	rating
1	70	4	1	130	10	5	6	280	25	1	0.33	68
2	120	3	5	15	2	8	8	135	0	1	1	34
3	70	4	1	260	9	7	5	320	25	1	0.33	59

練習目標

請使用本章所介紹的方法分析數據，透過不同品牌麥片的營養成分表將麥片進行合理的分類，總結不同類別的主要特點，並計算平均得分。然後將正在研發的麥片（表 2.6.2）劃分在合理的類別中，並預估產品的市場評價。

表 2.6.2 新麥片

id	calories	protein	fat	sodium	fiber	carbo	sugars	potass	vitamins	weight	cups	rating
50	4	0	140	14	8	0	330	25	1	0.5	50	4

MEMO

Episode 2

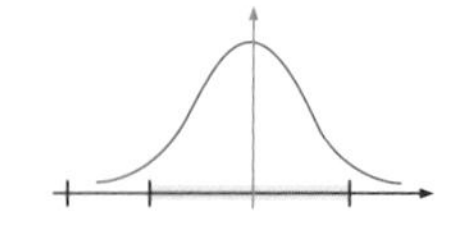

剛開始，生意漸入佳境，到了第 2 個月時已經有錢可以付房租了。但到了第 3 個月中旬似乎就遇到了瓶頸，Joe 心想：人類有史以來最偉大的公司，豈能就這樣消失了？於是 Joe 向行銷專家 Charlie 請教到底怎麼回事。Charlie 聽過 Joe 和 Eddy 的創業過程後，看了一下網站內容與客戶瀏覽情況說：「網站流量在第 3 個月仍然持續增加，但是很多客戶看了 1 或 2 個網頁之後就離開了，所以要提高網站的黏著度，除了產品更新之外，可以考慮透過**預測客戶的下一步會瀏覽哪一個網頁**」「啊，預測客戶的下一步？這種事情要怎麼實現，難道是需要找個占卜師？」Joe 用略帶驚訝的語氣打斷了正在如數家珍的 Charlie。Charlie 輕抬頭看了 Joe 一眼，然後指著電腦螢幕上的資訊說道：「客戶的所有行為都被記錄在數據之中，他們的需求也自然藏在數據之中。所以透過一些分析方法是可以預測出客戶的瀏覽需求，之後就可以在醒目的地方出現這個頁面的最新介紹，以便吸引客戶繼續瀏覽下一個網頁，一旦客戶在網站的時間增加，網站就會有更多的瀏覽，自然有助於提高購買的機率。」

此外，Charlie 繼續說：「你們向創投提簡報時提到『如何辨識產業競爭關鍵因素』、『辨識競爭對手在哪裡』的分析方法與『如何辨識市場區隔關鍵因素』原理類似，市場區隔表示你想要賣給哪些目標客戶；而『預測客戶的下一步』，則要清楚這些目標客戶會受到那些原因的吸引而掏錢購買，如新鮮感、客製化或使用方便，這就是用商品的『價值訴求』對你目標客戶說話」。Joe 似懂非懂眼神呆滯地問說：「好像有點懂，但可以舉個例子嗎？」

Charlie 笑笑回答說：「比如說遊戲機市場，Sony 與 Microsoft 推出的遊戲機不約而同的訴求高畫質、破關刺激，因此這樣的產品就會吸引遊戲機的玩家，也就是用『客製化的價值訴求』吸引『利基型的客戶』，然而利基型的市場通常是小眾市場，畢竟不是每個人都厲害到可以稱為玩家。」Joe 呆呆的點點頭似乎有所領會，Charlie 繼續說：「但任天堂的 Wii 就不一樣，這個遊戲機是適合全家人一起玩的遊戲，操作簡單既健身又有趣，畫面並不會追求高畫質、難破關，而是可以讓廣大的男女老少都可以動起來，達到親子同樂的效果，讓遊戲機使用起來更有趣更方便，因此是『使用方便的價值訴求』吸引『大眾市場的客戶』，而這些都是『商業模式』的應用，你們可以參考 Alexander 的 <Business Model Generation> 喔。Alexander 簡單明瞭地把『商業模式』分為 9 格(參考表 0.3.1)，而『市場區隔』與『價值訴求』是最重要的 2 格。」Joe 興高采烈的離開，步伐輕盈的如同剛放學的小學生，隨後在 Charlie 的幫助下，可以正確的預測出客戶的瀏覽行為，從而大大提升了客戶在網站的停留時間。

第 3 個月的業績後來逐漸回升，正如 Charlie 所說的「一旦客戶在網站的時間增加，則有助於提高購買的機率。」透過分析客戶數據提升業績之後，Joe 開始格外關注數據，無論是線上的瀏覽還是線下的購買數據，他也嘗試進行分析，卻沒有得出什麼有價值的結論。正當 Joe 快有些興致缺缺之時，他的合夥人 Eddy 跟他說，要不你再去請教一下 Charlie，看看還要什麼妙招可以傳授給你。Joe 找到 Charlie 後，大致說明了現階段的情況，業務量有提升，但客單價卻不高。這時 Charlie 悠悠的說道：「或許你們可以把一些商品放在一起，形成組合商品，同時給予一定的優惠。雖然會降低利潤率，但可以刺激銷量。就像咖啡和奶精一樣，是大部分人喜歡的搭配組合，這兩種商品一起賣可以發揮更好的效果，這稱為『互補品』。另外，若是客人常常購買咖啡，那可以推出『買咖啡送奶精』的活動，因為這些商品放一起很好賣。你們的網路銷售也是一樣，可以找一些商品是客戶會一起購買的商品，綁在一起出售。」

「喔……原來如此，」雖然慢了半拍，但 Joe 若有所思的說道：「那這個預測方法似乎可以『帶給客戶方便』，也在為客戶『解決問題』。那就是屬於上次您所說的『價值訴求』中的『用商品滿足客戶的需求』，或是說『藉由商品替客戶帶來效益』，而吸引客戶消費囉？」Charlie 哈哈大笑說：「是的，沒錯！你今天好像有點開竅了，這可不像是平常的你喔！」「哪裡，哪裡，這不是老師教得好嗎！」Joe 連忙謝過後馬上去找 Eddy 說「要不要去找 Sunny 問一下**如何找出哪些商品放一起較好賣**」

Sunny 是位 AI 的專家，把工作當樂趣常常在辦公室待到半夜，所以常耽誤了家庭生活。Sunny 一面聽著兩人的問題一面抓著滑鼠點著點著，然後把螢幕轉了一下說：「你們聽說過啤酒與尿布的故事嗎？」Joe 自以為是的說道「這種大名鼎鼎的營銷故事，我們當然聽過，可是那是 Walmart，他們可是有全世界最好的各種營銷專業，像我們現在這種小生意能像他們那樣去實現嗎？」Sunny 推了推眼鏡說「其實啤酒和尿布這樣的相關產品分析方法並不難，只是外行人可能把大公司的故事當成神話了吧。使用類似於 Apriori 演算法分析過往的下單數據，就可以得出結果了。你們的話，應該半天就能學會了。」聽到這裡，Joe 突然眼睛一亮「那你立刻教我們吧。」

CHAPTER

3

預測客戶的下一步？網頁瀏覽行為預測

本單元藉由歸納關聯規則，找出可能同時出現的規則，有助於公司辨識客戶的**消費行為**。例如在服飾網站中，對於已經看過褲子和裙子的客戶，我們想要預測接下來她可能想要看什麼項目。若我們可以預測這位客戶很可能接下來想要看上衣，則我們可以先把新款的上衣圖片呈現在螢幕，方便客戶點選並促進購買。因此，了解客戶的消費行為有助於檢視公司產品的**價值訴求**是否契合目標客戶的需求。

對網站開發者，使用者進入網站後「一連串的點選動作」，透露「行為偏好」，若業者可以預測下一個可能的動作，則可即時跳出合適的廣告或提醒，藉此提高網站的黏著度與廣告效益。對競爭分析，若在相同的情境下，競爭對手採取「一連串的回應動作」後，可做為預測下一個可能動作的參考。

3.1 Apriori 關聯分析演算法的基本原理

假設網站有 4 種內容：財經、體育、新聞、娛樂分別以 A、B、C、D 表示，若使用者先看 A、再看 B 或是先看 B、再看 A，都以 AB 表示。

- **支持率**（Support）：某事件所佔的百分比。AB 的支持率表示 AB 佔所有事件的百分比，即所有的使用者中看過 AB 的次數。

$$\text{AB的支持率} = \frac{\text{出現 AB 的次數}}{\text{網站瀏覽的總次數}}$$

- **支持率的門檻值**（Threshold）：若考慮所有情況，則會出現太多種可能的組合方式。假設我們只關心支持率大於等於 25% 以上的情境，則稱 25% 為門檻值。藉由刪除不常出現的組合或不暢銷的產品，以節省電腦的計算時間。
- **信心度**（Confidence）：在出現 A 的前提下出現 B 的機率，即有規則地猜中前後關聯的機率，用來表示 2 事件關聯有多強烈。

$$\text{出現A的前提下出現B的信心度} = \frac{\text{AB的支持率}}{\text{A的支持率}}$$

- **增益**（Lift）：規則的增益為信心度除以支持率，可以視為「按規則猜中的機率」除以「隨機猜中的機率」。增益大於 1 表示有規則猜測比亂猜好。

以上是 Apriori 演算法中的一些重要定義，演算法的具體步驟如圖 3.1.1。圖中的**前提**是「使用者已經看過 A 和 B」，我們想猜測的**結果**是「使用者下一步會看 C 或 D 嗎」。在「前提」已經發生的條件下，會出現「結果」，稱為一個**規則**（Rule），以「前提 → 結果」來表示。

要預測使用者的下一步，並且進行商品推薦，決策者要先定義信心度的門檻值，如果某一個規則的信心度大於門檻值，我們才會推薦該規則的結果給使用者。例如使用者看過 A 和 B 之後會去看 C 的信心度是 0.6，信心度的門檻值是 0.5，則我們會推薦 C 給這位使用者。

有些規則雖然有很高的信心度，但是該規則出現的次數可能很少。例如在成千上萬的使用者當中，只有少數幾位看過 A 和 B 之後會去看 C。為了過濾這種極少數的規則，我們還要考慮該規則是否超過支持率的門檻值。例如 AB 屬於「不常出現的組合」，也就是說 AB 的支持率小於支持率的門檻值，則包含 AB 的所有結果（ABC、ABD、ABCD）也屬於不常出現的組合。對於決策者而言，由於這些組合不常出現，所以對於決策不會產生重大影響，因此可以刪除這些組合。

圖 3.1.1 Apriori 演算法

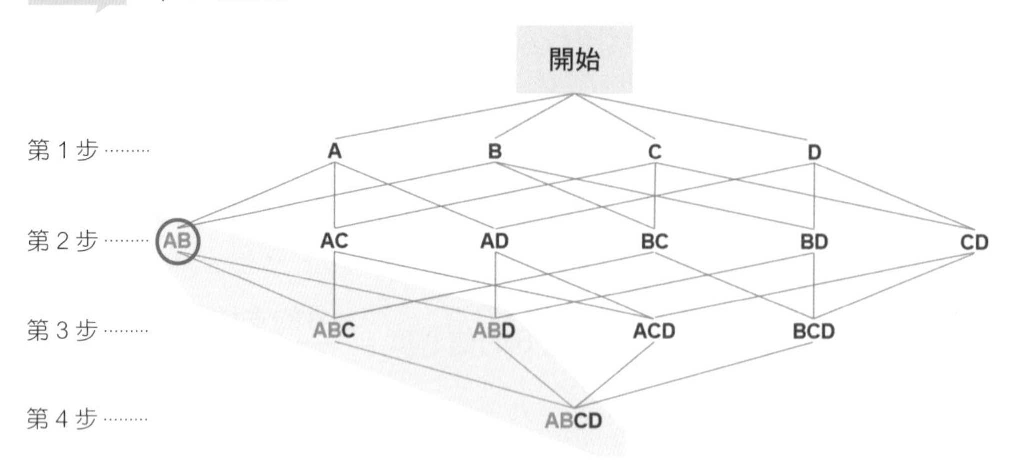

3.2 實例操作 - 分析客戶下一個瀏覽的網頁

3.2.1 資料解析

本章範例為某購物網站的消費紀錄，欄位如下圖所示。透過分析，我們可以知道哪些類別的服飾有較高的相關性，甚至預測客戶未來的瀏覽行為、以增加顧客購買機率。

表 3.2.1 範例資料 C3_E-shopClothing2008.csv（僅節錄部分數據）

sessionID	order	country	product category	colour	layout	model photo	price	price2
9	1	29	1	4	6	1	38	2
9	2	29	1	8	1	1	28	2

接下頁

sessionID	order	country	product category	colour	layout	model photo	price	price2
9	3	29	2	13	3	1	57	1
10	1	16	1	8	1	1	28	2
10	2	16	2	4	1	1	57	1
10	3	16	2	10	2	1	52	1
10	4	16	2	12	6	1	52	1
10	5	16	2	6	6	2	38	2
11	1	9	1	3	1	1	72	1

本資料集有 9968 筆，各欄位代表之意涵如下：

- sessionID：網頁交談識別碼。
- order：瀏覽順序。
- country：瀏覽用戶所在區域。
- product category：產品類別（1：褲子、2：裙子、3：上衣、4：促銷）。
- colour：商品顏色。
- layout：網頁佈局。
- model photo：展示照片形式（1：正面、2：側面）。
- price：商品價錢。
- price2：商品是否高於該品類平均值（1：是、2：否）。

用於進行關聯分析的輸入的資料表需要符合以下格式要求：

- 欄位代表要進行關聯分析的項目（如網站頻道、商品種類等）。

- 每列表示一個項目組合。例如包含了多種商品的一次購物行為，或是觀看多個頻道的一次網站瀏覽行為等。

3.2.2 匯入資料

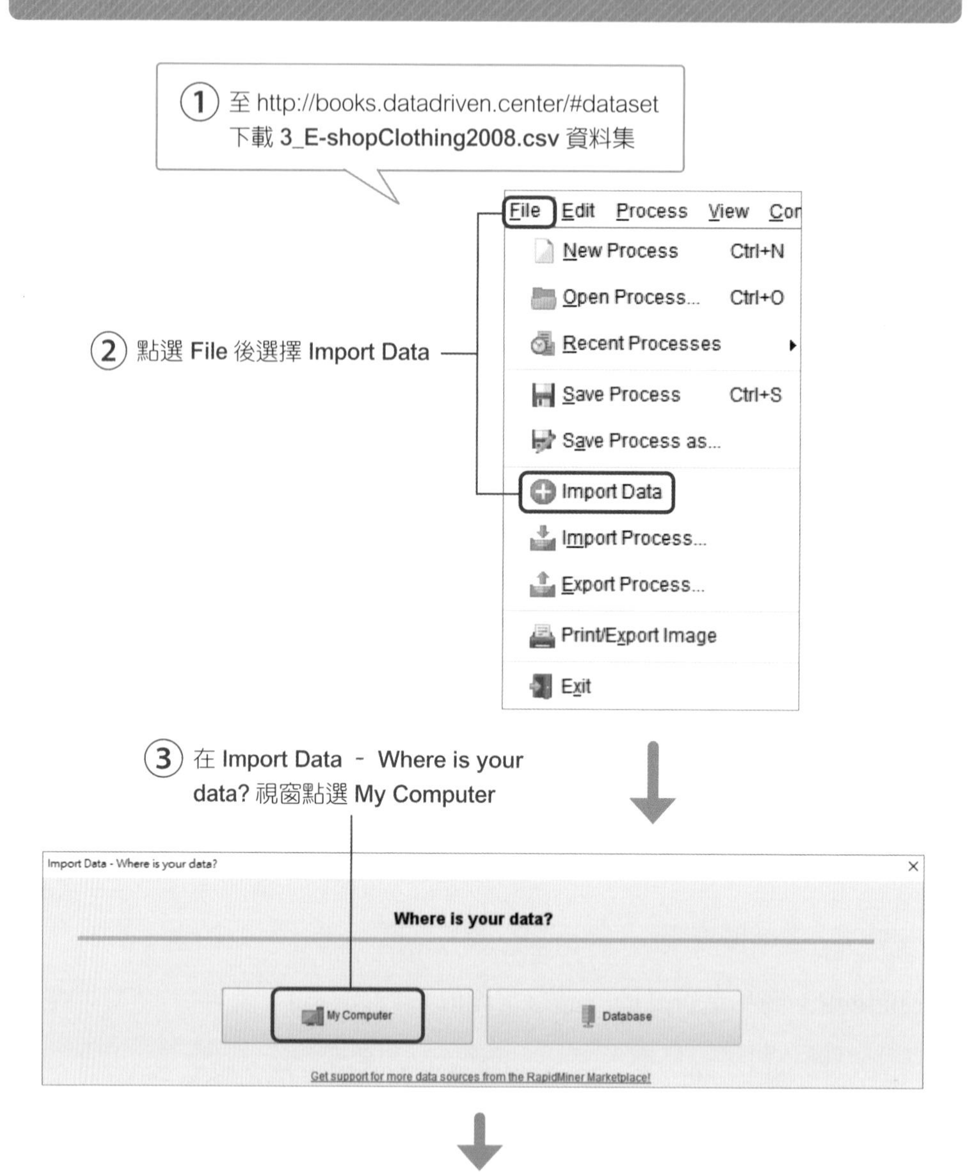

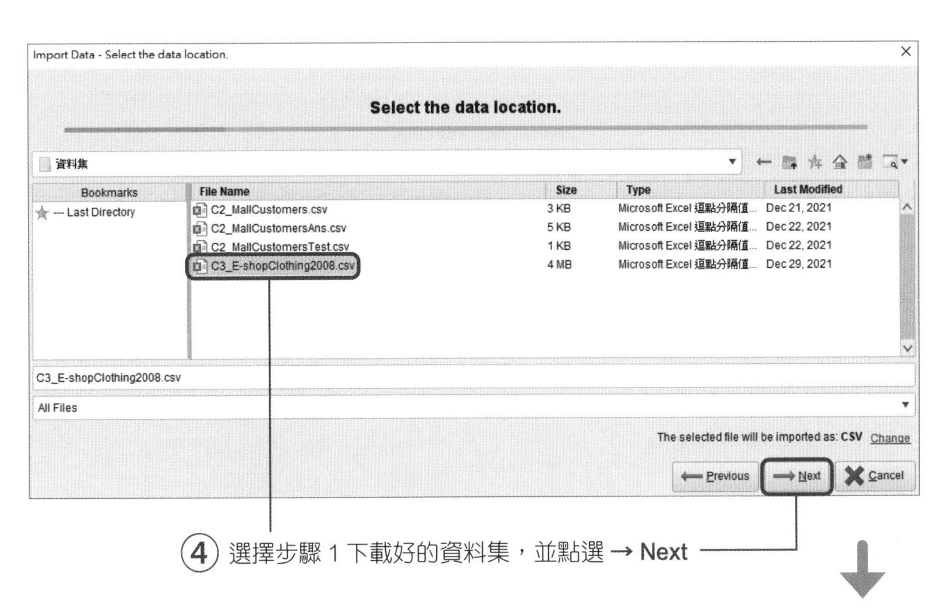

④ 選擇步驟 1 下載好的資料集，並點選 → Next

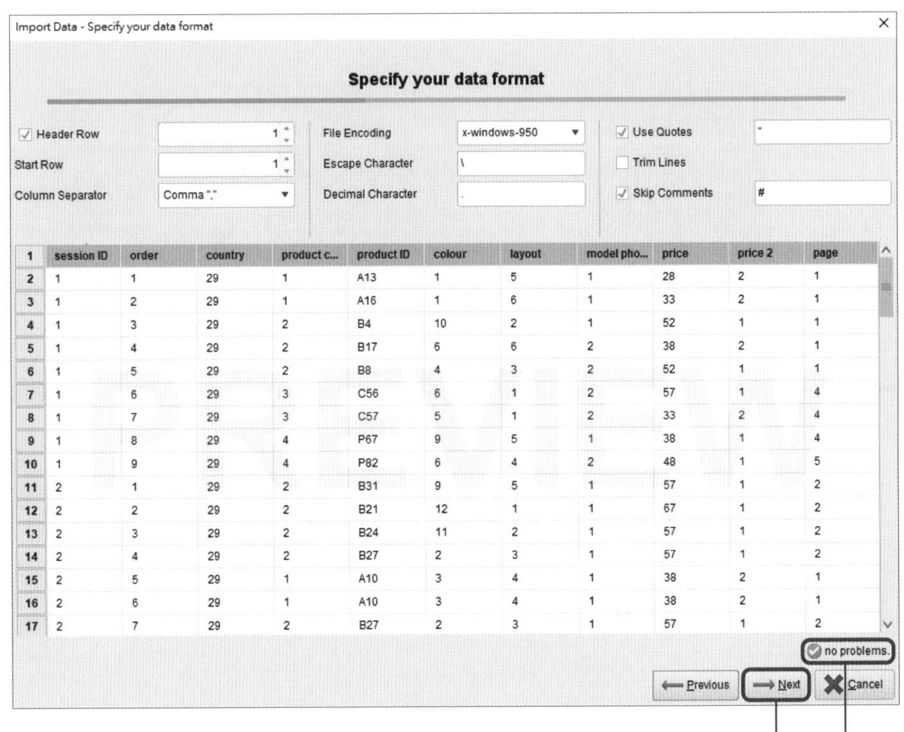

⑤ 預覽資料，視窗右下方會顯示資料檢查結果。若沒問題就點選 → Next

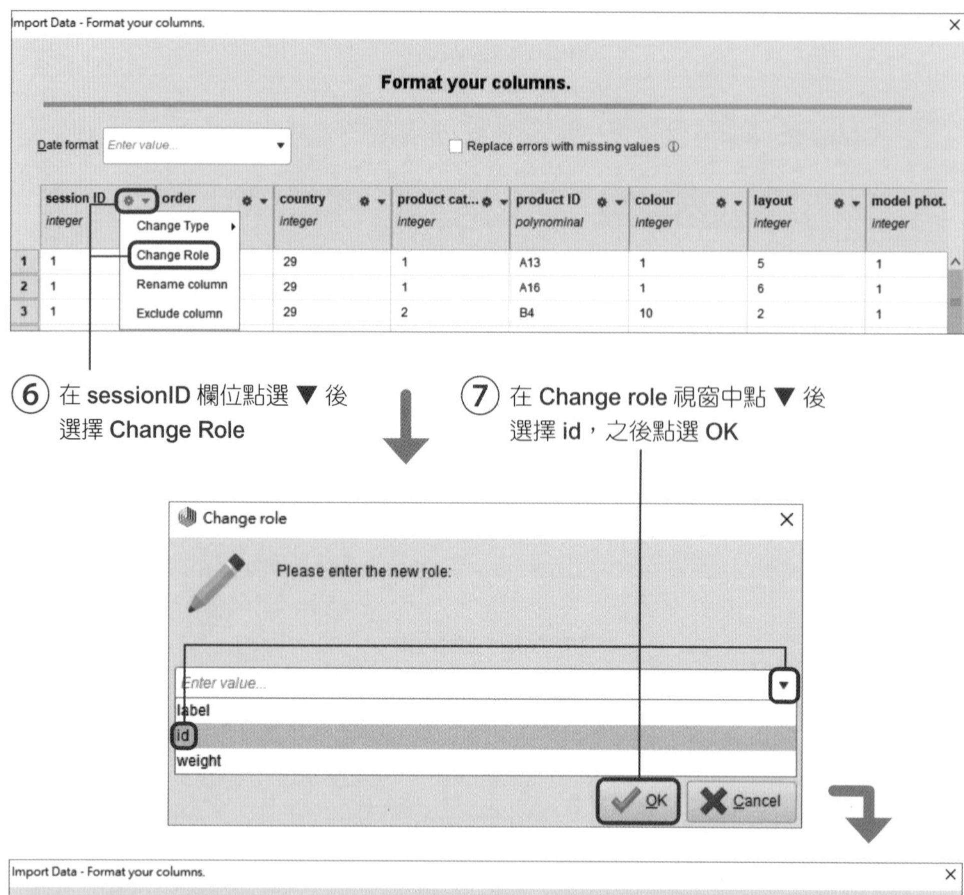

⑥ 在 sessionID 欄位點選 ▼ 後選擇 **Change Role**

⑦ 在 **Change role** 視窗中點 ▼ 後選擇 **id**，之後點選 **OK**

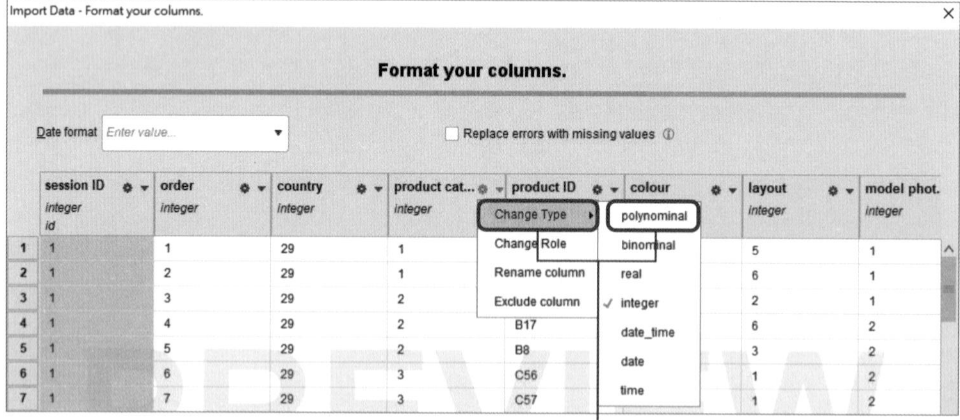

⑧ 在 **Product category** 欄位點選 ▼ 後選擇 **Change Type**，將設定從 **integer** 換成 **polynominal**

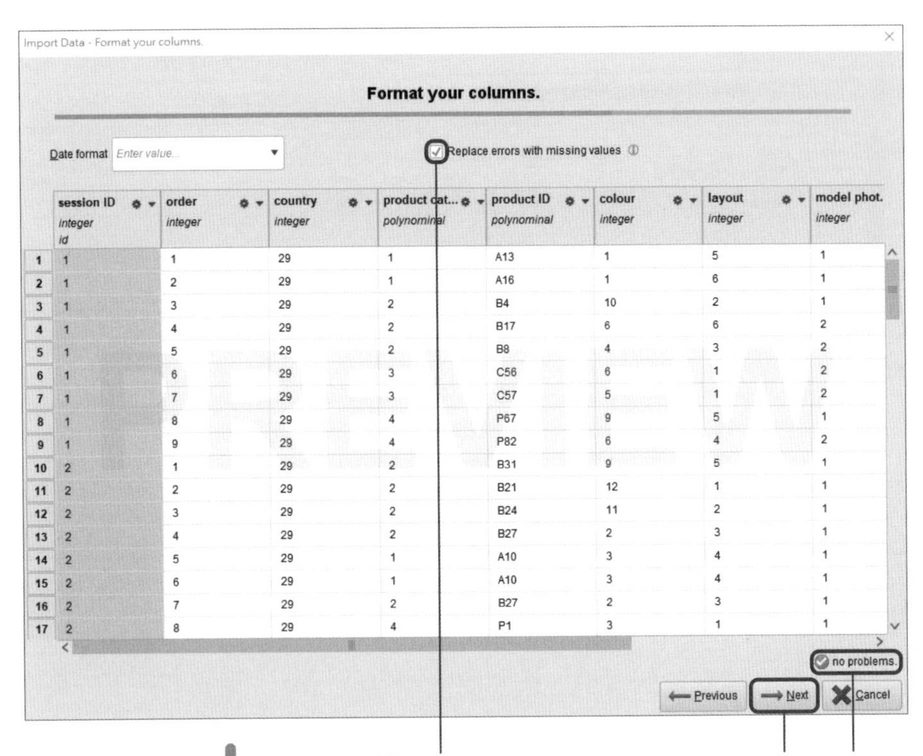

⑨ 勾選 **Replace errors with missing values**，將異常數據自動轉為系統可辨識之型別「Missing Value」，避免匯入過程產生錯誤。完成後點選 → **Next**

⑩ 選擇檔案儲存位置、檔案名稱，確認儲存路徑後，點選 **Finish**

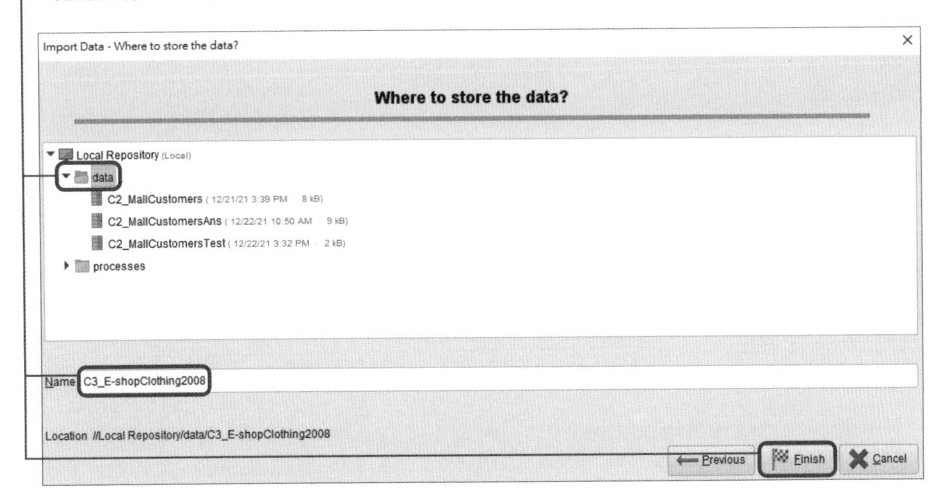

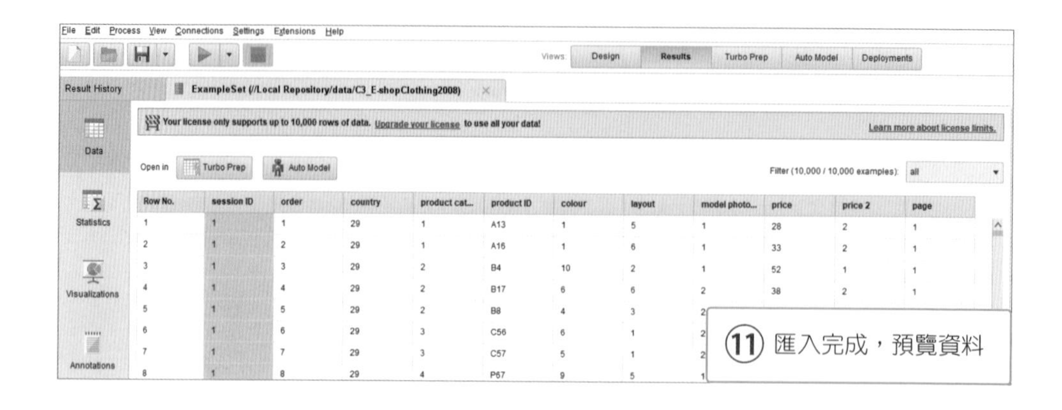

3.2.3 選擇分析方法

分析目標

利用資料，建立一個模型。按照瀏覽網頁的行為，預測客戶下一個瀏覽的網頁為何。

設計流程

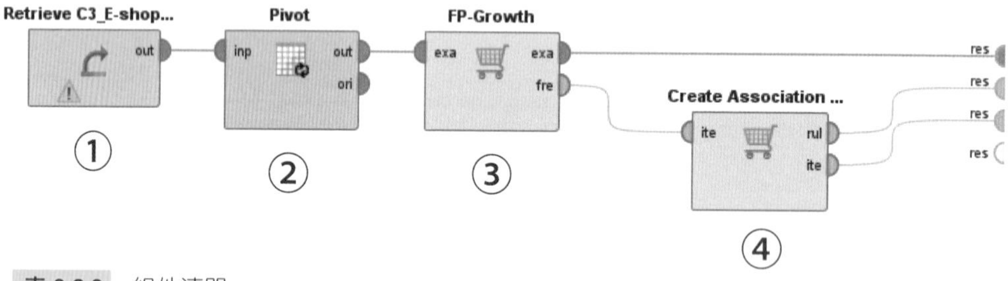

表 3.2.2 組件清單

組件索引	組件	操作	說明
1. 原始資料	Repository ↳ Local Repository ↳ data ↳ C3_E-shopClothing2008	拖拉至畫布中	1 個 ID（sessionID）、1 個定性變數（product category），其餘欄位不會參與分析

接下頁

組件索引	組件	操作	說明
2. 樞紐分析	Operators ↳ Blending ↳ Table ↳ Rotation ↳ Pivot	拖拉至畫布中	**列**：sessionID **欄**：整合同 sessionID 所瀏覽的產品類別
3. 頻率形態樹	Operators ↳ Modeling ↳ Associations ↳ FP-Growth	拖拉至畫布中	透過設定門檻值後由出現頻率形態樹 (Frequent Pattern Tree, FP Tree) 修枝，來找**常出現**的商品
4. 產生規則	Operators ↳ Modeling ↳ Associations ↳ Create Association Rules	拖拉至畫布中	找商品**同時出現**的規則

3.2.4 設定參數

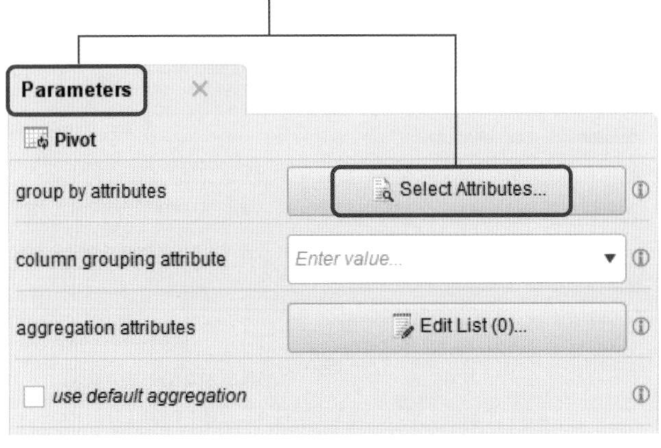

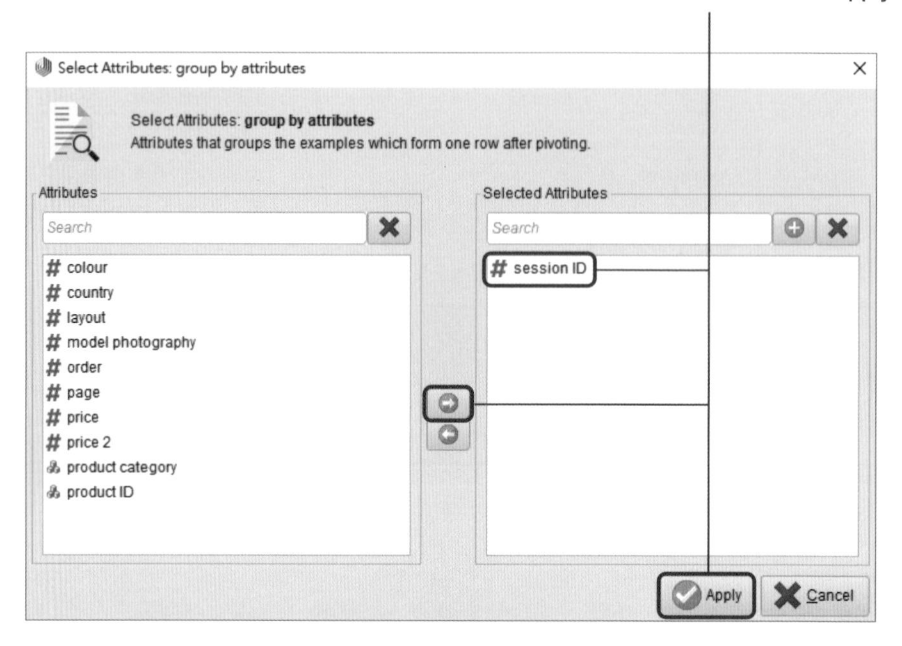
② 將 Attributes 區域的 session ID 用 → 移到 Selected Attributes，點選 Apply
Select Attributes: group by attributes
Select Attributes: group by attributes
Attributes that groups the examples which form one row after pivoting.
Attributes
Search
colour
country
layout
model photography
order
page
price
price 2
product category
product ID
Selected Attributes
Search
session ID
Apply
Cancel

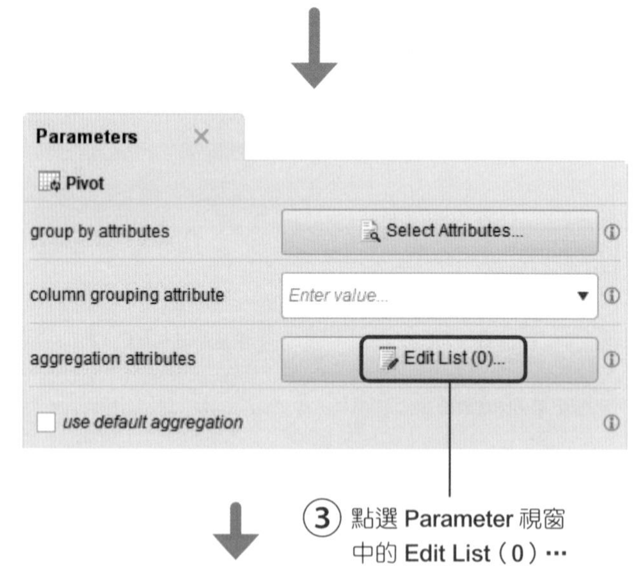
Parameters
Pivot
group by attributes
Select Attributes...
column grouping attribute
Enter value...
aggregation attributes
Edit List (0)...
use default aggregation
③ 點選 Parameter 視窗中的 Edit List（0）…

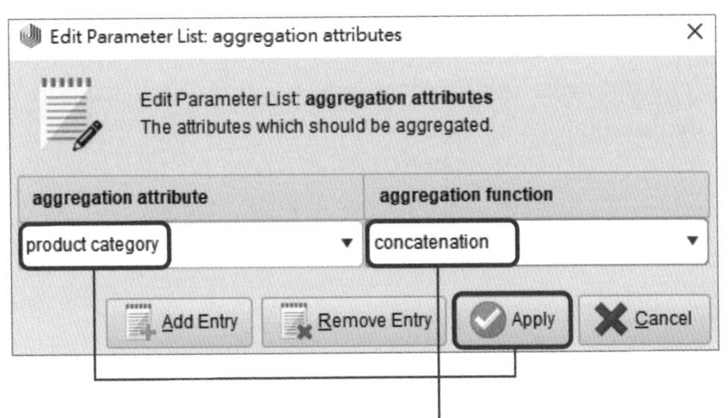

④ 在 aggregation attribute 區域選擇 product category，在 aggregation function 區域選擇 concatenation，最後點選 Apply

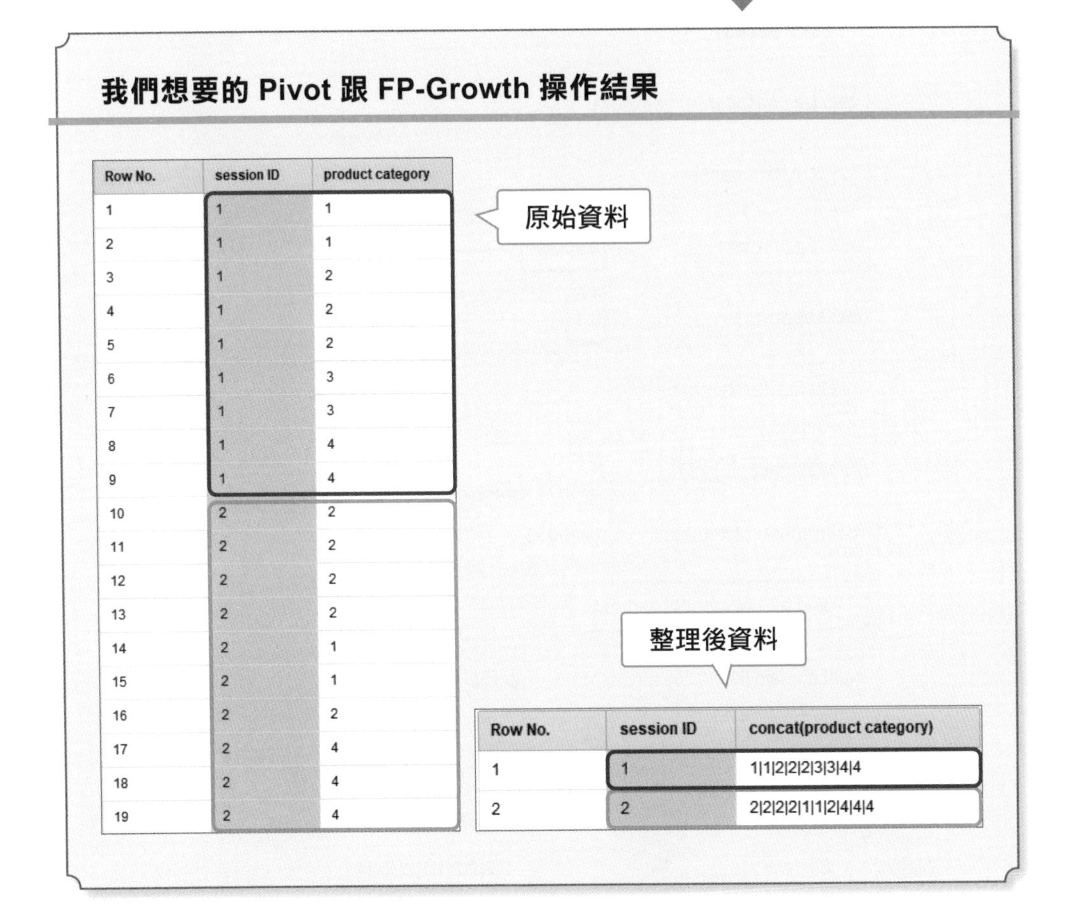

我們想要的 Pivot 跟 FP-Growth 操作結果

原始資料

Row No.	session ID	product category
1	1	1
2	1	1
3	1	2
4	1	2
5	1	2
6	1	3
7	1	3
8	1	4
9	1	4
10	2	2
11	2	2
12	2	2
13	2	2
14	2	1
15	2	1
16	2	2
17	2	4
18	2	4
19	2	4

整理後資料

Row No.	session ID	concat(product category)
1	1	1|1|2|2|2|3|3|4|4
2	2	2|2|2|2|1|1|2|4|4|4

⑤ 點選畫布中的 **FP-Groth** 組件，在 **Parameter** 視窗中的 **input format** 選擇 **item list in a column**，**min requirement** 選擇 **support**，**min support** 填入 **0.1**，取消 **find min number of itemsets**。將 FP Tree 修枝的「門檻值」設定為 0.1，代表對於太少出現的項目，我們沒有興趣。因此 FP Tree 修枝後，都是常出現的商品，常出現的才有找「商品同時出現規則」的價值

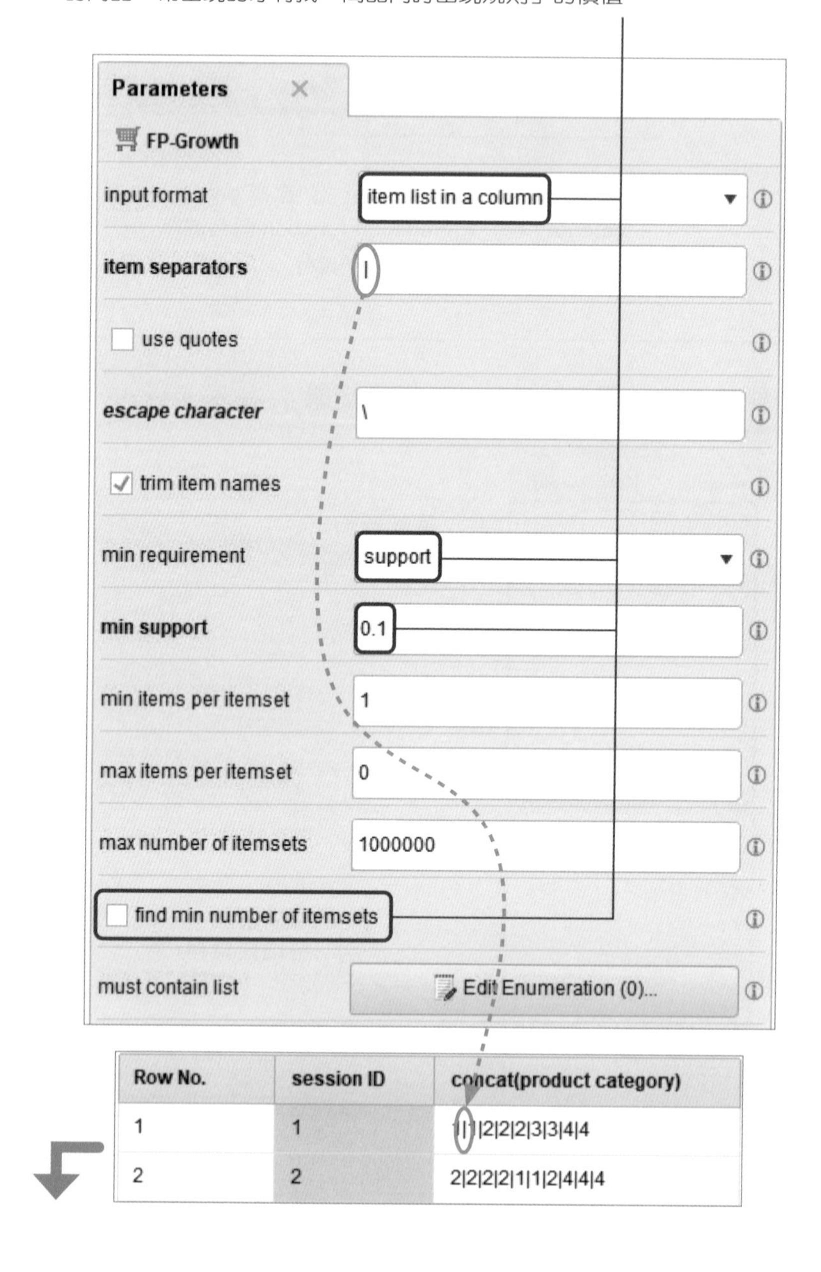

Row No.	session ID	concat(product category)
1	1	1|1|2|2|2|3|3|4|4
2	2	2|2|2|2|1|1|2|4|4|4

input format 的選項說明

- **item list in a column**：對每一筆交易，交易中的所有商品都放在同一欄，以 item separators 指定分隔商品的方式。

交易索引	商品
A	1、2
B	2、3、4

- **item in separate columns**：對每一筆交易，交易中的每個商品放在獨立的欄位。

交易索引	商品	商品	商品
A	1	2	
B	2	3	4

- **item in dummy coded columns**：先將資料中每一個商品都建立獨立的欄位，接著根據每一筆交易中有出現的商品，就在對應的欄位寫上 1，沒出現的商品在對應的欄位寫上 0。

交易索引	商品 1	商品 2	商品 3	商品 4
A	1	1	0	0
B	0	1	1	1

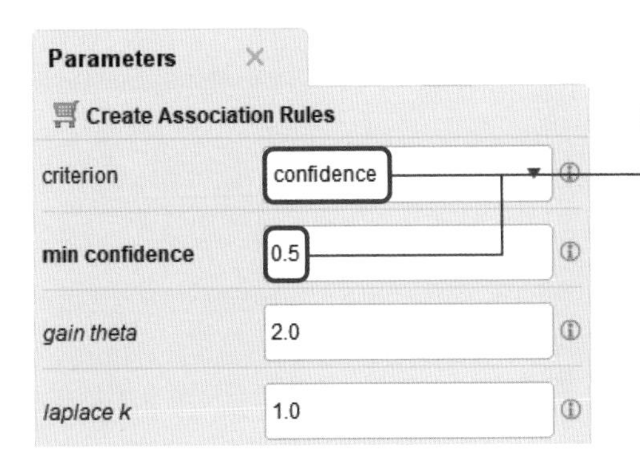

⑥ 點選畫布中的 Create Association Rules 組件，在 criterion 選擇 confidence，並在 min confidence 欄位填入 0.5

找商品同時出現的標準

1. Confidence：

- 在「規則認為事件會同時出現」的條件下，「事件真的同時出現」的機率。
- α Error（又稱為「型一錯誤」），表示模型預測「事件會同時出現」，但實際上「事件沒有同時出現」的機率。
- RapidMiner 的預設值是 Confidence（比較常用）。
- 可參考本書第 4 章的 Confidence 說明。

2. Conviction（信念）：

- 「隨機猜錯的機率」是「規則猜錯的機率」的多少倍。
- β Error（又稱為「型二錯誤」），表示模型預測「事件不會同時出現」，但實際上「事件卻同時出現」的機率。
- 可參考本書第 4 章的 Conviction 說明。

3. Lift（增益）：

- 「規則猜對事件同時出現的機率」是「隨機猜中事件會同時出現機率」的多少倍，若 Lift>1，則模型的「預測規則」有價值。
- 準確度（Accuracy）是在所有結果中，模型預測為正確的比重。
- 可參考本書第 4 章的 Lift 說明、以及第 8 章的 Accuracy 說明。

4. ps：以 PrefixSpan 演算法作為標準篩選規則。

5. gain：以 gain 函數計算關聯規則，需輸入參數 θ（Theta）。

6. laplace：以 Laplace 函數計算關聯規則，需輸入參數 k。

3.2.5 執行結果

① 點選 **Start the execution of the current process**

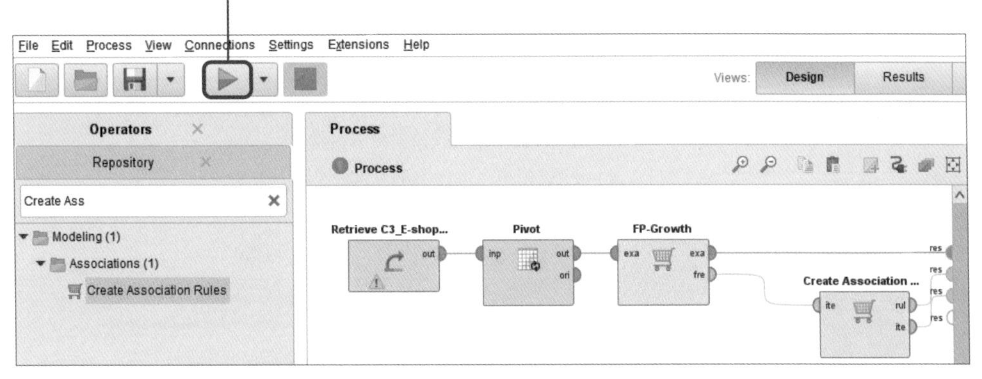

② 點選 **AssociationRules（Create Association Rules）**中的 **Data**，Premises 欄位是前提，Conclusion 的欄位是結果，Support 欄位是支持，Confidence 欄位是預測信心，Lift 欄位是規則增益。可以看到第 11 條規則，「瀏覽了商品類別 1 跟商品類別 2 之後，接著會瀏覽商品類別 3」的信心是 62.3%，增益是 1.332 > 1，代表此規則可以使用

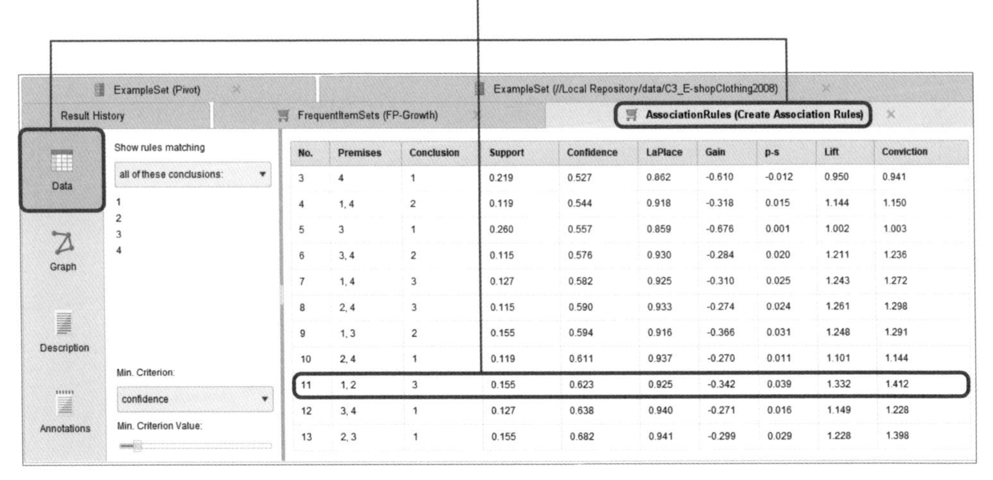

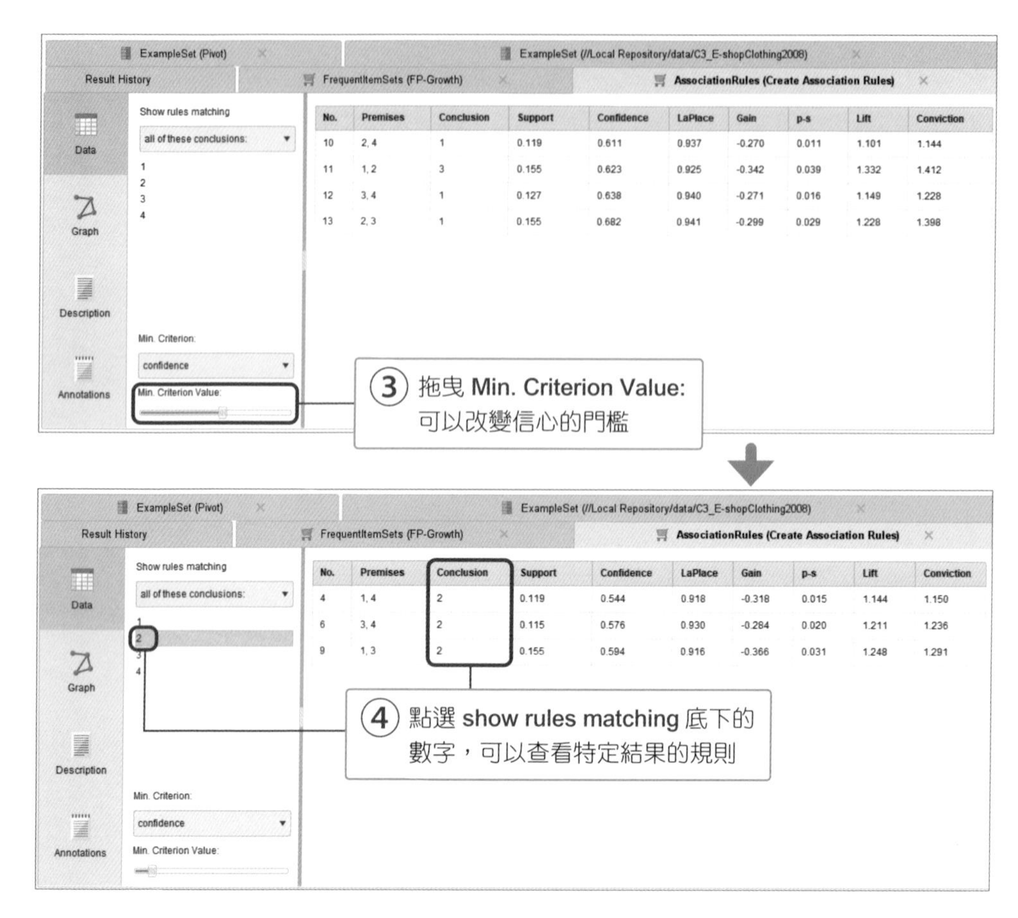

⑤ 點選 AssociationRules（Create Association Rules）中的 Graph，可以看到商品跟規則的關係。滑鼠停留至相關節點即可看到詳細資料。下圖顯示「瀏覽商品類別 4 之後會瀏覽商品類別 1」的信心是 53%，增益是 0.95

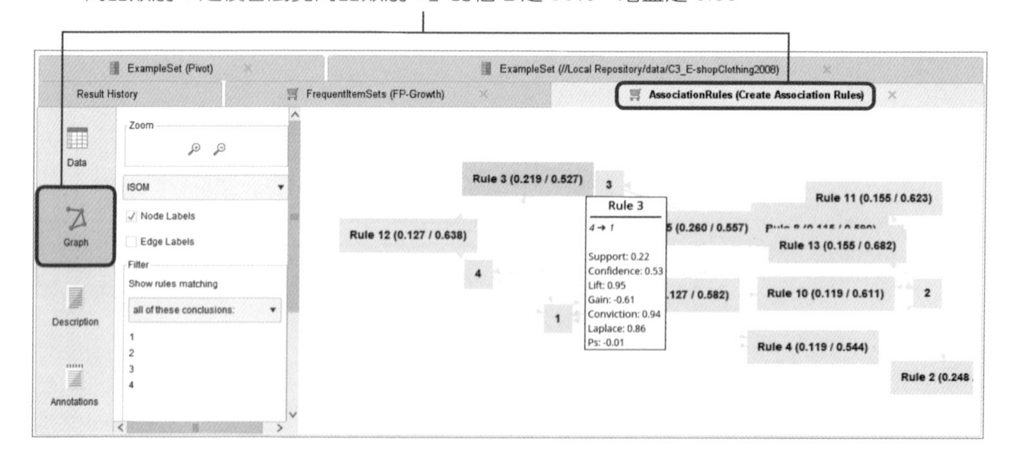

⑥ 點選 **FrequentItemSets（FP-Growth）**中的 **Data**，
可以查看所有支持率（Support）> 0.1 的規則

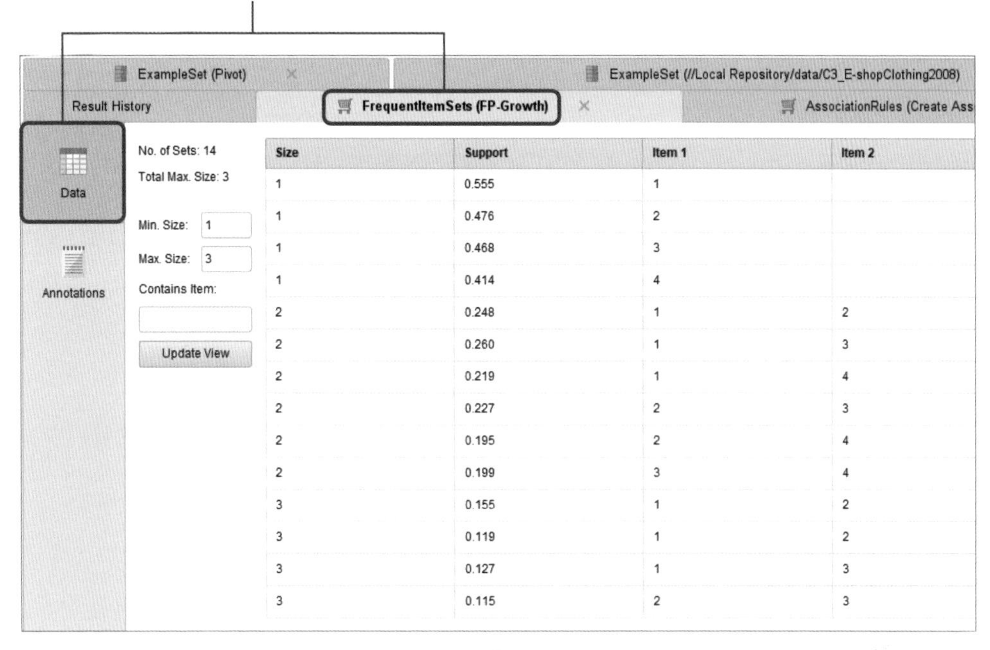

Size	Support	Item 1	Item 2
1	0.555	1	
1	0.476	2	
1	0.468	3	
1	0.414	4	
2	0.248	1	2
2	0.260	1	3
2	0.219	1	4
2	0.227	2	3
2	0.195	2	4
2	0.199	3	4
3	0.155	1	2
3	0.119	1	2
3	0.127	1	3
3	0.115	2	3

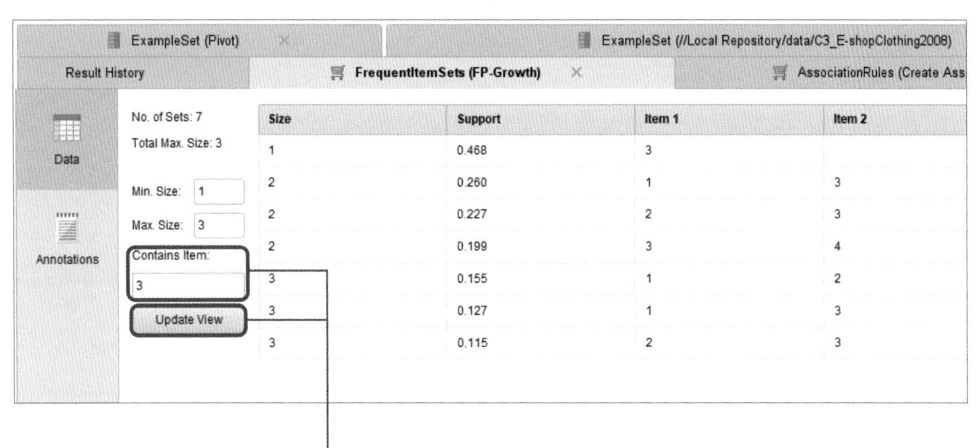

Size	Support	Item 1	Item 2
1	0.468	3	
2	0.260	1	3
2	0.227	2	3
2	0.199	3	4
3	0.155	1	2
3	0.127	1	3
3	0.115	2	3

⑦ 設定 **Contains Item:** 為 3 後點選 **Update View**，
可以查看所有跟商品類別 3 有關的規則

3.2.6 詮釋結果

預測模型

「先看商品類別 1 與商品類別 2 的客戶，下一步會接著看商品類別 3」的規則，有 62% 的信心水準。因此，若已知某位使用者已瀏覽商品類別 1 與商品類別 2，按模型預測，使用者將會瀏覽商品類別 3。此規則的增益為 1.38，因此判斷規則可用。

$$增益 = \frac{規則猜中的機率}{隨機猜中的機率} = 1.332$$

「關聯」與「因果」

關聯是討論 2 個定性自變數 X 是否同時出現，或是 2 個定量自變數 X 是否同升同降。而**因果**是著重在自變數 X 的改變會影響應變數 Y。假設有研究發現：若冰淇淋的銷售量越高，則竊盜發生率也越高，該研究結論宣稱：冰淇淋的銷售量增加導致竊盜率升高，這樣的宣稱適當否？

我們認為不適當，研究的發現可以接受。但是常理上，沒有足夠的證據可以推論這樣的結果，也許另外有其他的原因促使這 2 個現象同時出現。這個原因可能是氣溫高，天氣熱會使冰淇淋賣得多；同時，天氣熱常會開窗通風，使得小偷容易行竊。因此，這 2 個現象都是因為天氣熱造成的結果，並不是因為冰淇淋的銷售量增加導致竊盜率升高。

如圖 3.2.1 所示。其中「+」表示同向變化，如若氣溫上升，則冰淇淋銷售量增加。這種情況應稱冰淇淋的銷售量增加與竊盜率升高具有高度的**關聯性**（Strong Association）較為適當，而非**因果關係**。

圖 3.2.1 氣溫的 Frequent Pattern Tree

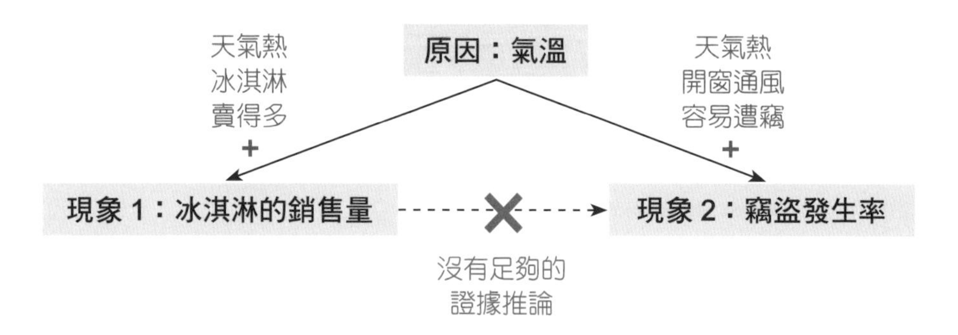

因此，關聯是討論的 2 個自變數 X 是否同時出現，或同升同降，至於因果是討論自變數 X 對應變數 Y 是否具有顯著的影響。如冰淇淋的銷售量與竊盜率是屬於關聯，而氣溫與冰淇淋的銷售量屬於因果。常用的因果分析方法如**格蘭傑因果關係檢定**（Granger causality test）、**Hosoya 因果關係**。

管理意涵

無論是製造業的生產行為、或是服務業的服務流程，都需要投入（Input，X）生產要素，例如人力、資本、設備，已期待能夠創造產出（Output，Y），而效率（Efficiency）可以表示為：

$$效率 = \frac{產出Y}{投入X}$$

以每位員工需要一台縫紉機的生產線為例，X 包括人力、縫紉機…等，若人力（X1）越多，縫紉機（X2）也會越多，X1 與 X2 屬於關聯。基於作業需求的原因，使得員工越多，縫紉機越多。若每人的生產力都相同，在其他條件不變的情況下，X1 與產量 Y 為因果，同理 X2 與產量 Y 也為因果。即投入越多，產量越多。常用的效率衡量方法包括 **DEA（Data Envelopment Analysis，包絡分析法）**。

3.3 章節練習 - 預測客戶下一次瀏覽的新聞

你營運的新聞網站開發了一個瀏覽紀錄功能，可以記錄每次瀏覽所打開的新聞，最多可以記錄 20 頁新聞，當然一次瀏覽也有可能打開超過 20 頁新聞。你希望找到新聞與新聞之間的關聯性，從而在頁面底部為客戶提供相關新聞，提升客戶在網站上的停留時間。

本練習使用的數據集為 E3_News.csv，總共包含 4,000 餘筆數據。數據範例如下表 3.3.1 所示，其中每一筆資料表示一次獨立瀏覽，session 表示索引，其他剩餘的欄位 click_x 表示每一次點擊所瀏覽的頁面。透過 click_x 後數字是瀏覽的順序。

表 3.3.1 範例數據

session	click_1	click_2	click_3	click_4	click_5	…
1	P161	P136	P127	P129	P128	…
2	P240	P247	P126	P143	P89	…
3	P240	P247	P126	P143	P89	…
4	P361	P360	P356	P363	P126	…
5	P161	P136	P127	P129	P128	…
6	P240	P247	P126	P143	P89	…

練習目標

請使用本章所介紹的 Apriori 演算法分析數據，並預測客戶下一次最可能的瀏覽目標。

CHAPTER

4

這些商品放一起很好賣！擬定賣場促銷方案

本單元可以協助公司了解哪些商品組合是比較受歡迎，並藉此擬訂促銷方案。本章與第 3 章的不同之處：第 3 章是在**已經**發生某些事件的前提下，預測接下來會發生什麼結論。因此，前提和結論有**先後順序**之分。而本章是探討前提和結論**同時發生**，例如在買咖啡的前提下，預測同時也會買奶精的結論，也就是咖啡和奶精會同時出現在發票上。本章內容將有助於檢視公司商品組合的價值訴求，是否契合目標客戶的需求。

對商場促銷活動而言，商場內有成千上萬種商品，每張發票的商品多寡不一，若商場了解「哪些商品經常同時被購買」則可以「安排在附近的貨架」或「一起出現在促銷活動的清單內」。對商場促銷特定商品而言，若對商場了解「特定商品與另一項商品經常同時被購買」，則可以「A+B 搭配促銷」、「買 A 加 1 元，就送 B」、或是「買 A 送 B」。其中，A 與 B 常見於「互補品」，像是咖啡與奶精、麵包與奶油。

4.1 關聯分析的基本原理

4.1.1 樞紐分析表

我們用樞紐分析表來探討規則跟結果的關係，例如「若買商品 1 跟商品 2，就會買商品 3」，在這個範例中，前提（Premises，P）是買商品 1 跟商品 2，結果（Conclusion，C）是買商品 3。假設用樞紐分析表記錄的結果如表 4.1.1。

表 4.1.1 購買紀錄樞紐分析表

	有買商品 3	沒買商品 3	小計
有買商品 1 跟商品 2	3	1	4
沒買商品 1 跟商品 2	0	3	3
小計	3	4	7

評估規則的強弱，可以用本書上一章提到的支持率、信心度、增益。評估結果如下：

- **支持率**（Support）：支持率在此表示某事件所佔的百分比。有買商品 1、商品 2、商品 3 的支持率為 $\frac{3}{7}$。支持率可以理解為「隨機猜中結果（有買商品 1、商品 2、商品 3）的機率」。
- **信心度**（Confidence）：在出現 A 的前提下出現 B 的機率。有買商品 1 且商品 2 的前提下，買了商品 3，信心度為 $\frac{3}{4}$。信心度可以理解為「在規則（有買商品 1 跟商品 2）的協助下，猜中結果（有買商品 3）的機率」。
- **增益**（Lift）：信心度除以支持率，代表某個規則的貢獻度有多少。也就是說某個前提出現，是否可以提升我們猜中另一個事件的機率。有買商品 1 且商品 2 的前提下，買了商品 3，增益為：

$$\frac{3/4}{3/7} = \frac{7}{4} = 1.75 > 1$$

- **信念**（Conviction）：隨機猜錯的機率除以規則猜錯的機率。以上述的範例來說，信念為：

$$\frac{1-支持率}{1-信心度}=\frac{1-\frac{3}{7}}{1-\frac{3}{4}}=\frac{16}{7}=2.29>1$$

好的規則要有較高的信心度及增益。若信心度很高，但是增益小於 1 的規則，稱為過度自信。探討這些規則，尋找同時出現的規則，是重要的商業應用之一。

評估規則可能的錯誤

- α **error**

  又稱為型一錯誤，是指「預測為 Positive，實際為 Negative」時所發生的錯誤預測，通常以 FP（False Positive）表示。以「辨識是否為垃圾 Email」的預測模型為例：Positive 表示「垃圾郵件」，Negative 表示「不是垃圾郵件」。若模型的預測是「垃圾郵件」而事實上這封 Email「不是垃圾郵件」，就是「型一錯誤」。如果這封郵件還是來自老闆的交辦事項，那這個錯誤的代價就會很大。

- β **error**

  又稱為型二錯誤，是指「預測為 Negative，實際為 Positive」時所發生的錯誤預測，通常以 FN（False Negative）表示。以「辨識是否為 Covid-19 確診」的預測模型為例：Positive 表示「Covid-19 陽性」，Negative 表示「Covid-19 陰性」。若模型的預測是「Covid-19 陰性」而事實上這位受測者是「Covid-19 陽性」，就是「型二錯誤」。這會導致受測者回到社區到處散播疫情，此時錯誤的代價就會很大。

接下頁

- **錯誤的代價是相對的**

既然是預測，難免會發生錯誤。那麼何時應該著重降低「型一錯誤」，何時又該著重降低「型二錯誤」呢？這要針對「錯誤的代價」評估。

1. 以「**辨識是否為垃圾 Email**」的預測模型為例：

   ○ 發生「型一錯誤」的代價：把老闆的 Email 當垃圾，代價很淒慘。

   ○ 發生「型二錯誤」的代價：把垃圾郵件當作非垃圾郵件，代價只是多看一封 Email。

   兩者比較之下，「型一錯誤」的代價比較大，所以模型應該降低「型一錯誤」發生的機率。

2. 以「**辨識是否為 Covid-19 確診**」的預測模型為例：

   ○ 發生「型一錯誤」的代價：把「Covid-19 陰性」當「Covid-19 陽性」，代價只是平白隔離 14 天。

   ○ 發生「型二錯誤」的代價：把「Covid-19 陽性」當「Covid-19 陰性」，疫情蔓延代價就很大。

   兩者比較之下，「型二錯誤」的代價比較大，所以模型應該降低「型二錯誤」發生的機率。

一般而言，「外部失敗」代價比較大的產品，即出廠後消費者買去使用才發現瑕疵，其相關的預測模型通常會傾向於降低「型二錯誤」，例如與醫藥產品檢測或汽車產業的產品。

4.1.2 頻率形態樹（Frequent Pattern Tree, FP Tree）

假設 7 筆交易紀錄如表 4.1.2，我們要將此交易紀錄表繪製成頻率形態樹，繪製的結果如圖 4.1.1。繪製步驟如下所述：

Step 1 將交易索引 1 的商品，從商品 11 到商品 19，依序從樹的根部開始擺。

Step 2 將交易索引 2 的商品，從商品 11 到商品 18，依序從樹的根部開始擺。其中商品 11 已經出現在樹上，因此就加 1 即可。交易所引的商品 16 不曾出現在樹上，因此產生分支。

Step 3 依照上述方式，將所有交易的商品畫在樹上。

Step 4 設定「門檻值」，在這個範例中我們設定為 1.5。接下來的步驟會刪去「商品出現次數少於門檻值的分支」。

Step 5 將不同分支上，相同的商品，用虛線連結起來。

Step 6 刪除「商品出現次數少於門檻值的分支」，也就是圖中紅色的部分。

表 4.1.2 交易紀錄

交易索引	購買商品				
1	商品 11	商品 18	商品 19		
2	商品 11	商品 16	商品 18		
3	商品 11	商品 16	商品 18	商品 19	商品 20

接下頁

交易索引	購買商品				
4	商品 11	商品 19	商品 20		
5	商品 11	商品 19	商品 20		
6	商品 16	商品 18			
7	商品 16	商品 12			

圖 4.1.1 FP Tree

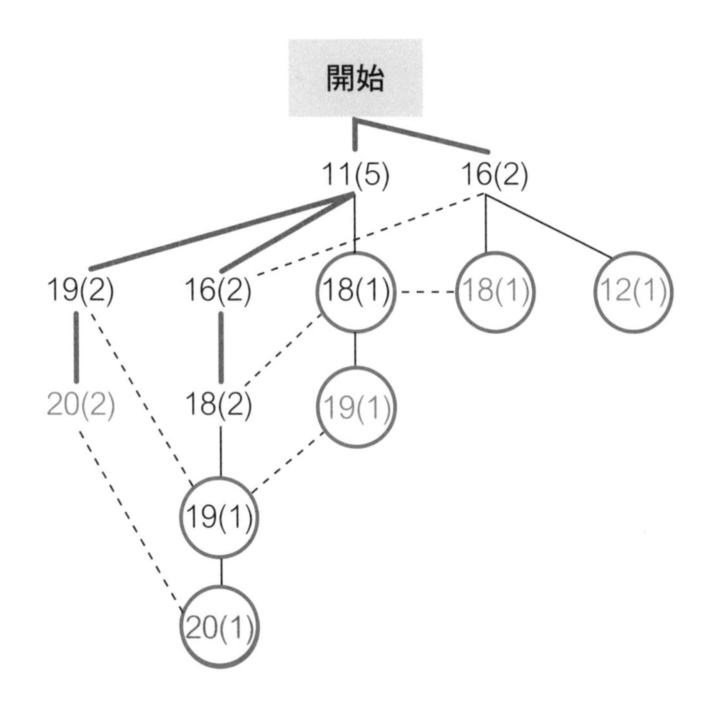

4.2 實例操作 - 分析客戶一起購買的商品

4.2.1 資料解析

本章範例為一商場之交易紀錄，包含發票號碼、購買產品編號、數量、以及單價。本範例主要目的是學習如何利用 FP Tree 尋找同時出現的規則，擬定出促銷方案，以提供給行銷團隊制定相對應的策略。本數據為模擬數據，共 200 筆，部分資料如表 4.2.1。

表 4.2.1 範例資料 C4_Transactions.csv（僅節錄部分數據）

Invoice	Product 1	Order	Sales Value
131506	Product 20	1	40
131506	Product 21	1	80

各欄位代表的意涵：

- Invoice：發票號碼。
- Product 1：購買產品之編號。
- Order：購買數量。
- Sales Value：產品單價。

4.2.2 匯入資料

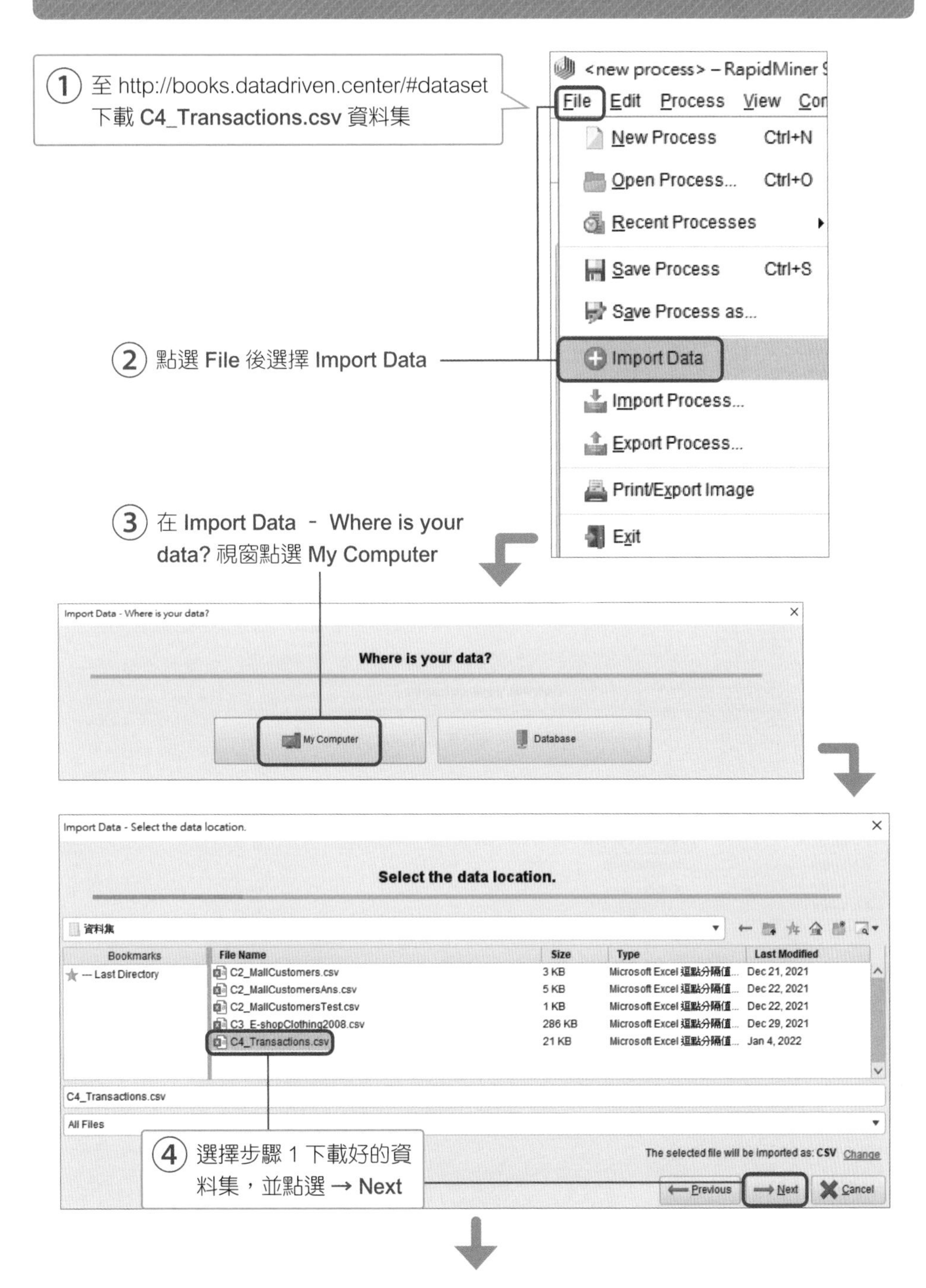

① 至 http://books.datadriven.center/#dataset 下載 C4_Transactions.csv 資料集
<new process> – RapidMiner
File
Edit
Process
View
New Process Ctrl+N
Open Process... Ctrl+O
Recent Processes
Save Process Ctrl+S
Save Process as...
Import Data
Import Process...
Export Process...
Print/Export Image
Exit
② 點選 File 後選擇 Import Data
③ 在 Import Data – Where is your data? 視窗點選 My Computer
Import Data - Where is your data?
Where is your data?
My Computer
Database
Import Data - Select the data location.
Select the data location.
資料集
Bookmarks
Last Directory
File Name
Size
Type
Last Modified
C2_MallCustomers.csv
C2_MallCustomersAns.csv
C2_MallCustomersTest.csv
C3_E-shopClothing2008.csv
C4_Transactions.csv
All Files
The selected file will be imported as: CSV
Change
④ 選擇步驟 1 下載好的資料集，並點選 → Next
Previous
Next
Cancel

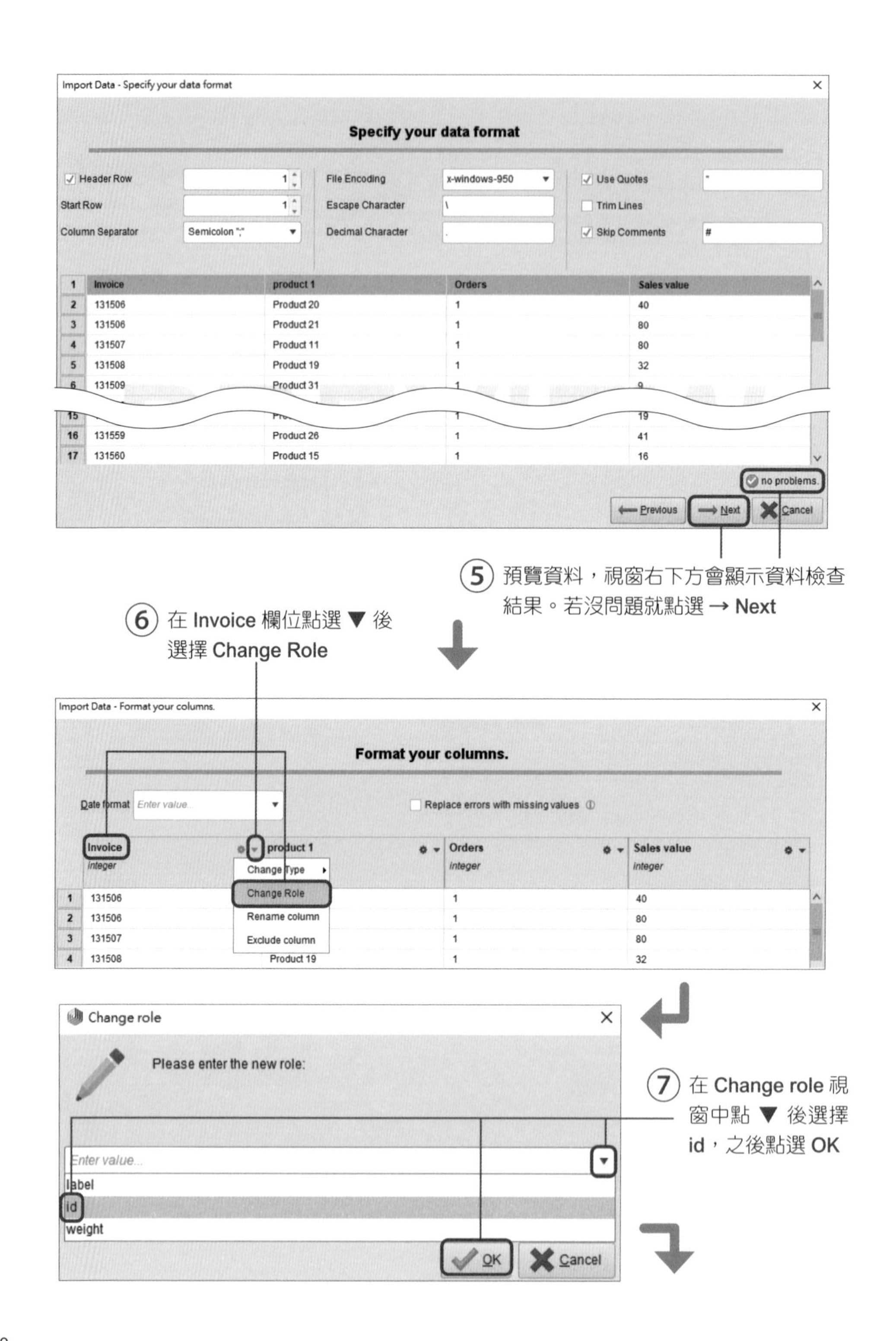
Import Data - Specify your data format
Specify your data format
Header Row
Start Row
Column Separator
Semicolon ";"
File Encoding
x-windows-950
Escape Character
Decimal Character
Use Quotes
Trim Lines
Skip Comments
Invoice
product 1
Orders
Sales value
no problems.
Previous
Next
Cancel
⑤ 預覽資料，視窗右下方會顯示資料檢查結果。若沒問題就點選 → Next
⑥ 在 Invoice 欄位點選 ▼ 後選擇 Change Role
Import Data - Format your columns.
Format your columns.
Date format
Replace errors with missing values
Change Type
Change Role
Rename column
Exclude column
Change role
Please enter the new role:
Enter value...
label
id
weight
OK
Cancel
⑦ 在 Change role 視窗中點 ▼ 後選擇 id，之後點選 OK

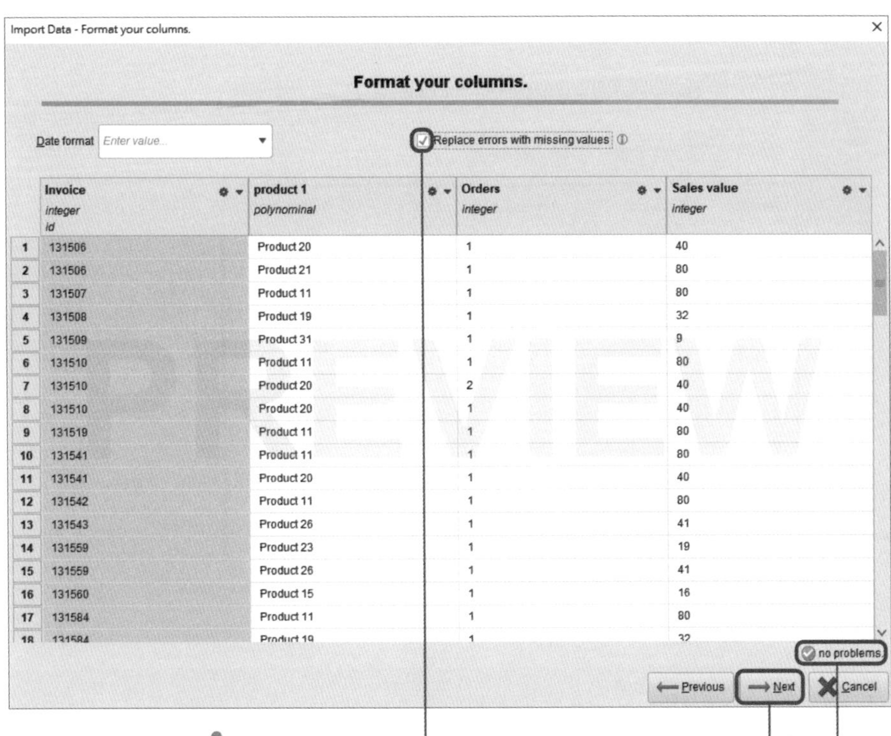

	Invoice integer id	product 1 polynominal	Orders integer	Sales value integer
1	131506	Product 20	1	40
2	131506	Product 21	1	80
3	131507	Product 11	1	80
4	131508	Product 19	1	32
5	131509	Product 31	1	9
6	131510	Product 11	1	80
7	131510	Product 20	2	40
8	131510	Product 20	1	40
9	131519	Product 11	1	80
10	131541	Product 11	1	80
11	131541	Product 20	1	40
12	131542	Product 11	1	80
13	131543	Product 26	1	41
14	131559	Product 23	1	19
15	131559	Product 26	1	41
16	131560	Product 15	1	16
17	131584	Product 11	1	80
18	131584	Product 19	1	32

⑧ 勾選 **Replace errors with missing values**，將異常數據自動轉為系統可辨識之型別「Missing Value」，避免匯入過程產生錯誤。完成後點選 → **Next**

⑨ 選擇檔案儲存位置、檔案名稱，確認儲存路徑後，點選 **Finish**

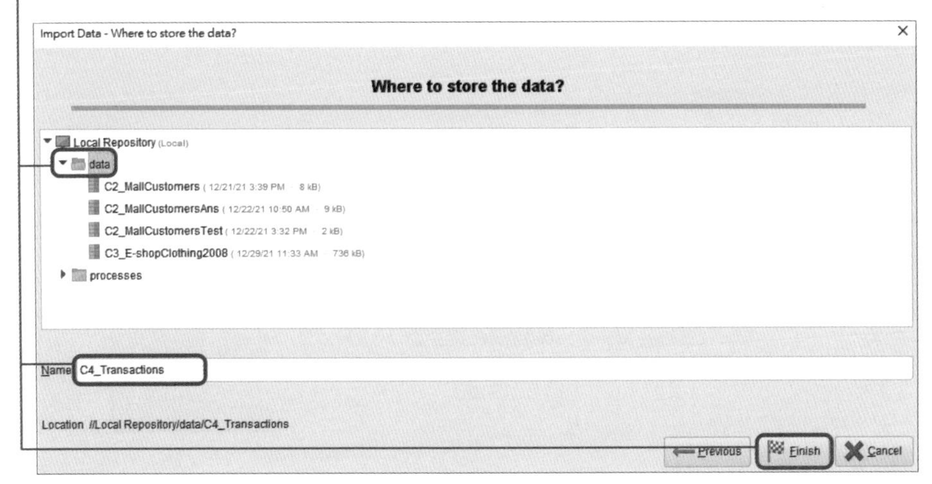

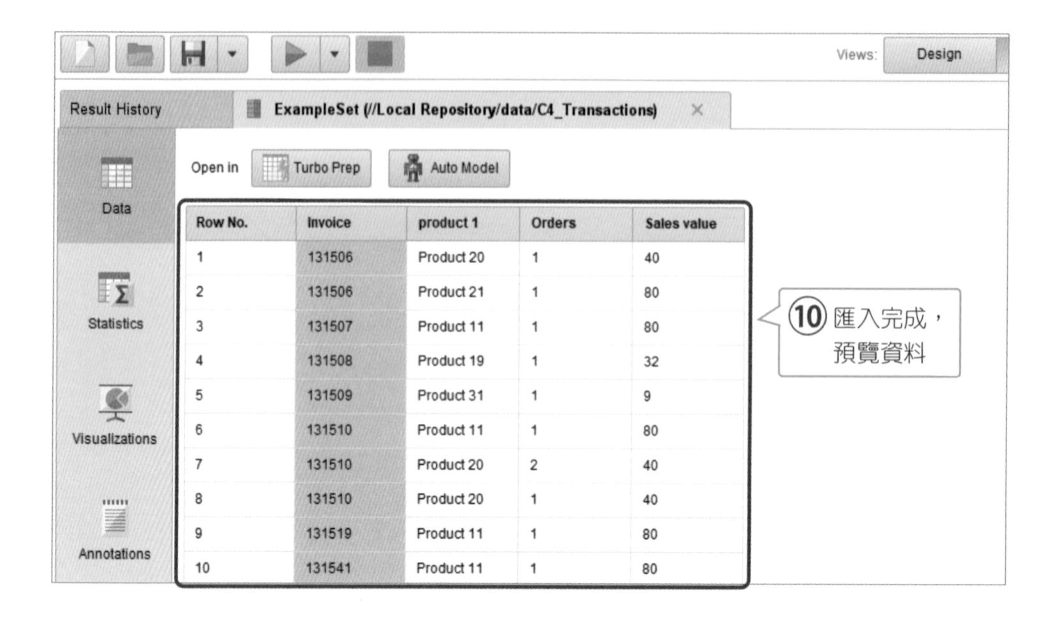

Row No.	Invoice	product 1	Orders	Sales value
1	131506	Product 20	1	40
2	131506	Product 21	1	80
3	131507	Product 11	1	80
4	131508	Product 19	1	32
5	131509	Product 31	1	9
6	131510	Product 11	1	80
7	131510	Product 20	2	40
8	131510	Product 20	1	40
9	131519	Product 11	1	80
10	131541	Product 11	1	80

4.2.3 選擇分析方法

分析目標

透過此數據，運用簡單的方式建立模型，根據客戶行為，預測哪些商品會一起購買。

設計流程

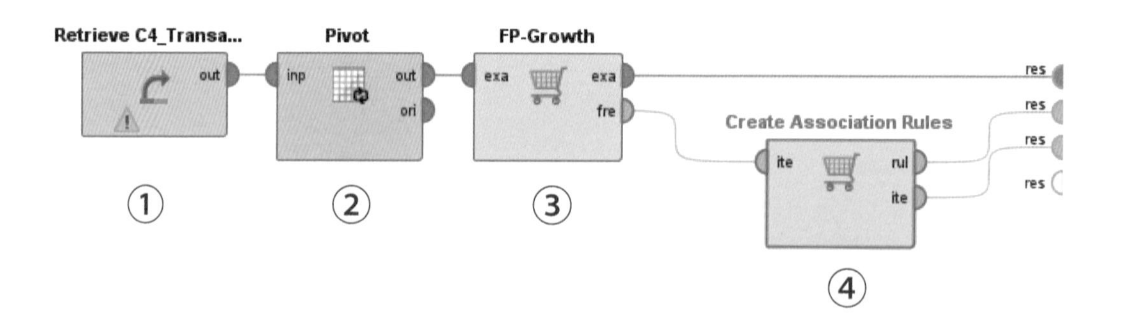

表 4.2.2 組件清單

組件索引	組件	操作	說明
1. 原始資料	Repository ↳ Local Repository ↳ data ↳ C4_Transactions	拖拉至畫布中	1 個 ID（**Invoice**）、 1 個定性變數（**product1**）、 2 個定量變數
2. 樞紐分析	Operators ↳ Blending ↳ Table ↳ Rotation ↳ Pivot	拖拉至畫布中	**列**：發票號碼 **欄**：整合同發票所購買的商品
3. FP Tree	Operators ↳ Modeling ↳ Associations ↳ FP-Growth	拖拉至畫布中	透過定門檻值後由 FP 樹修枝，來找常出現的商品
4. 關聯規則	Operators ↳ Modeling ↳ Associations ↳ Create Association Rules	拖拉至畫布中	找商品同時出現的規則

4.2.4 設定參數

① 點選畫布中的 **Pivot** 組件，點選 **Parameter** 視窗中的 **Select Attributes**

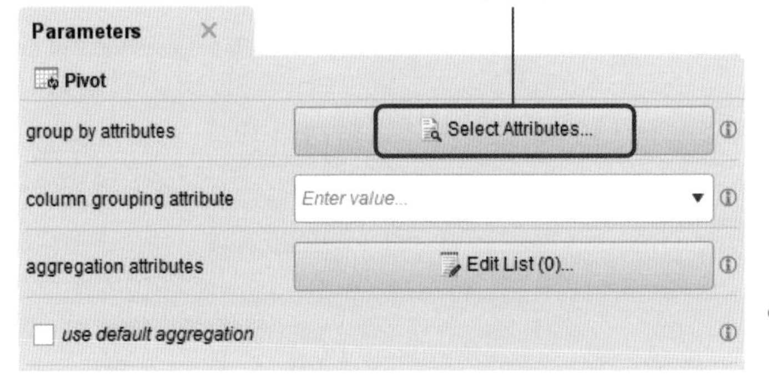

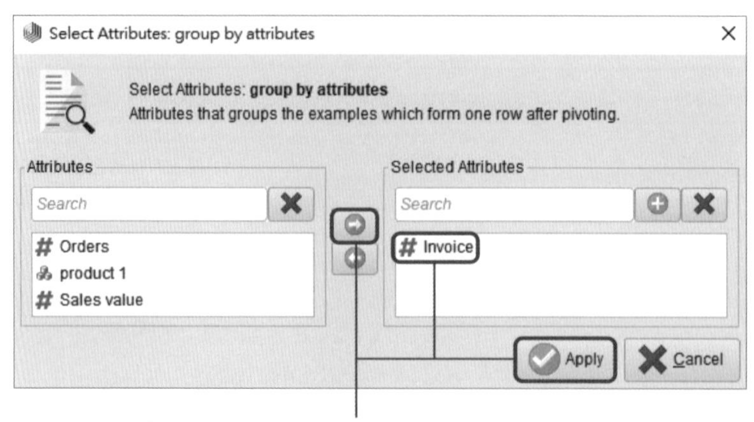

② 將 Attributes 區域的 Invoice 用 → 移到 Selected Attributes，點選 Apply

③ 點選 Parameter 視窗中的 Edit List（0）…

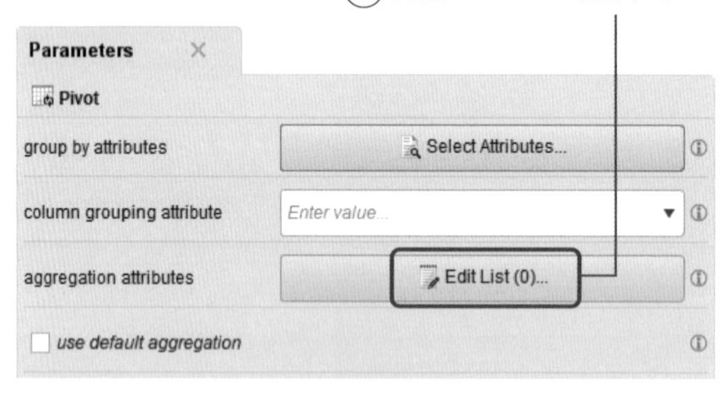

④ 在 aggregation attribute 區域選擇 product 1，在 aggregation function 區域選擇 concatenation，最後點選 Apply

⑤ 點選畫布中的 **FP-Groth** 組件，在 **Parameter** 視窗中的 **input format** 選擇 **item list in a column**，**min requirement** 選擇 **support**，**min support** 填入 **0.005**，取消 **find min number of itemsets**。將 FP 樹修枝的「門檻值」設定為 0.005，代表對於太少出現的項目，我們沒有興趣。因此 FP 樹修枝後，都是常出現的商品，常出現的才有找「商品同時出現規則」的價值

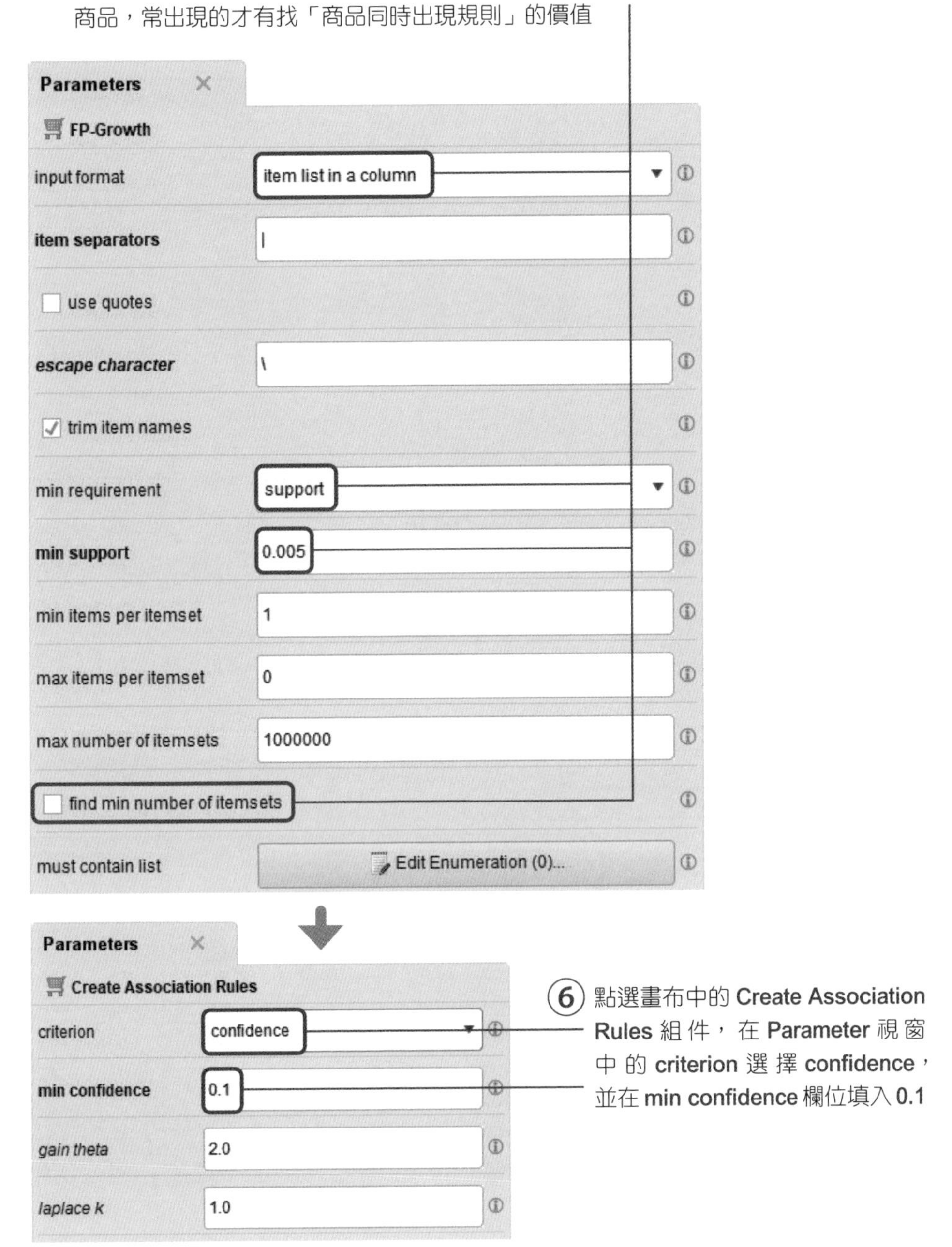

⑥ 點選畫布中的 **Create Association Rules** 組件，在 **Parameter** 視窗中的 **criterion** 選擇 **confidence**，並在 **min confidence** 欄位填入 **0.1**

4.2.5 執行結果

① 點選 Start the execution of the current process

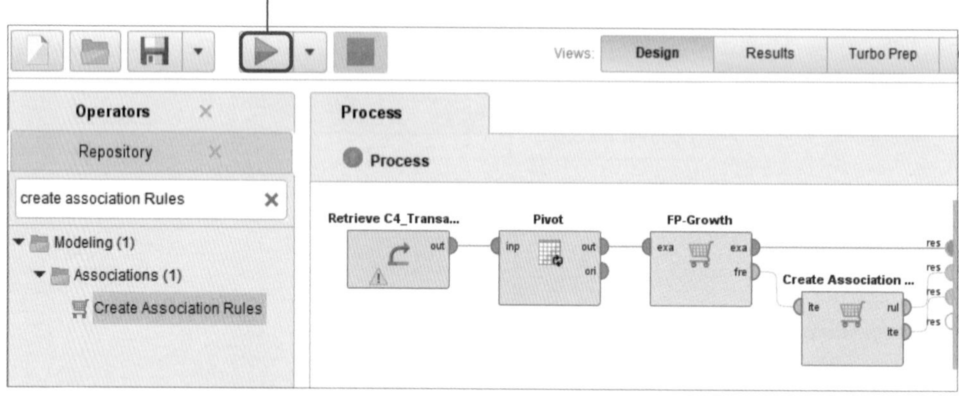

② 點選 AssociationRules（Create Association Rules）中的 Data，Premises 欄位是前提，Conclusion 的欄位是結果，Support 欄位是支持，Confidence 欄位是預測信心，Lift 欄位是規則增益。可以看到第 37 條規則，「瀏覽了商品 11 跟商品 19 之後，接著會瀏覽商品 20」的信心是 100%，增益是 9.667 > 1，沒有過度自信，代表此規則可以用

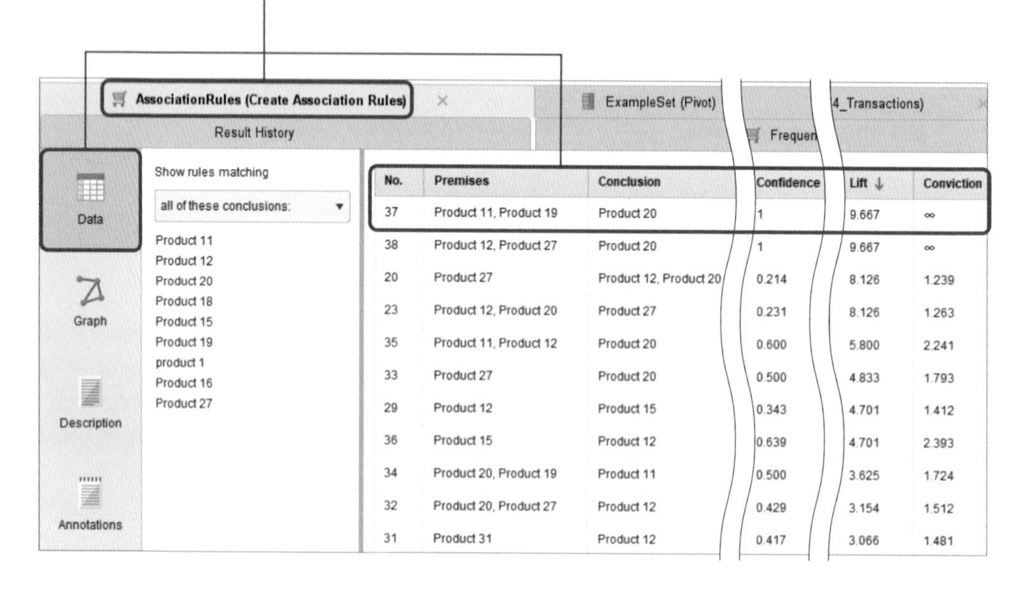

No.	Premises	Conclusion	Confidence	Lift	Conviction
37	Product 11, Product 19	Product 20	1	9.667	∞
38	Product 12, Product 27	Product 20	1	9.667	∞
20	Product 27	Product 12, Product 20	0.214	8.126	1.239
23	Product 12, Product 20	Product 27	0.231	8.126	1.263
35	Product 11, Product 12	Product 20	0.600	5.800	2.241
33	Product 27	Product 20	0.500	4.833	1.793
29	Product 12	Product 15	0.343	4.701	1.412
36	Product 15	Product 12	0.639	4.701	2.393
34	Product 20, Product 19	Product 11	0.500	3.625	1.724
32	Product 20, Product 27	Product 12	0.429	3.154	1.512
31	Product 31	Product 12	0.417	3.066	1.481

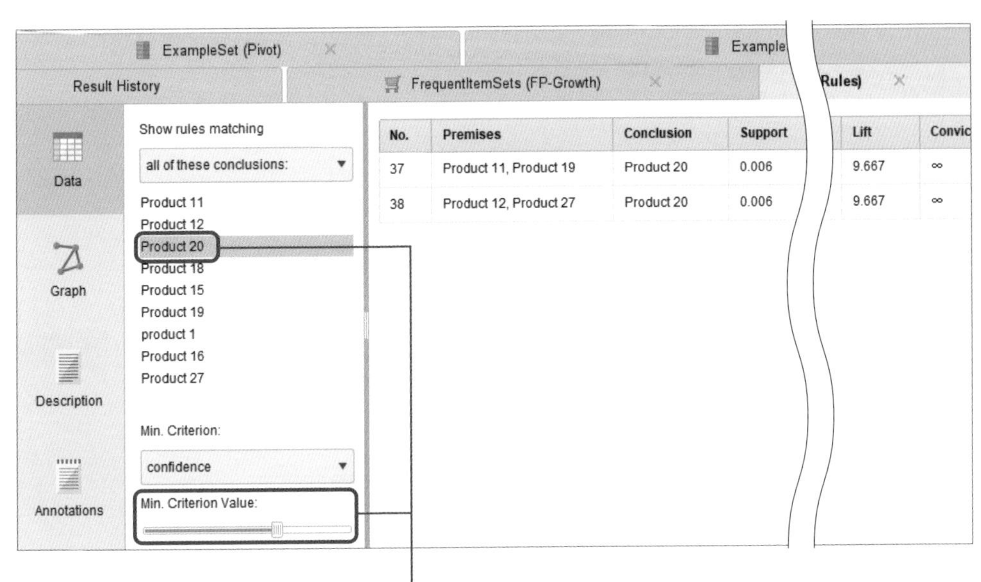

③ 點選 **show rules matching** 底下的 Product 20，並且調高 **Min. Criterion Value:** 信心的門檻，可以知道哪些產品和 Product 20 一起合買

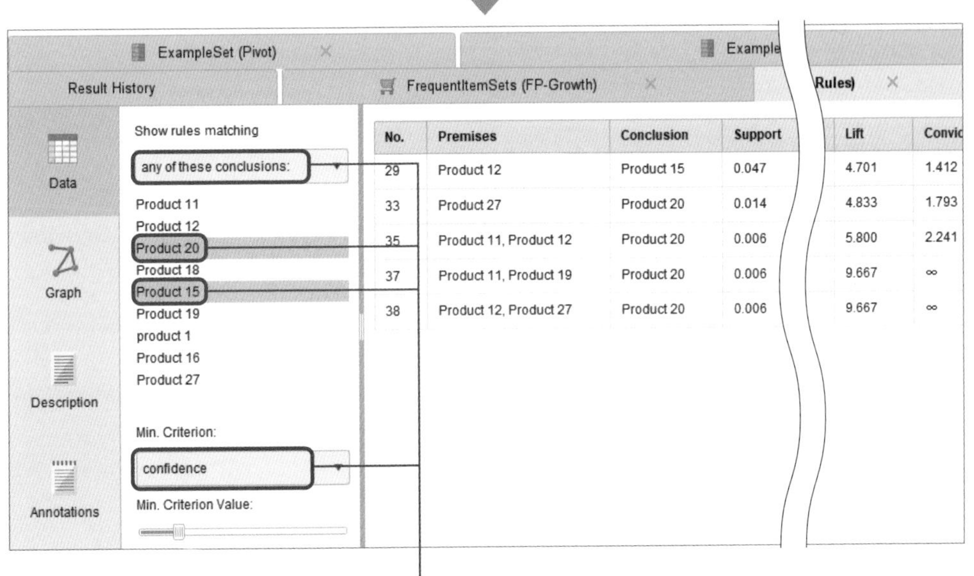

④ 一次點選 **show rules matching** 底下的 Product 20 跟 Product 15，並且使用 **any of these conclusions**，調整適當的 **Min. Criterion Value:** 信心的門檻，可以看到 Conclusion 是 Product 20 或是 Product 15 的規則

⑤ 點選 **AssociationRules**（**Create Association Rules**）中的 **Graph**，可以看到商品跟規則的關係。滑鼠停留至相關節點即可看到詳細資料。下圖顯示「購買商品 11 以及商品 19 之後會購買商品 20」的信心是 100%，增益是 9.67

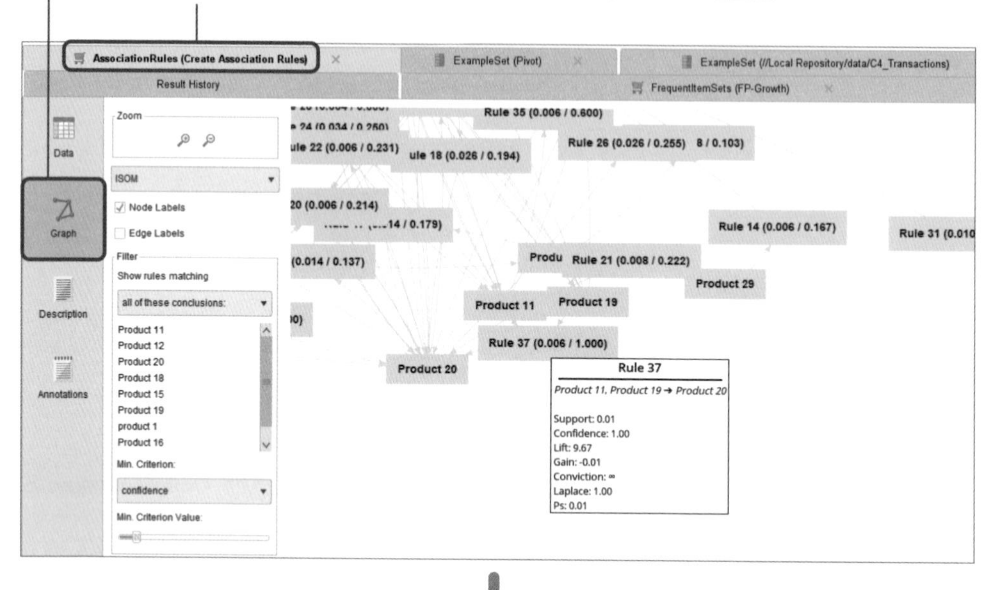

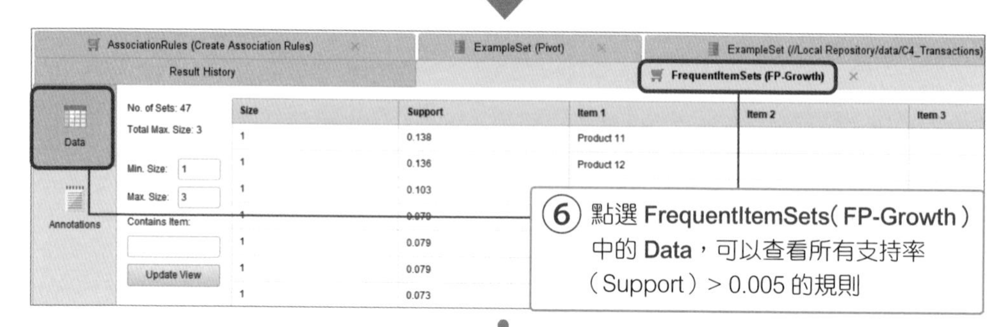

⑥ 點選 **FrequentItemSets**（**FP-Growth**）中的 **Data**，可以查看所有支持率（Support）> 0.005 的規則

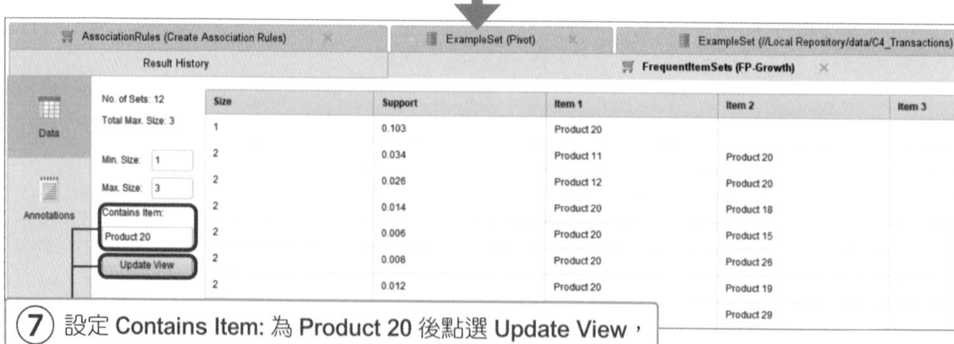

⑦ 設定 **Contains Item:** 為 **Product 20** 後點選 **Update View**，可以查看所有跟商品 20 有關的規則

4.2.6 詮釋結果

以 Rule37 而言

若客人在購買「Product 11 以及 Product 19」的前提，則關聯模型在 100% 的信心水準下，預測這位客人也會「同時購買 Product 20」。「按此規則預測並得到正確結果」的機率是「隨機猜測」的 9.67 倍。

若商場內有 100 種商品，已知客人已經購買「Product 11 以及 Product 19」。則這位客人還會同時購買哪一種商品？此時雖然客人心中已經有答案，但是我們還沒看到客人結帳，所以還不知道答案是什麼。隨機猜測代表「在毫無規則且信心」下，「隨便」猜客人接下來會買商品 1 到商品 100 之中的某一個。在猜測足夠多次之後，猜對的機率約為 0.01。若是按照「規則 37」，則有「100% 的信心水準」預測「這位客人還會同時購買商品 20」。增益為 9.67 代表在預測足夠多次之後，預測正確的機率為 0.0967。

以「擲骰子」而言，出現的點數只有 1 點到 6 點。擲骰子之前，並不能預知會出現多少點，只能猜測出現 3 點出現的「機率」為 1/6。擲骰子之後用碗蓋住，此時骰子的點數已經確定，但未掀蓋所以還不知道，此時有 1/6 的「信心」猜測出現 3 點。掀開碗後，發現點數是 5 點，則機器學習的預測原理是比較「有沒有猜對」或「誤差多少點」，模型會調降「猜錯的機率」或減少「誤差」作為下一次猜測的參考，使機器的猜測越來越準確，這就是「學習」的過程。

擬定銷售策略 － 買「樂高積木」，就會買「機器人課程」

表 4.2.3 銷售策略範例

客戶型態	銷售策略
寓教於樂	● 用「樂高積木」做成有趣的「機器人」 ● 買「樂高積木」加購送「機器人課程」 ● 買「機器人課程」附送「樂高積木」
蒐藏達人	● 請「機器人」當「樂高積木」代言人 ● 限量版的「樂高機器人」
廢物利用	● 機器人比賽：用「樂高積木」包裝紙做成「樂高機器人」的衣服、配件或道具
省錢一族	●「樂高積木」加 1 元送「機器人體驗課程」 ● 買「樂高機器人」配件送「機器人課程」

4.3 章節練習 - 超商購物車商品分析

假設你是某品牌超商的食品部門經理，正在為下個月週年慶的活動做準備。你希望透過優惠組合的方式，一方面為顧客提供優惠，另一方面提升顧客的購買量。由於分店分佈廣泛，不同分店的熱門商品可能各不相同，現在你取得了 24 間分店近期的結帳數據來進行分析。

本練習使用的數據集為 E4_Foodmart.csv，總共包 62,000 餘筆數據。數據範例如下表 4.3.1 所示，其中每一筆資料表示一次結帳的清單。欄位分為兩類，一類是表示食品的類型，例如 Pasta、Soup、Milk 等，下方記錄的值是購買的數量。另一類欄位是以 STORE_ID_ 開頭表示分店編號，下方記錄的值表示是否在此店購買。

表 4.3.1 結帳清單紀錄

Pasta	Soup	Fresh Vegetables	Milk	Plastic Utensils	Cheese	…
3	2	0	0	0	0	…
0	1	3	3	2	0	…
0	0	0	0	0	2	…
0	0	2	0	0	0	…
0	0	0	0	0	0	…
0	1	0	0	0	2	…
0	0	0	0	0	0	…

練習目標

請使用本章所介紹的方法分析數據，找出該品牌超商總體最好的優惠組合，以及各家最好的優惠組合。

MEMO

Episode 3

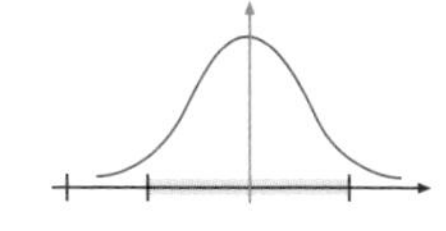

時間總是勇往直前的，從來沒有回頭過，在兩位專家的指導下，公司逐漸達到損益兩平，營收也大有起色。一天 Eddy 拿著營業資料跟 Joe 說「現在看來我們已經逐漸脫離創業的危險期，但若要進入成長期，我們需要有新的做法以擴大規模，提高市占率，這樣我們才有可能拿到下一階段的投資」。於是兩人就來到 Charlie 的辦公室，Charlie 說：「也許你們可以考慮推薦系統」，「推薦系統？」Joe 不解地說道。Charlie 接著說：「是的，推薦系統是針對特定的客戶推薦數樣商品，這與我們之前所分析的『哪些商品在一起更好賣』是不同。之前是針對所有的消費者，並不會針對特別的客戶作最佳化。而推薦系統使用包括『客戶基礎』、『商品基礎』、『隱藏因素』的資訊，**為客戶專屬推薦商品**。尤其是對於低涉入的商品或是太高深的商品，通常消費者會因為衝動或自己資訊有限而相信專家的推薦」Joe 問道：「什麼是低涉入商品？」Charlie 說：「簡單而言就是不需深思熟慮就可以決定要不要買的商品，例如賣場結帳出口旁邊都會有些口香糖之類的小東西，客戶等待結帳時可能一時衝動就會順便買，但如果要買一部汽車，那可能要好好想一想做點功課了。」Charlie 繼續說明：「推薦系統通常考慮『人的偏好』與『物的特性』，如果對人較了解，如草創公司的顧客還不算多，或是重複購買的老客戶佔營收較高，可以考慮『客戶基礎』的推薦系統；以後當你們平台上的商品越來越多，而瀏覽網頁的客人更多時，相較於客人的偏好，公司可能更容易掌控商品的特性，這時可以考慮『商品基礎』；當然如果想要同時考慮『人的偏好』與『物的特性』則可以使用『隱藏因素』的推薦系統。」Joe 和 Eddy 互看了一眼，似乎找到公司成長的機會。Charlie 補充說道：「其實 Sunny 是這方面實作的專家」Joe 和 Eddy 異口同聲地說：「您認識他？」

在 Joe 和 Eddy 的力邀下，Charlie 和 Sunny 在隔天來到公司，除了對於公司的經營現況進行診斷外，也對推薦系統作了短中長期的規劃，Sunny 使用兩種不同方法設計了「基於客戶背景」和「基於商品特性」的推薦系統。Joe 不解的問到「為什麼還需要用兩種不同的方式來設計推薦系統？」Sunny 說：「兩種不同的方式分別解決不同的問題，前者是從客戶為出發點，能為客戶推薦類似客戶所喜歡的商品，後者是從商品作為出發點，能為根據客戶之前買的商品，推薦相似或有關聯性的商品。Sunny 喝了口茶繼續說：「當然也有第三種方式，算是前兩種方式的綜合體，方法可能會更難一些，但使用的場景會更多」。Charlie 補充說道：「當我們瞄準目標客戶並且提供具有吸引力的產品之後，我們已經大致完成『市場區隔』與『價值訴求』的工作，接下來便是要『把商品的價值傳遞給客戶』，也就是達成客戶的第一次消費，在商業模式上稱為『價值傳遞』」。Joe 迫不及待的問：「價值傳遞的方法有那些呢？」

Charlie 繼續說：「價值傳遞是『企業和客戶的溝通』的過程：首先，透過廣告或推薦，讓客戶『知曉』產品的存在，例如我們可以結合廠商的新產品與我們的推薦系統，基於我們對客戶偏好的瞭解進行推薦廠商的新產品；其次，讓客戶可以試用或透過口相傳來進行『評估』，例如我們的網站可以開放討論區，讓客戶自由交流產品的使用經驗，好的商品就會透過口碑行銷提供評估的參考；第三，是讓有意願購買的客戶可以『購買』的到商品，例如在我們的網站下單；第四，將商品的價值『傳遞』給客戶，例如宅配送貨，並確認商品的價值是符合客戶的需求；第五，若客戶反映產品並非如他所預期，則應該進行適當的『售後服務』，如操作說明降低使用門檻、提供退換貨服務以進一步了解客戶真正的需求與偏好。」短短幾分鐘的說明，就讓 Joe 和 Eddy 對 Sunny 和 Charlie 無比崇拜，最終在 Joe 和 Eddy 的熱情邀請下，行銷專家 Charlie 和 AI 專家 Sunny 都加入了這個 Joe 心目中人類有史以來最偉大的公司。

CHAPTER

5

你的客戶可能會喜歡…
會員制俱樂部如何推薦商品

本書第 3 章以及第 4 章是針對「一般客戶」的行為做預測，像是預測瀏覽行為和擬定促銷方案。而第 5 章到第 7 章的「推薦系統」，將有助於公司針對「特定的客戶」提供「客製化的產品推銷」。因此，兩者的「預測對象」不同。若公司對於客戶的需求比較了解，本章可以協助建立「客戶基礎的推薦系統」，以便把公司產品的「價值訴求」更精準地「價值傳遞」給「目標客戶」。

會員制的組織，較能深入了解會員的偏好、習慣，在服務接觸點上若能提供即時、貼心的服務，將可為企業創造營收與口碑。從提高客戶忠誠度的角度來說，除了在廣告投放的應用之外，**基於客戶**（User-based）的推薦引擎，有利於創造 Kano Model（日本品管師狩野紀昭（Noriaki Kano）提出的模型）的**魅力需求**（Attractive），隨時填補因競爭而退化為**期望需求**（Performance）與**基本需求**（Must-Be）的服務項目或產品，有助於提高客戶忠誠度。

5.1 推薦引擎與評分矩陣的基本原理

推薦引擎（Recommendation Engine）資訊技術，可以主動發現客戶潛在或是已有的需求，並主動將適當的商品或資訊推薦給客戶。例如，社交媒體首頁上出現的新聞摘要、串流媒體服務自動播放的影片、線上新聞網站中的建議文章、社群網站中的新朋友推薦、電子商務網站建議購買的產品。在當今資訊經濟的環境下，自動推薦引擎是不可少的工具，並將持續影響著各行各業的發展。

為了能夠準確為客戶推薦資訊，就需要了解客戶的喜好。一般情況下，我們是透過客戶評分來挖掘客戶的喜好與需求，比如我們會對商品、餐廳、電影等進行評分。但是想要了解到所有的客戶對所有商品的評分，則需要透過已有評分的數據，來預測未評分商品的評價或喜好。

5.1.1 評分矩陣

以常見的電影評分為例，客戶會對看過的電影進行 1~5 分的評價，分數越高代表客戶越喜歡這部電影。不同的客戶看過的電影並不一樣，分數也是有些多有些少。最後就可以產生一張如表 5.1.1 的電影**評分矩陣**（Rating Matrix）。因為不可能所有客戶都看過全部的電影，矩陣中會出現一些空白，而推薦引擎的核心就是要透過評分矩陣中已有的資訊，推測缺失的資訊，也就是預測空白處的評分。預測之後，如果評分較高，就可以將影片推薦給對應客戶。這樣的方式相較於只推薦熱門電影或隨機推薦電影，更能夠考慮個體的差異性。除了電影之外，商品、餐廳的評價也同樣適用推薦系統。

表 5.1.1 電影評分矩陣

客戶名字	獅子王	復仇者聯盟	阿凡達	鐵達尼號	侏羅紀世界
Joe	5	4	4	3	4
Eddy		3	2	2	4
Charlie	5	1	4		1
Sunny	2	2	5	1	1
Judy	5	5		1	
William		3		2	

推薦系統與之前章節中所提到的關聯分析相比，雖然都是透過分析已有數據，找到客戶所需要的商品。但是關聯分析針對的是整體數據（從一堆資料中找關聯性），而非針對特定客戶，屬於**全局推薦**（Global Recommendation）。例如依照關聯分析結果，推薦啤酒給購物車中有尿布的客戶。這是根據過去所有買尿布的客戶所作的結論，這意味著對無論客戶是否喜歡啤酒，都會推薦啤酒，並不會管該客戶過去是否曾購買過啤酒。

這種推薦比較像是推薦熱門商品組合。而推薦引擎則是針對特定用戶做推薦，屬於**個性化推薦**（Local Recommendation），所以必須了解客戶的個性。而客戶對於商品評分或購買歷史，是實現個性化推薦重要的資訊。

不同的場景下，適用的推薦方式也不相同。當客戶進入超級市場或是以匿名身份使用電子商務網站時，可能無法知道客戶個性化數據或是使用歷史紀錄，這些情況下，通過關聯分析進行全局推薦，是很好的選項。但是當有能力收集客戶的喜好數據時，使用個性化引擎，較能提升推薦效率，進而實現更大的商業價值。

評分矩陣是實現推薦引擎的基礎，獲得評分矩陣主要有以下 3 種作法。第 1 種方式是直接讓客戶提供對於商品的評分，如大多數電影網站會邀請客戶評分電影，日常生活中也常常評分網路上購買的商品。有些網站可能不是以評分的方式，而是讓客戶勾選喜好，像是願望清單。這種方式的問題在於與客戶很難有較高的互動程度，根據過往的經驗，客戶主動提供評分的比例大約只有 1%~10% 左右，偏低的比例會影響推薦引擎的準確度。第 2 種是間接的方式，像是透過客戶過往的行為進行偏好的推斷，例如搜尋行為、瀏覽行為、影片觀看長短的行為等。這種方法的難點在於找到操作行為與潛在喜好之間的關聯，比如客戶看完了影片也不代表客戶喜歡這個影片，所以這種方法需要豐富的領域經驗。第 3 種方式是綜合前兩種方式，這也是當前大多數實際案例所使用的解決方案。藉由前兩種方式進行互補操作，盡可能為推薦系統獲取到有價值的參考數據。

5.1.2 推薦引擎

根據不同的實現方式，推薦引擎通常分為 2 類，第 1 類是**協同過濾**（Collaborative Filtering），此類又可以細分成**近鄰方法**（Neighborhood Methods）和**隱藏因素模型**（Latent Factor Models）。近鄰模型主要有**基**

於客戶（User-based）和**基於商品**（Item-based）的 2 種做法。隱藏因素模型則是透過**偏置矩陣分解**（Biased Matrix Factorization）的方式實現。第 2 類為**基於內容過濾**（Content-based Filtering），可以透過客戶過往喜好情況，或者透過專業的分類模型來實現。

圖 5.1.1　推薦引擎的分類

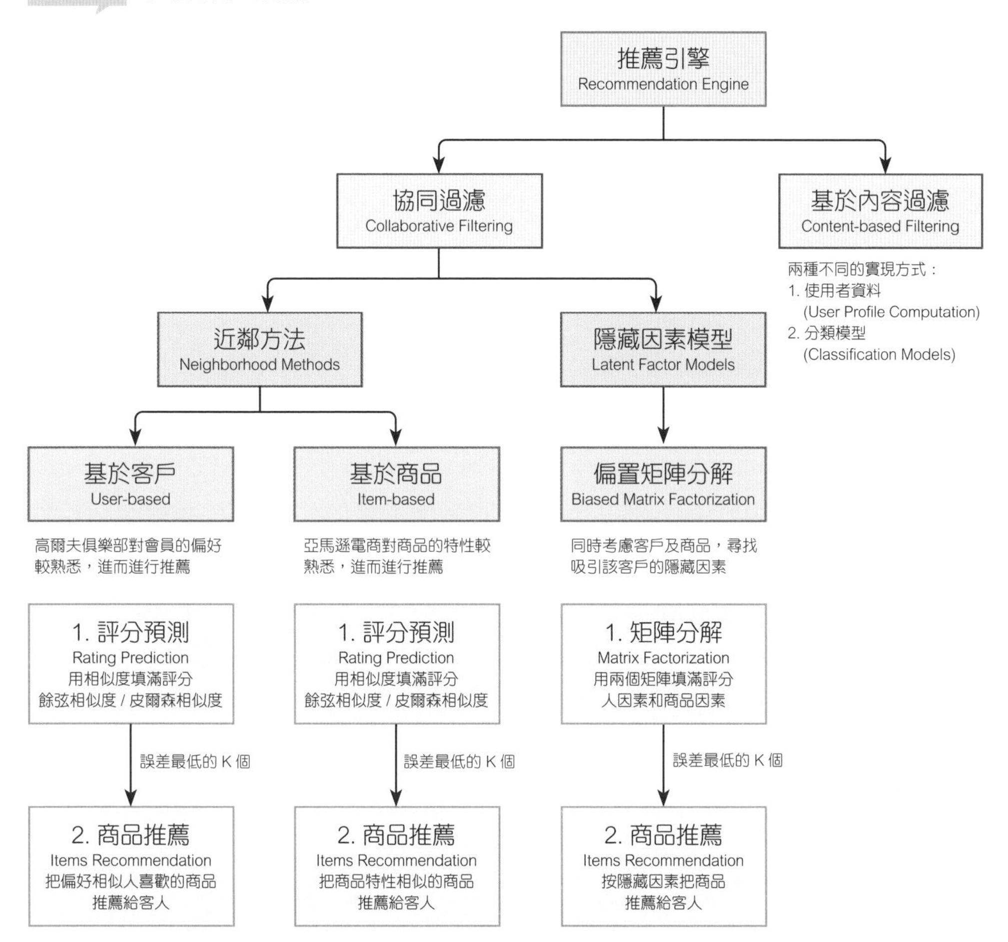

本章、本書第六章、以及本書第七章的內容，將分別介紹基於客戶的協同過濾推薦引擎、基於商品的協同過濾推薦引擎、以及偏置矩陣分解的協同過濾推薦引擎。

協同過濾

協同過濾的基本想法：客戶比較願意接受與自己興趣相似客戶所推薦的商品。現實情況下，協同過濾推薦引擎不是真的讓興趣相投的客戶相互推薦商品，而是透過演算法找到一組與目標客戶有相同偏好的參考客戶，再根據參考客戶的評分預測目標客戶的喜好，來實現為目標客戶推薦商品。該方式完全基於評分矩陣，不需要任何該領域的背景知識，因此適用於各個領域，例如 Google 新聞推薦、Last.fm 音樂推薦和 Twitter 追蹤推薦都是基於這個方式。

近鄰方法

近鄰方法是根據客戶或商品在評分矩陣中的相似度來進行推薦，主要有兩個步驟：第 1 步透過評分矩陣中的相似度來找到相似的客戶或商品，第 2 步是依據相似客戶或商品的已知評分推導出尚未評分的商品來推薦。

基於客戶協同過濾

判定客戶是否相似即為基於客戶協同過濾方法的核心，而通常客戶相似度是用以下 2 種標準來衡量。第 1 種是**餘弦相似度**（Cosine Similarity），這是透過計算 2 個向量的夾角餘弦值，來代表向量之間相似度的方法。而在評分矩陣中，每個客戶的評分都可視作一個向量。例如表 5.1.1 中 Joe 的評分向量為 {5, 4, 4, 3, 4}，而評分矩陣中缺失的值將以 0 代替，所以 Eddy 的評分向量為 {0, 3, 2, 2, 4}。計算 2 個向量的餘弦相似度可以使用以下公式：

$$\text{Cosine Similarity} = \frac{A \bullet B}{\|A\|\|B\|}$$

以 Joe 和 Eddy 的評分為例，他們的餘弦相似度計算方式如下：

$$\text{Cosine Similarity} = \frac{5\times0+4\times3+4\times2+3\times2+4\times4}{\sqrt{5^2+4^2+4^2+3^2+4^2}\times\sqrt{0^2+3^2+2^2+2^2+4^2}} \approx 0.81$$

餘弦相似度的計算結果在 -1 至 1 之間，負值表示向量相異，-1 意味著兩個向量的完全相反。正值表示相似，1 則表示向量完全相同。0 通常表示向量之間無相似性。

第 2 種標準是**皮爾森相關性**（Pearson Correlation），其定義為 2 向量的共變異數除以各自標準差的乘積：

$$\rho_{X,Y} = \frac{\text{cov}(X,Y)}{\sigma_X\sigma_Y}$$

通常會先計算評分矩陣的**評分差異**，也就是將客戶已給的每個評分都減去該客戶給分的平均，讓單一客戶的總評分等於 0。同樣以表 5.1.1 中的數據為例，Joe 評分向量的評分差異 {1, 0, 0, -1, 0}，Eddy 評分向量的評分差異是 {0, 0.25, -0.75, -0.75, 1.25}。評分差異中，向量元素為正數表示原評分高於平均，負數表示原評分低於平均。Joe 和 Eddy 評分差異的皮爾森相關性計算結果為：

$$\rho_{X,Y} = \frac{1\times0+0\times0.25+0\times(-0.75)+(-1)\times(-0.75)+0\times1.25}{\sqrt{1^2+0^2+0^2+(-1)^2+0^2}\times\sqrt{0^2+0.25^2+(-0.75)^2+(-0.75)^2+1.25^2}} \approx 0.32$$

計算出所有客戶之間的相似度，找出 k 個與目標客戶最相似的客戶，再根據他們已有評分的項目，來推斷目標客戶是否喜歡某一個電影或某一款商品。例如要決定是否推薦電影「獅子王」給 Eddy，可以先找出 3 位（假設 k=3）與 Eddy 興趣最相似的客戶。若使用皮爾森相關性，與 Eddy 相似且有對獅子王評分的 3 位用戶分別是 Joe、Sunny、Judy，相關性分別是 0.32、-0.29、0.39，獅子王的評分差異是 1.00、-0.8、1.67。則透過以下的計算公式可以推斷 Eddy 對電影「獅子王」的評分約為 3.95。

$$2.75+\frac{0.32\times 1+(-0.29)\times(-0.8)+0.39\times 1.67}{0.32+\left|-0.29\right|+0.39}=3.95$$

3.95 分在 5 分制的評分標準中算是比較高，故推薦引擎會將電影「獅子王」推薦給 Eddy。如果相似度計算方法是使用皮爾森相關性，那麼最終的計算結果需要再加上 Eddy 個人的平均分數，才是最終的預測分數。

5.2 實例操作 - 會員對商品的評分預測 (Rating Prediction, RP)

5.2.1 資料解析

本章範例為某圖書俱樂部客戶對書籍的評分資料，其中共包含 9925 筆資料與三個欄位，分別是客戶 ID，書籍 ID 以及客戶對書籍的評分。從表 5.2.1 可以看出數據儲存的形式，與標準的評分矩陣不相同。

表 5.2.1 範例資料 C5_GoodBooksRating.csv（僅節錄部分數據）

user_id	book_id	rating
1	258	5
2	4081	4
2	260	5
2	9296	5
2	2318	3
2	26	4
2	315	3

使用 RapidMiner 實現推薦引擎需要安裝 Recommender Extension，安裝流程請參考 http://books.datadriven.center/ 網頁上**軟體安裝**的 **Extension 安裝教程**。在 RapidMiner 中協同過濾的近鄰方法主要有 2 種實作方法，分別是評分預測（Rating Prediction, RP）和商品推薦（Item Recommendation, IR），本章將會依序介紹。

5.2.2 匯入資料

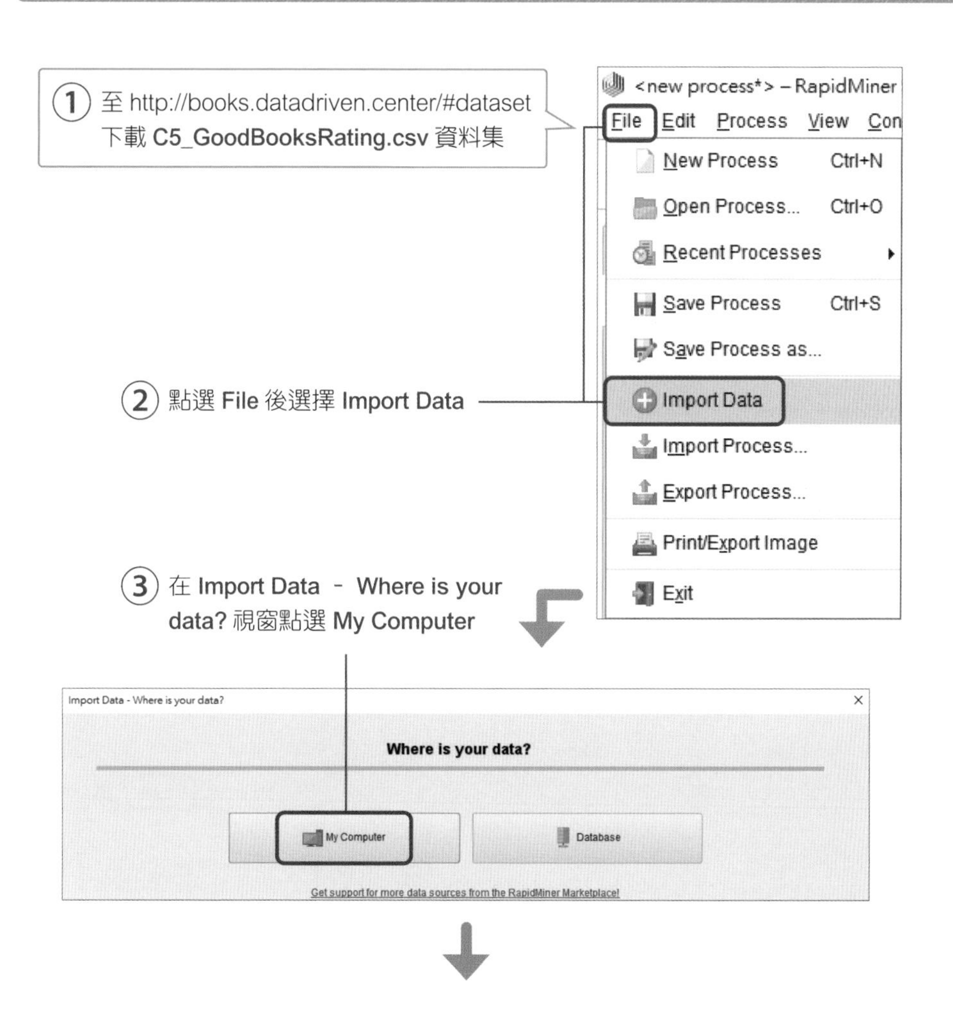

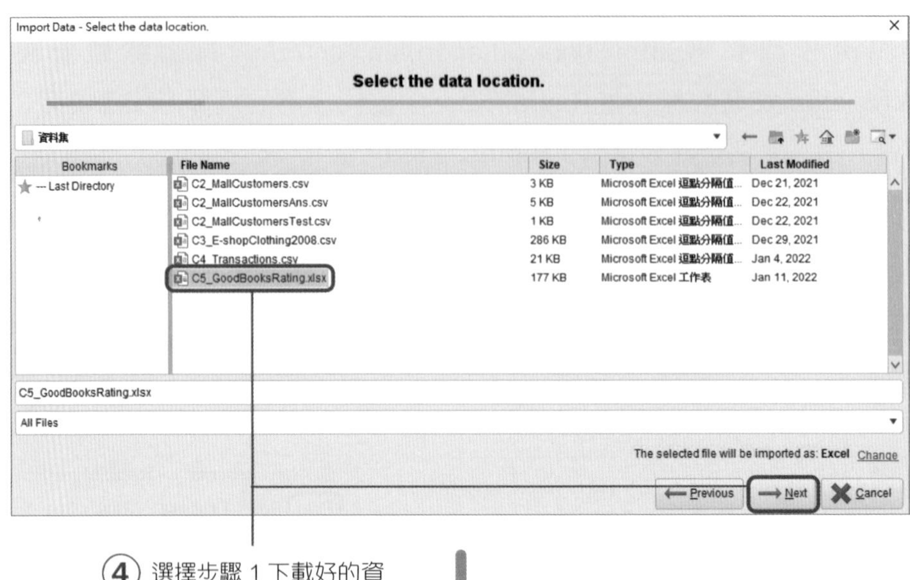

④ 選擇步驟 1 下載好的資料集，並點選 → Next

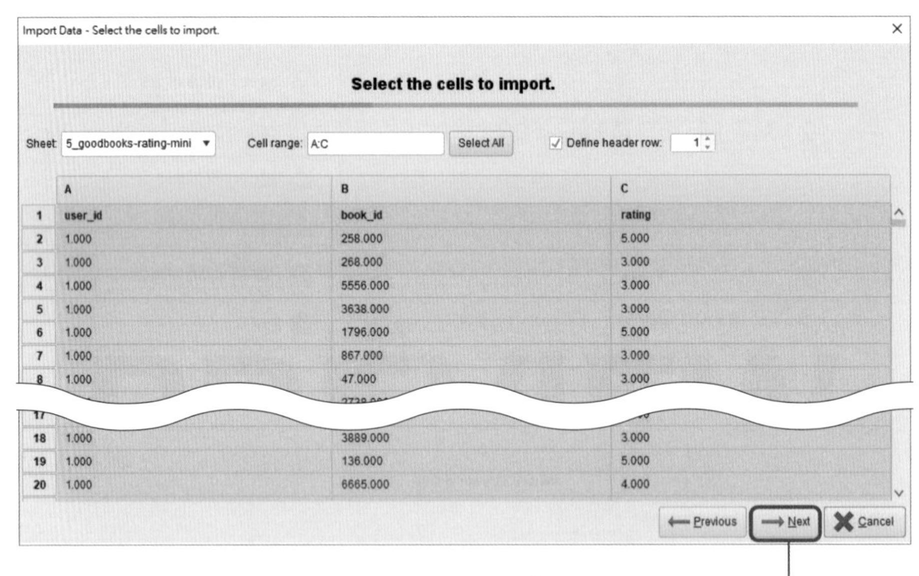

⑤ 預覽資料，若沒問題就點選 → Next

⑥ 勾選 **Replace errors with missing values**，將異常數據自動轉為系統可辨識之型別「Missing Value」，避免匯入過程產生錯誤。完成後點選 → **Next**

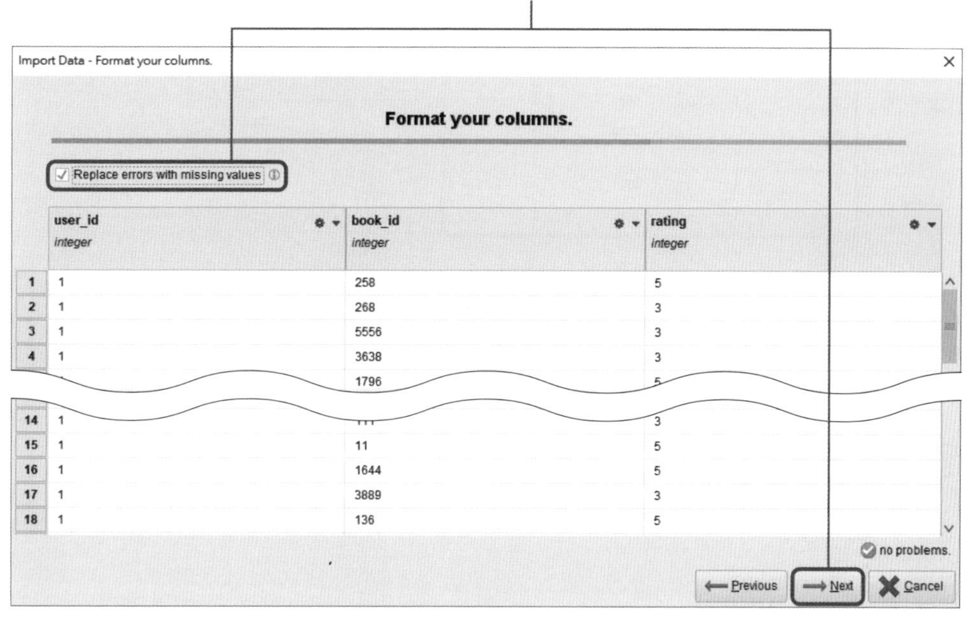

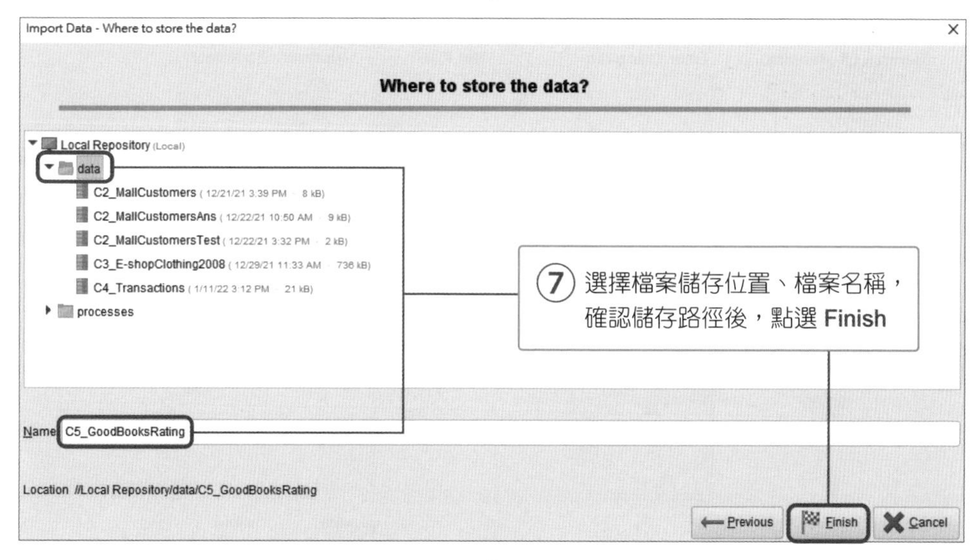

⑦ 選擇檔案儲存位置、檔案名稱，確認儲存路徑後，點選 **Finish**

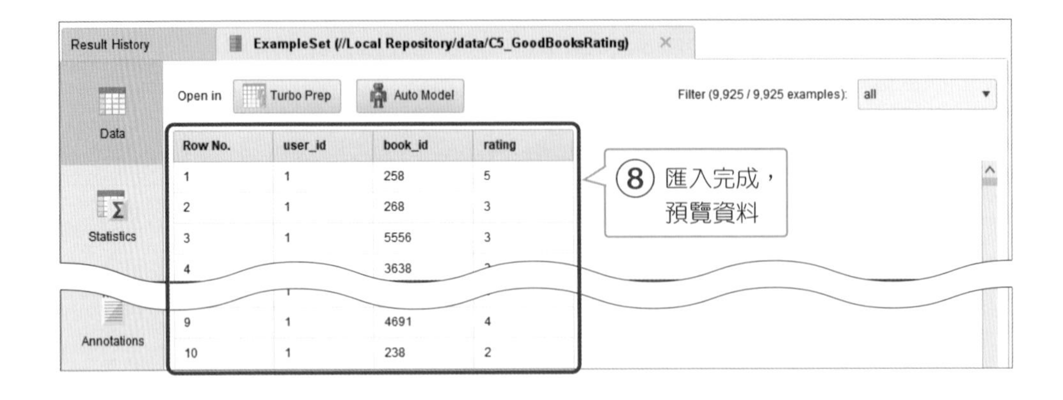

Row No.	user_id	book_id	rating
1	1	258	5
2	1	268	3
3	1	5556	3
4		3638	
9	1	4691	4
10	1	238	2

5.2.3 選擇分析方法

分析目標

利用這筆資料，建立一個模型：按客戶的偏好，預測應該推薦哪些商品給他。

設計流程

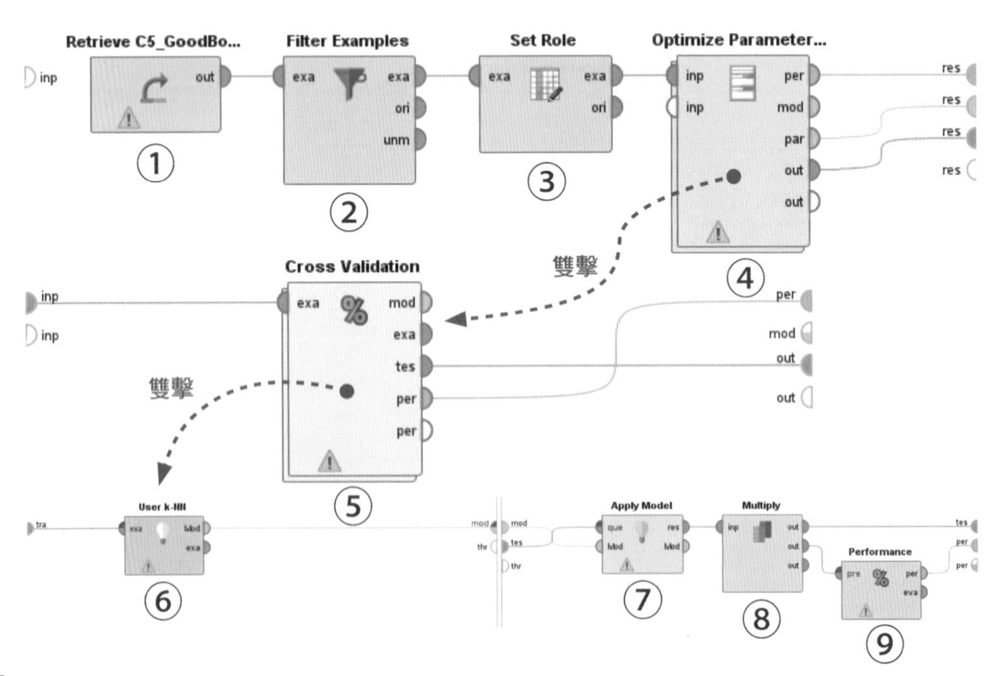

表 5.2.2 組件清單

組件索引	組件	操作	說明
1. 原始資料	Repository ↳ Local Repository ↳ data ↳ C5_GoodBooksRating	拖拉至畫布中	2 個定性變數、1 個定量變數、沒有標籤
2. 資料抽樣	Operator ↳ Blending ↳ Examples ↳ Filter ↳ Filter Examples	拖拉至畫布中	取前 500 為客戶作為分析樣本。針對筆數較多的資料，在訓練模型時，每次改變參數後要計算績效時，可能會花比較多時間。因此建議讀者先採用前 500 位客戶作測試（當然也可以是前 600 位或前 700 位），以節省模型開發時間。等調好參數後，再移除此組件
3. 設定角色	Operator ↳ Blending ↳ Attributes ↳ Names & Roles ↳ Set Role	拖拉至畫布中	設定角色 列 = 客戶 欄 = 商品 值 = 評分
4. 最佳化	Operator ↳ Modeling ↳ Optimization ↳ Parameters ↳ Optimize Parameters （Grid）	拖拉至畫布中	找 User KNN 的最佳鄰居數 K
5. 交叉驗證	Operators ↳ Validation ↳ Cross Validation	拖拉至畫布中	交叉驗證
6. 評分預測	Operators ↳ Extensions ↳ Recommenders ↳ Item Rating Prediction ↳ Collaborative Filtering Rating Prediction ↳ User k-NN	拖拉至畫布中	預測評分的 KNN。可以選擇餘弦相似度或是皮爾森相關性找相似客戶，並參考相似客戶來預測評分矩陣中的空格

接下頁

組件索引	組件	操作	說明
7. 代入模型	Operators ↳ Extensions ↳ Recommenders ↳ Recommender Performance ↳ Model Application ↳ Apply Model (Rating Prediction)	拖拉至畫布中	預測交叉驗證所分割出來的驗證資料集裡的評分
8. 複製資料	Operators ↳ Utility ↳ Multiply	拖拉至畫布中	把原來的資料複製成許多份輸出到後面的組件
9. 績效評估	Operators ↳ Extensions ↳ Recommenders ↳ Recommender Performance ↳ Performance Evaluation ↳ Performance (Rating Prediction)	拖拉至畫布中	計算評分的均方根誤差

5.2.4 設定參數

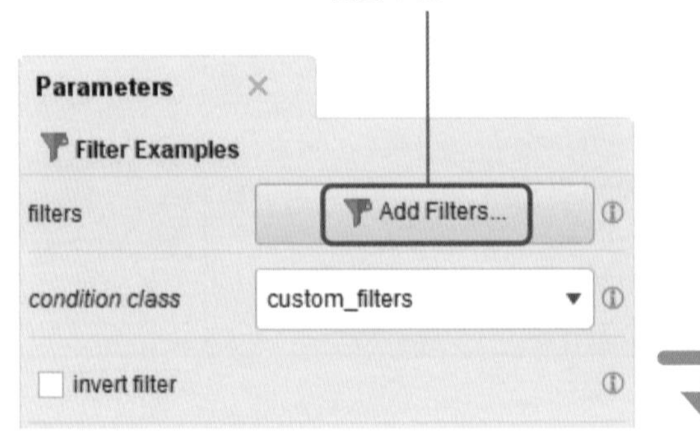

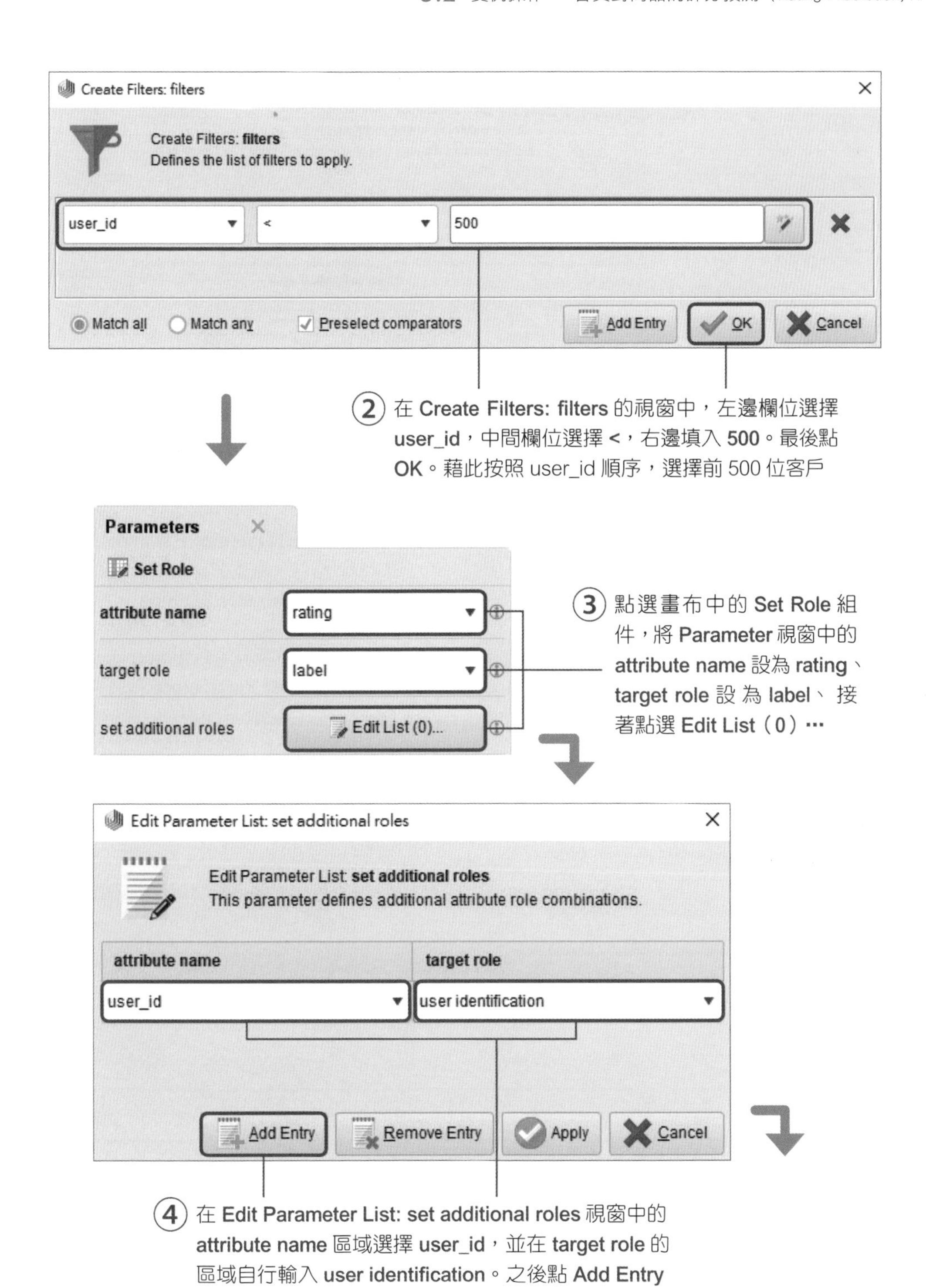
Create Filters: filters
Create Filters: filters
Defines the list of filters to apply.
user_id
<
500
Match all
Match any
Preselect comparators
Add Entry
OK
Cancel
②在 Create Filters: filters 的視窗中，左邊欄位選擇 user_id，中間欄位選擇 <，右邊填入 500。最後點 OK。藉此按照 user_id 順序，選擇前 500 位客戶
Parameters
Set Role
attribute name
rating
target role
label
set additional roles
Edit List (0)...
③點選畫布中的 Set Role 組件，將 Parameter 視窗中的 attribute name 設為 rating、target role 設為 label、接著點選 Edit List（0）…
Edit Parameter List: set additional roles
Edit Parameter List: set additional roles
This parameter defines additional attribute role combinations.
attribute name
target role
user_id
user identification
Add Entry
Remove Entry
Apply
Cancel
④在 Edit Parameter List: set additional roles 視窗中的 attribute name 區域選擇 user_id，並在 target role 的區域自行輸入 user identification。之後點 Add Entry

5

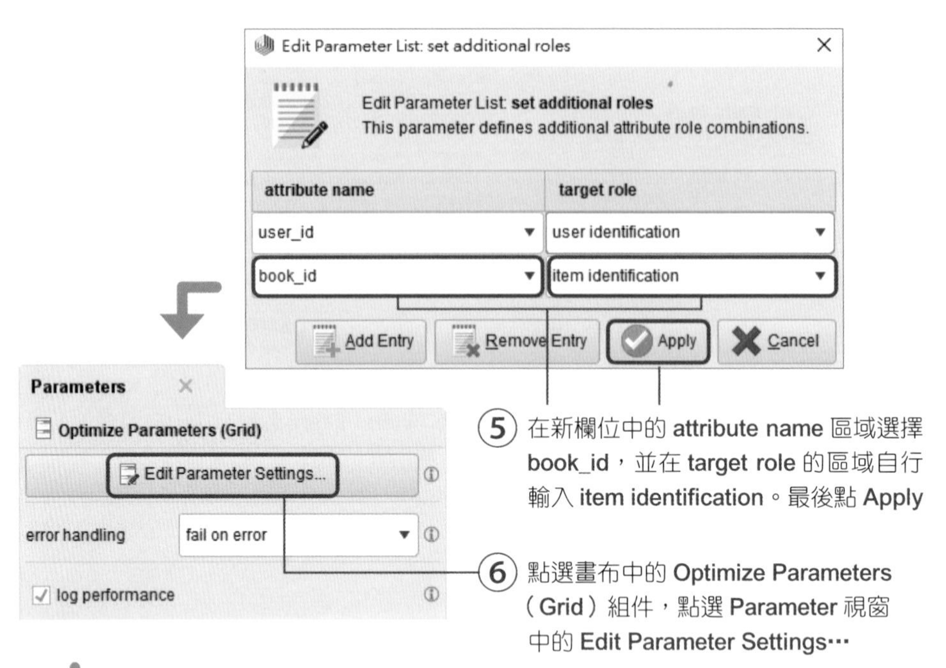

⑤ 在新欄位中的 attribute name 區域選擇 book_id，並在 target role 的區域自行輸入 item identification。最後點 Apply

⑥ 點選畫布中的 Optimize Parameters（Grid）組件，點選 Parameter 視窗中的 Edit Parameter Settings…

⑦ 在 Select Parameters: configure operator 視窗中的 Operators 區域，選擇 User k-NN（User k-NN），接著使用 → 將 Parameters 區域的 k 移至 Selected Parameters 區域。最後，在 Grid/Range 的區域設定 Min 為 2、Max 為 60、Step 為 58、Scale 為 linear。最後點 OK

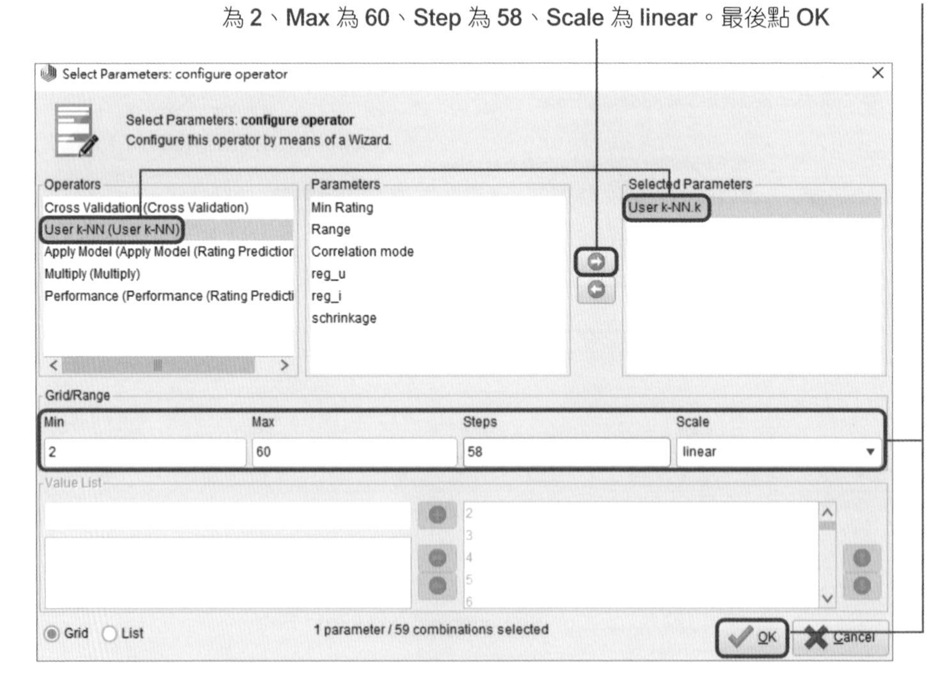

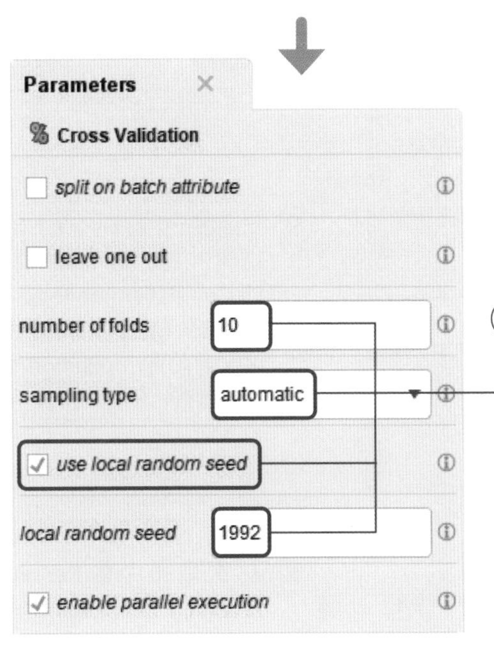

⑧ 點選畫布中的 Cross Validation 組件，將 Parameter 視窗中的 number of folds 設定為 10、將 sampling type 設定為 automatic、並勾選 use local random seed 後將 local random seed 設定為 1992

Cross Validation 組件的抽樣方法

- **Linear**：每隔相同區間就抽 1 個。
- **Shuffled**：洗牌打亂後隨機抽樣。
- **Stratified**：按照資料的機率密度函數（probability density function, PDF）抽樣。比如，收入由小到大分為 10 層，哪個層的人數多，就抽得多。
- **Automatic**：RapidMiner 自動判斷，預設為分層抽樣。

5

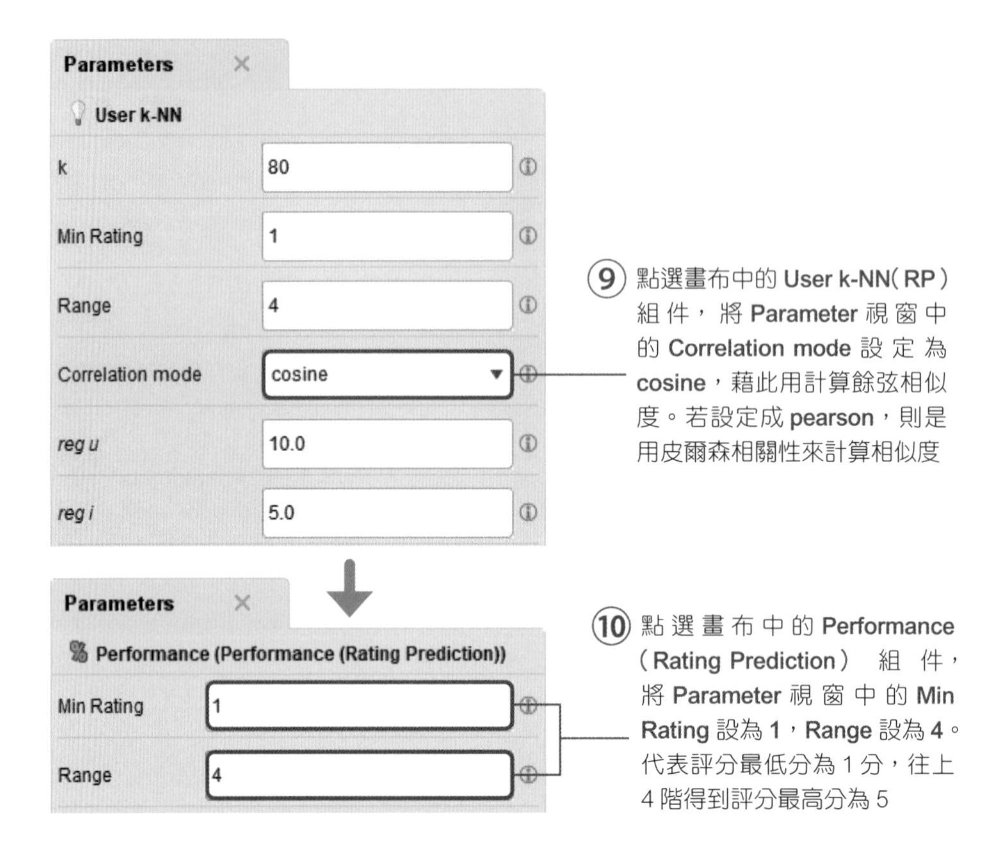

⑨ 點選畫布中的 **User k-NN(RP)** 組件，將 **Parameter** 視窗中的 **Correlation mode** 設定為 **cosine**，藉此用計算餘弦相似度。若設定成 **pearson**，則是用皮爾森相關性來計算相似度

⑩ 點選畫布中的 **Performance (Rating Prediction)** 組件，將 **Parameter** 視窗中的 **Min Rating** 設為 **1**，**Range** 設為 **4**。代表評分最低分為 1 分，往上 4 階得到評分最高分為 5

5.2.5 執行結果

① 點選 **Start the execution of the current process**

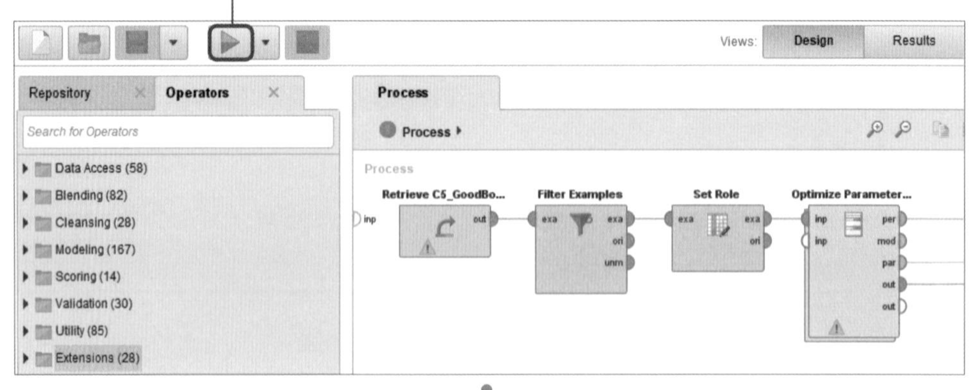

② 點選 Optimize Parameter（Grid）中的 Data，可以看到均方根誤差最小是 0.987，其對應的 K 值是 38。如果使用皮爾森相關性，可以得到的最小均方根誤差為 1.003，其對應的 K 值為 21。因此，在此範例中，使用餘弦相似度的成果較佳

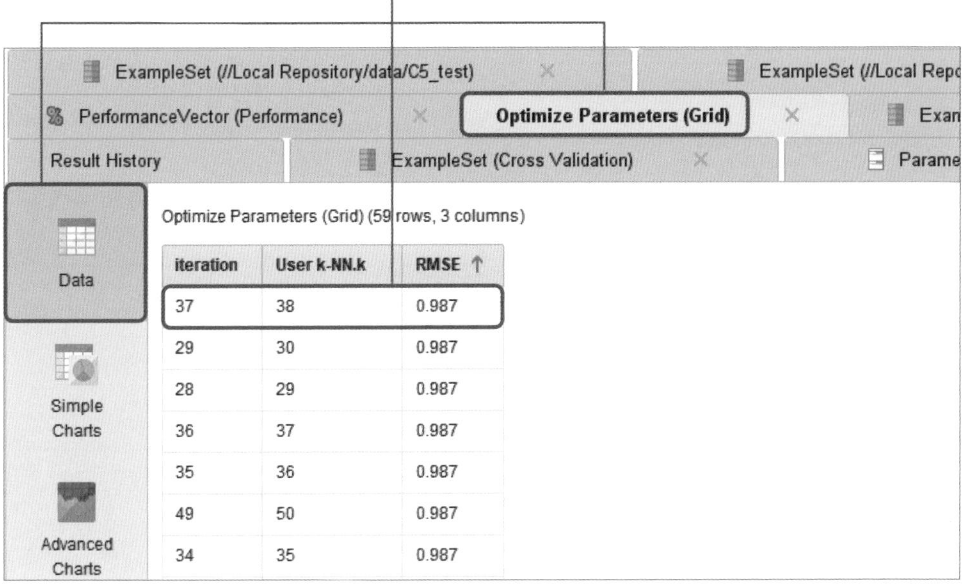

iteration	User k-NN.k	RMSE ↑
37	38	0.987
29	30	0.987
28	29	0.987
36	37	0.987
35	36	0.987
49	50	0.987
34	35	0.987

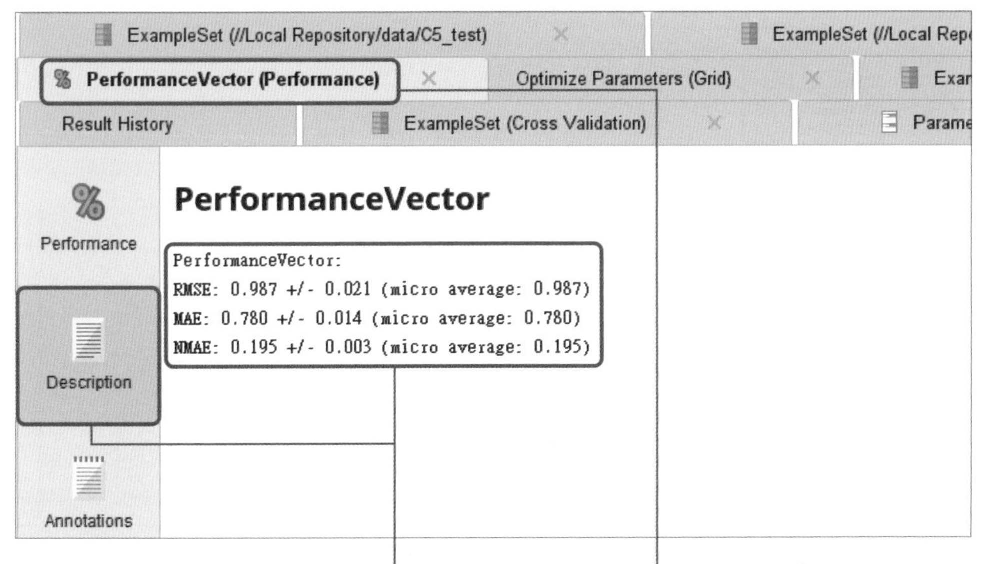


```
PerformanceVector:
RMSE: 0.987 +/- 0.021 (micro average: 0.987)
MAE: 0.780 +/- 0.014 (micro average: 0.780)
NMAE: 0.195 +/- 0.003 (micro average: 0.195)
```

③ 點選 PerformanceVector（Performance）中的 Description，可以看到最佳 K 值的各項評價指標的表現

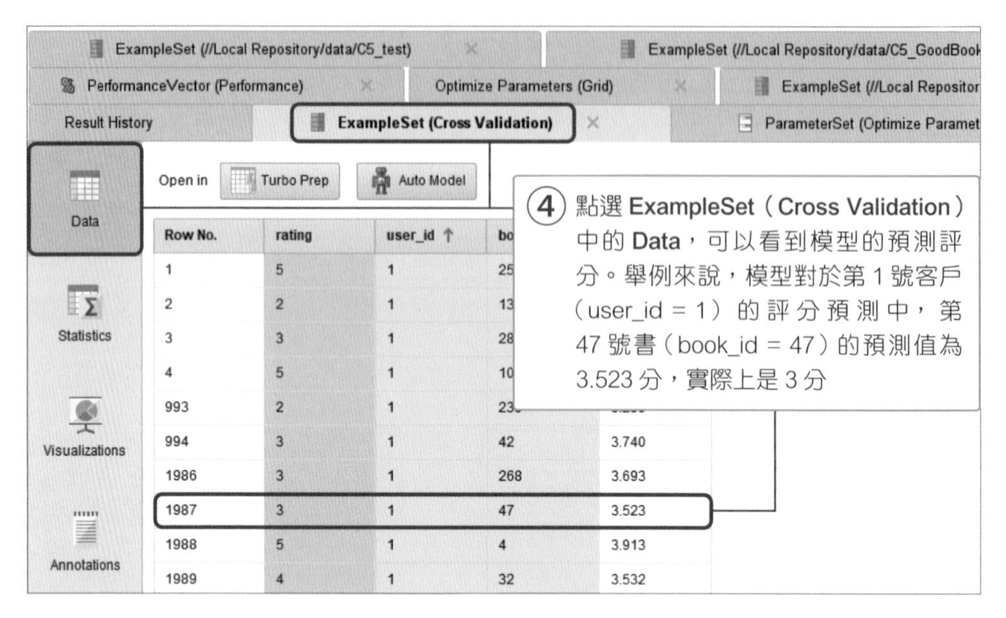

④ 點選 **ExampleSet（Cross Validation）** 中的 **Data**，可以看到模型的預測評分。舉例來說，模型對於第 1 號客戶（user_id = 1）的評分預測中，第 47 號書（book_id = 47）的預測值為 3.523 分，實際上是 3 分

⑤ 點選 **ExampleSet（Cross Validation）** 中的 **Visualization**。將 **Plot type** 設定為 **Histogram**，接著點選 **Value columns** 下的 **rating**

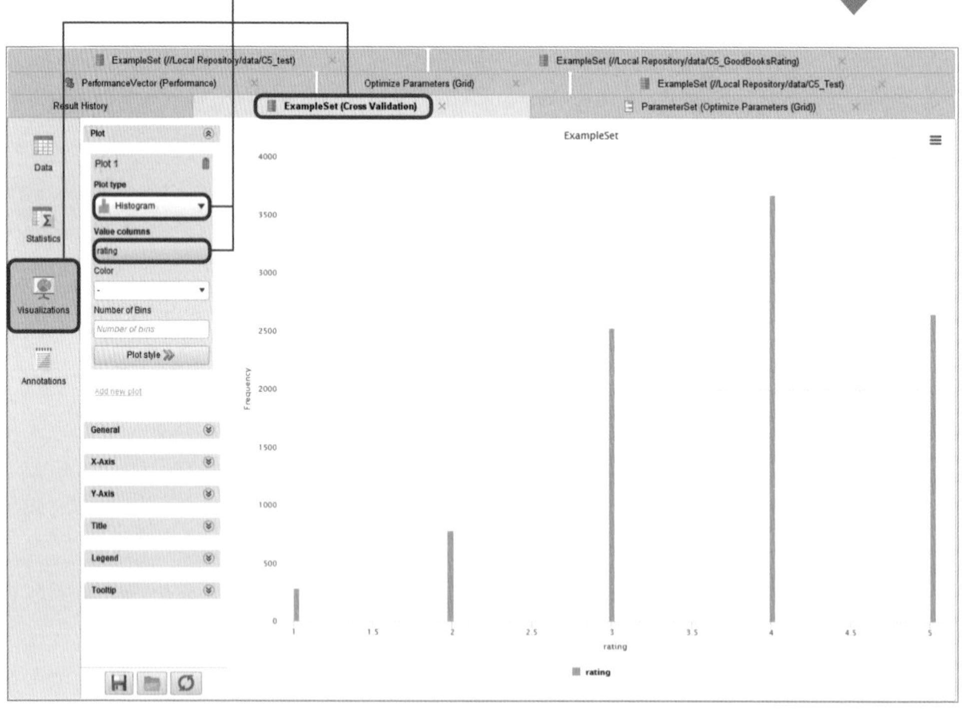

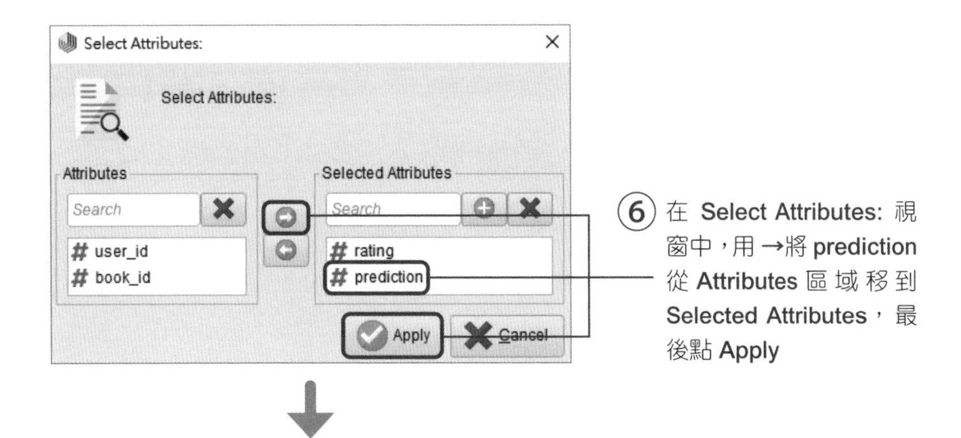

⑦ 可以看到預測值跟實際值的常態分佈滿接近，代表此模型的預測能力佳。此外，若最終預測值要是正整數，並不一定要使用四捨五入，可以找最適合的分界點（如下圖紅字）

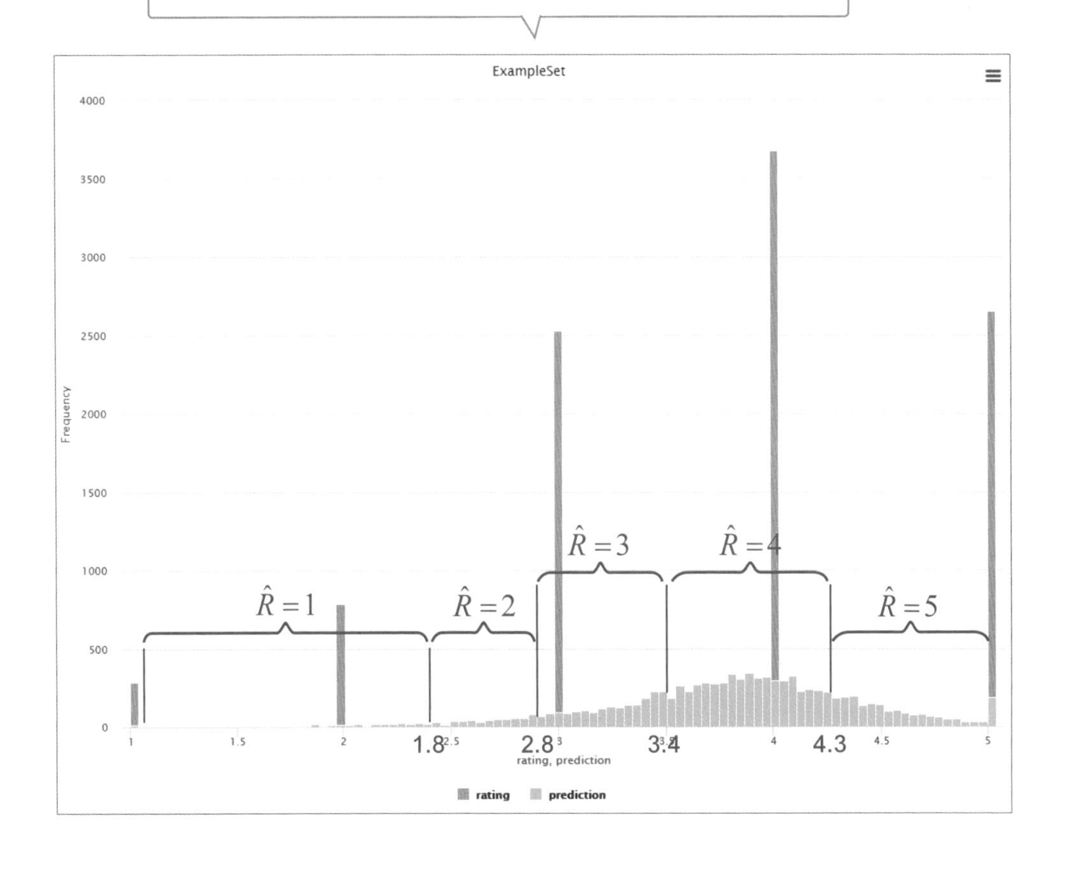

5.2.6 詮釋結果

- 以餘弦相似性選擇 38 個最相似的樣本，作為評分預測（RP）的參考。
- 用上述結論來建立商品推薦（IR）系統。

5.3 向會員推薦商品（Item Recommendation, IR）

5.3.1 選擇分析方法

分析目標

利用這筆資料，建立一個模型：按客戶的偏好，預測應該推薦哪些商品給他。

設計流程

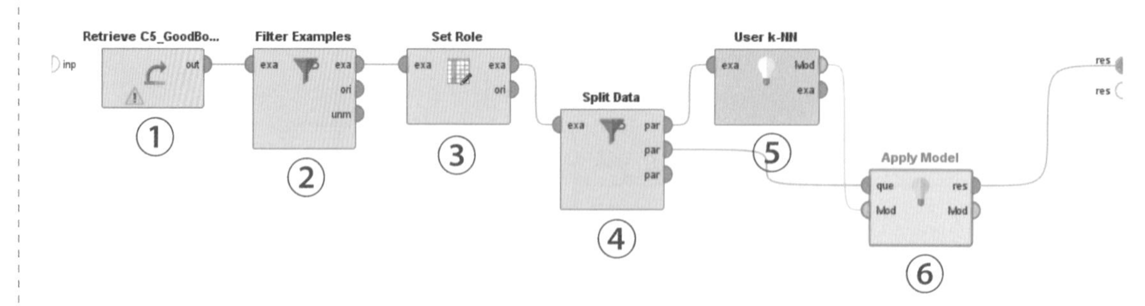

表 5.3.1 組件清單

組件索引	組件	操作	說明
1. 原始資料	Repository ↳ Local Repository ↳ data ↳ C4_Transactions	拖拉至畫布中	2 個定性變數、1 個定量變數、沒有標籤
2. 資料抽樣	Operator ↳ Blending ↳ Examples ↳ Filter ↳ Filter Examples	拖拉至畫布中	取前 500 為客戶作為分析樣本
3. 設定角色	Operator ↳ Blending ↳ Attributes ↳ Names & Roles ↳ Set Role	拖拉至畫布中	設定角色 列 = 客戶 欄 = 商品 值 = 評分
4. 分割樣本	Operators ↳ Blending ↳ Examples ↳ Sampling ↳ Split Data	拖拉放到畫布	80% 的訓練資料集， 20% 的驗證資料集
5. 推薦商品	Operator ↳ Extensions ↳ Recommenders ↳ Item Recommendation ↳ Collaborative Filtering Item Recommendation ↳ User k-NN	拖拉至畫布中	用「相似客戶」的評分來估計「目標客戶」的評分，把「相似客戶」喜歡的商品推薦給「目標客戶」。要對所有「客戶的偏好」都很了解才適用，例如會員制的俱樂部
6. 代入模型	Operator ↳ Extensions ↳ Recommenders ↳ Recommender Performance ↳ Model Application ↳ Apply Model（Item Recommendation）	拖拉至畫布中	將模型套用在驗證資料集

5.3.2 設定參數

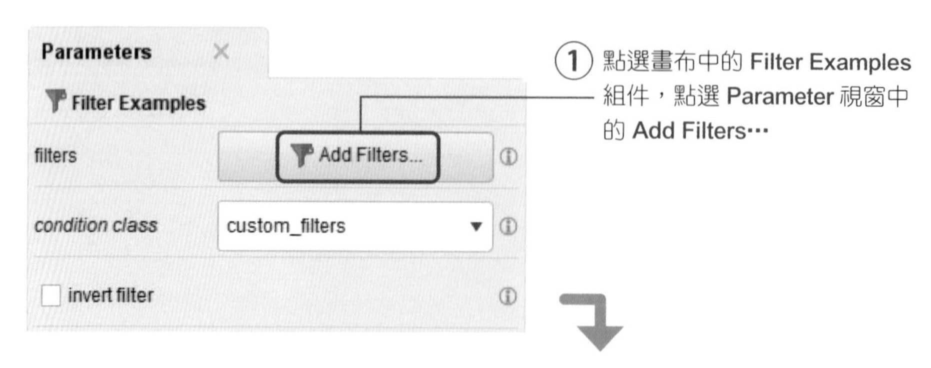

① 點選畫布中的 Filter Examples 組件，點選 Parameter 視窗中的 Add Filters…

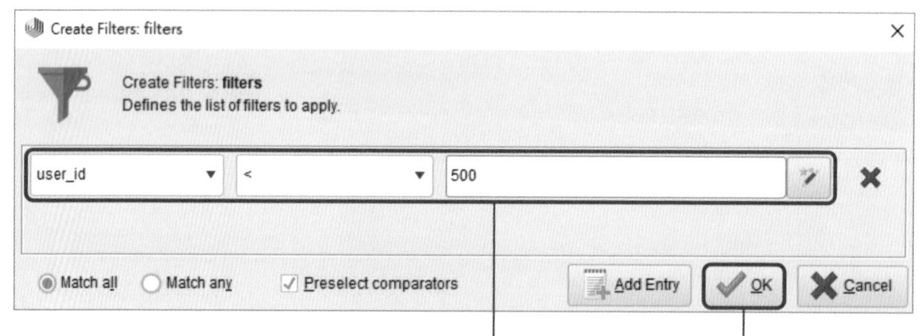

② 在 Create Filters: filters 的視窗中，左邊欄位選擇 user_id，中間欄位選擇 <，右邊填入 500。最後點 OK。藉此按照 user_id 順序，選擇前 500 位客戶

③ 點選畫布中的 Set Role 組件，將 Parameter 視窗中的 attribute name 設為 rating、target role 設為 label、接著點選 Edit List（0）…

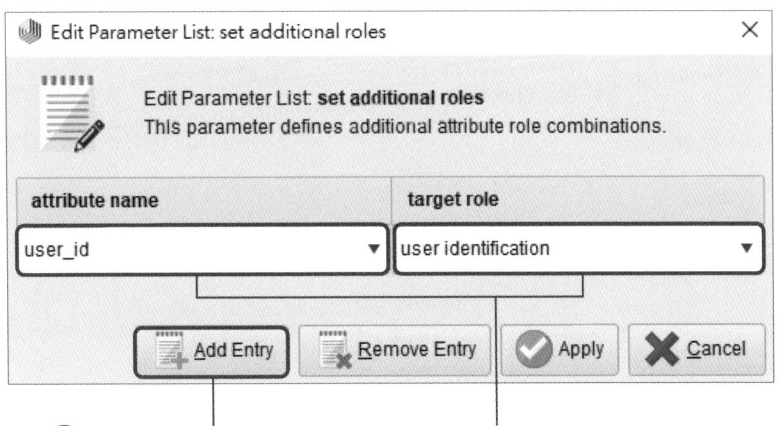

④ 在 Edit Parameter List: set additional roles 視窗中的 attribute name 區域選擇 user_id，並在 target role 的區域自行輸入 user identification。之後點 Add Entry

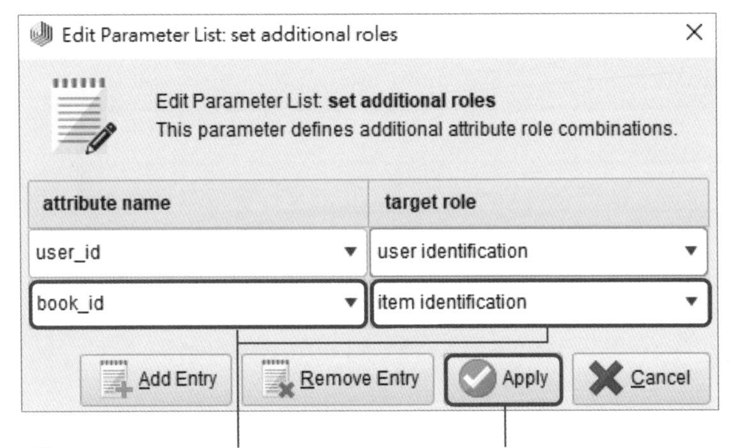

⑤ 在新欄位中的 attribute name 區域選擇 book_id，並在 target role 的區域自行輸入 item identification。最後點 Apply

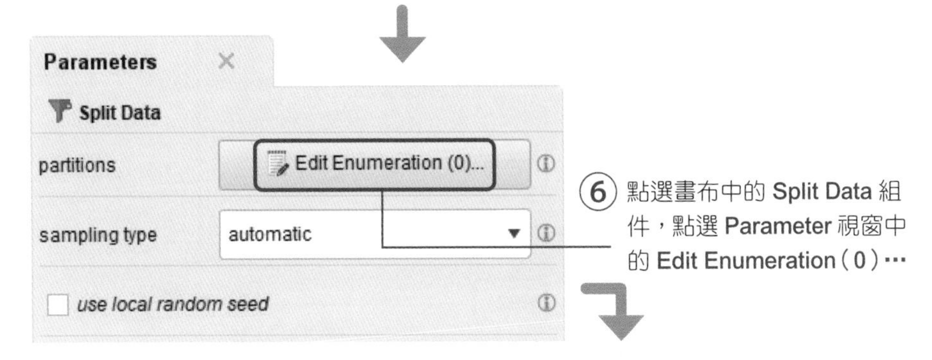

⑥ 點選畫布中的 Split Data 組件，點選 Parameter 視窗中的 Edit Enumeration（0）…

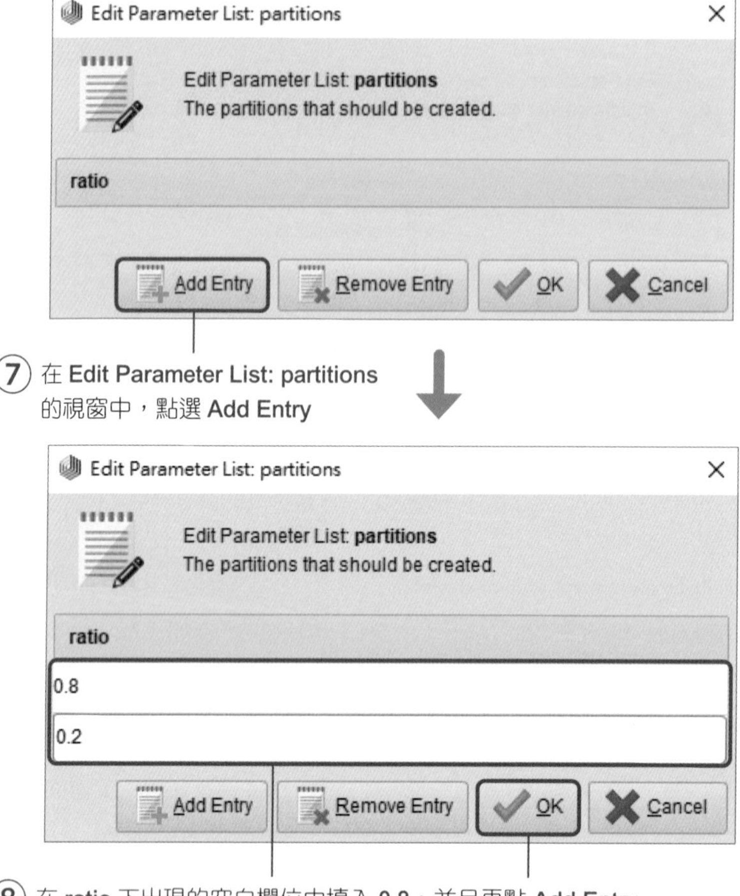

⑦ 在 **Edit Parameter List: partitions** 的視窗中，點選 **Add Entry**

⑧ 在 **ratio** 下出現的空白欄位中填入 **0.8**，並且再點 **Add Entry** 新增一個空白欄位後填入 **0.2**，最後點選 **OK**

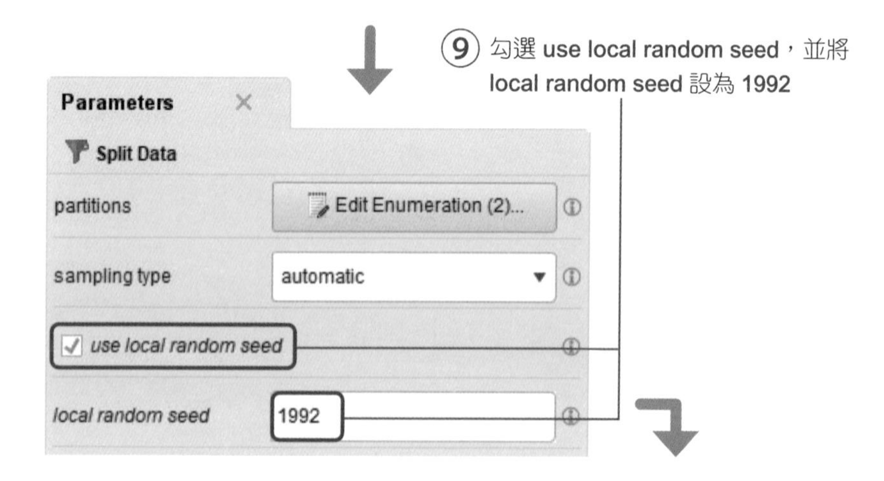

⑨ 勾選 **use local random seed**，並將 **local random seed** 設為 **1992**

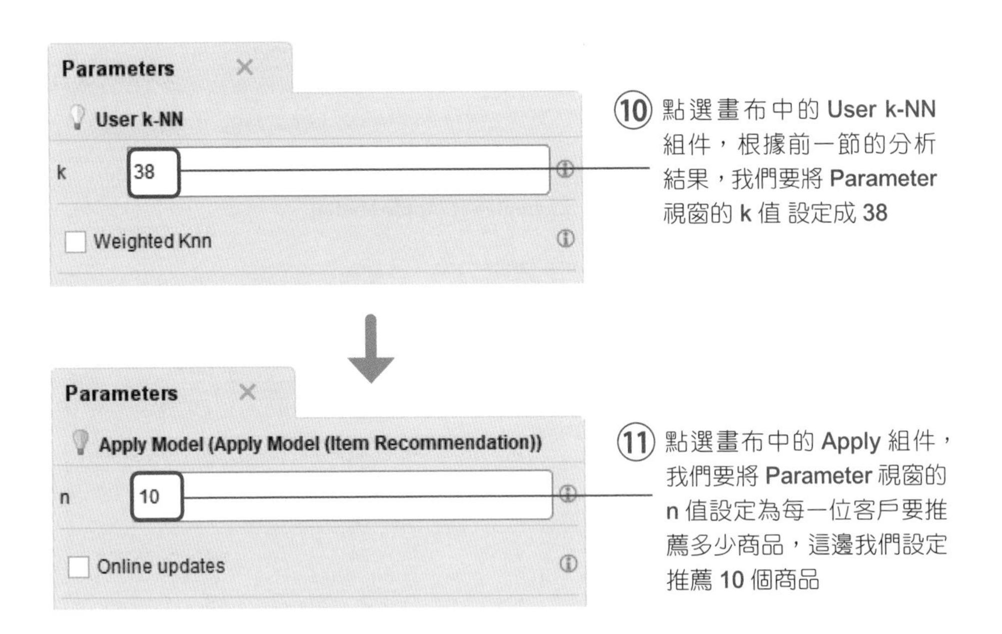

⑩ 點選畫布中的 User k-NN 組件，根據前一節的分析結果，我們要將 Parameter 視窗的 k 值 設定成 38

⑪ 點選畫布中的 Apply 組件，我們要將 Parameter 視窗的 n 值設定為每一位客戶要推薦多少商品，這邊我們設定推薦 10 個商品

5.3.3 執行結果

① 點選 Start the execution of the current process

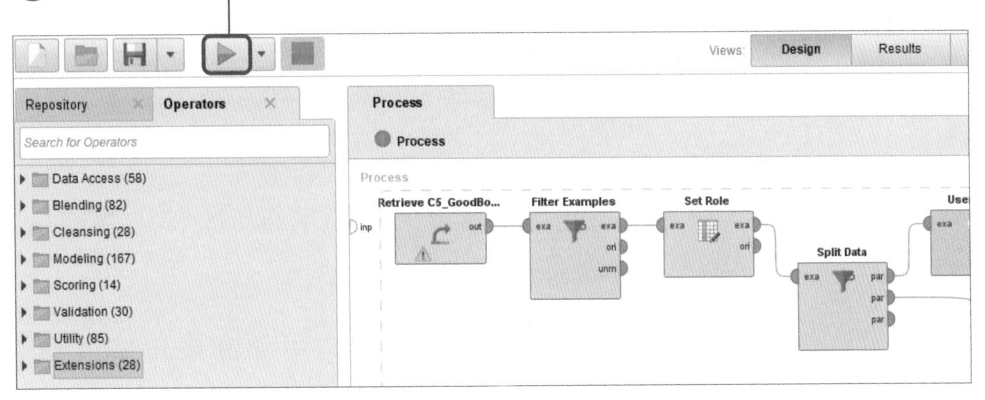

② 點選 ExampleSet（Apply Model）中的 Data，可以看到模型推薦的商品。舉例來說，藍色框表示模型推薦第 8 號商品給第 1 號客戶，紅色框表示模型推薦給第 1 號客戶的 10 個商品

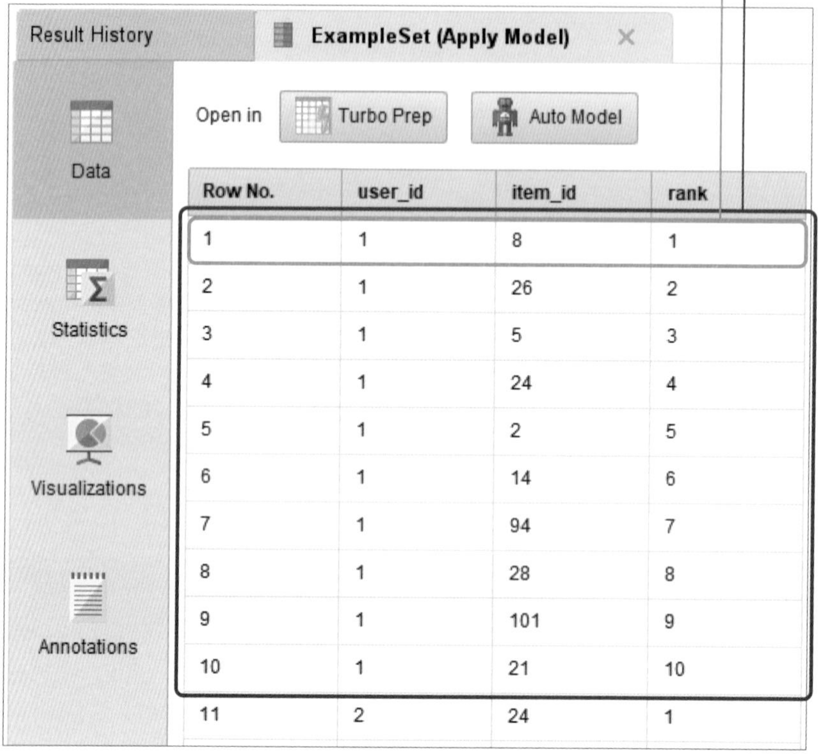

Result History | ExampleSet (Apply Model)

Data
Statistics
Visualizations
Annotations

Open in Turbo Prep Auto Model

Row No.	user_id	item_id	rank
1	1	8	1
2	1	26	2
3	1	5	3
4	1	24	4
5	1	2	5
6	1	14	6
7	1	94	7
8	1	28	8
9	1	101	9
10	1	21	10
11	2	24	1

5.3.4 詮釋結果

- 對於第 1 號客戶而言，推薦引擎建議推薦的 10 項商品為：第 8 號商品、第 26 號商品、第 5 號商品、…、第 21 號商品。
- 從本章第 2 節得結果可以知道，這套推薦引擎的表現績效為：RMSE=0.987±0.021。即若客戶對商品評分為 1 到 5 分，則在 95% 的信心水準下，誤差會介於 0.966 到 1.008 分，平均而言誤差為 0.987 分。

5.4 章節練習 - 歌手推薦

假設你是一位線上音樂平台的營運者，網站的使用者大多是透過搜尋的功能來找目標歌手的歌曲，但聽完之後就會離開網站。你希望為網站增加歌手推薦功能，從而增加使用者在網站的停留時間，提高網站的流量。但由於前期網站並沒有設計評分的功能，所以無法藉由評分矩陣建立推薦引擎。但系統有記錄每一位會員的聽歌次數，所以能夠找出會員聽某位歌手的歌曲次數。

本練習使用的數據集為 E5_Artists.csv，總共包含 92,000 餘筆數據。其中數據範例如下表 5.4.1 所示，其中 userID 表示會員的 ID，每位會員 ID 都不相同，artistID 表示歌手 ID，每位歌手 ID 也都不相同；count 表示會員總共聽了多少次該歌手的歌曲。

表 5.4.1 結帳清單紀錄

userID	artistID	Count
1138	4143	266
673	9184	1066
292	1131	659
1321	56	83
999	920	1409
1949	5439	474

練習目標

請使用本章所學到的基於客戶協同過濾方法，為你的音樂網站建立推薦引擎模型，並使用 RMSE 評估你的推薦引擎效能。

提示

聽歌曲的次數也是一種變相的評分機制，聽歌曲次數越多說明會員越喜歡某位歌手，所以可以將聽歌次數作為依據建立評分矩陣並建立推薦引擎。

CHAPTER

6

買了此商品的客戶，也買了…電子商務如何推薦商品

若公司對「產品特性」比對「客戶偏好」更了解，本單元可以協助建立「商品基礎的推薦系統」，以便把公司產品的「價值訴求」更精準地「價值傳遞」給「目標客戶」。對電子商務平台，例如亞馬遜，瀏覽人數眾多，也較難從少數幾個瀏覽行為中預測對方的偏好、習慣。然而，亞馬遜有商品的詳細內容，因此經常使用以商品基礎的推薦引擎來推薦的商品。

商品基礎推薦系統可以提高行銷精準度。例如客戶輸入搜尋的關鍵字後，第一批推薦名單可能為最熱銷的前 10 名，假設客戶對第 8 號商品有興趣並且點選了，則推薦引擎可以馬上出現與第 8 號商品最相似的前 10 名商品；假設客戶接著點選第 6 號商品，推薦引擎可以繼續找相似的商品，依此類推。

對客戶來說，推薦引擎也可以協助客戶迅速找到想要的商品。對公司來說，則可以提高銷售量，那些不需要花太多時間思考就能決定是否購買的低涉入商品，若能更有效率提供推薦商品，則可能促進衝動型消費。

6.1 基於商品推薦引擎的基本原理

6.1.1 基於商品協同過濾

相比於基於客戶的協同過濾，在客戶量較大的情況下，**基於商品的協同過濾**（Item-based Collaborative Filtering）推薦引擎速度會更快、更穩定。其基本想法是客戶會喜歡類似的物品，所以會給相似的東西相似的評價。Amazon 正是使用這樣的思路，不斷地為客戶提供越來越精準的商品推薦。

此演算法會為每一款商品 i 找到 N 個相似的商品，而商品的相似性也是藉由評分矩陣進行評估。然後再透過計算客戶對 N 款商品的評分來預測商品 i 的評分。以表 6.1.1 中的數據為例，相比於客戶基礎的協同過濾，基於商品協同過濾的評分矩陣形式略有不同，每一筆資料表示所有客戶對某一部影片的評分，其欄位是由每一位客戶組成，相當於是之前一章中評分矩陣的轉置（Transpose）矩陣。

表 6.1.1 電影評分矩陣

電影	Joe	Eddy	Charlie	Sunny	Judy	William
獅子王	5		5	2	5	
復仇者聯盟	4	3	1	5	4	4
阿凡達	4	2	4	5		
鐵達尼號	3	2		1	1	2
侏羅紀世界	4	4	1	1		

以評估 Judy 對電影「阿凡達」的評分為例，整個計算流程大致如下：

1. 計算出每部影片的平均分，再計算評分矩陣的評分差異，可以得到電影「阿凡達」的評分為（0.25,-1.75,0.25,1.25,0,0），結果如表 6.1.2 所示。

表 6.1.2 電影評分矩陣的差異評分

電影	Joe	Eddy	Charlie	Sunny	Judy	William	平均
獅子王	0.75		0.75	-2.25	0.75		4.25
復仇者聯盟	0.5	-0.5	-2.5	1.5	0.5	0.5	3.5
阿凡達	0.25	-1.75	0.25	1.25			3.75
鐵達尼號	1.2	0.2		-0.8	-0.8	0.2	1.8
侏羅紀世界	1.5	1.5	-1.5	-1.5			2.5

2. 使用皮爾森相關性，則計算每一部電影與「阿凡達」的相似性，結果見表 6.1.3。

表 6.1.3 電影評分矩陣的皮爾森相似性

電影	Joe	Eddy	Charlie	Sunny	Judy	William	與阿凡達的相關性
獅子王	0.75		0.75	-2.25	0.75		-0.43
復仇者聯盟	0.5	-0.5	-2.5	1.5	0.5	0.5	0.33
阿凡達	0.25	-1.75	0.25	1.25			1
鐵達尼號	1.2	0.2		-0.8	-0.8	0.2	-0.29
侏羅紀世界	1.5	1.5	-1.5	-1.5			-0.69

3. 根據最相近的 K 部電影的評分進行預測。例如 K=2 時，那麼在 Judy 有評分的電影中，相似性最高的電影是「復仇者聯盟」和「鐵達尼號」，即可透過以下公式預測 Judy 對於「阿凡達」評分：

$$3.75+\frac{0.33\times0.5+(-0.29)\times(-0.8)}{|0.33|+|-0.29|}\approx4.39$$

6.1.2 冷啟動（Cold Start）

冷啟動問題是推薦引擎一開始都會遇到的狀況，是指當遇到新客戶時，如何在沒有任何評分紀錄的情況下為其進行推薦。解決方法的主要思路是：對於新客戶，要求客戶進行一些喜好的選擇，而這些喜好的選擇是系統中被評價最多的商品或電影，這樣有利於更快速準確地找到相似客戶。或者透過分析操作行為，進行隱式數據收集，例如之前所提到的搜索行為或瀏覽行為，如果可以將這些行為數據化，同樣可以視為客戶在為商品或電影進行評分。

表 6.1.4 處理冷啟動

項目	做法	說明
1	登錄時，給「有代表性」的選單，要求勾選。 • **電影分類**：戰爭、喜劇、卡通… • **分類經典**：星際大戰、搶救雷恩大兵… • **要求評分**：評分結果透露個人偏好	**詢問偏好**： • 大眾化分類 • 大多數人看過的電影 • 給予誘因：點數
2	登錄後，分析點擊流程。 • **網站內瀏覽頁面**：新聞、財經、體育、娛樂… • **網站內搜尋的關鍵字**：2020 年股東會時間表	**行為分析**： • 關心的類型 • 關心的點

6.2 實例操作 - 電影評分預測

6.2.1 資料解析

本章範例為某電影網站中客戶對電影的評分數據，共包含兩個不同的數據表。數據表 C6_Movie.csv 中記錄了電影資訊，包括電影的 ID、名稱和類別，其中電影類別不會用於推薦引擎，可以捨棄。數據表 C6_Rating.csv 中記錄了評分資訊，包括客戶的 ID、電影 ID、評分和評分時間。其中評分時間是以 Unix timestamp 的形式進行記錄，該欄位不影響推薦引擎，可以捨棄。

表 6.2.1 範例資料 C6_Movies.csv（僅節錄部分數據）

movieId	title	genres
1	Toy Story（1995）	Adventure | Animation | Children | Comedy | Fantasy
2	Jumanji（1995）	Adventure | Children | Fantasy
3	Grumpier Old Man（1995）	Comedy | Romance
4	Waiting to Exhale（1995）	Comedy | Drama | Romance
5	Father of the Bride Part II（1995）	Comedy

表 6.2.2 範例資料 C6_Ratings.csv（僅節錄部分數據）

userId	movieId	rating	timestamp
1	1	4	964982703
1	3	4	964981247
1	6	4	964982224
1	47	5	964983815
1	50	5	964982931

基於商品的協同過濾推薦引擎的建立也將分為兩大步驟，評分預測與商品推薦。首先會針對每一部電影進行評分的預測，然後再把最相似的 10 部電影推薦給客戶。

6.2.2 匯入資料

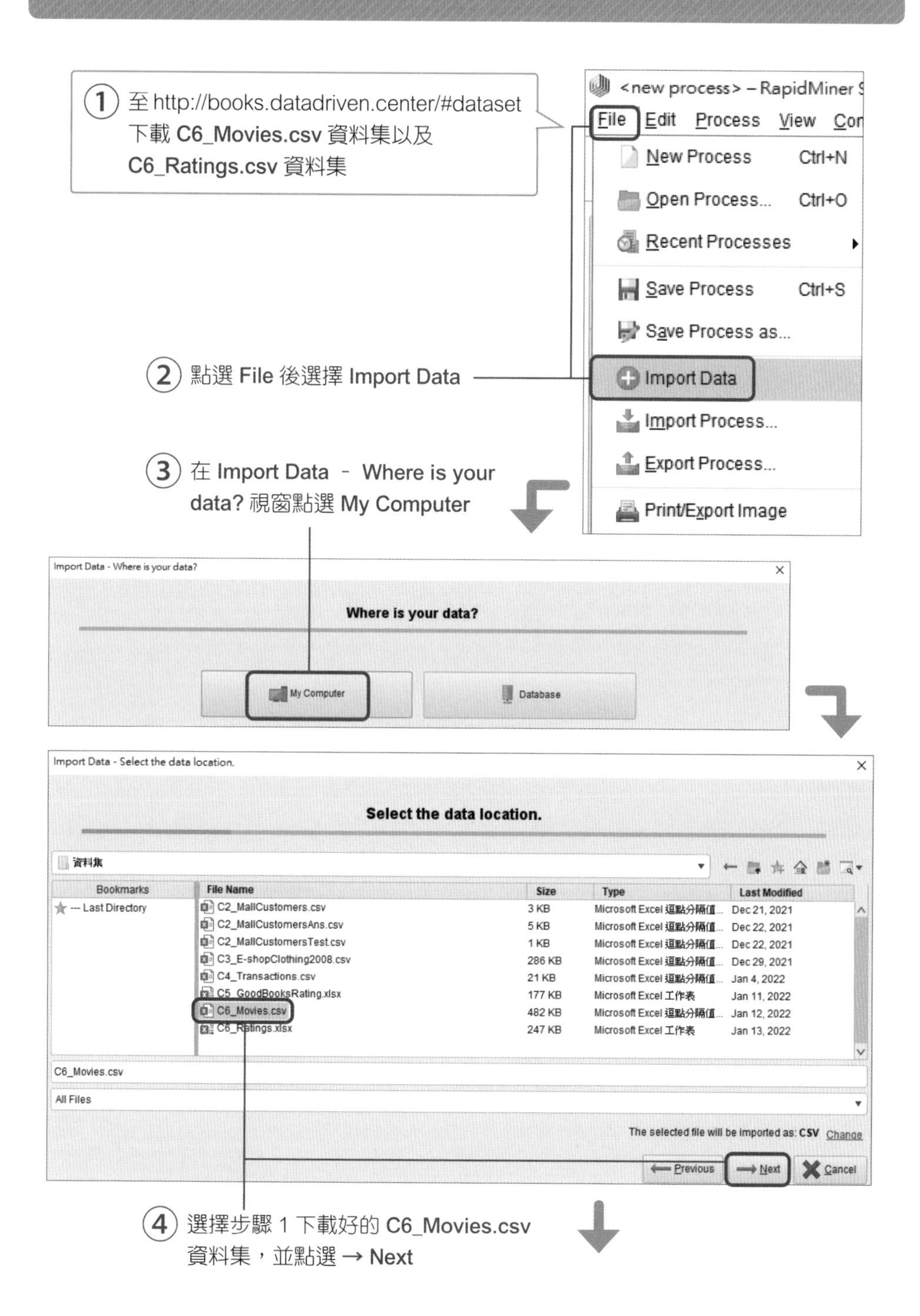

① 至 http://books.datadriven.center/#dataset 下載 C6_Movies.csv 資料集以及 C6_Ratings.csv 資料集
<new process> – RapidMiner
File Edit Process View
New Process Ctrl+N
Open Process... Ctrl+O
Recent Processes
Save Process Ctrl+S
Save Process as...
Import Data
Import Process...
Export Process...
Print/Export Image
② 點選 File 後選擇 Import Data
③ 在 Import Data - Where is your data? 視窗點選 My Computer
Import Data - Where is your data?
Where is your data?
My Computer
Database
Import Data - Select the data location.
Select the data location.
資料集
Bookmarks
Last Directory
File Name
Size
Type
Last Modified
C2_MallCustomers.csv
C2_MallCustomersAns.csv
C2_MallCustomersTest.csv
C3_E-shopClothing2008.csv
C4_Transactions.csv
C5_GoodBooksRating.xlsx
C6_Movies.csv
C6_Ratings.xlsx
C6_Movies.csv
All Files
The selected file will be imported as: CSV Change
Previous
Next
Cancel
④ 選擇步驟 1 下載好的 C6_Movies.csv 資料集，並點選 → Next

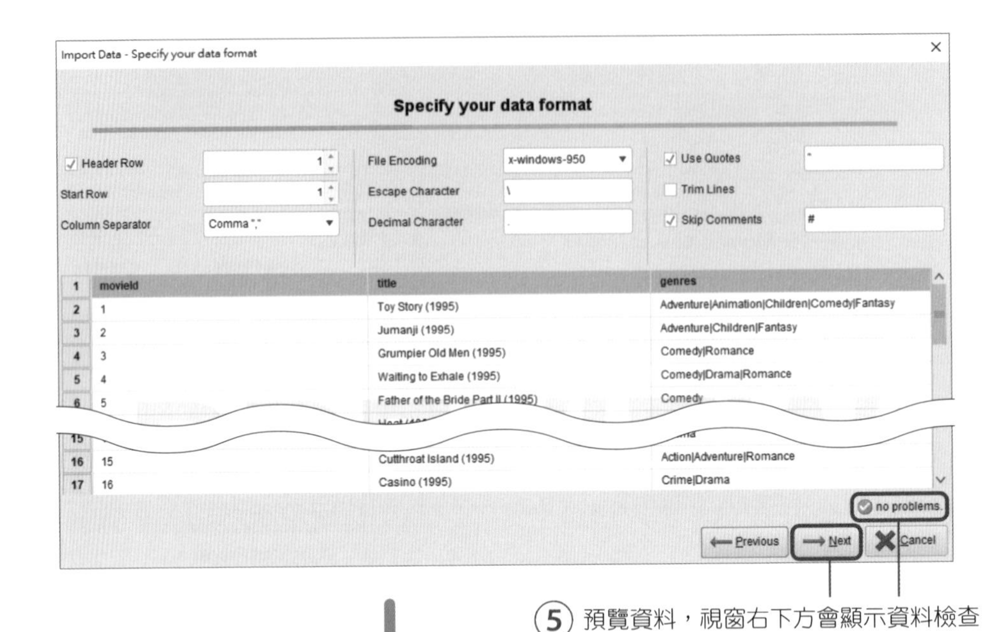

⑤ 預覽資料，視窗右下方會顯示資料檢查結果。若沒問題就點選 → **Next**

⑥ 勾選 **Replace errors with missing values**，將異常數據自動轉為系統可辨識之型別「Missing Value」，避免匯入過程產生錯誤。完成後點選 → **Next**

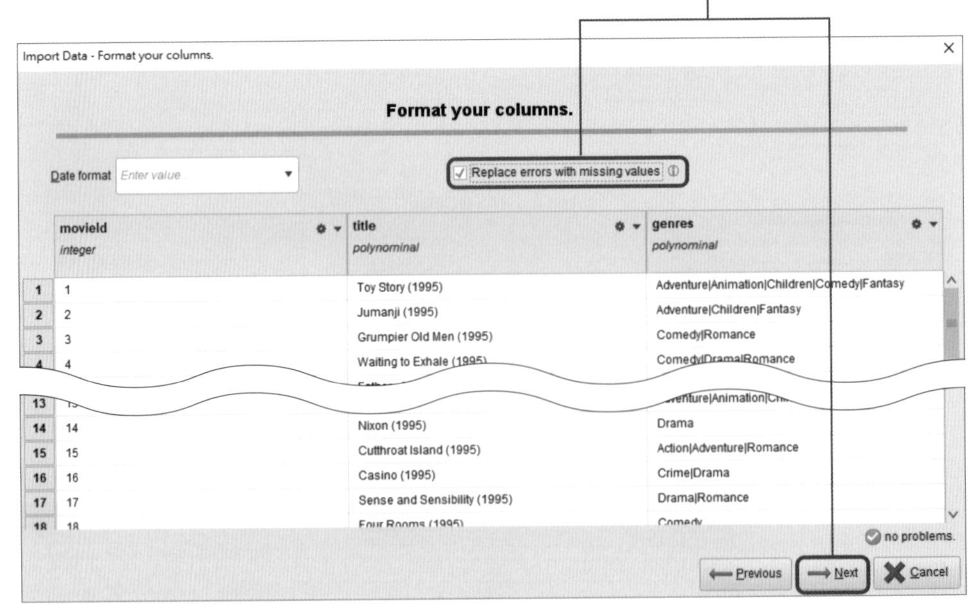

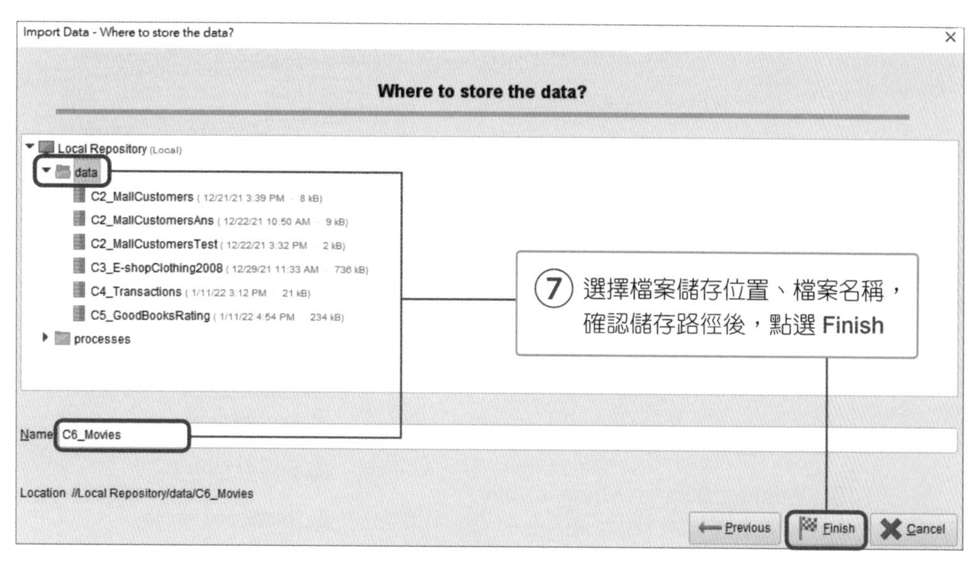

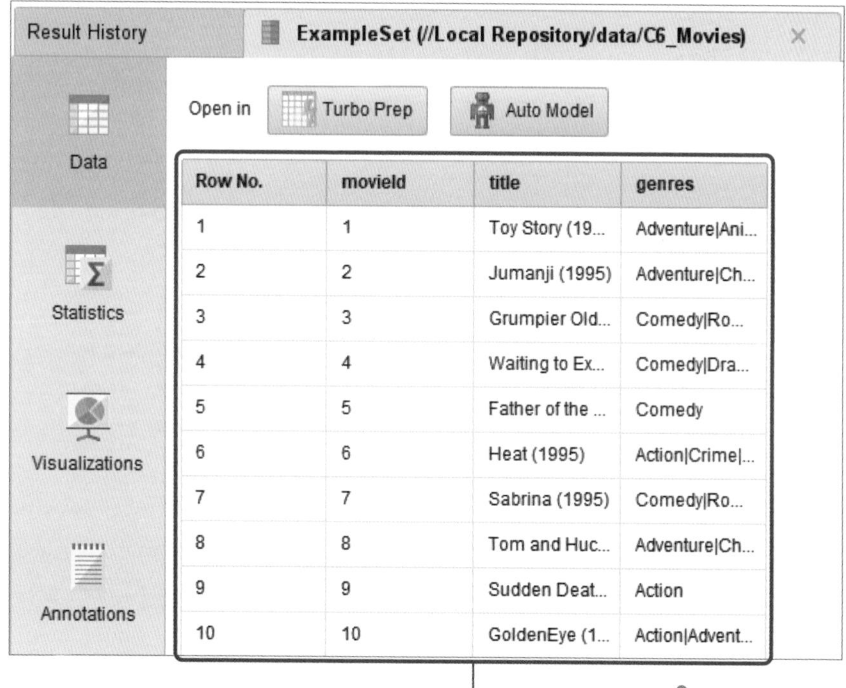

Row No.	movieId	title	genres
1	1	Toy Story (19...	Adventure|Ani...
2	2	Jumanji (1995)	Adventure|Ch...
3	3	Grumpier Old...	Comedy|Ro...
4	4	Waiting to Ex...	Comedy|Dra...
5	5	Father of the ...	Comedy
6	6	Heat (1995)	Action|Crime|...
7	7	Sabrina (1995)	Comedy|Ro...
8	8	Tom and Huc...	Adventure|Ch...
9	9	Sudden Deat...	Action
10	10	GoldenEye (1...	Action|Advent...

⑧ 匯入完成，預覽資料

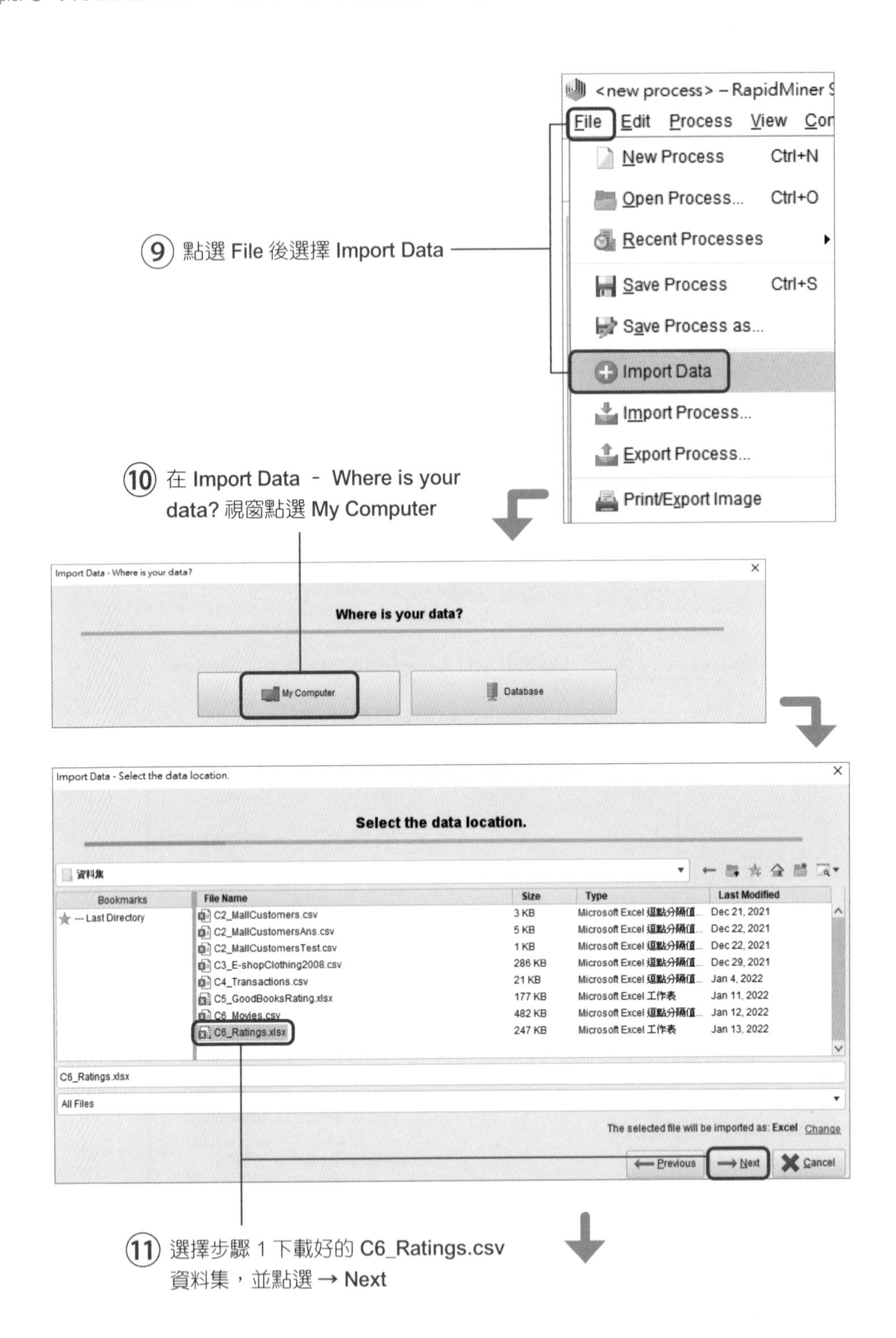

⑨ 點選 File 後選擇 Import Data
<new process> – RapidMiner
File Edit Process View
New Process Ctrl+N
Open Process... Ctrl+O
Recent Processes
Save Process Ctrl+S
Save Process as...
Import Data
Import Process...
Export Process...
Print/Export Image
⑩ 在 Import Data - Where is your data? 視窗點選 My Computer
Import Data - Where is your data?
Where is your data?
My Computer
Database
Import Data - Select the data location.
Select the data location.
資料集
Bookmarks
Last Directory
File Name
Size
Type
Last Modified
C2_MallCustomers.csv
C2_MallCustomersAns.csv
C2_MallCustomersTest.csv
C3_E-shopClothing2008.csv
C4_Transactions.csv
C5_GoodBooksRating.xlsx
C6_Movies.csv
C6_Ratings.xlsx
C6_Ratings.xlsx
All Files
The selected file will be imported as: Excel Change
Previous
Next
Cancel
⑪ 選擇步驟 1 下載好的 C6_Ratings.csv 資料集，並點選 → Next

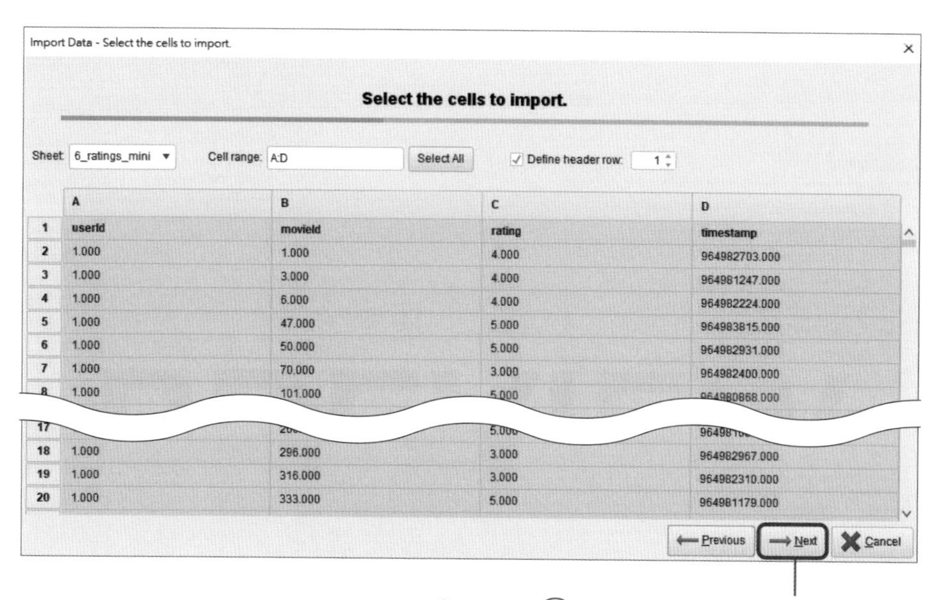

⑫ 預覽資料。若沒問題就點選 → Next

⑬ 勾選 Replace errors with missing values，將異常數據自動轉為系統可辨識之型別「Missing Value」，避免匯入過程產生錯誤。完成後點選 → Next

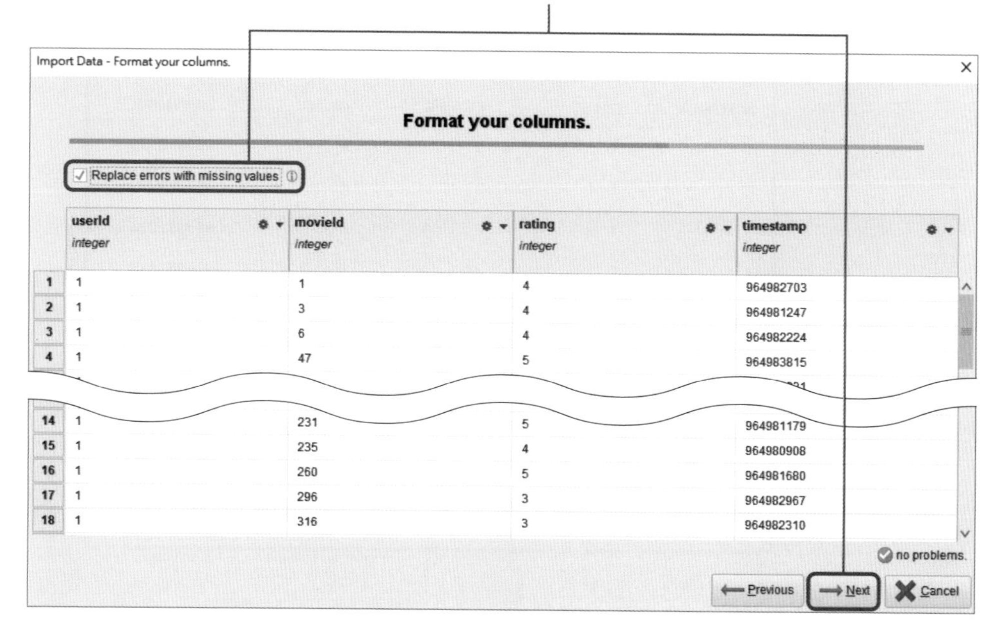

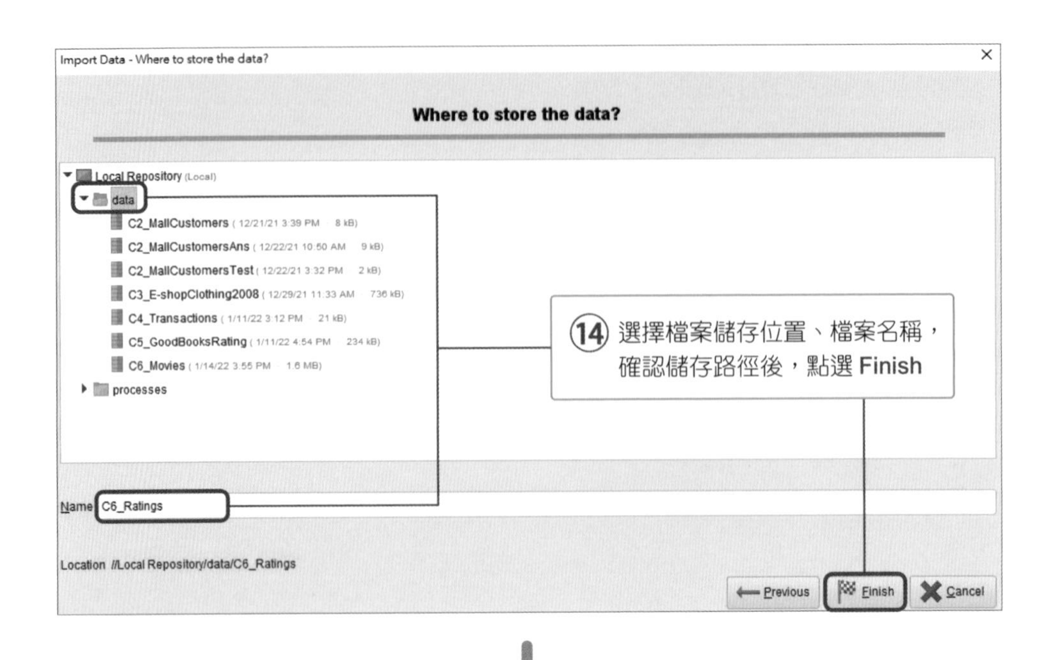

Row No.	userId	movieId	rating	timestamp
1	1	1	4	964982703
2	1	3	4	964981247
3	1	6	4	964982224
4	1	47	5	964983815
5	1	50	5	964982931
6	1	70	3	964982400
7	1	101	5	964980868
8	1	110	4	964982176
9	1	151	5	964984041
10	1	157	5	964984100

⑮ 匯入完成，預覽資料

6.2.3 選擇分析方法

分析目標

利用這筆資料，建立一個模型：按商品的特性，預測應該推薦哪些商品給客戶。

設計流程

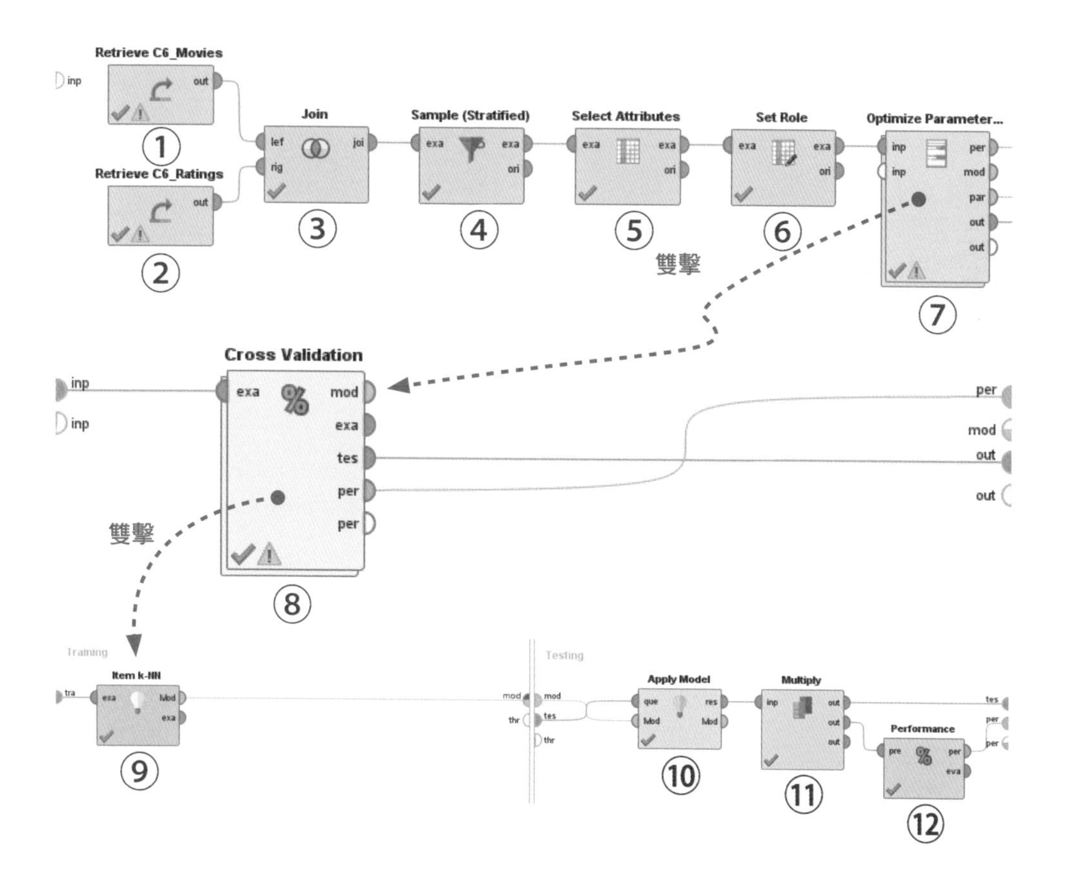

表 6.2.3 組件清單

組件索引	組件	操作	說明
1. 原始資料	Repository ↳ Local Repository ↳ data ↳ C6_Movies	拖拉至畫布中	3 個定性變數、沒有標籤
2. 原始資料	Repository ↳ Local Repository ↳ data ↳ C6_Ratings	拖拉至畫布中	2 個定性變數、 2 個定量變數、沒有標籤
3. 交集資料	Operators ↳ Blending ↳ Table ↳ Joins ↳ Join	拖拉至畫布中	將 2 個資料集連結起來
4. 取樣資料	Operators ↳ Blending ↳ Examples ↳ Sampling ↳ Sample（Stratified）	拖拉至畫布中	取 10% 樣本
5. 刪除時間特徵	Operators ↳ Attributes ↳ Selection ↳ Select Attributes	拖拉至畫布中	刪除 timestamp
6. 設定角色	↳ Operator ↳ Blending ↳ Attributes ↳ Names & Roles ↳ Set Role	拖拉至畫布中	設定角色 列 = 電影 欄 = 客戶 值 = 評分
7. 最佳化	Operator ↳ Modeling ↳ Optimization ↳ Parameters ↳ Optimize Parameters (Grid)	拖拉至畫布中	找 Item KNN 的最佳鄰居數 K

接下頁

組件索引	組件	操作	說明
8. 交叉驗證	Operators ↳ Validation ↳ Cross Validation	拖拉至畫布中	交叉驗證
9. 評分預測	Operators ↳ Extensions ↳ Recommenders ↳ Item Rating Prediction ↳ Collaborative Filtering Rating Prediction ↳ Item k-NN	拖拉至畫布中	預測評分的 KNN。可以選擇餘弦相似度或是皮爾森相關性找相似電影，使用相似電影的評分，經過相似度或相關性作加權平均，填滿評分矩陣的空格
10. 代入模型	Operators ↳ Extensions ↳ Recommenders ↳ Recommender Performance ↳ Model Application ↳ Apply Model (Rating Prediction)	拖拉至畫布中	預測交叉驗證所分割出來的驗證資料集裡的評分
11. 複製資料	Operators ↳ Utility ↳ Multiply	拖拉至畫布中	把原來的資料複製成許多份輸出到後面的組件
12. 績效評估	Operators ↳ Extensions ↳ Recommenders ↳ Recommender Performance ↳ Performance Evaluation ↳ Performance (Rating Prediction)	拖拉至畫布中	計算評分的均方根誤差

6.2.4 設定參數

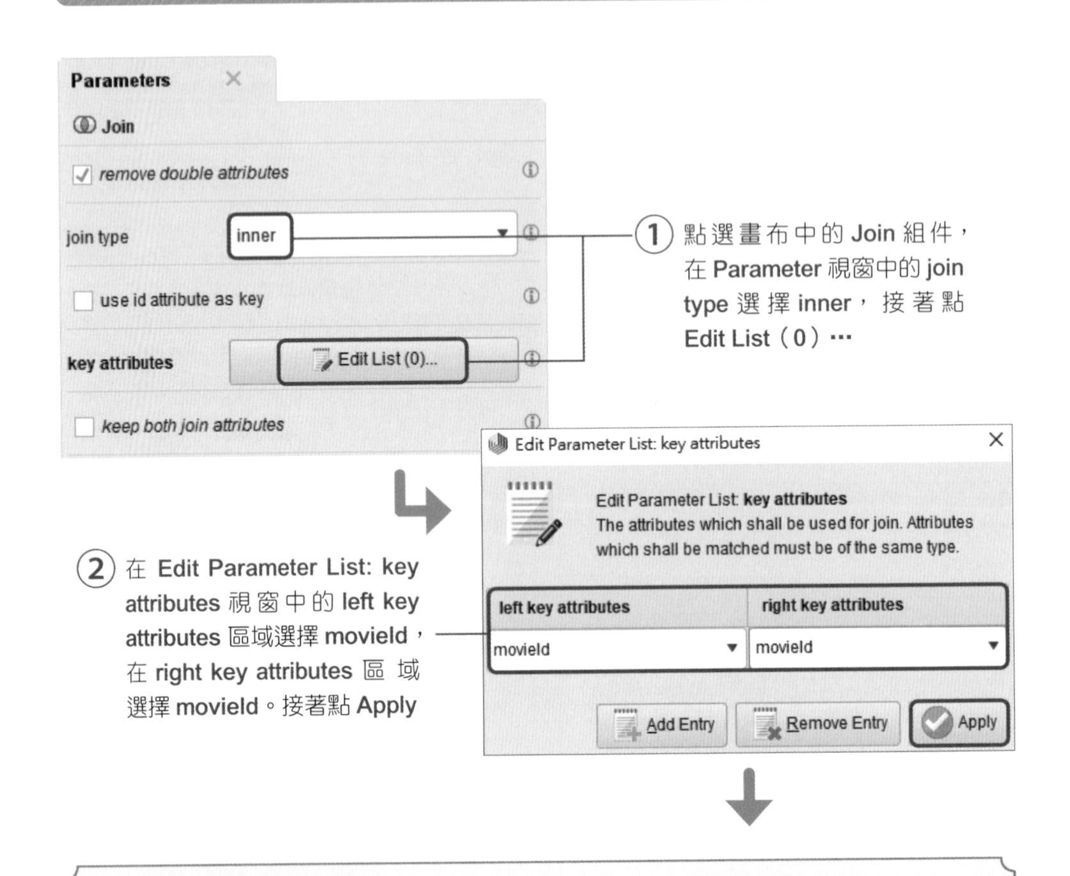

Join 的功能

Join 組件可以依據指定的變數，將 2 個表格中都出現相同指定變數的列整合在一起。下圖範例中，我們把「Movies」資料放在左側，「Ratings」資料放在右側，並且依據 MovieID 做連結。所以如果左右表格都出現 MovieID = 1，則會取聯集，將資料整合在同一列。

接下頁

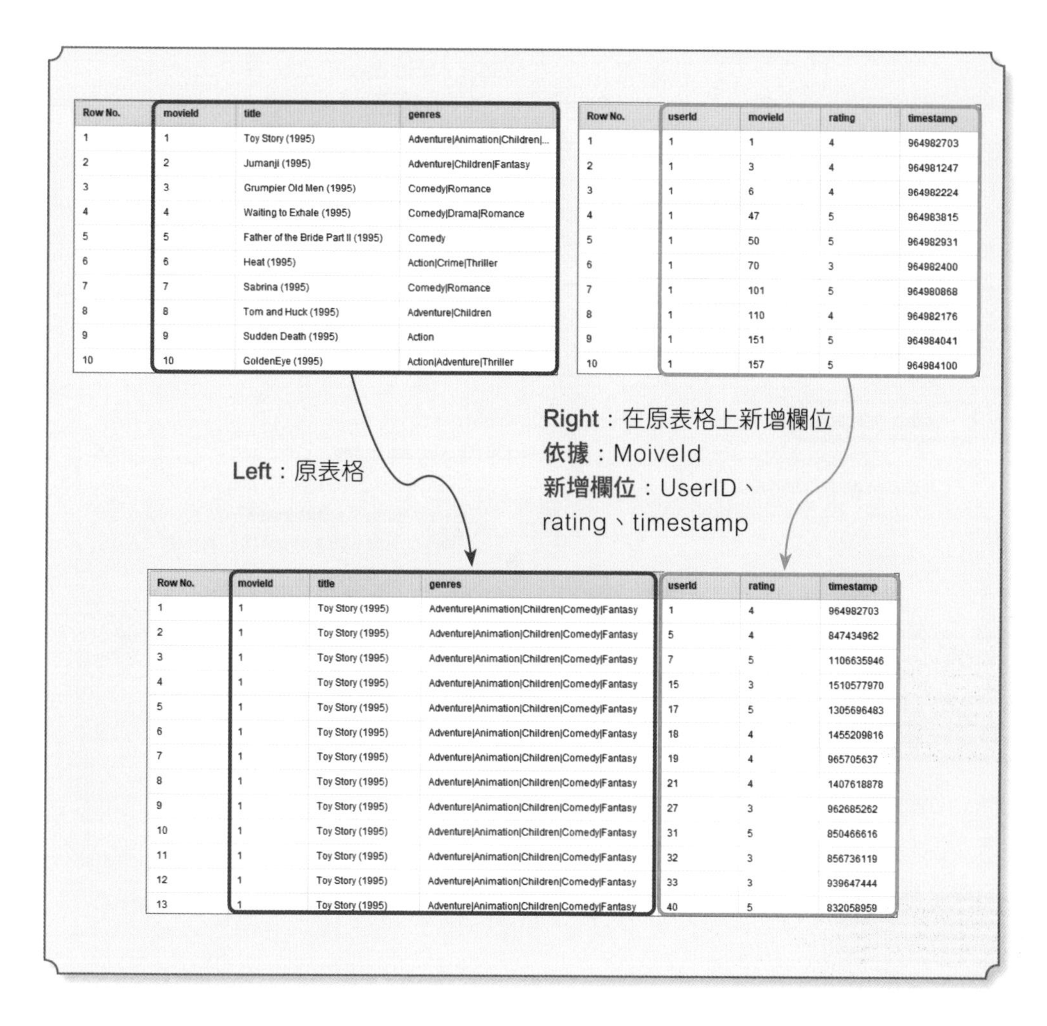

Row No.	movieId	title	genres
1	1	Toy Story (1995)	Adventure|Animation|Children|...
2	2	Jumanji (1995)	Adventure|Children|Fantasy
3	3	Grumpier Old Men (1995)	Comedy|Romance
4	4	Waiting to Exhale (1995)	Comedy|Drama|Romance
5	5	Father of the Bride Part II (1995)	Comedy
6	6	Heat (1995)	Action|Crime|Thriller
7	7	Sabrina (1995)	Comedy|Romance
8	8	Tom and Huck (1995)	Adventure|Children
9	9	Sudden Death (1995)	Action
10	10	GoldenEye (1995)	Action|Adventure|Thriller

Row No.	userId	movieId	rating	timestamp
1	1	1	4	964982703
2	1	3	4	964981247
3	1	6	4	964982224
4	1	47	5	964983815
5	1	50	5	964982931
6	1	70	3	964982400
7	1	101	5	964980868
8	1	110	4	964982176
9	1	151	5	964984041
10	1	157	5	964984100

Row No.	movieId	title	genres	userId	rating	timestamp
1	1	Toy Story (1995)	Adventure|Animation|Children|Comedy|Fantasy	1	4	964982703
2	1	Toy Story (1995)	Adventure|Animation|Children|Comedy|Fantasy	5	4	847434962
3	1	Toy Story (1995)	Adventure|Animation|Children|Comedy|Fantasy	7	5	1106635946
4	1	Toy Story (1995)	Adventure|Animation|Children|Comedy|Fantasy	15	3	1510577970
5	1	Toy Story (1995)	Adventure|Animation|Children|Comedy|Fantasy	17	5	1305696483
6	1	Toy Story (1995)	Adventure|Animation|Children|Comedy|Fantasy	18	4	1455209816
7	1	Toy Story (1995)	Adventure|Animation|Children|Comedy|Fantasy	19	4	965705637
8	1	Toy Story (1995)	Adventure|Animation|Children|Comedy|Fantasy	21	4	1407618878
9	1	Toy Story (1995)	Adventure|Animation|Children|Comedy|Fantasy	27	3	962685262
10	1	Toy Story (1995)	Adventure|Animation|Children|Comedy|Fantasy	31	5	850466616
11	1	Toy Story (1995)	Adventure|Animation|Children|Comedy|Fantasy	32	3	856736119
12	1	Toy Story (1995)	Adventure|Animation|Children|Comedy|Fantasy	33	3	939647444
13	1	Toy Story (1995)	Adventure|Animation|Children|Comedy|Fantasy	40	5	832058959

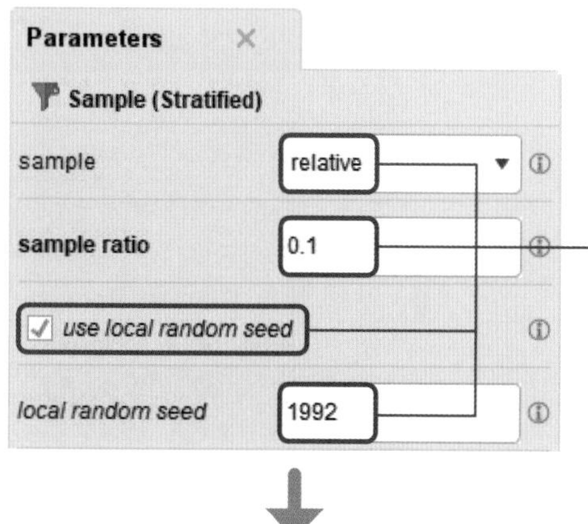

③ 點選畫布中的 Sample(Stratified)組件，在 Parameter 視窗中的 sample 選擇 relative，在 sample ratio 填入 0.1。勾選 use local random seed，並在 local random seed 填入 1992。此組件不一定需要，因為資料太大，在測試過程中若電腦跑太慢，先抽一部份試試看，模型確定以後再刪除此 Operator

④ 點選畫布中的 **Select Attributes** 組件，在 **Parameter** 視窗中的 **attribute filter type** 選擇 **subset**，取消 **invert selection**，接著點選 **Select Attributes…**

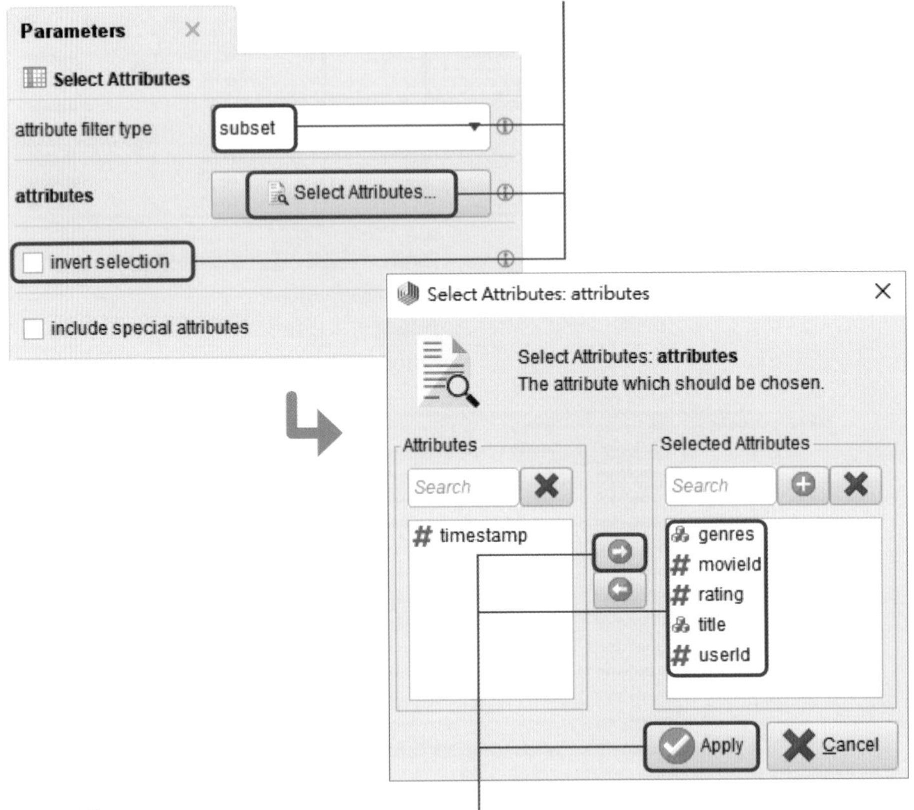

⑤ 在 **Select Attributes: attributes** 視窗中，使用 → 將 **genres**、**movieId**、**rating**、**title**、**userId** 從 **Attributes** 區域移到 **Selected Attributes**，接著點 **Apply**。另外，此組件不一定需要，因為之後的 **Set Role** 組件可以直接選要的分析對象，但此組件可以提高電腦的計算速度

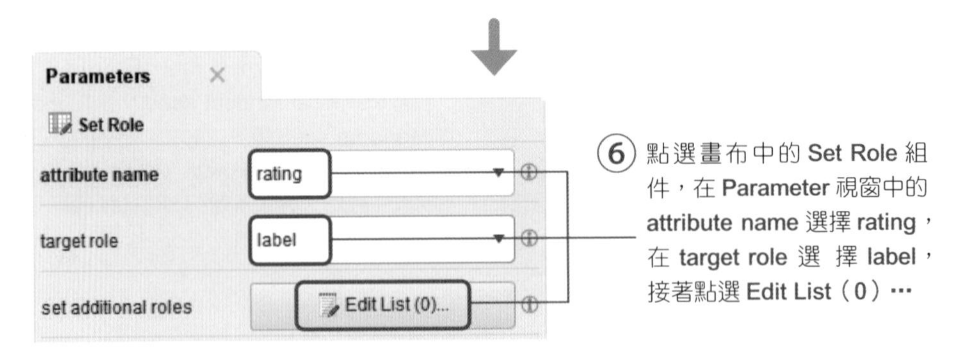

⑥ 點選畫布中的 **Set Role** 組件，在 **Parameter** 視窗中的 **attribute name** 選擇 **rating**，在 **target role** 選擇 **label**，接著點選 **Edit List（0）…**

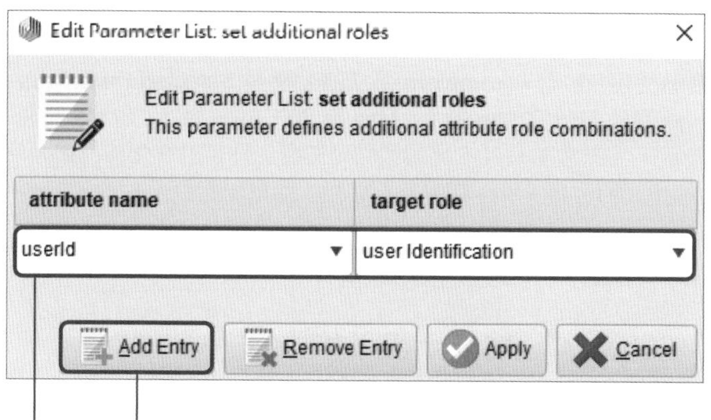

⑦ 在 Edit Parameter List: set additional roles 視窗中的 attribute name 區域選擇 userId，並在 target role 的區域自行輸入 user identification。之後點 Add Entry

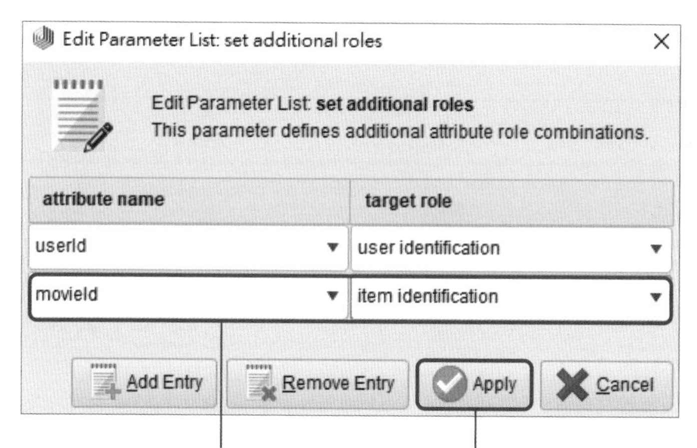

⑧ 在新欄位中的 attribute name 區域選擇 movieId，並在 target role 的區域自行輸入 item identification。最後點 Apply

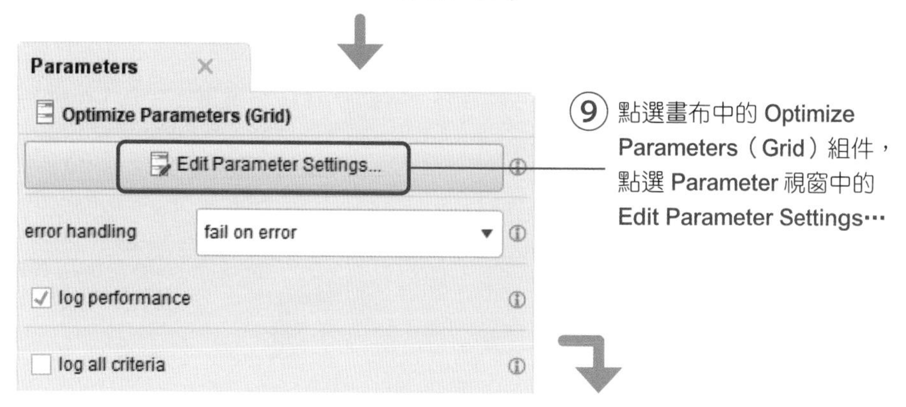

⑨ 點選畫布中的 Optimize Parameters（Grid）組件，點選 Parameter 視窗中的 Edit Parameter Settings…

6

⑩ 在 Select Parameters: configure operator 視窗中的 Operators 區域，選擇 Item k-NN (Item k-NN)，接著使用 → 將 Parameters 區域的 k 移至 Selected Parameters 區域。最後，在 Grid/Range 的區域設定 Min 為 5、Max 為 20、Step 為 3、Scale 為 linear。最後點 OK。經過此設定，我們會從 K 為 5 開始嘗試，並且另外嘗試 3 個值，最大值為 20，線性增加。也就是 K=5、10、15、20。如果電腦夠好，可以嘗試更多 K 值。如 K 從 1 到 100

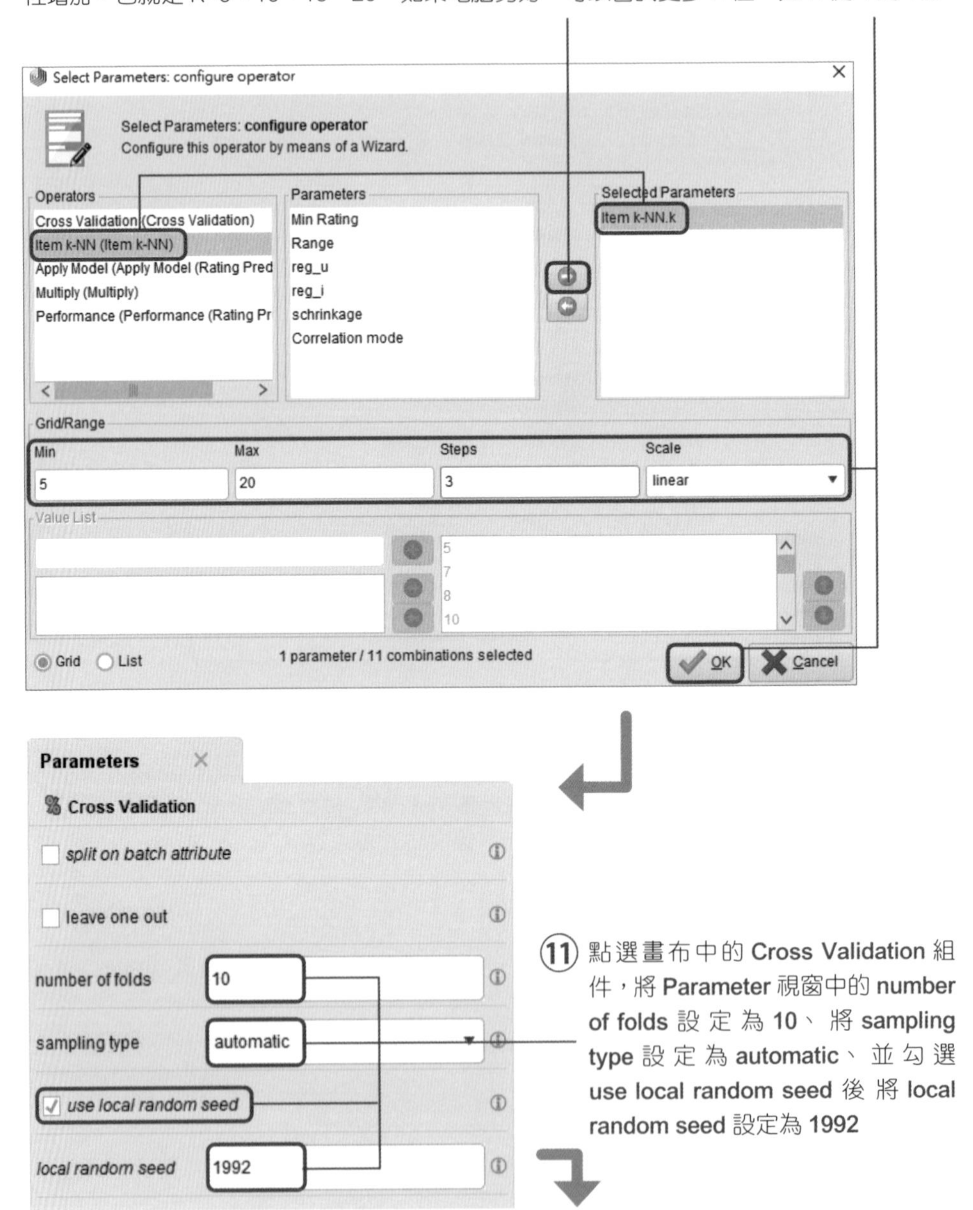

⑪ 點選畫布中的 Cross Validation 組件，將 Parameter 視窗中的 number of folds 設定為 10、將 sampling type 設定為 automatic、並勾選 use local random seed 後將 local random seed 設定為 1992

⑫ 點選畫布中的 Item k-NN 組件，將 Parameter 視窗中的 k 設為 10、Min Rating 設為 0、Range 設為 5、Correlation mode 設定為 Pearson

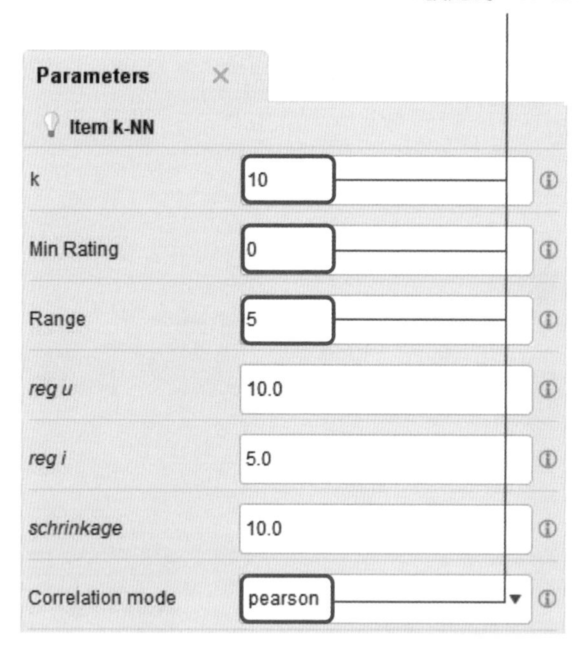

⑬ 點選畫布中的 Apply Model 組件，取消 Parameter 視窗中的 Online updates

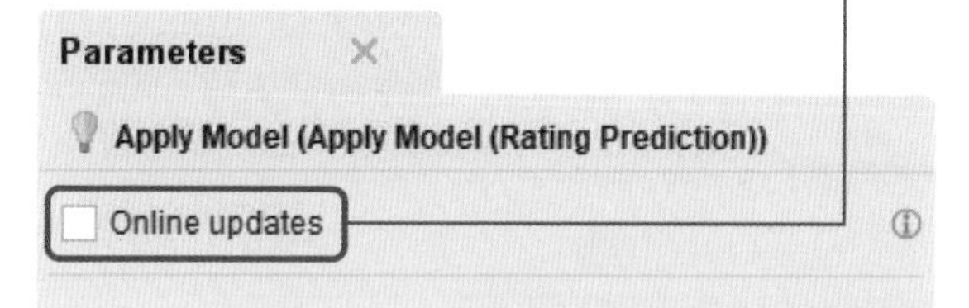

⑭ 點選畫布中的 Performance 組件，將 Parameter 視窗中的 Min Rating 設為 0，Range 設為 5。代表評分最低分為 0 分，往上 5 階得到評分最高分為 5

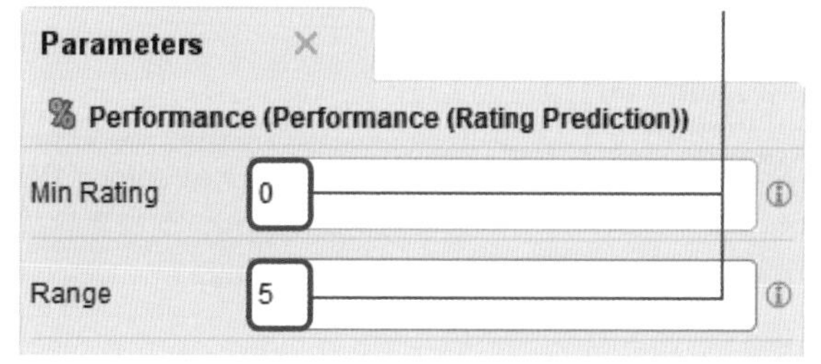

6.2.5 執行結果

① 點選 Start the execution of the current process

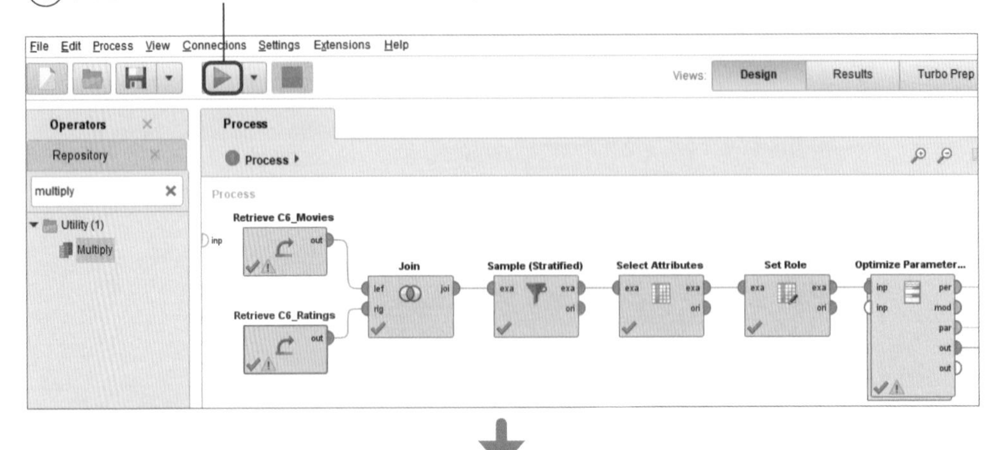

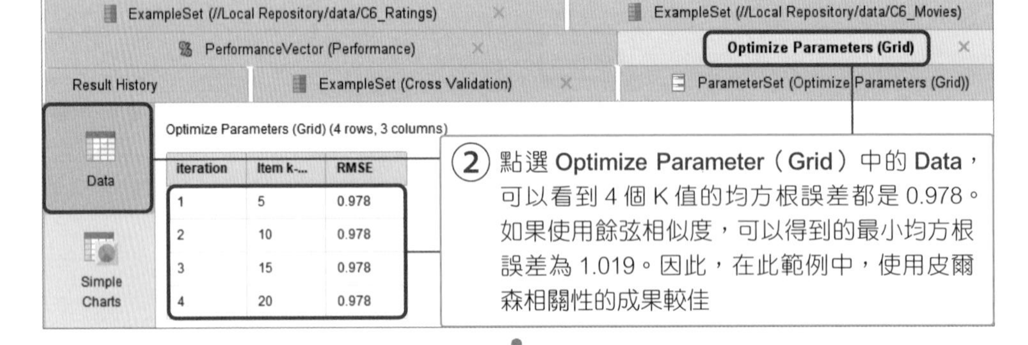

iteration	Item k-...	RMSE
1	5	0.978
2	10	0.978
3	15	0.978
4	20	0.978

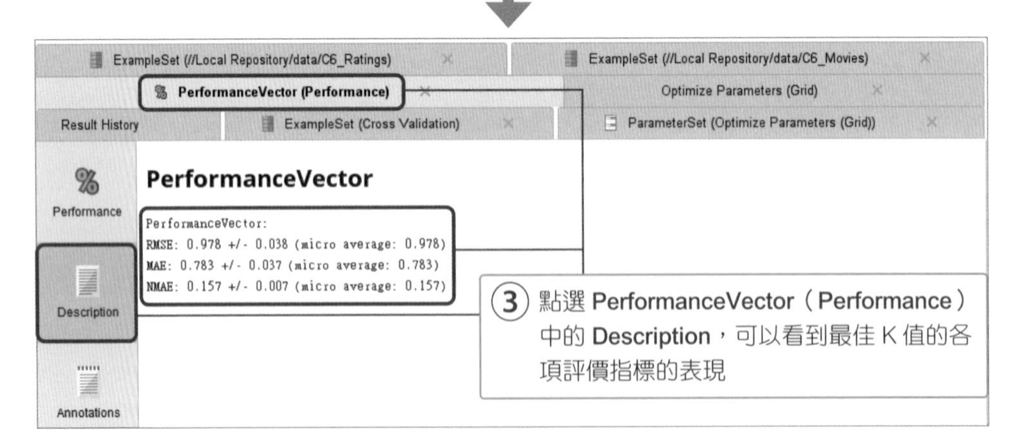


```
PerformanceVector:
RMSE: 0.978 +/- 0.038 (micro average: 0.978)
MAE: 0.783 +/- 0.037 (micro average: 0.783)
NMAE: 0.157 +/- 0.007 (micro average: 0.157)
```

④ 點選 **ExampleSet（Cross Validation）**中的 **Data**，可以看到模型的預測評分。舉例來說，模型對於第 43 號客戶（userId = 43）的評分預測中，第 5 號電影（movieId = 5）的預測值為 4.204 分，實際上是 5 分

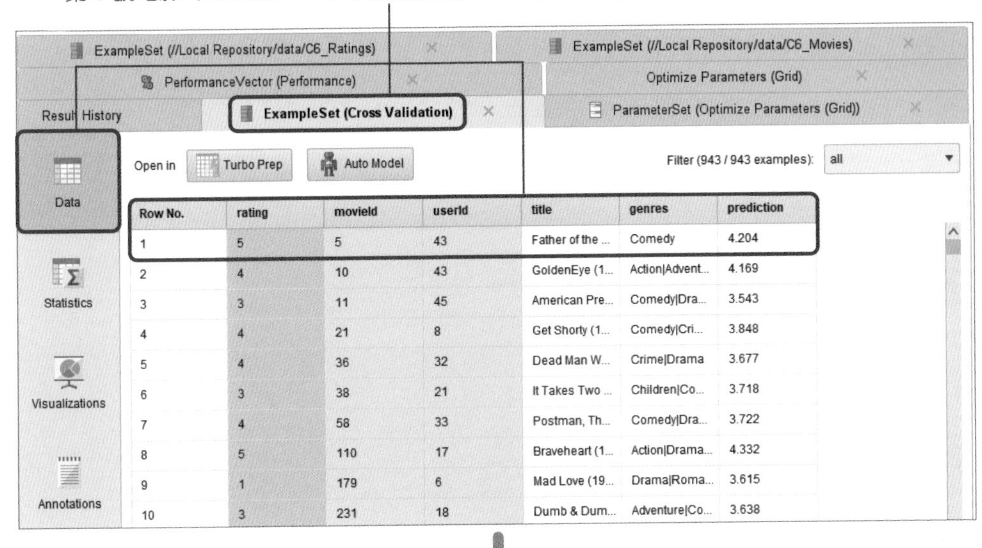

⑤ 點選 **ExampleSet（Cross Validation）**中的 **Visualizations**。將 **Plot type** 設定為 **Histogram**，接著將 **Value columns** 設定為 **rating, prediction**。可以看到預測值跟實際值的常態分佈滿接近，代表此模型的預測能力佳。此外，若最終預測值要是正整數，並不一定要使用四捨五入，可以找最適合的分界點（如下圖紅字）

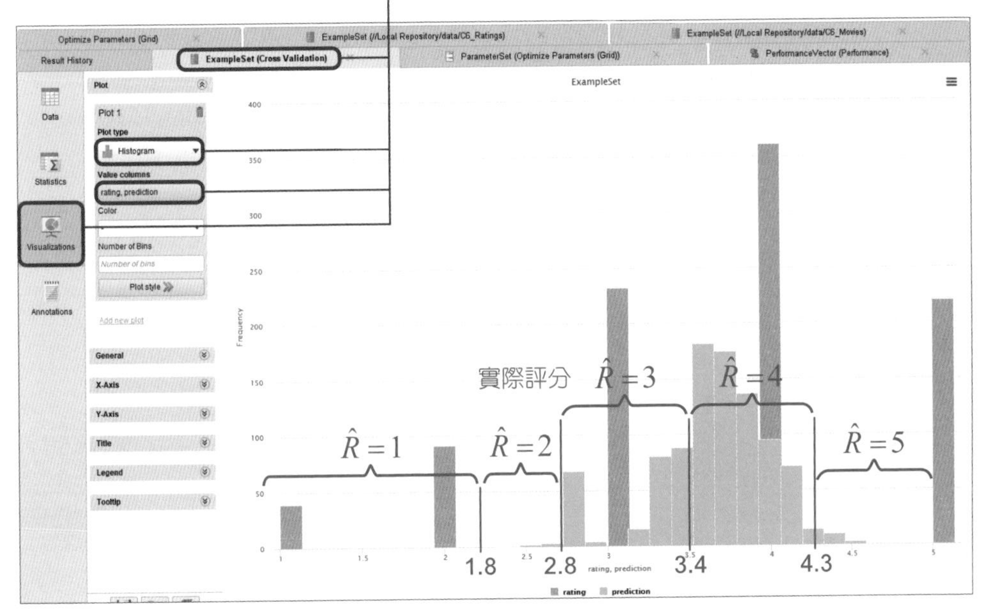

6.3 向會員推薦電影

6.3.1 選擇分析方法

分析目標

把最相似的 10 部電影推薦給客戶。

設計流程

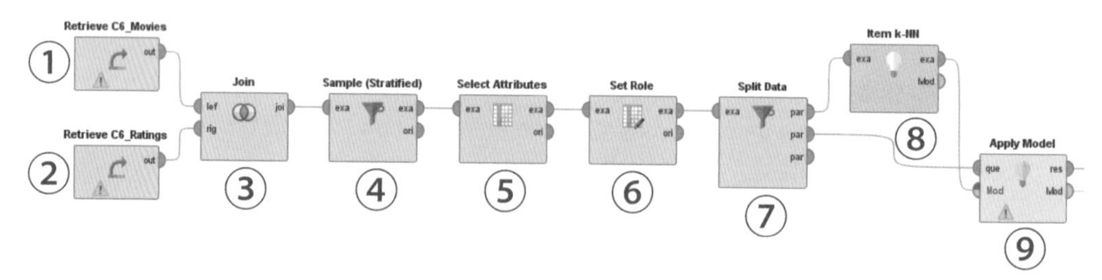

表 6.3.1 組件清單

組件索引	組件	操作	說明
1. 原始資料	Repository ↳ Local Repository ↳ data ↳ C6_Movies	拖拉至畫布中	3 個定性變數、沒有標籤
2. 原始資料	Repository ↳ Local Repository ↳ data ↳ C6_Ratings	拖拉至畫布中	2 個定性變數、 2 個定量變數、沒有標籤

接下頁

組件索引	組件	操作	說明
3. 交集資料	Operators ↳ Blending ↳ Table ↳ Joins ↳ Join	拖拉至畫布中	將 2 個資料集連結起來
4. 取樣資料	Operators ↳ Blending ↳ Examples ↳ Sampling ↳ Sample（Stratified）	拖拉至畫布中	取 10% 樣本
5. 刪除時間特徵	Operators ↳ Attributes ↳ Selection ↳ Select Attributes	拖拉至畫布中	刪除 timestamp
6. 設定角色	↳ Operator ↳ Blending ↳ Attributes ↳ Names & Roles ↳ Set Role	拖拉至畫布中	設定角色 列 = 電影 欄 = 客戶 值 = 評分
7. 分割樣本	Operators ↳ Blending ↳ Examples ↳ Sampling ↳ Split Data	拖拉放到畫布	80% 的訓練資料集， 20% 的驗證資料集
8. 推薦商品	Operators ↳ Extensions ↳ Recommenders ↳ Item Recommendation ↳ Collaborative Filtering Item Recommendation ↳ Item k-NN	拖拉至畫布中	預測評分的 KNN。可以選擇餘弦相似度或是皮爾森相關性找相似電影，使用相似電影的評分，經過相似度或相關性作加權平均，填滿評分矩陣的空格。使用此方法的前提是要對所有產品的特性都很了解
9. 代入模型	Operators ↳ Extensions ↳ Recommenders ↳ Recommender Performance ↳ Model Application ↳ Apply Model (Item Recommendation)	拖拉至畫布中	將模型套用在驗證資料集

6.3.2 設定參數

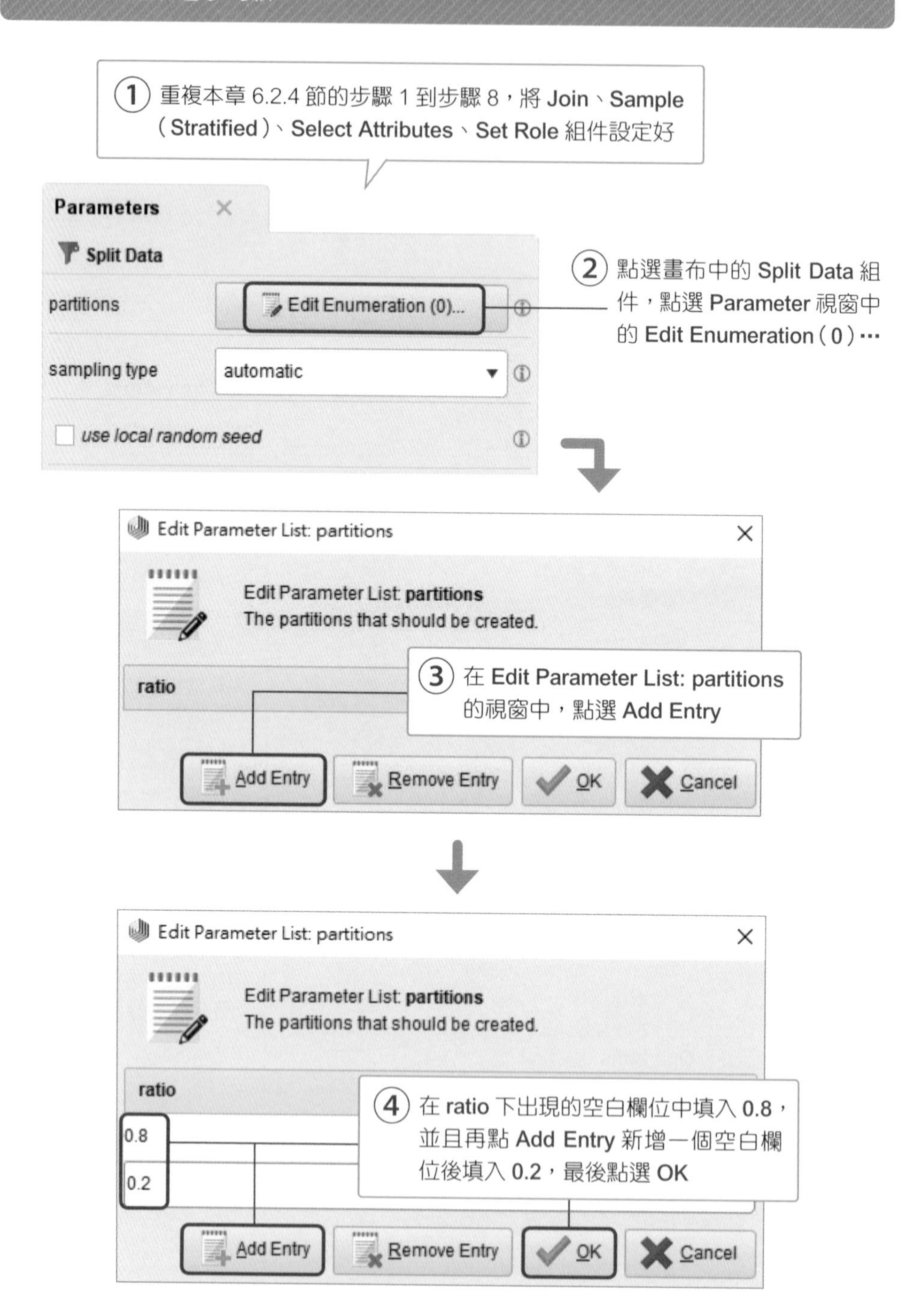
①重複本章 6.2.4 節的步驟 1 到步驟 8，將 Join、Sample（Stratified）、Select Attributes、Set Role 組件設定好
Parameters
Split Data
partitions
Edit Enumeration (0)...
sampling type
automatic
use local random seed
②點選畫布中的 Split Data 組件，點選 Parameter 視窗中的 Edit Enumeration（0）…
Edit Parameter List: partitions
Edit Parameter List: partitions
The partitions that should be created.
ratio
③在 Edit Parameter List: partitions 的視窗中，點選 Add Entry
Add Entry
Remove Entry
OK
Cancel
Edit Parameter List: partitions
Edit Parameter List: partitions
The partitions that should be created.
ratio
0.8
0.2
④在 ratio 下出現的空白欄位中填入 0.8，並且再點 Add Entry 新增一個空白欄位後填入 0.2，最後點選 OK
Add Entry
Remove Entry
OK
Cancel

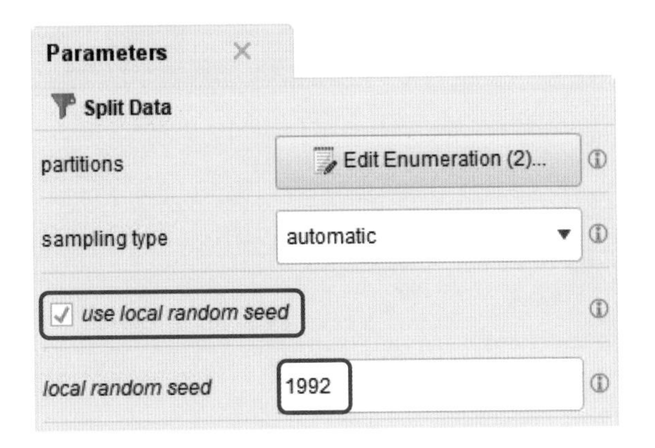

⑤ 勾選 use local random seed，並將 local random seed 設為 1992

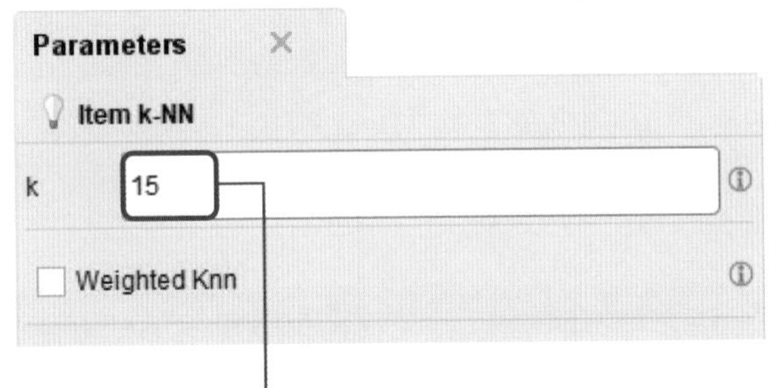

⑥ 點選畫布中的 item k-NN 組件，根據前一節的分析結果，我們可以將 Parameter 視窗的 k 值設定成 15

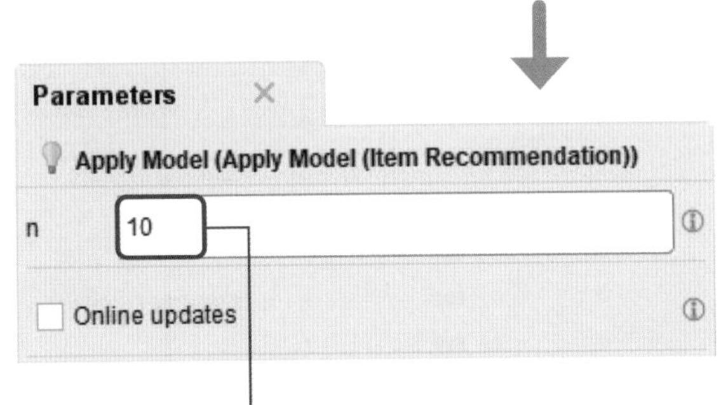

⑦ 點選畫布中的 Apply 組件，我們要將 Parameter 視窗的 n 值設定為每一位客戶要推薦多少部電影，這邊我們設定推薦 10 部電影。

6.3.3 執行結果

① 點選 Start the execution of the current process

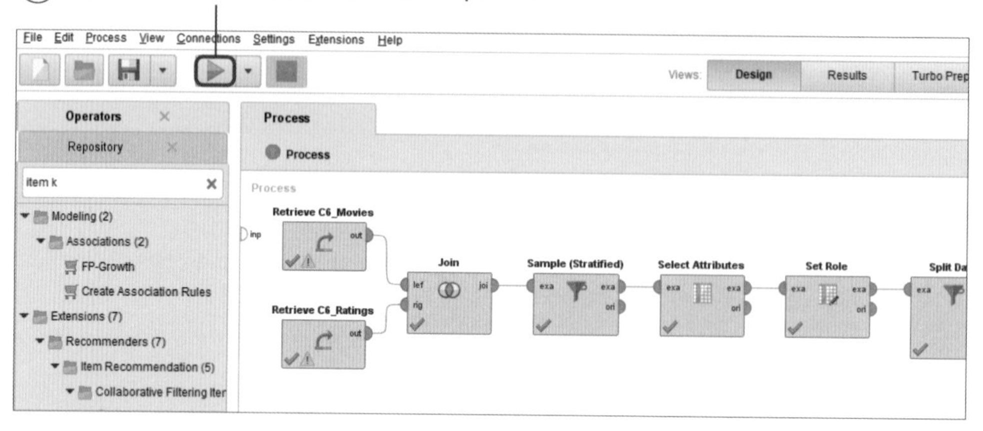

② 點選 ExampleSet（Apply Model）中的 Data，可以看到模型推薦的電影。舉例來說，藍色框表示模型推薦第 34048 部電影給第 17 號客戶，紅色框表示模型推薦給第 17 號客戶的 10 部

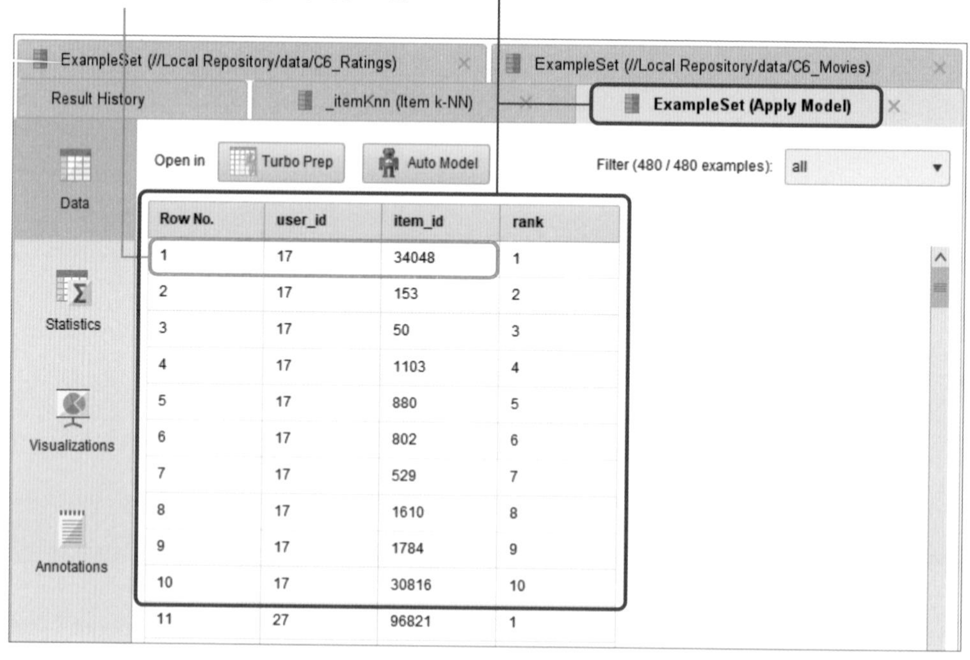

Row No.	user_id	item_id	rank
1	17	34048	1
2	17	153	2
3	17	50	3
4	17	1103	4
5	17	880	5
6	17	802	6
7	17	529	7
8	17	1610	8
9	17	1784	9
10	17	30816	10
11	27	96821	1

6.3.4 詮釋結果

- 對於第 17 號客戶而言，「推薦引擎」建議推薦給客戶的 10 部電影為：第 34048 部電影、第 153 部電影、第 50 部電影、…、第 30816 部電影。
- 這套推薦引擎的表現績效為：RMSE=0.978±0.038，即若客戶對電影評分為 1 到 5 分，則在 95% 的信心水準下，誤差不大於 1.0167 分，平均而言誤差為 0.978 分。

6.4 章節練習 - 線上商城

假設你是一位線上商城的營運者，商城的規模巨大擁有超過十萬位使用者，其中的商品也有上萬件。你希望為網站增加商品推薦功能，特別是在客戶瀏覽過程中，或購買商品之後，提升客戶的選擇效率，同時增加客戶的回購率。商城原本就有評分功能，所以已經累計了大量客戶的評分，所以可以藉由過往的評分建立模型。

本練習使用的數據集為 E6_OnlineMall.csv，總共包含 370,000 餘筆數據。其中數據範例如下表 6.4.1 所示，其中 productID 表示商品 ID，memberID 表示客戶 ID，Rating 表示會員對商品的具體評分。

表 6.4.1 會員對商品的評分紀錄

productID	methodID	Rating
B000AADG60	A2U8HPJRXZ6XJF	5
B00LP9UFYG	A362B1DYFS9E08	4
B01DNMF344	AGB7M0ILAATDZ	5
B0099S7WM8	A2OYE2G8PEBOLP	1
B00BMVV3MK	A11ABXM2RQNRLU	5
B000GLRREU	A1WLXIJRG67K91	1

練習目標

請使用本章所學到的基於商品協同過濾方法，為你的線上商城建立推薦引擎模型，並使用 RMSE 評估你的推薦引擎的效果。

CHAPTER

7

喜歡此商品的客戶，也喜歡…根據潛在喜好推薦電影

若公司對於「特定客戶」的商品推薦需要同時考慮到「產品特性」與「客戶偏好」，則本單元可以協助建立「隱藏因素的推薦系統」，以便把公司產品的「價值訴求」更精準地「價值傳遞」給「目標客戶」。

以推薦電影為例，對客戶而言，喜歡一部電影的原因可能為「類型相符」，如動作、喜劇、愛情、科幻；也可能是「某位演員主演」、「某位導演執導」…等等原因，這稱為**隱藏因素**（Latent Factors）。對公司而言，只需決定想要探求多少個隱藏因素，使用**偏置矩陣分解**（Biased Matrix Factorization，BMF）即可計算最佳的推薦名單。此方法適用於含有很多主觀偏好的文創商品，或細節複雜的高涉入商品。

7.1 偏置矩陣分解的基本原理

因素分解（Factorization）是一種將較大數字用多個較小數字來表示的方法，例如將 50 表達為 5×10。而在協同過濾方法中除了使用近鄰方法外，還可以使用隱藏因素模型。本章要介紹偏置矩陣分解的隱藏因素方法，來分析評分矩陣中的潛藏因素，找出客戶、商品間的潛在關聯性。只需指定隱藏因子的數量，就可以使用偏置矩陣分解來找評分矩陣中的隱藏因素。

以電影為例，找出的隱藏因素可能就是電影類型，例如科幻片，或愛情片之類的。但電影眾多，客戶不可能將所有電影都觀看完並評分，所以評分矩陣中可能不完整。即使是大名鼎鼎的 Netflix，其真實數據中的評分矩陣也僅 3% 有評分。偏置矩陣分解就將 $m \times n$ 的**評分矩陣** R 分解為 $m \times k$ 的**客戶矩陣** U 以及 $k \times n$ 的**商品矩陣** I。其中 m 為客戶數量，n 為商品數量，k 為隱藏向量的維度。得到客戶矩陣 U 和商品矩陣 I 後，再將兩個矩陣相乘，就可以的到一個滿秩矩陣，即無空缺的評分矩陣。接下來透過簡單的排序方法，將評分最高的商品推薦給客戶。k 的大小決定了隱藏向量表達能力的強弱。實際應用中，k 的值是要透過多次的實驗嘗試才能夠決定。

圖 7.1.1 矩陣分解示意圖

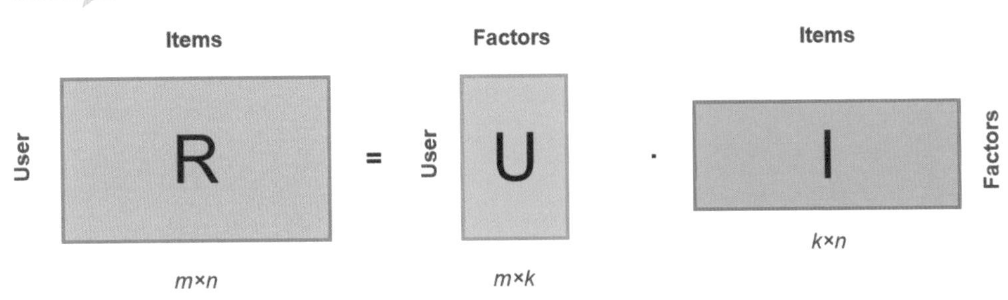

在透過矩陣分解最終生成的滿秩矩陣中，預測評分與真實評分的差距需要盡可能縮小，所以在進行分解的過程中，通常會使用到**梯度下降法**（Gradient Descent）或者**交替最小二乘法**（Alternating Least Squares）來逐漸減小誤差，梯度下降法會在本書第 9 章詳細說明。最終評估誤差的指標是均方誤差。圖 7.1.2 是一個矩陣分解的範例，首先計算已評分項目的平均值，接著使用梯度下降法找到分解矩陣的內容，最後將矩陣相乘後加上平均值，即可得到預測值。

圖 7.1.2　偏置矩陣分解

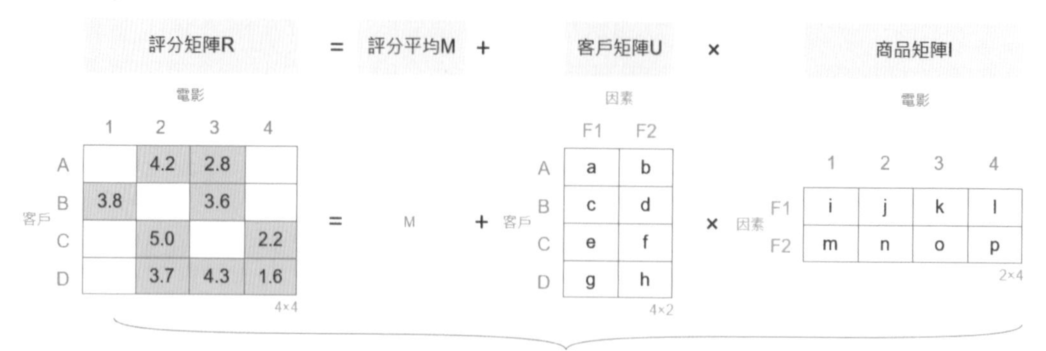

解連立方程組
以梯度下降法計算最小殘差

$M = 3.47$

U =

-0.72	-0.03
0.24	0.08
-0.95	1.34
0.53	1.15

I =

0.71	-0.82	0.86	-0.54
0.97	0.57	0.36	-1.33

估計評分、填滿矩陣

R =

2.93	4.04	2.84	3.90
3.72	3.32	3.70	3.23
4.10	5.01	3.14	2.20
4.96	3.69	4.34	1.65

7.2 實例操作 - 電影評分預測

7.2.1 資料解析

本章範例會繼續使用到本書第 6 章的電影評分數據。實作過程也會分為兩大步驟，首先透過偏置矩陣分解進行評分預測，然後再進行電影推薦。

請參考本書 6.2.2 的方法，將 C7_Movies.csv 和 C7_Ratings.csv 匯入到 RapidMiner 中。

7.2.2 選擇分析方法

分析目標

建立一個模型：按照隱藏因素，預測應該推薦哪些電影給客戶。

設計流程

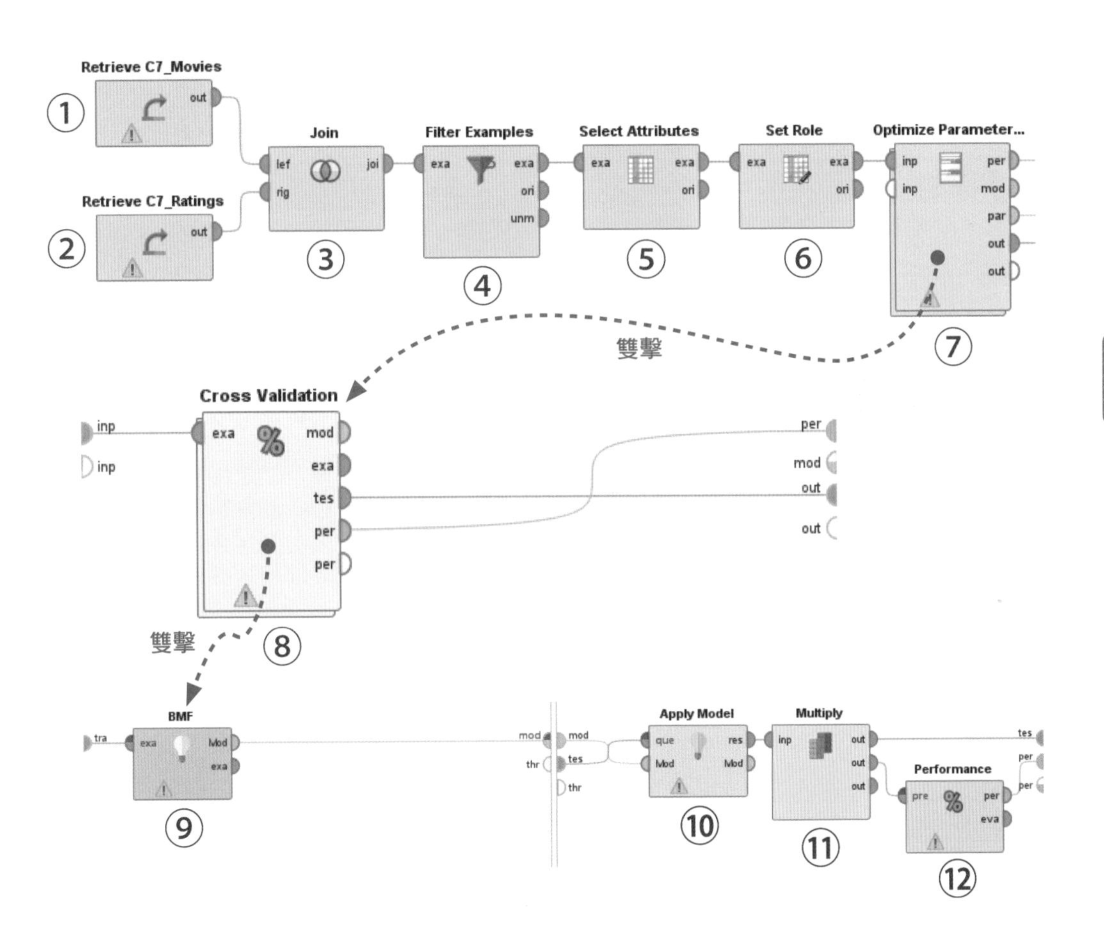

表 7.2.1 組件清單

組件索引	組件	操作	說明
1. 原始資料	Repository ↳ Local Repository ↳ data ↳ C7_Movies	拖拉至畫布中	3 個定性變數、沒有標籤
2. 原始資料	Repository ↳ Local Repository ↳ data ↳ C7_Ratings	拖拉至畫布中	2 個定性變數、 2 個定量變數、 沒有標籤
3. 交集資料	Operators ↳ Blending ↳ Table ↳ Joins ↳ Join	拖拉至畫布中	將 2 個資料集連結起來
4. 過濾資料	Operators ↳ Blending ↳ Examples ↳ Filter ↳ Filter Examples	拖拉至畫布中	取前 500 位客戶
5. 刪除時間特徵	Operators ↳ Attributes ↳ Selection ↳ Select Attributes	拖拉至畫布中	刪除 timestamp
6. 設定角色	↳ Operator ↳ Blending ↳ Attributes ↳ Names & Roles ↳ Set Role	拖拉至畫布中	設定角色 列 = 電影 欄 = 客戶 值 = 評分
7. 最佳化	Operator ↳ Modeling ↳ Optimization ↳ Parameters ↳ Optimize Parameters（Grid）	拖拉至畫布中	找出最佳的 K 個隱藏因素

接下頁

組件索引	組件	操作	說明
8. 交叉驗證	Operators ↳ Validation ↳ Cross Validation	拖拉至畫布中	交叉驗證
9. 評分預測	Operators ↳ Extensions ↳ Recommenders ↳ Item Rating Prediction ↳ Collaborative Filtering Rating Prediction ↳ Biased Matrix Factorization	拖拉至畫布中	使用偏置矩陣分解，填滿評分矩陣的空格
10. 代入模型	Operators ↳ Extensions ↳ Recommenders ↳ Recommender Performance ↳ Model Application ↳ Apply Model (Rating Prediction)	拖拉至畫布中	預測交叉驗證所分割出來的驗證資料集裡的評分
11. 複製資料	Operators ↳ Utility ↳ Multiply	拖拉至畫布中	把原來的資料複製成許多份輸出到後面的組件
12. 績效評估	Operators ↳ Extensions ↳ Recommenders ↳ Recommender Performance ↳ Performance Evaluation ↳ Performance (Rating Prediction)	拖拉至畫布中	計算評分的均方根誤差

7.2.3 設定參數

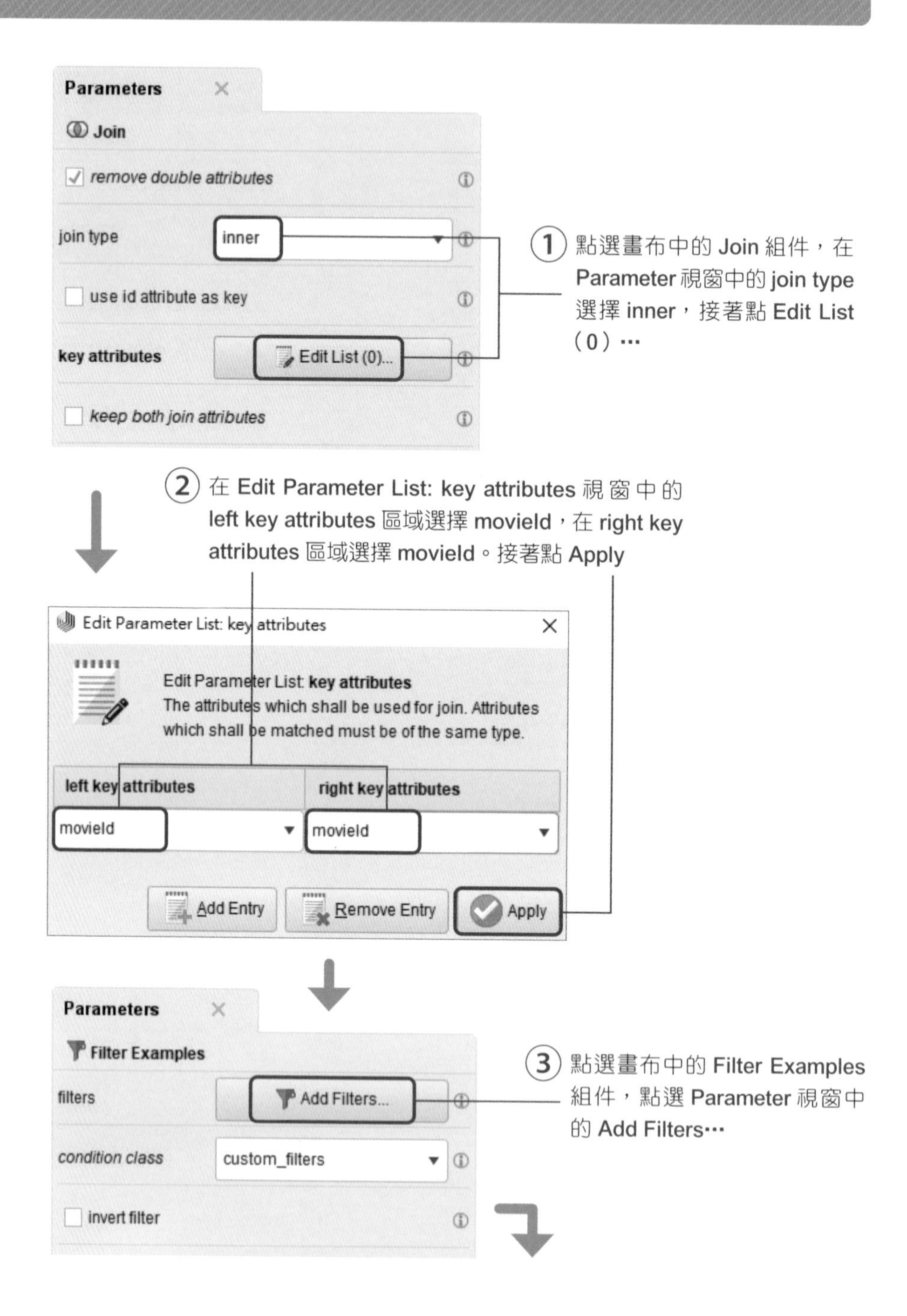
Parameters
Join
remove double attributes
join type
inner
use id attribute as key
key attributes
Edit List (0)...
keep both join attributes
① 點選畫布中的 Join 組件，在 Parameter 視窗中的 join type 選擇 inner，接著點 Edit List（0）…
② 在 Edit Parameter List: key attributes 視窗中的 left key attributes 區域選擇 movieId，在 right key attributes 區域選擇 movieId。接著點 Apply
Edit Parameter List: key attributes
Edit Parameter List: key attributes
The attributes which shall be used for join. Attributes which shall be matched must be of the same type.
left key attributes
right key attributes
movieId
movieId
Add Entry
Remove Entry
Apply
Parameters
Filter Examples
filters
Add Filters...
condition class
custom_filters
invert filter
③ 點選畫布中的 Filter Examples 組件，點選 Parameter 視窗中的 Add Filters…

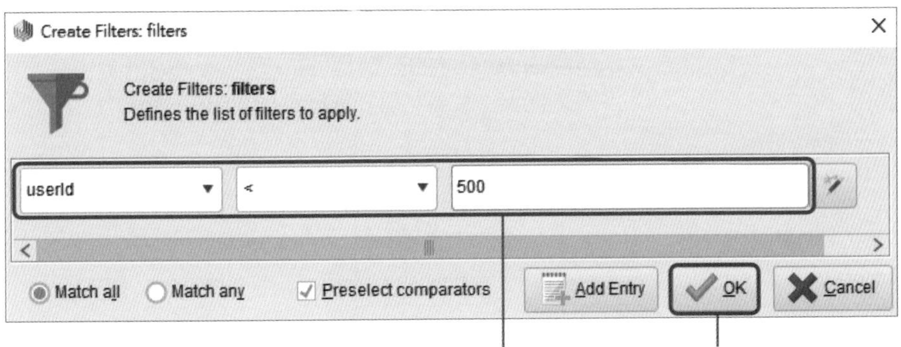

④ 在 **Create Filters: filters** 的視窗中，左邊欄位選擇 **userId**，中間欄位選擇 **<**，右邊填入 **500**。最後點 **OK**。藉此按照 userId 順序，選擇前 500 位客戶。因為資料太大，在測試過程中電腦可能跑太久，所以先抽一部份試試看。模型確定以後再刪除此組件

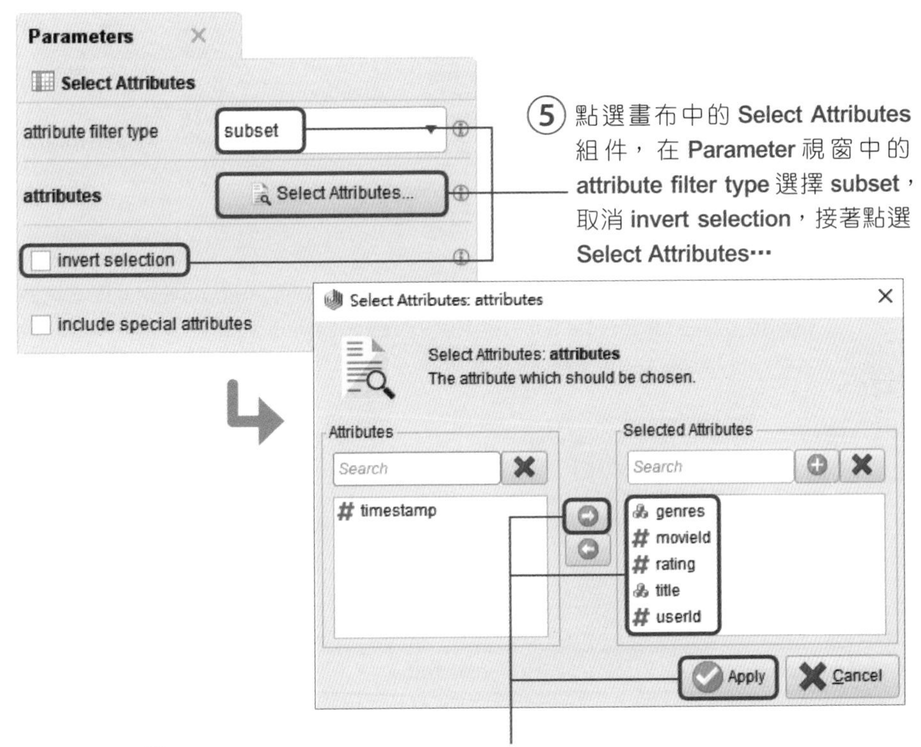

⑤ 點選畫布中的 **Select Attributes** 組件，在 **Parameter** 視窗中的 **attribute filter type** 選擇 **subset**，取消 **invert selection**，接著點選 **Select Attributes…**

⑥ 在 **Select Attributes: attributes** 視窗中，使用 → 將 **genres**、**movieId**、**rating**、**title**、**userId** 從 **Attributes** 區域移到 **Selected Attributes**，接著點 **Apply**。另外，此組件不一定需要，因為之後的 **Set Role** 組件可以直接選要的分析對象，但此組件可以提高電腦的計算速度

7

⑦ 點選畫布中的 Set Role 組件，在 Parameter 視窗中的 attribute name 選擇 rating，在 target role 選擇 label，接著點選 Edit List（0）…

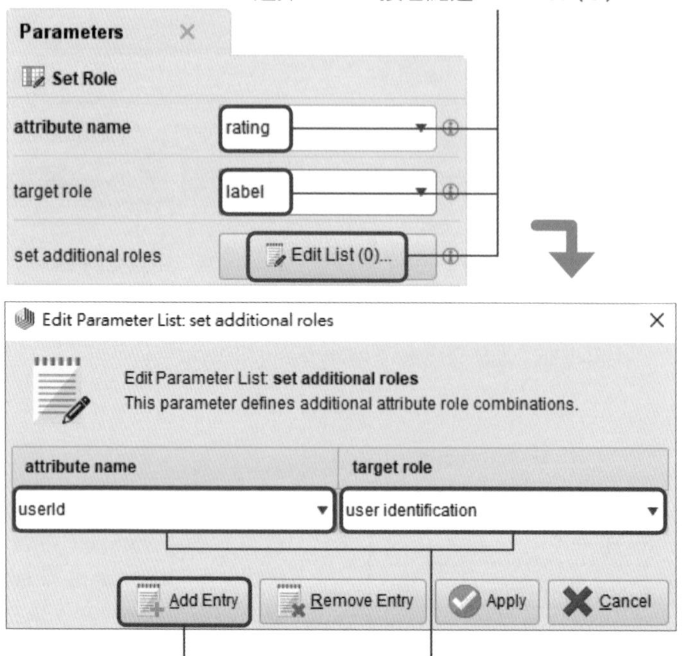

⑧ 在 Edit Parameter List: set additional roles 視窗中的 attribute name 區域選擇 userId，並在 target role 的區域自行輸入 user identification。之後點 Add Entry

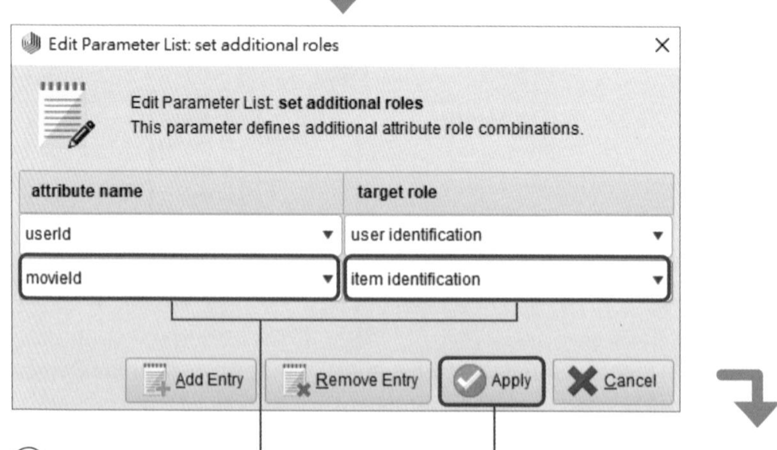

⑨ 在新欄位中的 attribute name 區域選擇 movieId，並在 target role 的區域自行輸入 item identification。最後點 Apply

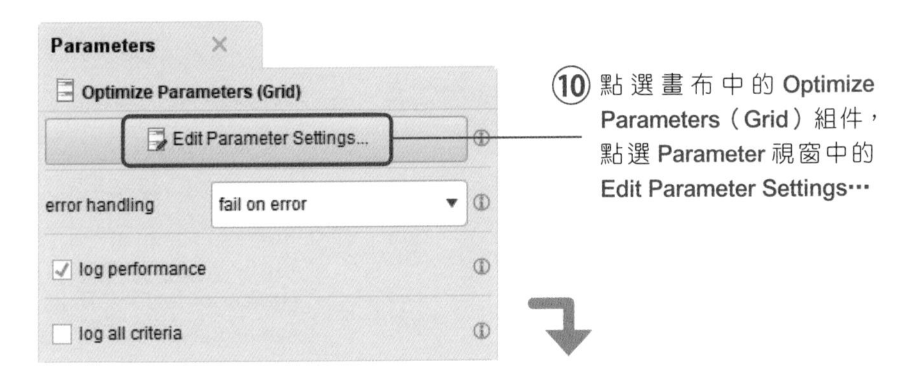

⑩ 點選畫布中的 Optimize Parameters（Grid）組件，點選 Parameter 視窗中的 Edit Parameter Settings…

⑪ 在 Select Parameters: configure operator 視窗中的 Operators 區域，選擇 BMF（Biased Matrix Factorization），接著使用 → 將 Parameters 區域的 Num Factors 移至 Selected Parameters 區域。最後，在 Grid/Range 的區域設定 Min 為 2、Max 為 20、Step 為 18、Scale 為 linear。最後點 OK。經過此設定，我們會從 2 開始嘗試，並且另外嘗試 18 個值，最大值為 20，線性增加

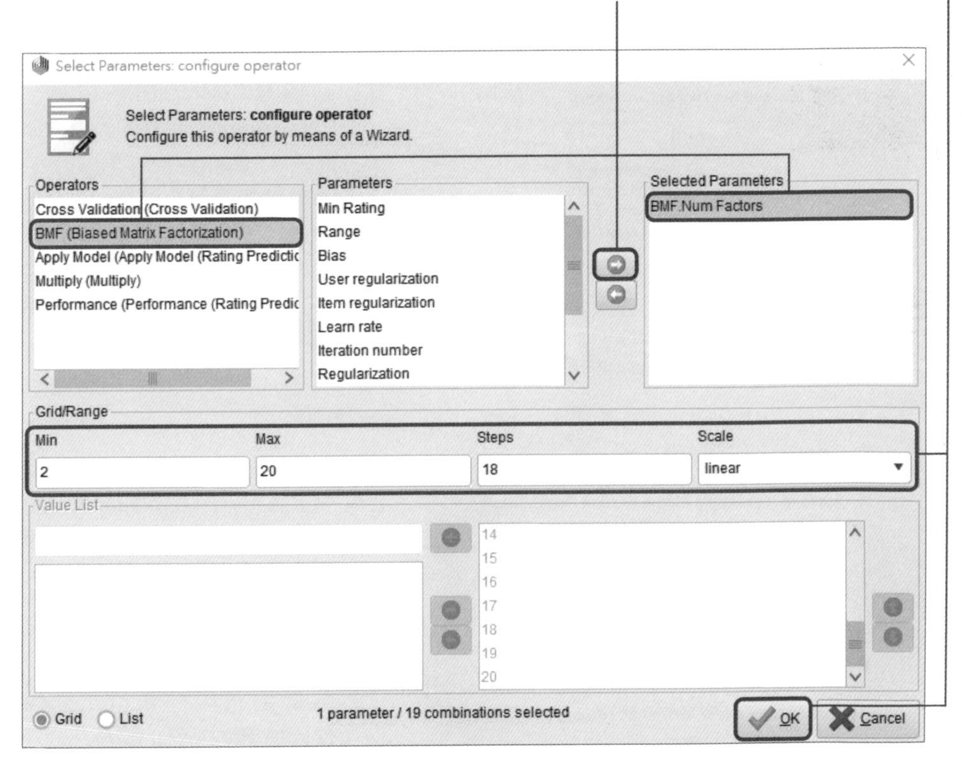

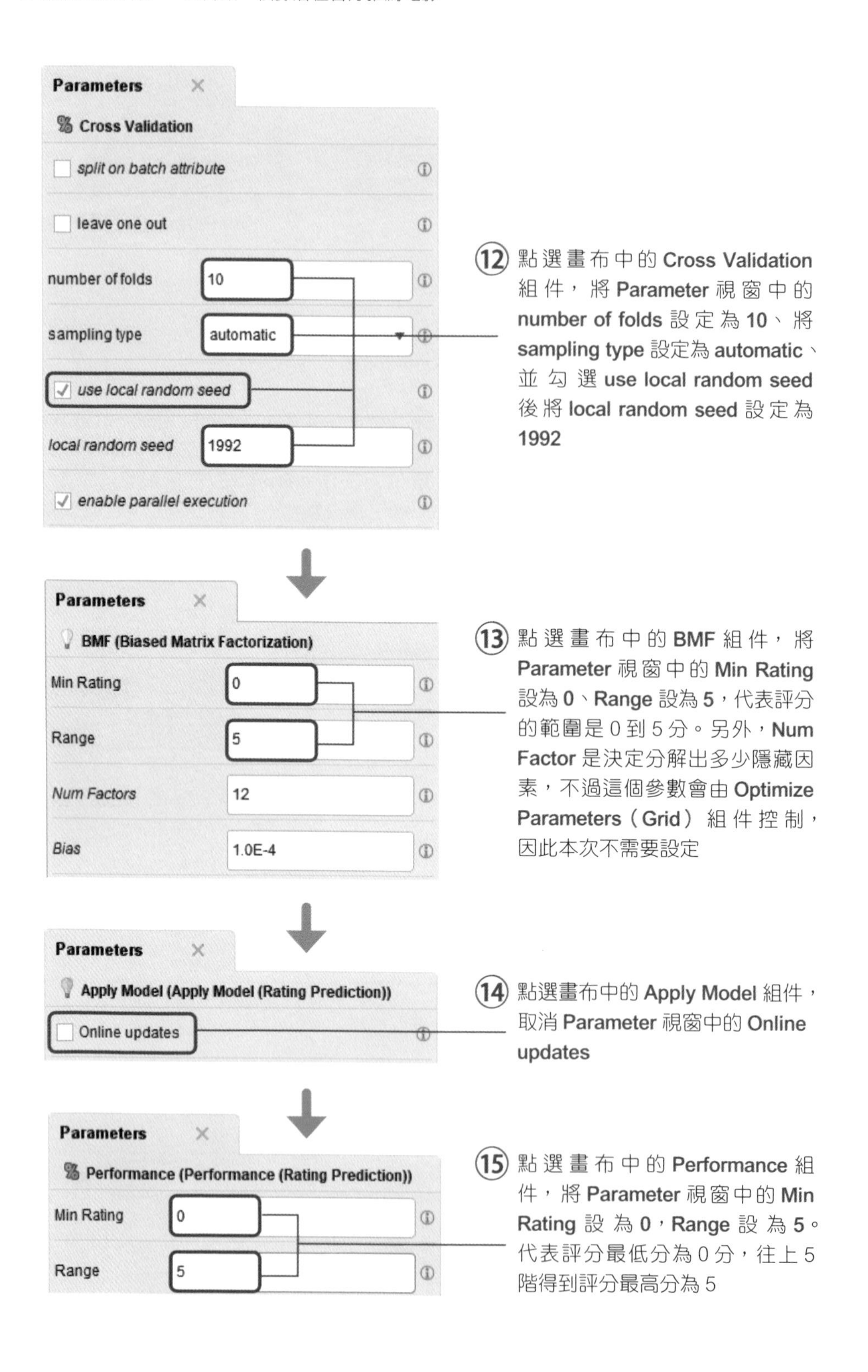

⑫ 點選畫布中的 **Cross Validation** 組件，將 **Parameter** 視窗中的 **number of folds** 設定為 **10**、將 **sampling type** 設定為 **automatic**、並勾選 **use local random seed** 後將 **local random seed** 設定為 **1992**

⑬ 點選畫布中的 **BMF** 組件，將 **Parameter** 視窗中的 **Min Rating** 設為 **0**、**Range** 設為 **5**，代表評分的範圍是 0 到 5 分。另外，**Num Factor** 是決定分解出多少隱藏因素，不過這個參數會由 **Optimize Parameters（Grid）**組件控制，因此本次不需要設定

⑭ 點選畫布中的 **Apply Model** 組件，取消 **Parameter** 視窗中的 **Online updates**

⑮ 點選畫布中的 **Performance** 組件，將 **Parameter** 視窗中的 **Min Rating** 設為 **0**，**Range** 設為 **5**。代表評分最低分為 0 分，往上 5 階得到評分最高分為 5

7.2.4 執行結果

① 點選 Start the execution of the current process

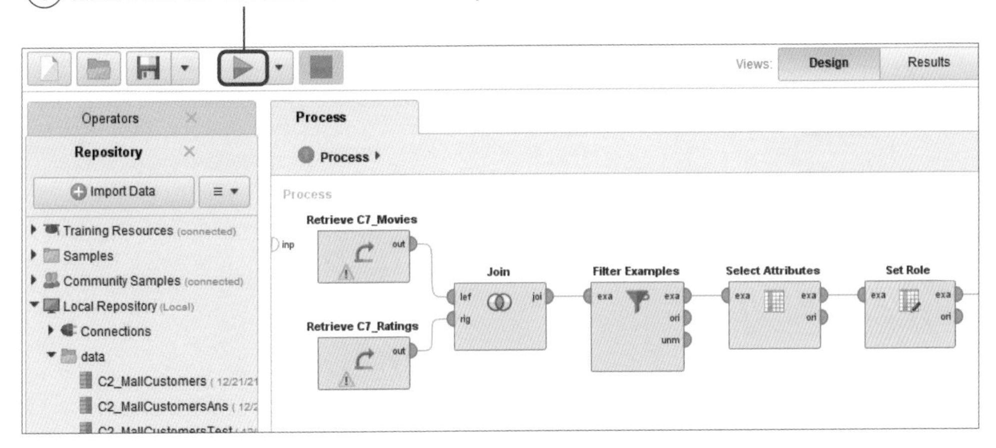

② 點選 Optimize Parameter（Grid）中的 Data，
可以看到 2 個隱藏因素有最小均方根誤差 1.012

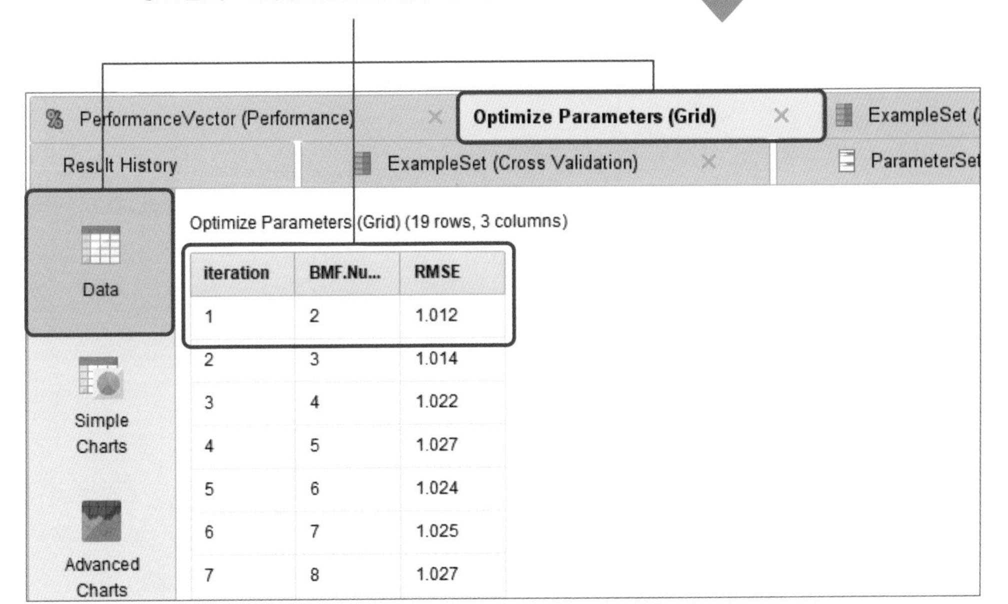

iteration	BMF.Nu...	RMSE
1	2	1.012
2	3	1.014
3	4	1.022
4	5	1.027
5	6	1.024
6	7	1.025
7	8	1.027

③ 點選 Optimize Parameter（Grid）中的 Simple Charts。將 Chart style 設定為 Scatter，接著將 x-Axis 設定為 BMF.Num Factors、y-Axis 設定為 RMSE。可以看到隱藏因數為 2 時，均方根誤差最低。若增加隱藏因素個數，則均方根誤差也會增加

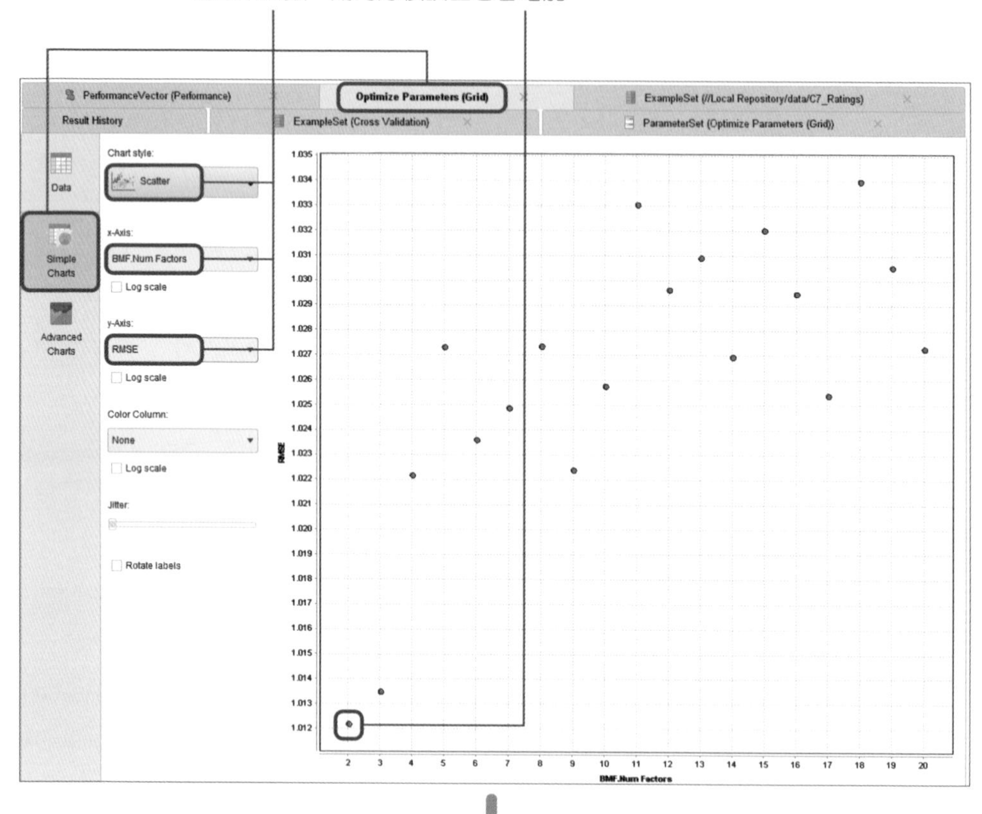

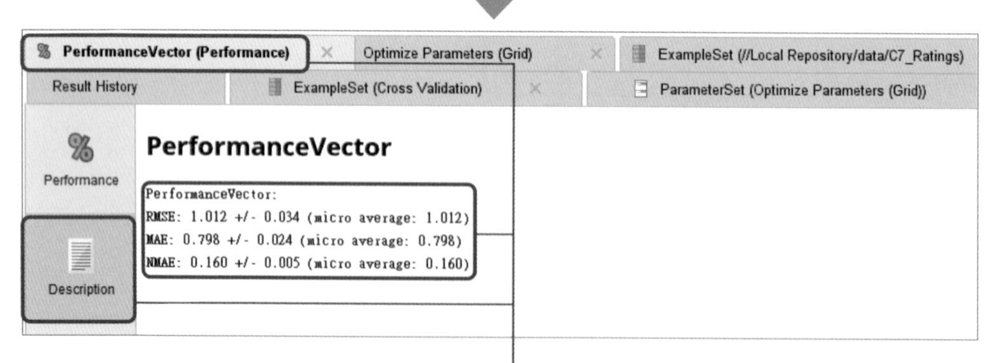

④ 點選 PerformanceVector（Performance）中的 Description，可以看到最佳隱藏因素個數的各項評價指標的表現

⑤ 點選 **ExampleSet（Cross Validation）**中的 **Data**，可以看到模型的預測評分。舉例來說，模型對於第 15 號客戶（userId = 15）的評分預測中，第 1 部電影（movieId = 1）的預測值為 4.141 分，實際上是 3 分

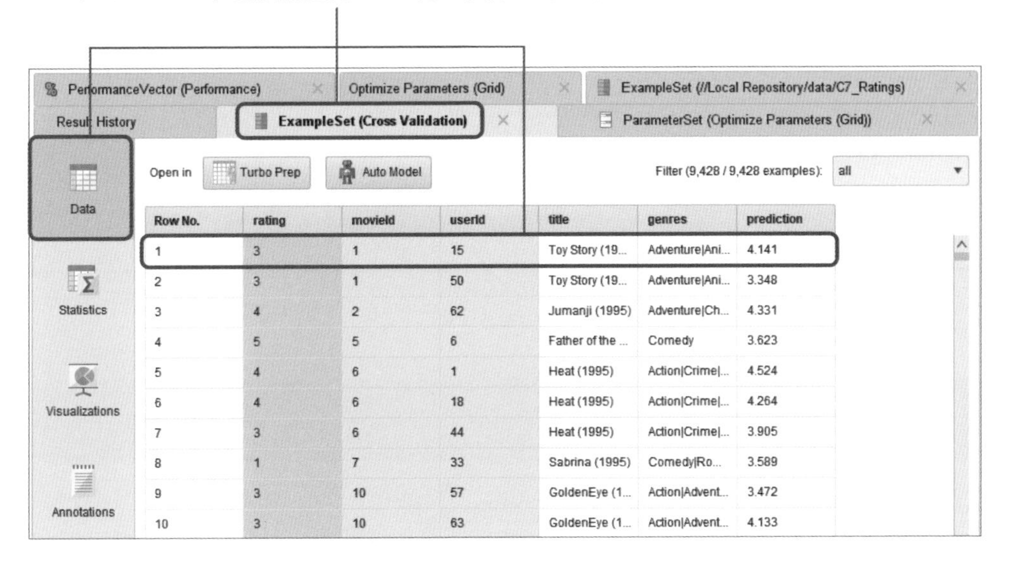

Row No.	rating	movieId	userId	title	genres	prediction
1	3	1	15	Toy Story (19...	Adventure|Ani...	4.141
2	3	1	50	Toy Story (19...	Adventure|Ani...	3.348
3	4	2	62	Jumanji (1995)	Adventure|Ch...	4.331
4	5	5	6	Father of the ...	Comedy	3.623
5	4	6	1	Heat (1995)	Action|Crime|...	4.524
6	4	6	18	Heat (1995)	Action|Crime|...	4.264
7	3	6	44	Heat (1995)	Action|Crime|...	3.905
8	1	7	33	Sabrina (1995)	Comedy|Ro...	3.589
9	3	10	57	GoldenEye (1...	Action|Advent...	3.472
10	3	10	63	GoldenEye (1...	Action|Advent...	4.133

7.3 向會員推薦電影

7.3.1 資料解析

在第 1 到第 47 部電影中，客戶 1 只看過電影 1、3、6、47。現在，我們可以預測客戶 1 還沒看過的電影。將客戶 1 沒看過的電影整理在 C7_RatingsTest.xlsx，此資料集的部分內容如表 7.3.1。

表 7.3.1 客戶 1 沒看過的電影（僅節錄部分數據）

Row No.	movieId	title	genres	userId	rating	timestamp
1	2	Jumanji (1995)	Adventure|Children|Fantasy	1		
2	4	Waiting to Exhale (1995)	Comedy|Drama|Romance	1		
3	5	Father of the Bride Part II (1995)	Comedy	1		

7.3.2 匯入資料

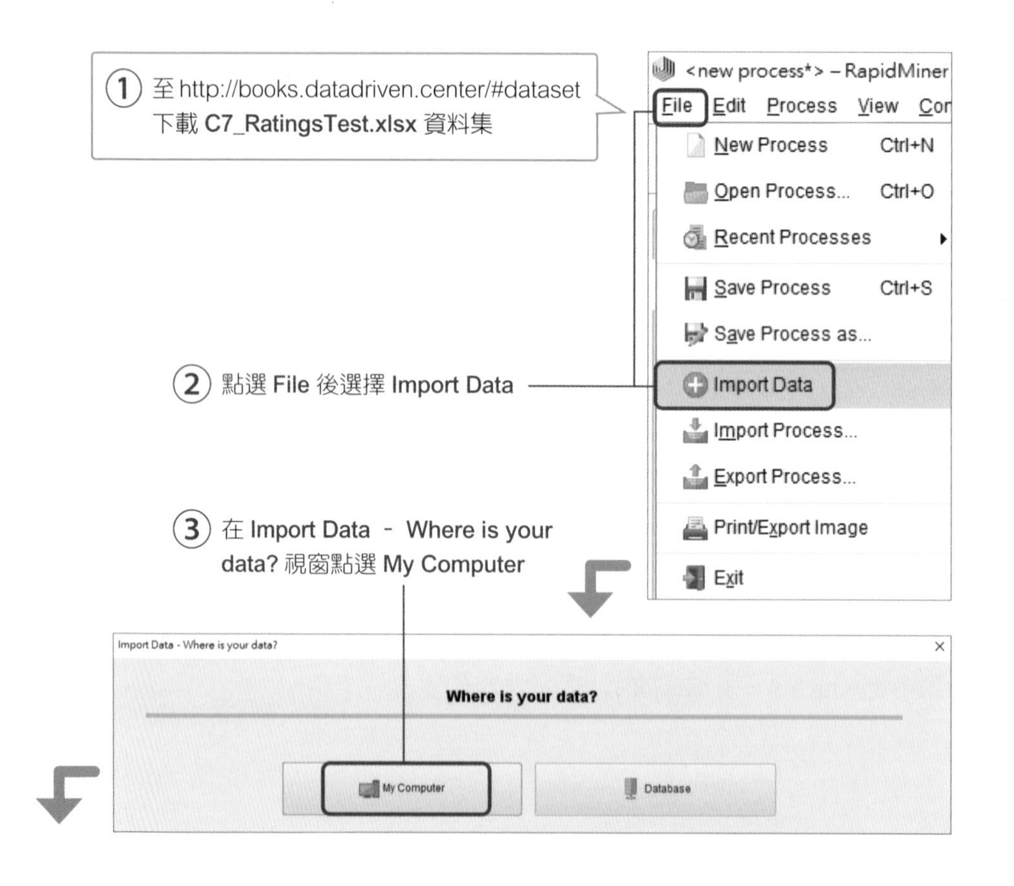

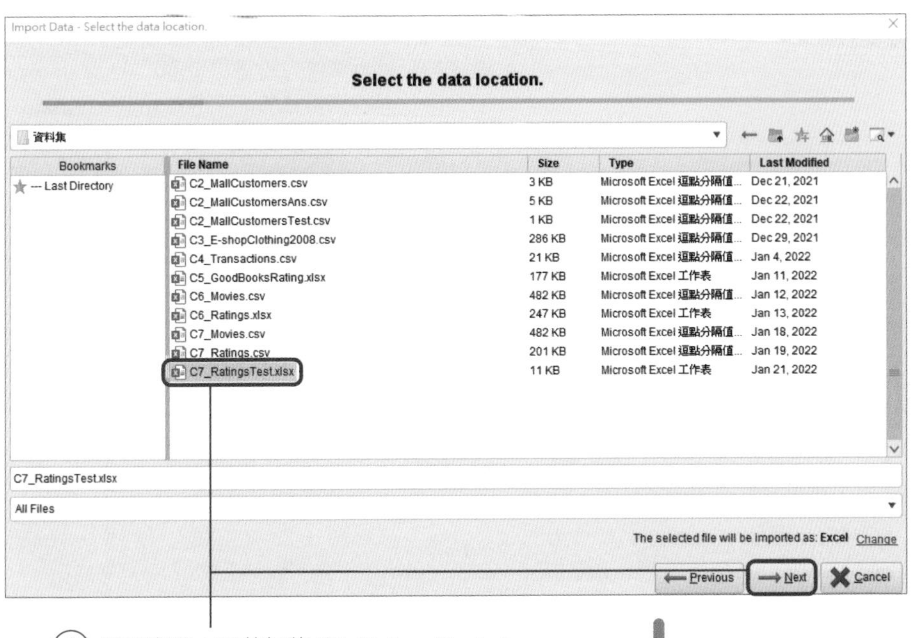

④ 選擇步驟 1 下載好的 C7_RatingsTest.xlsx 資料集，並點選 → Next

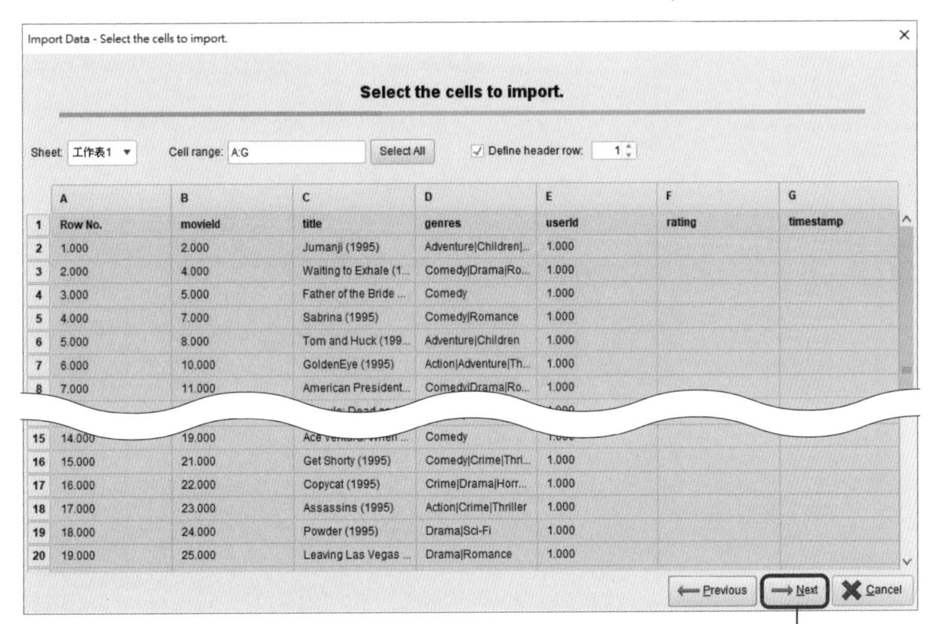

⑤ 預覽資料，若沒問題就點選 → Next

⑥ 勾選 **Replace errors with missing values**，將異常數據自動轉為系統可辨識之型別「Missing Value」，避免匯入過程產生錯誤。完成後點選 → **Next**

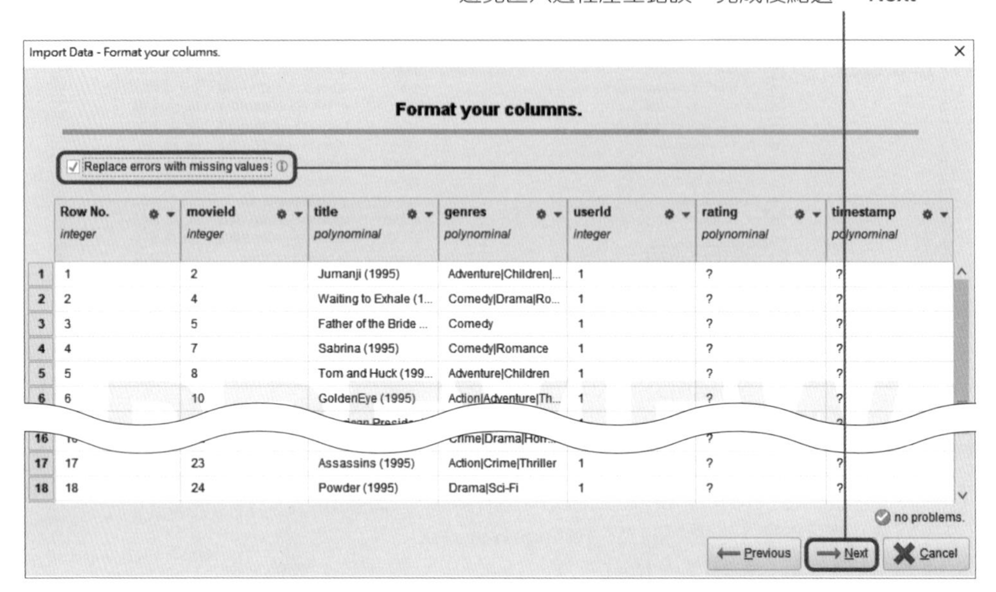

⑦ 選擇檔案儲存位置、檔案名稱，確認儲存路徑後，點選 **Finish**

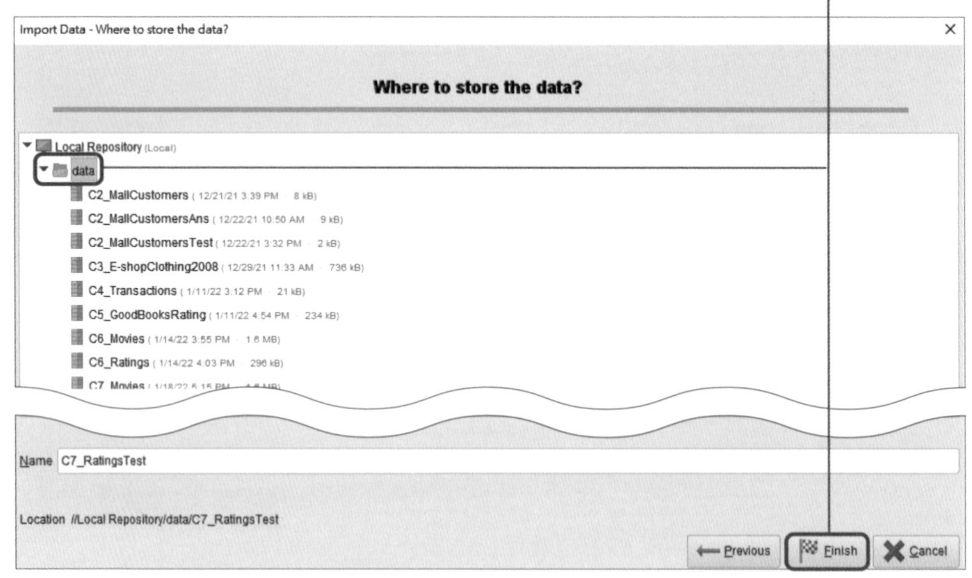

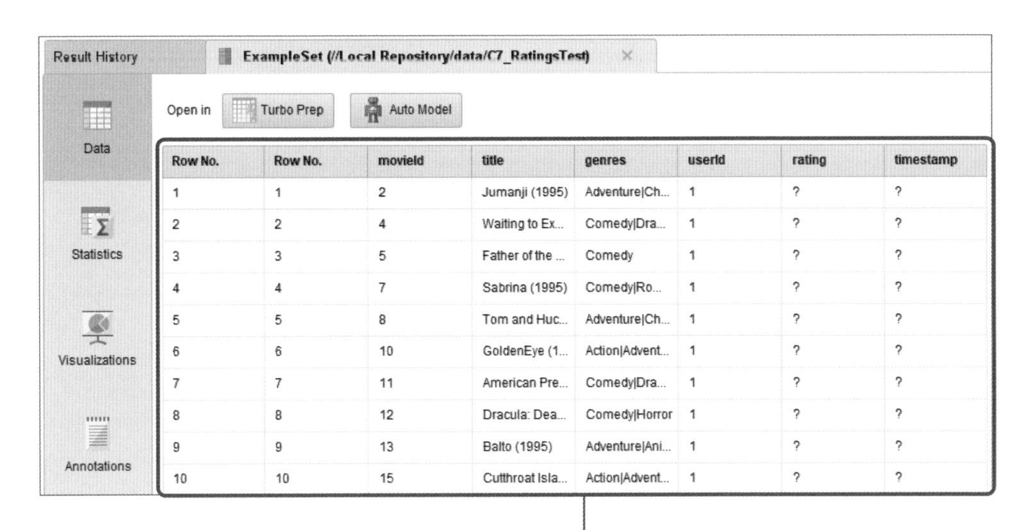

Row No.	Row No.	movieId	title	genres	userId	rating	timestamp
1	1	2	Jumanji (1995)	Adventure|Ch...	1	?	?
2	2	4	Waiting to Ex...	Comedy|Dra...	1	?	?
3	3	5	Father of the ...	Comedy	1	?	?
4	4	7	Sabrina (1995)	Comedy|Ro...	1	?	?
5	5	8	Tom and Huc...	Adventure|Ch...	1	?	?
6	6	10	GoldenEye (1...	Action|Advent...	1	?	?
7	7	11	American Pre...	Comedy|Dra...	1	?	?
8	8	12	Dracula: Dea...	Comedy|Horror	1	?	?
9	9	13	Balto (1995)	Adventure|Ani...	1	?	?
10	10	15	Cutthroat Isla...	Action|Advent...	1	?	?

⑧ 匯入完成，預覽資料

7.3.3 選擇分析方法

分析目標

用最佳化的 2 個隱藏因素進行推薦。

設計流程

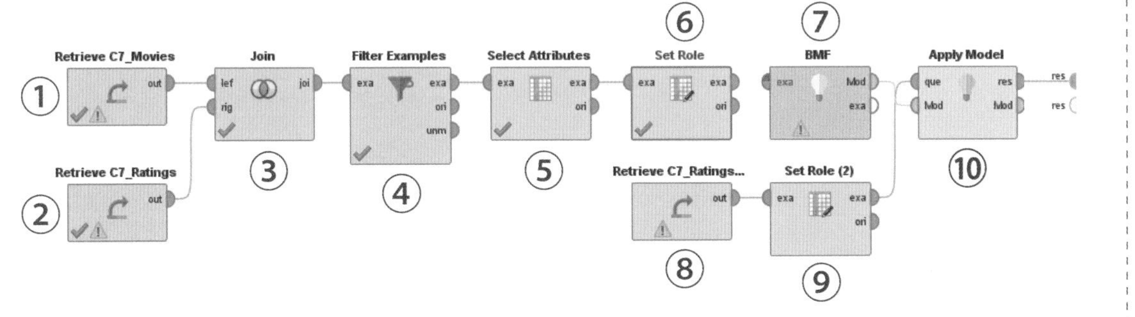

表 7.3.2 組件清單

組件索引	組件	操作	說明
1. 原始資料	Repository ↳ Local Repository ↳ data ↳ C7_Movies	拖拉至畫布中	3 個定性變數、沒有標籤
2. 原始資料	Repository ↳ Local Repository ↳ data ↳ C7_Ratings	拖拉至畫布中	2 個定性變數、2 個定量變數、沒有標籤
3. 交集資料	Operators ↳ Blending ↳ Table ↳ Joins ↳ Join	拖拉至畫布中	將 2 個資料集連結起來
4. 過濾資料	Operators ↳ Blending ↳ Examples ↳ Filter ↳ Filter Examples	拖拉至畫布中	取前 500 位客戶
5. 刪除時間特徵	Operators ↳ Attributes ↳ Selection ↳ Select Attributes	拖拉至畫布中	刪除 timestamp
6. 設定角色	↳ Operator ↳ Blending ↳ Attributes ↳ Names & Roles ↳ Set Role	拖拉至畫布中	設定角色 列 = 電影 欄 = 客戶 值 = 評分
7. 評分預測	Operators ↳ Extensions ↳ Recommenders ↳ Item Rating Prediction ↳ Collaborative Filtering Rating Prediction ↳ Biased Matrix Factorization	拖拉至畫布中	使用偏置矩陣分解，填滿評分矩陣的空格

接下頁

組件索引	組件	操作	說明
8. 原始資料	Repository ↳ Local Repository ↳ data ↳ C7_RatingsTest	拖拉至畫布中	預測新資料中，客戶沒看過電影的評分
9. 設定角色	↳ Operator ↳ Blending ↳ Attributes ↳ Names & Roles ↳ Set Role	拖拉至畫布中	設定角色 列 = 電影 欄 = 客戶 值 = 評分
10. 代入模型	Operators ↳ Extensions ↳ Recommenders ↳ Recommender Performance ↳ Model Application ↳ Apply Model (Rating Prediction)	拖拉至畫布中	測試資料集裡的評分預測

7.3.4 設定參數

① 重複本書 7.2.3 節的步驟 1 到步驟 9，將 **Join**、**Filter Examples**、**Select Attributes**、以及 2 個 **Set Role** 組件設定完成

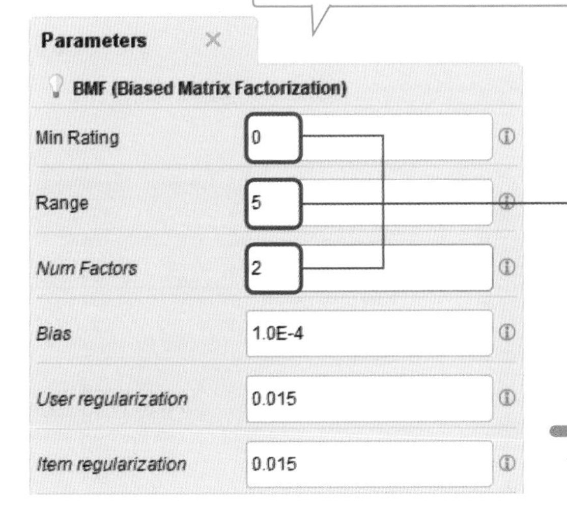

② 點選畫布中的 **BMF** 組件，將 **Parameter** 視窗中的 **Min Rating** 設為 **0**、**Range** 設為 **5**，代表評分的範圍是 0 到 5 分。另外，**Num Factor** 是決定分解出多少隱藏因素，從上一節的分析中，我們得知要設定成 **2** 可以有最佳效能

③ 點選畫布中的 **Apply Model** 組件，取消 **Parameter** 視窗中的 **Online updates**

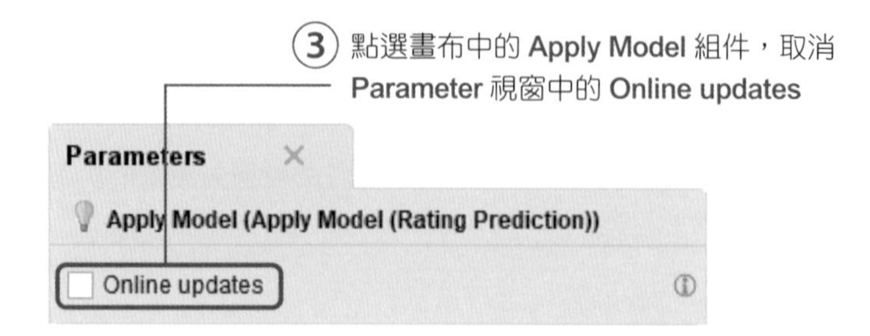

7.3.5 執行結果

① 點選 **Start the execution of the current process**

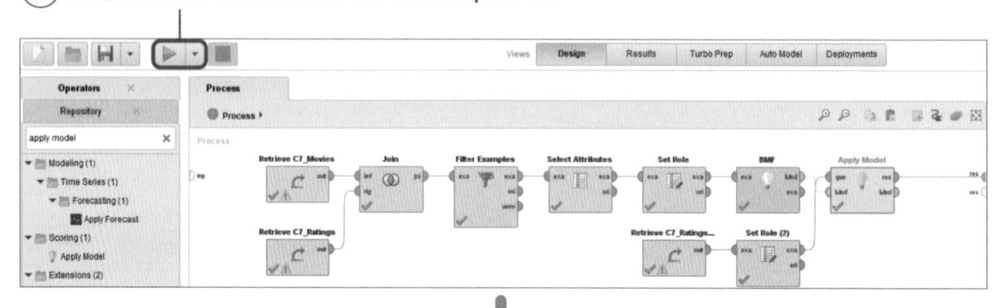

② 點選 **ExampleSet（Set Role（2））**中的 **Data**，可以看到模型的預測評分。點選畫面中表格的 **prediction**，可以讓評分從大到小排列，我們可以根據預測評分來推薦電影給客戶 1。舉例來說，可以挑出「預測評分高於 4.5 以上的電影」，也就是推薦電影 36、22、28

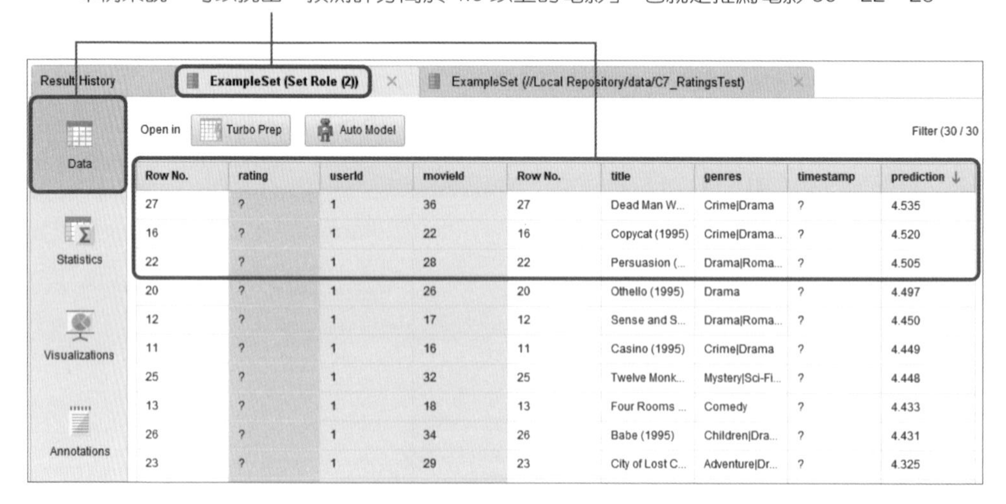

Row No.	rating	userId	movieId	Row No.	title	genres	timestamp	prediction ↓
27	?	1	36	27	Dead Man W...	Crime|Drama	?	4.535
16	?	1	22	16	Copycat (1995)	Crime|Drama...	?	4.520
22	?	1	28	22	Persuasion (...	Drama|Roma...	?	4.505
20	?	1	26	20	Othello (1995)	Drama	?	4.497
12	?	1	17	12	Sense and S...	Drama|Roma...	?	4.450
11	?	1	16	11	Casino (1995)	Crime|Drama	?	4.449
25	?	1	32	25	Twelve Monk...	Mystery|Sci-Fi...	?	4.448
13	?	1	18	13	Four Rooms ...	Comedy	?	4.433
26	?	1	34	26	Babe (1995)	Children|Dra...	?	4.431
23	?	1	29	23	City of Lost C...	Adventure|Dr...	?	4.325

7.3.6 詮釋結果

- 這套推薦引擎的表現績效為：RMSE=1.012±0.034，即若客戶對電影評分為 0 到 5 分，則在 95% 的信心水準下，誤差不大於 1.046 分，平均而言誤差為 1.012 分。
- 推薦引擎依照實際資料、使用情境不同，本書提供第 5 章到第 7 章分別介紹基於客戶、基於商品、隱藏因素的三種方法可以使用。

7.4 章節練習 - 美食服務平台

假設你是一位美食服務平台的營運者，網站從整合美食資訊開始，為使用者提供在地美食部落客資訊與餐廳相關資訊，到後來開始為使用者提供評價功能，任何人都可以對某間餐廳進行評價。當餐廳資訊愈來愈完善之後，你發現透過提供免費的資訊搜尋與瀏覽僅僅只能獲得少量的廣告費，難以負擔日益增加的公司營運費用。所以你決定開展訂餐與販售餐廳優惠券的業務，藉由線下業務賺取服務費佣金。而要客戶在線上就提前支付訂餐或餐券的費用，自然需要網站能夠準確把握客戶的喜好。推薦引擎自然是不二之選。藉由前期完整的餐廳資訊與豐富的客戶評分，相信你能夠輕鬆的完成推薦引擎建置的工作。

本練習使用的數據集為 E7_Restaurant.csv 與 E7_Cuisine.csv，前者包含 1,000 餘筆餐廳評價數據，後者則記錄了每間餐廳的風味類型。表 7.4.1 中是餐廳評分的數據範例，其中 userID 表示會員的 ID，placeID 表示餐廳 ID，rating 表示會員對餐廳的總評分，food_rating 表示會員對食物的評分，service_rating 表示會員對服務的評分。表 7.4.2 記錄了所有餐廳的類型，其中 placeID 表示餐廳 ID，Rcuisine 表示餐廳的類型。

表 7.4.1 會員對餐廳的評分

userID	placeID	rating	food_rating	service_rating
U1096	135026	2	2	2
U1103	132663	1	0	2
U1028	132740	1	1	1
U1088	135082	2	2	2
U1027	135085	1	1	1

表 7.4.2 餐廳的類型紀錄

placeID	Rcuisine
135110	Spanish
135109	Italian
135107	Latin_American
135106	Mexican

練習目標

請結合兩個不同的數據表中的數據，使用本章所學到的隱藏因素模型方法為你的美食服務平台建立推薦引擎模型，並使用 RMSE 評估你的推薦引擎的效果。

Episode 4

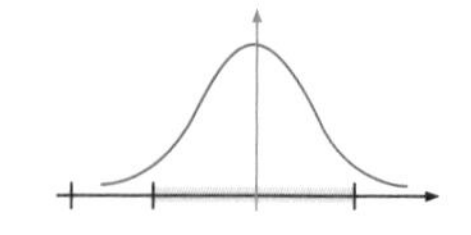

推薦系統的導入確實提升了客戶的瀏覽意願，激發了客戶的購買興趣，但這有帶來了另一個問題，那就是大量客戶的諮詢，已經讓業務小組難堪重負，為了解決這個幸福的煩惱，Joe 想到的是隨著業務擴大團隊，但 Eddy 卻擔心這樣陡然擴增團隊，可能會帶來很大的運營負擔。煩惱的二人最後又找到了 Charlie 和 Sunny，Charlie 也不建議靠擴大團隊來解決問題，這樣不一定能實現持續正向的發展，風險較大。Sunny 則說「或許我們可以嘗試**預測客戶是否會購買商品**，量化了客戶購買某款商品的意願，那麼就可以根據結果優先處理意願度更高的客戶，這樣也算是利用有限的資源得到最大的收益。」

Charlie 立馬附和到「對啊，如果反向思維的話，我們還能分析購買過低的那些客戶的情況，從而了解客戶是否會購買此商品？以及到底是哪些因素會影響商品的銷售量？」Joe 不禁讚歎「這麼大的兩個問題，能這麼容易解決嗎？快告訴我到底要怎麼實現」四人又開始徹夜研究起了過往的銷售數據，並最終透過合理的方法實現了這兩個目標，進一步促進了公司的成長。

危險總是在狂歡時悄悄來臨，正在公司營收蒸蒸日上之際，Eddy 和 Joe 發現 COVID-19 逐漸影響公司的發展，客戶違約的比例越來越高，已經影響到公司的獲利。Eddy 和 Joe 把這件事情和 Sunny 與 Charlie 說明，Charlie 以其豐富的產業經驗提出了幾項預測客戶是否會違約的準則，Sunny 則以邏輯斯迴歸分析的方式**預測哪些客戶可能會違約不付錢**，適時地降低其信用額度，使得公司大幅得降低了經營成本，也使公司的經營績效獲得肯定順利取得第 2 輪的資金。

CHAPTER

8

客戶是否真的會下單？客戶消費意願預測

本章是以單純貝氏（Naive Bayes）演算法根據天氣預測客戶消費的機率，亦即預測「客戶是否會下單」。若能預測客戶消費的機率，企業可以將「客戶消費的機率」乘以「平均來客數」，作為「當日來戶數」的參考，以便提前備料或預做其他準備，提高客戶滿意度，創造**顧客關係管理**的價值。

舉例來說，對高爾夫球俱樂部會員，在其他條件不變的情況下，今天是否會去打球，可能很大程度決定於天氣狀態。如晴雨、溫度、濕度、風速等，俱樂部便可依照天氣預報預測「這位會員明天是否會來打球」。對俱樂部而言，若能預測更多會員的消費行為，則可以再搭配「客戶基礎的推薦引擎」來介紹明天的特殊商品吸引客戶前來消費，提升業績。

8.1 單純貝氏演算法的基本原理

單純貝氏是基於貝氏定理（Bayes' Theorem）的分類演算法，貝氏定理是根據事件的先驗知識來描述某事件發生的機率。$P(Y|X)$ 為在事件 X 發生的情況下，事件 Y 發生的機率。其中 $P(Y)$、$P(X)$ 分別為獨立事件 Y 跟獨立事件 X 發生的機率，貝氏定理的表示式如下：

$$P(Y|X) = \frac{P(Y)P(X|Y)}{P(X)}$$

衍伸出來的單純貝氏演算法分類器，即是在給定變數 X 下，計算目標 Y 中每個類別的 $P(Y|X)$，再看哪個類別的機率最高，即判定資料為該類別。算式如下：

$$P(Y|X)=\frac{P(Y)\times\prod_{i=1}^{n}P(X_i|Y)}{P(X)}\propto P(Y)\times\prod_{i=1}^{n}P(X_i|Y)$$

由於資料是固定，因此 $P(X)$ 是定值，可以不必計算該值，亦可將其假定為常數。同時，須**假設所有變數欄位 X 都是相互獨立的**，也就是欄位之間沒有任何的關聯性，因此在使用單純貝氏演算法前，通常會檢查欄位間的關聯性，處理高度相關的變數。

舉個範例來說明，下表為是否出門的資料，由三個外出因素與最後是否出門組成：

表 8.1.1 是否出門的資料集

外面天氣 X_1	溫度 X_2	濕度 X_3	是否要出門 Y
Sunny	Med	Med	No
Sunny	High	Med	Yes
Overcast	Med	Med	No
Rain	Med	High	Yes
Rain	Low	High	No

由此範例可以得到 $P(Y=Yes)$ 與 $P(Y=No)$ 機率分別為 2/5、3/5。而在各個外出因素的條件下，是否出門的機率可以整理如下表：

表 8.1.2 出門因素機率表

外面天氣 X_1	$P(X_1 \mid Y = Yes)$	$P(X_1 \mid Y = No)$
Sunny	1/2	1/3
Overcast	0/2	1/3
Rain	1/2	1/3
溫度 X_2	$P(X_2 \mid Y = Yes)$	$P(X_2 \mid Y = No)$
High	1/2	0/3
Med	1/2	2/3
Low	0/2	1/3
濕度 X_3	$P(X_3 \mid Y = Yes)$	$P(X_3 \mid Y = No)$
High	1/2	1/3
Med	1/2	2/3

當有一筆新的數據，外面天氣 X_1=Sunny、溫度 X_2=Med、濕度 X_3=High，就可以利用上述單純貝氏演算法分類器的公式，計算出 $P(Y = Yes \mid X)$、$P(Y = No \mid X)$，再接著計算 $P(Y = Yes)$ 跟 $P(Y = No)$：

$$
\begin{aligned}
&P(Y = Yes \mid X) \\
&= \frac{P(Y = Yes) \times \prod_{i=1}^{3} P(X_i \mid Y = Yes)}{P(X)} \\
&= \frac{P(Y = Yes) \times (P(X_1 = Sunny \mid Y = Yes) \times P(X_2 = Med \mid Y = Yes) \times P(X_3 = High \mid Y = Yes)}{P(X)} \\
&= \frac{\frac{2}{5} \times (\frac{1}{2} \times \frac{1}{2} \times \frac{1}{2})}{P(X)} \\
&= \frac{1}{20P(X)}
\end{aligned}
$$

$$P(Y=No\,|\,X)$$
$$=\frac{P(Y=No)\times\prod_{i=1}^{3}P(X_i\,|\,Y=No)}{P(X)}$$
$$=\frac{P(Y=No)\times(P(X_1=Sunny\,|\,Y=No)\times P(X_2=Med\,|\,Y=No)\times P(X_3=High\,|\,Y=No)}{P(X)}$$
$$=\frac{\frac{3}{5}\times(\frac{1}{3}\times\frac{2}{3}\times\frac{1}{3})}{P(X)}$$
$$=\frac{2}{45P(X)}$$

$$P(Y=Yes)=\frac{\frac{1}{20P(X)}}{\frac{1}{20P(X)}+\frac{2}{45P(X)}}=\frac{9}{17}\approx 53\%$$

$$P(Y=No)=\frac{\frac{2}{45P(X)}}{\frac{1}{20P(X)}+\frac{2}{45P(X)}}=\frac{8}{17}\approx 47\%$$

在此範例中假設機率大於 50% 的類別即勝出，那出門的機率為 53%，因此最後推測為確定出門。

但是，如果遇到了某個條件機率為 0（無該條件的資料）時，整個機率就會為 0，會有失公正。這時可以使用**拉普拉斯校正**（Laplace Correction），簡單來說就是**在計算條件機率的分子上加 1，分母上加上類別數量**，來解決機率為 0 的問題，也確保機率總和依然為 1。以上述例子說明，在經過拉普拉斯校正後，其條件機率會分別如下：

表 8.1.3 出門因素校正後機率表

外面天氣 X_1	$P(X_1 \mid Y=Yes)$	$P(X_1 \mid Y=No)$
Sunny	2/5	2/6
Overcast	1/5	2/6
Rain	2/5	2/6
溫度 X_2	$P(X_2 \mid Y=Yes)$	$P(X_2 \mid Y=No)$
High	2/5	1/6
Med	2/5	3/6
Low	1/5	2/6
濕度 X_3	$P(X_3 \mid Y=Yes)$	$P(X_3 \mid Y=No)$
High	1/4	2/5
Med	2/4	3/5

經過校正後，就不用擔心會遇到機率為 0 的情況了。

8.2 實例操作 - 客戶消費意願預測模型

8.2.1 資料解析

本章範例為某高爾夫球俱樂部的客戶消費資料，包含 Outlook、Temperature、Humidity、Wind 四個變數 X，及 Play 一個目標值 Y，總共五個欄位。在其他條件相同的情況下，俱樂部會員會因前述四個變數 X，決定是否來打球。因此透過分析，我們可以建立預測會員來打球與否的模型。

表 8.2.1 範例資料 C8_Golf.csv（僅節錄部分數據）

Outlook	Temperature	Humidity	Wind	Play
sunny	85	85	false	no
sunny	80	90	true	no
overcast	83	78	false	yes
rain	70	96	false	yes

8.2.2 匯入資料

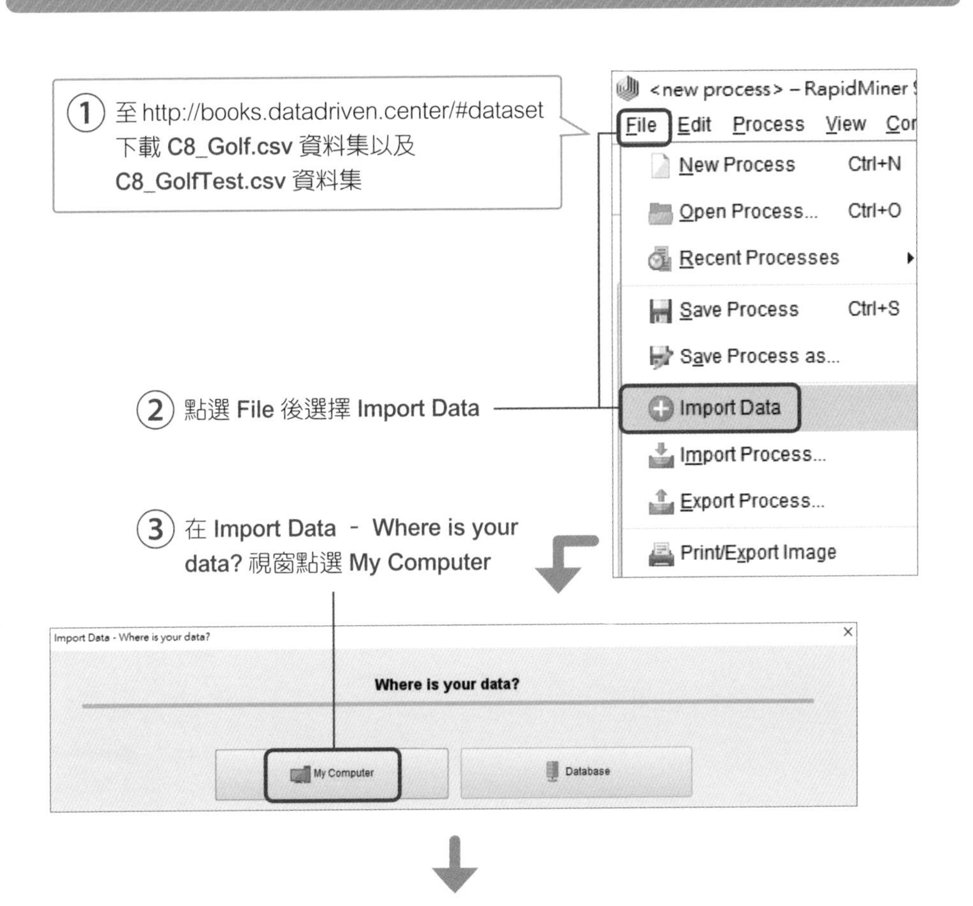

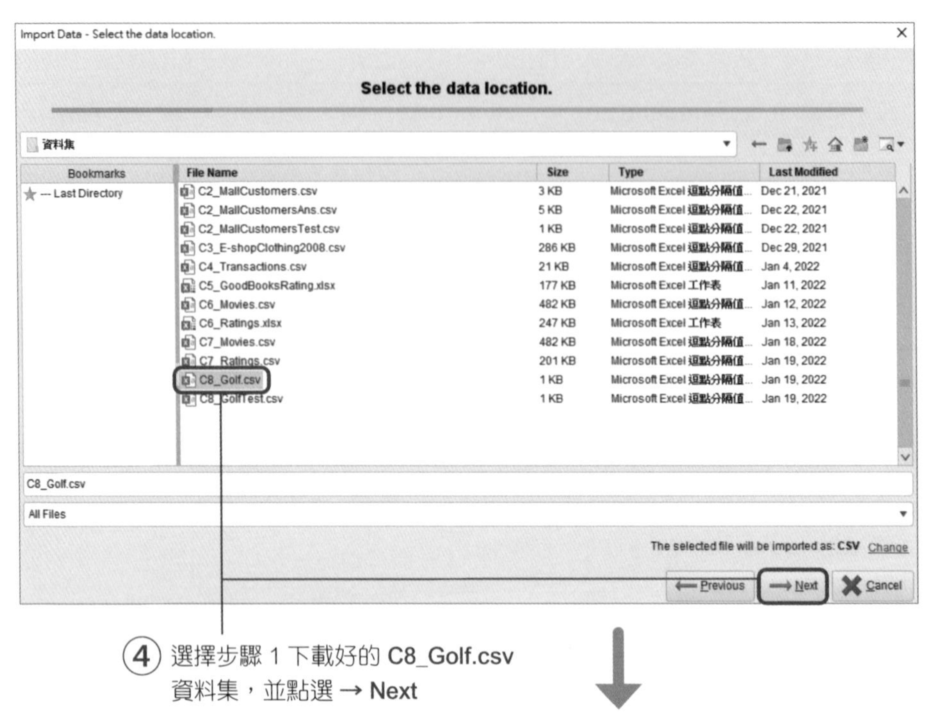

④ 選擇步驟 1 下載好的 C8_Golf.csv 資料集，並點選 → **Next**

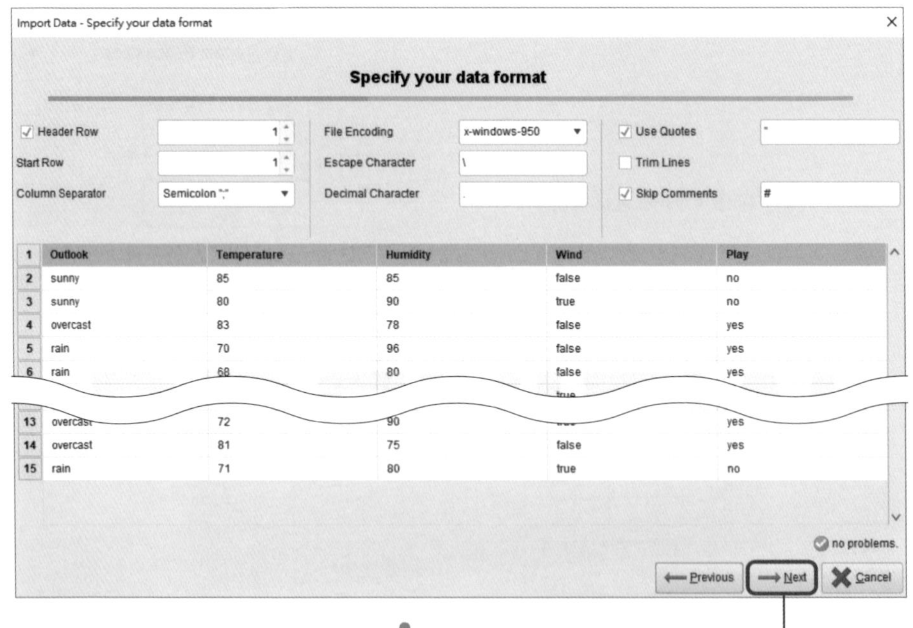

⑤ 預覽資料，檢查是否有缺失值（Missing Value）。若沒問題就點選 → **Next**

⑥ 在 Wind 欄位點選 ▼ 後選擇 Change Type，將設定從 polynomial 換成 binominal

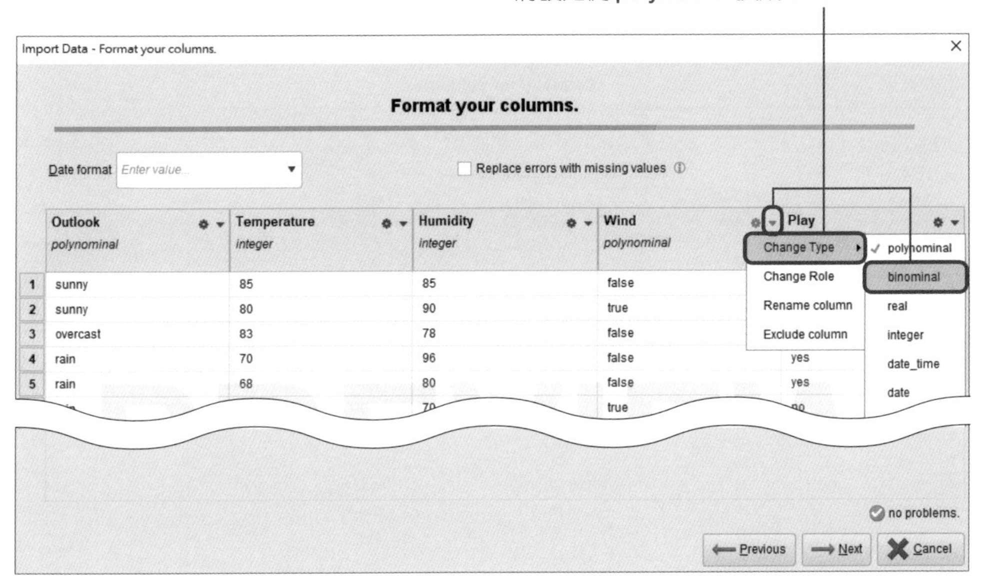

⑦ 在 Play 欄位點選 ▼ 後選擇 Change Type，將設定從 polynomial 換成 binominal

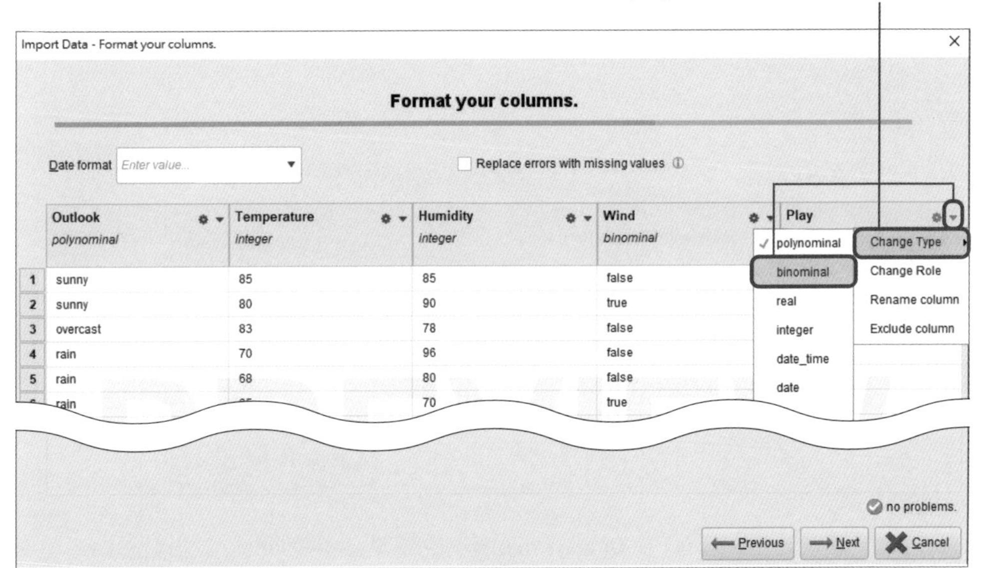

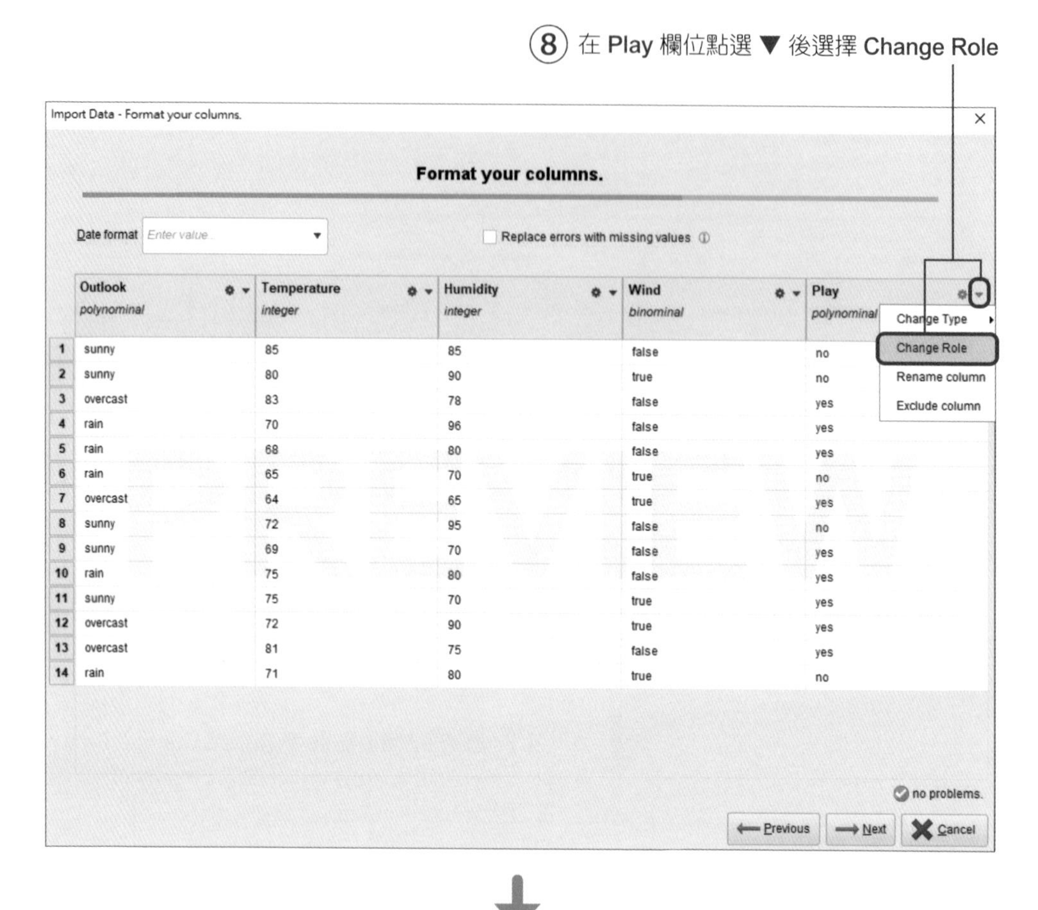
⑧ 在 Play 欄位點選 ▼ 後選擇 Change Role
Import Data - Format your columns.
Format your columns.
Date format
Enter value...
Replace errors with missing values
Outlook polynominal
Temperature integer
Humidity integer
Wind binominal
Play polynominal
Change Type
Change Role
Rename column
Exclude column
no problems.
Previous
Next
Cancel

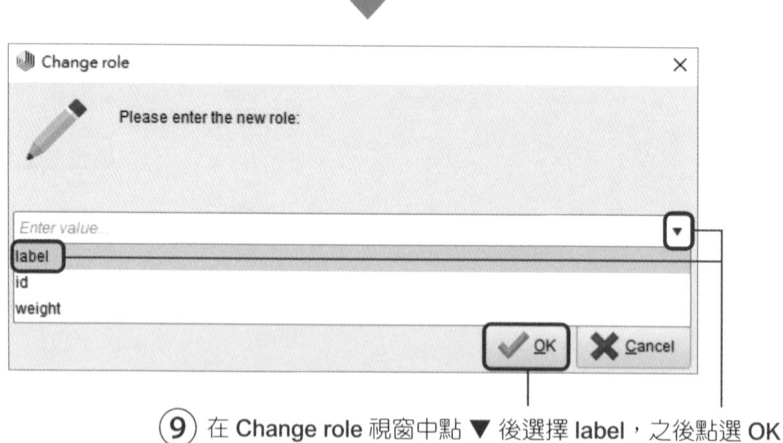
Change role
Please enter the new role:
Enter value...
label
id
weight
OK
Cancel
⑨ 在 Change role 視窗中點 ▼ 後選擇 label，之後點選 OK

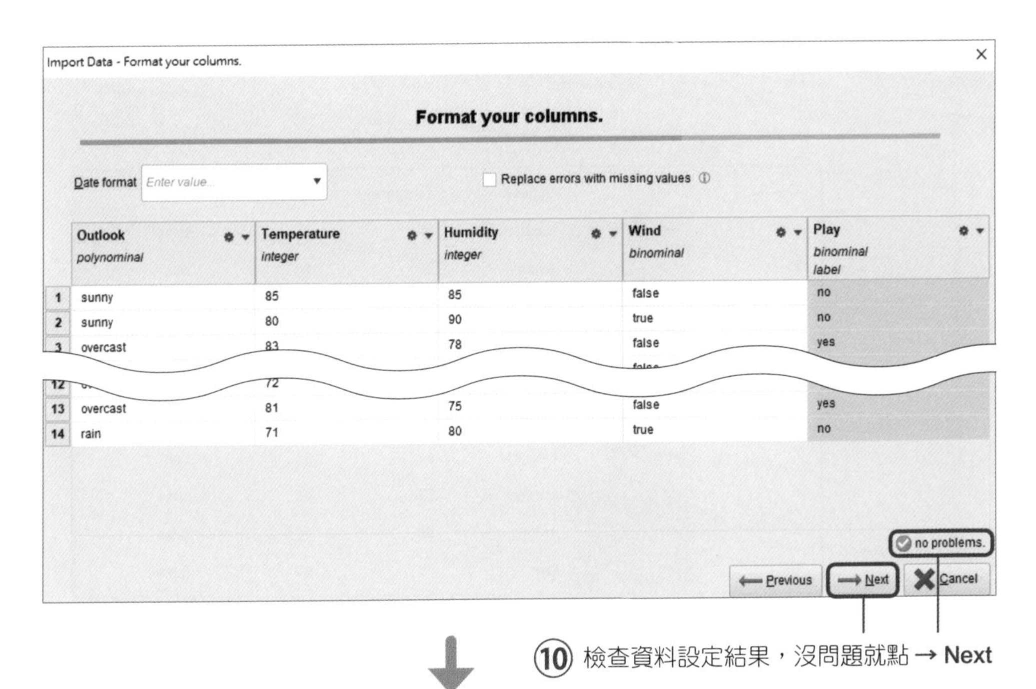

⑩ 檢查資料設定結果，沒問題就點 → **Next**

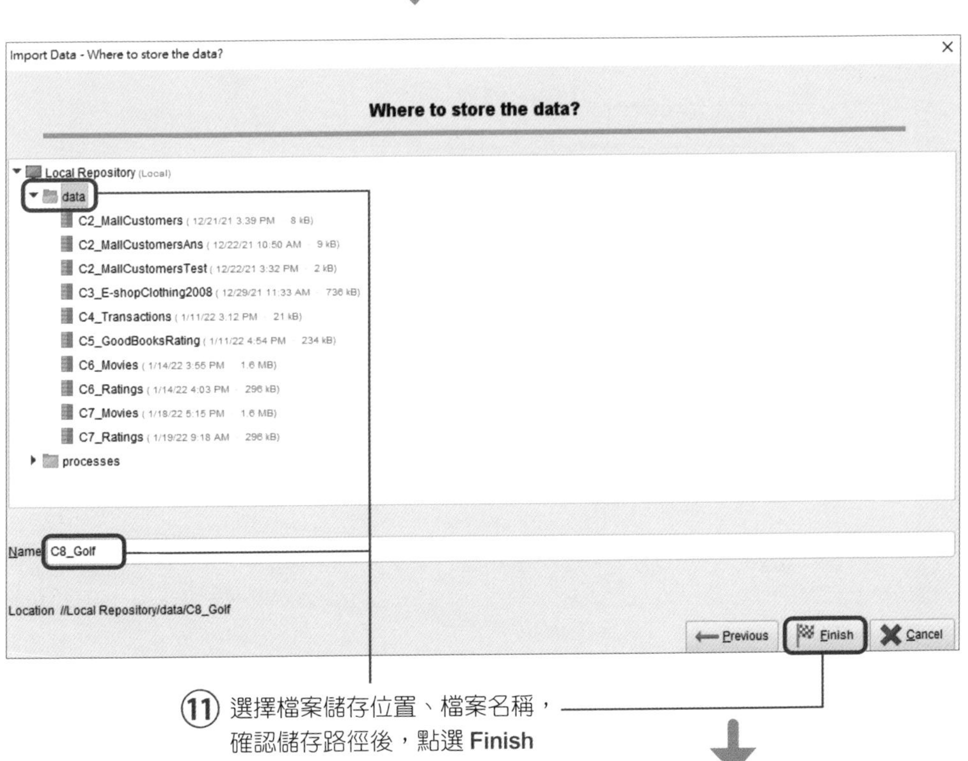

⑪ 選擇檔案儲存位置、檔案名稱，確認儲存路徑後，點選 **Finish**

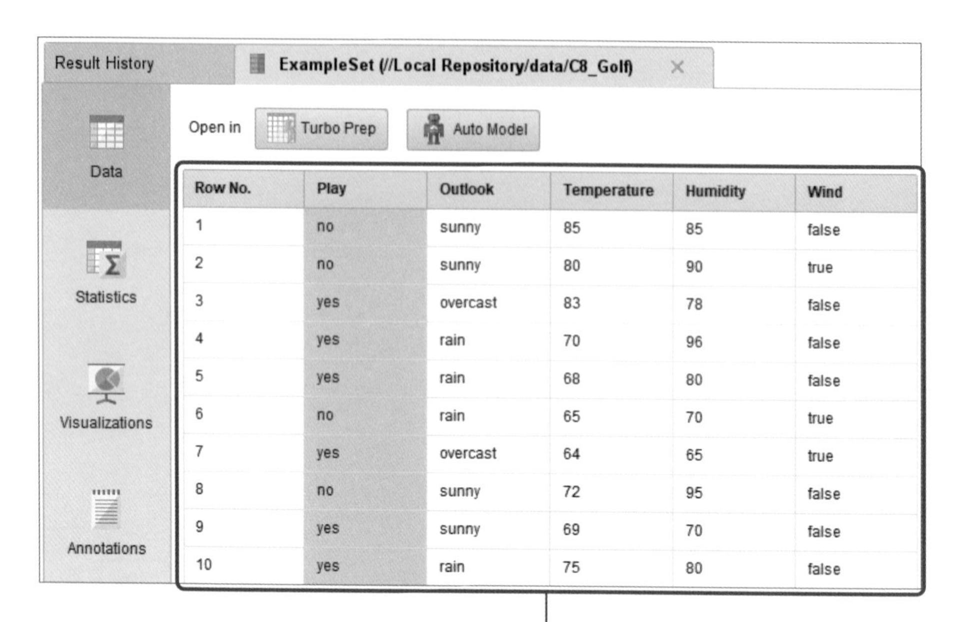

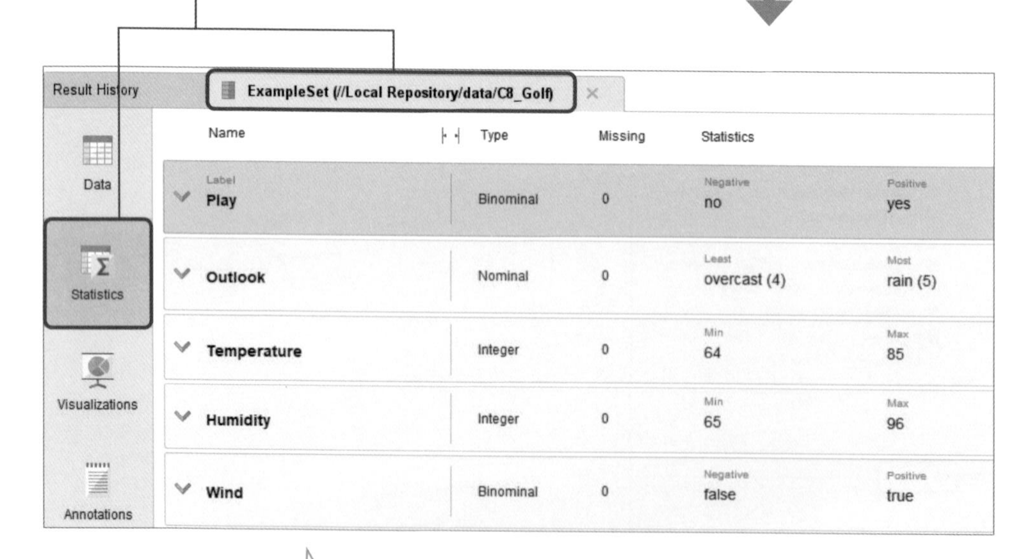

⑭ 重複步驟 2 到步驟 13，將 C8_GolfTest.csv 匯入

8.2.3 選擇分析方法

分析目標

利用資料集，建立一個模型，預測客戶會不會來打球。

設計流程

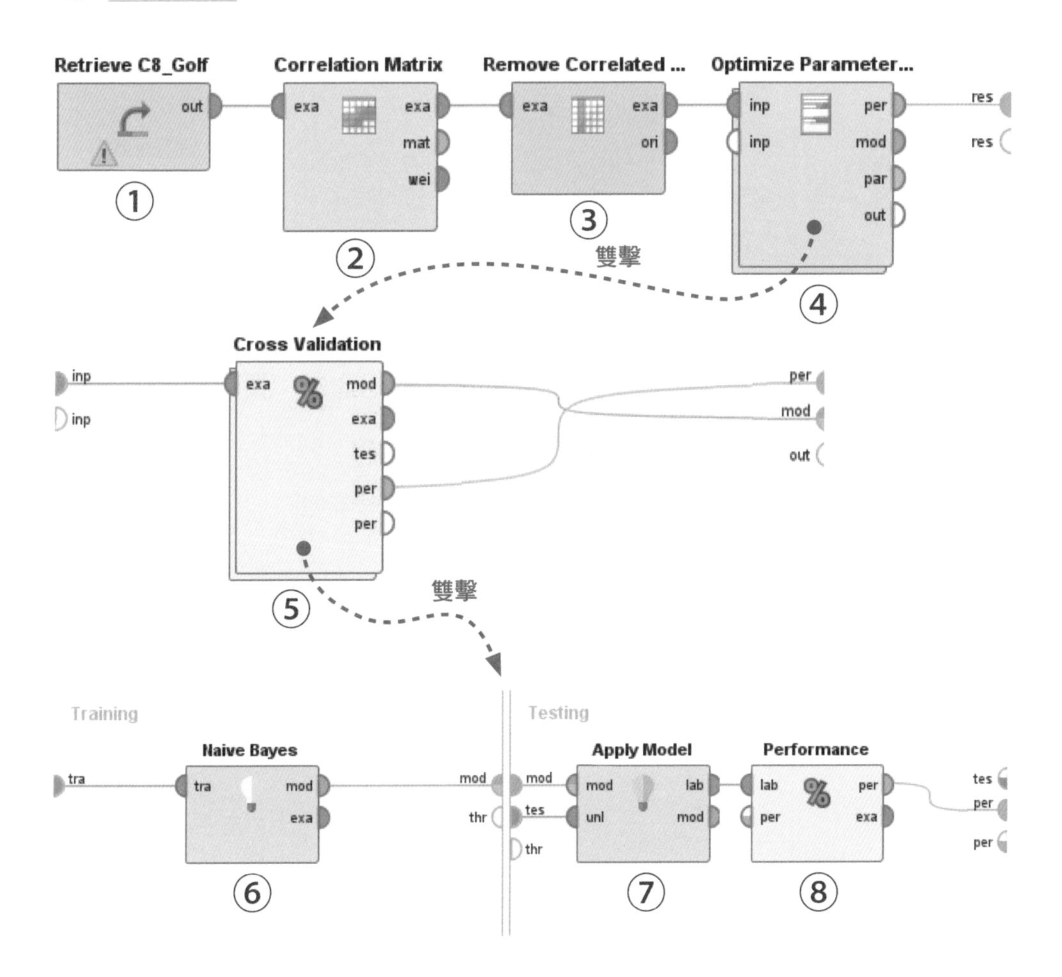

表 8.2.2 組件清單

組件索引	組件	操作	說明
1. 原始資料	Repository ↳ Local Repository ↳ data ↳ C8_Golf	拖拉至畫布中	1 個標籤 Y、 2 個定性變數 X、 2 個定量變數 X
2. 相關矩陣	Operators ↳ Modeling ↳ Correlation ↳ Correlation Matrix	拖拉至畫布中	找變數 X 的相關性
3. 移除相關性	Operators ↳ Blending ↳ Attributes ↳ Selection ↳ Remove Correlated Attributes	拖拉至畫布中	移除相關性高的變數 X
4. 最佳化	Operator ↳ Modeling ↳ Optimization ↳ Parameters ↳ Optimize Parameters（Grid）	拖拉至畫布中	找最佳的交叉驗證模組參數
5. 交叉驗證	Operators ↳ Validation ↳ Cross Validation	拖拉至畫布中	交叉驗證
6. 單純貝氏分類器	Operators ↳ Modeling ↳ Predictive ↳ Bayesian ↳ Naive Bayes	拖拉至畫布中	用變數 X 來預測 Y：客戶是否來
7. 代入模型	Operators ↳ Scoring ↳ Apply Model	拖拉至畫布中	預測交叉驗證所分割出來的驗證資料集
8. 績效評估	Operators ↳ Validation ↳ Performance ↳ Performance	拖拉至畫布中	計算混淆矩陣

8

8.2.4 設定參數

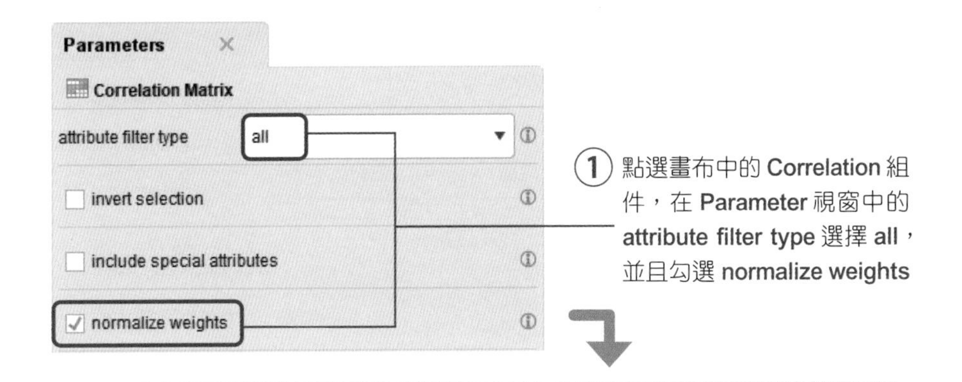

① 點選畫布中的 Correlation 組件，在 Parameter 視窗中的 attribute filter type 選擇 all，並且勾選 normalize weights

相關矩陣

相關矩陣裡面記錄任 2 個變數的相關係數。因為 Outlook 是類別變數，因此無法計算相關性。而計算與 Wind 的相關係數，可以將 Wind 裡的 true 視為 1、false 視為 0。

Attributes	Outlook	Temperature	Humidity	Wind
Outlook	1	?	?	?
Temperature	?	1	0.273	-0.329
Humidity	?	0.273	1	-0.254
Wind	?	-0.329	-0.254	1

② 點選畫布中的 Remove Correlated Attributes 組件，在 Parameter 視窗中的 correlation 填入 0.5。單純貝氏分類器的前提是 X 之間是獨立，所以相關係數儘量要求嚴格。一般來說，介於 0 到 0.3 是低度相關，0.3 到 0.7 是中度相關，0.7 到 1 是高度相關

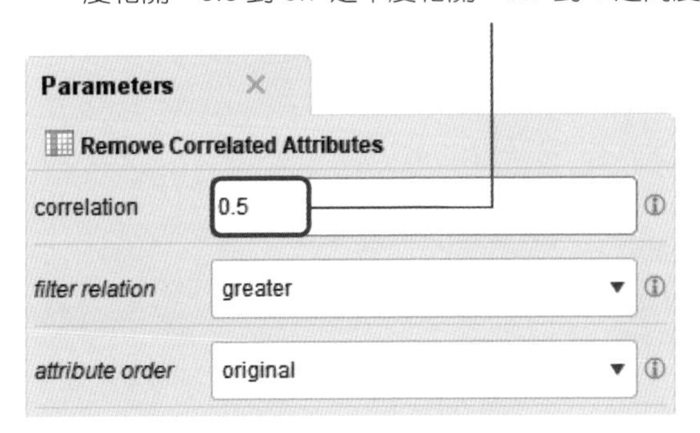

③ 點選畫布中的 **Optimize Parameters（Grid）**組件，點選 **Parameter** 視窗中的 **Edit Parameter Settings…**。我們要探索不同的交叉驗證，訓練資料集上的分數會有什麼變化

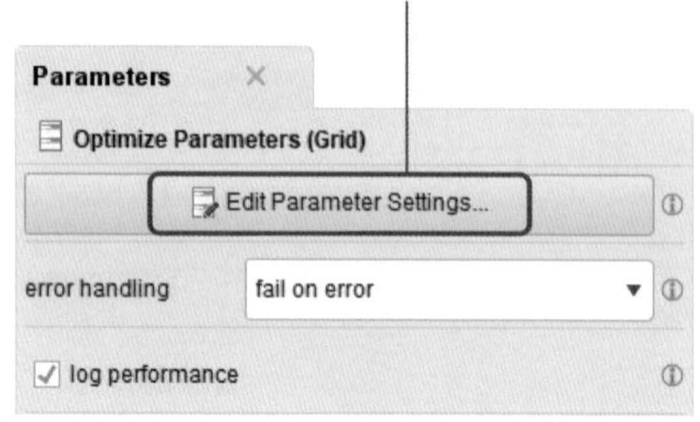

④ 在 **Select Parameters: configure operator** 視窗中的 **Operators** 區域，選擇 **Cross Validation（Cross Validation）**，接著使用 → 將 **Parameters** 區域的 **number_of_folds** 移至 **Selected Parameters** 區域。最後，在 **Grid/Range** 的區域設定 **Min** 為 **2**、**Max** 為 **30**、**Step** 為 **28**、**Scale** 為 **linear**。經過此設定，我們會從 2 開始嘗試，並且另外嘗試 28 個值，最大值為 30，線性增加

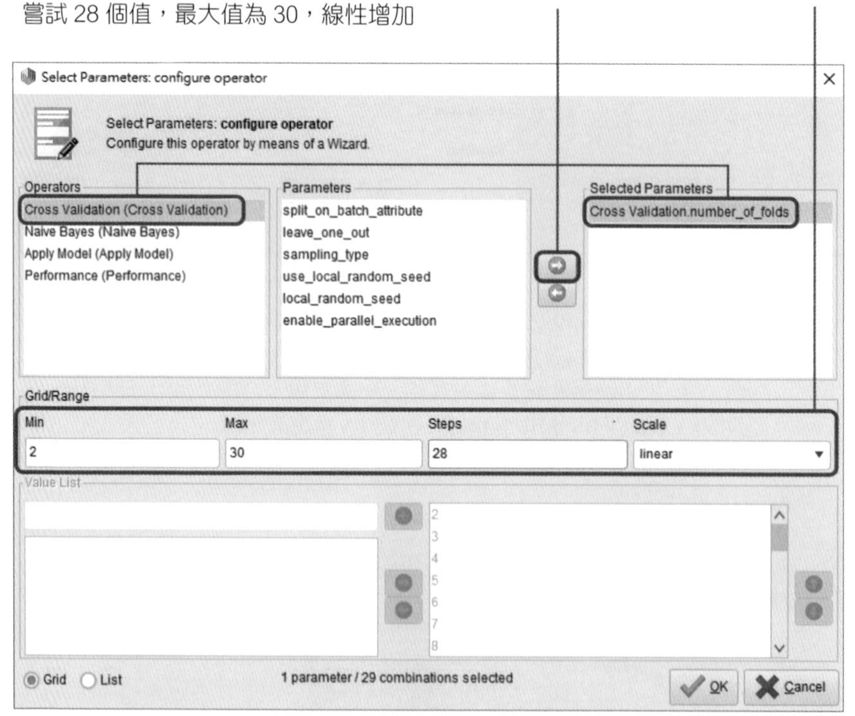

⑤ 在 **Select Parameters: configure operator** 視窗中的 **Operators** 區域，選擇 **Cross Validation（Cross Validation）**，接著使用 → 將 **Parameters** 區域的 **sampling_type** 移至 **Selected Parameters** 區域。RapidMiner 會自動探索 linear sampling、shuffled sampling、stratified sampling、automatic

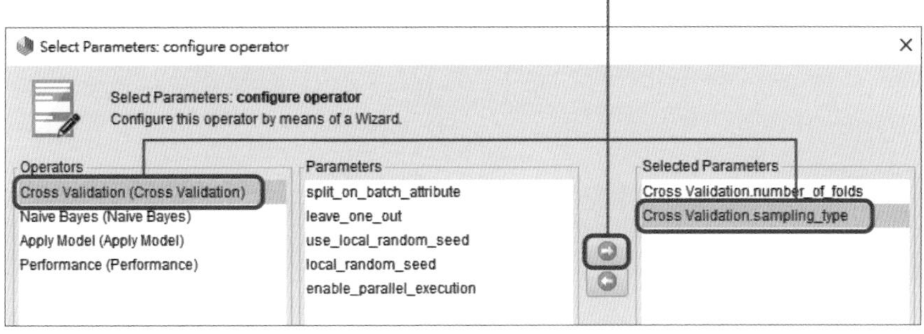

⑥ 在 **Select Parameters: configure operator** 視窗中的 **Operators** 區域，選擇 **Cross Validation（Cross Validation）**，接著使用 → 將 **Parameters** 區域的 **use_local_random_seed** 移至 **Selected Parameters** 區域，最後點 **OK**。RapidMiner 會自動探索啟動跟關閉 local random seed

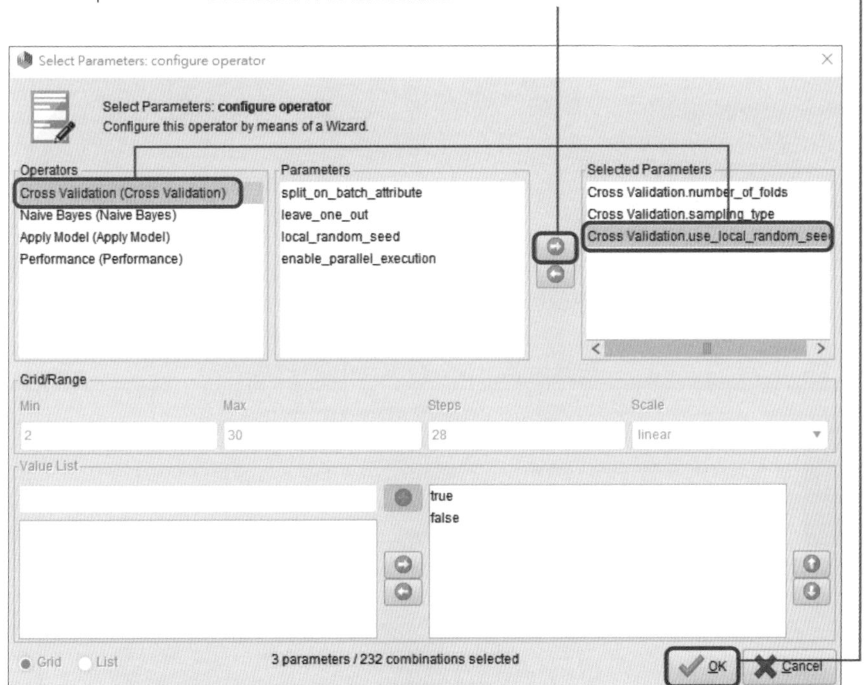

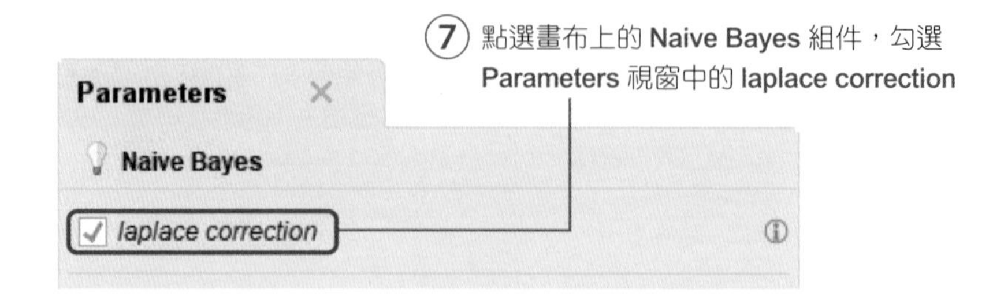

⑦ 點選畫布上的 **Naive Bayes** 組件，勾選 **Parameters** 視窗中的 **laplace correction**

8.2.5 執行結果

① 點選 **Start the execution of the current process**

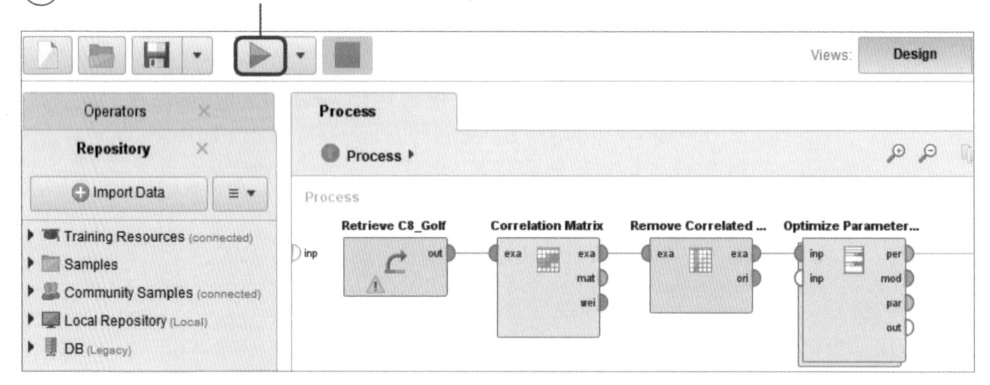

② 點選 **Optimize Parameter（Grid）**中的 **Data**，可以看到不同交叉驗證設定的準確率。準確率最高是 75%，但是只看最高準確率的交叉驗證設定，也許資料分組的方法剛好很適合模型，因此可能會發生擬合過度的問題。若看所有組合的平均準確率，則大約為 56%

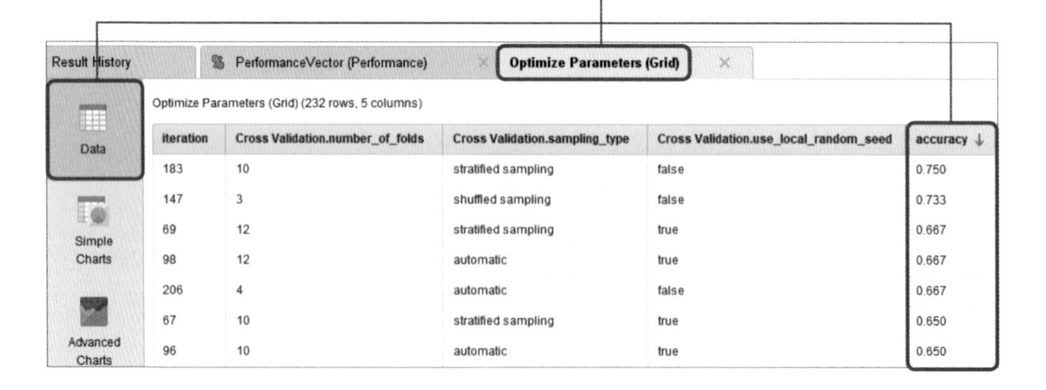

iteration	Cross Validation.number_of_folds	Cross Validation.sampling_type	Cross Validation.use_local_random_seed	accuracy ↓
183	10	stratified sampling	false	0.750
147	3	shuffled sampling	false	0.733
69	12	stratified sampling	true	0.667
98	12	automatic	true	0.667
206	4	automatic	false	0.667
67	10	stratified sampling	true	0.650
96	10	automatic	true	0.650

③ 點選 PerformanceVector（Performance）中的 Performance，可以看到混淆矩陣。關於混淆矩陣的判讀，請看本書第 2 章

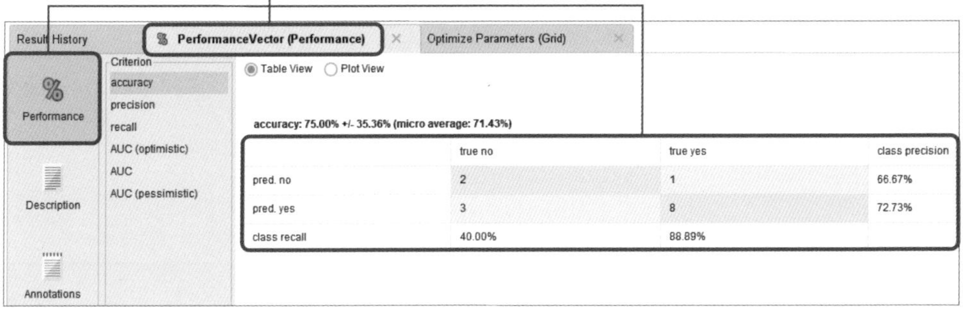

Result History | PerformanceVector (Performance) | Optimize Parameters (Grid)

Performance | Description | Annotations

Criterion: accuracy, precision, recall, AUC (optimistic), AUC, AUC (pessimistic)

Table View | Plot View

accuracy: 75.00% +/- 35.36% (micro average: 71.43%)

	true no	true yes	class precision
pred. no	2	1	66.67%
pred. yes	3	8	72.73%
class recall	40.00%	88.89%	

8.3 預測客戶消費意願

8.3.1 選擇分析方法

分析目標

利用資料集，建立一個模型，預測客戶會不會來打球。

設計流程

本節可以沿用 8.2 節的流程，額外加上 3 個組件、重新接線，即可完成設計。

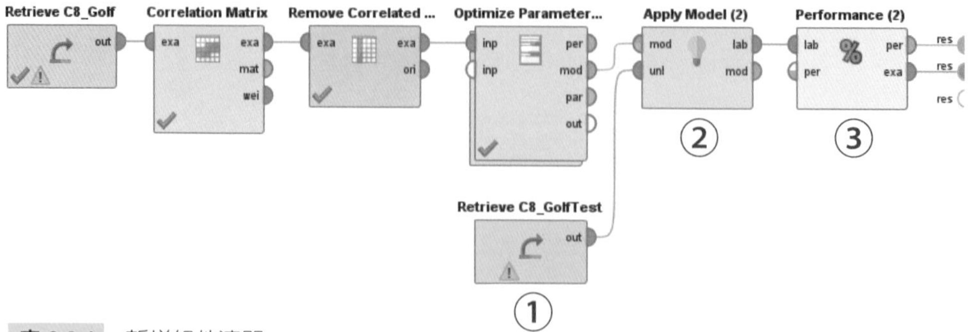

表 8.3.1 新增組件清單

組件索引	組件	操作	說明
1. 原始資料	Repository ↳ Local Repository ↳ data ↳ C8_Golf	拖拉至畫布中	1 個標籤 Y、 2 個定性變數 X、 2 個定量變數 X
2. 代入模型	Operators ↳ Scoring ↳ Apply Model	拖拉至畫布中	預測交叉驗證所分割出來的驗證資料集
3. 績效評估	Operators ↳ Validation ↳ Performance ↳ Performance	拖拉至畫布中	計算混淆矩陣

8.3.2 執行結果

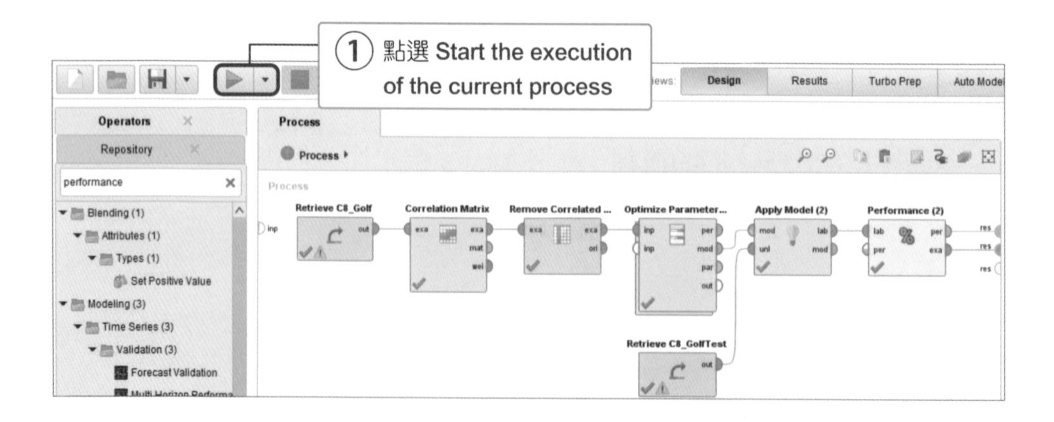

② 點選 ExampleSet（Apply Model（2））中的 Data，可以看到每一筆測試資料的預測結果

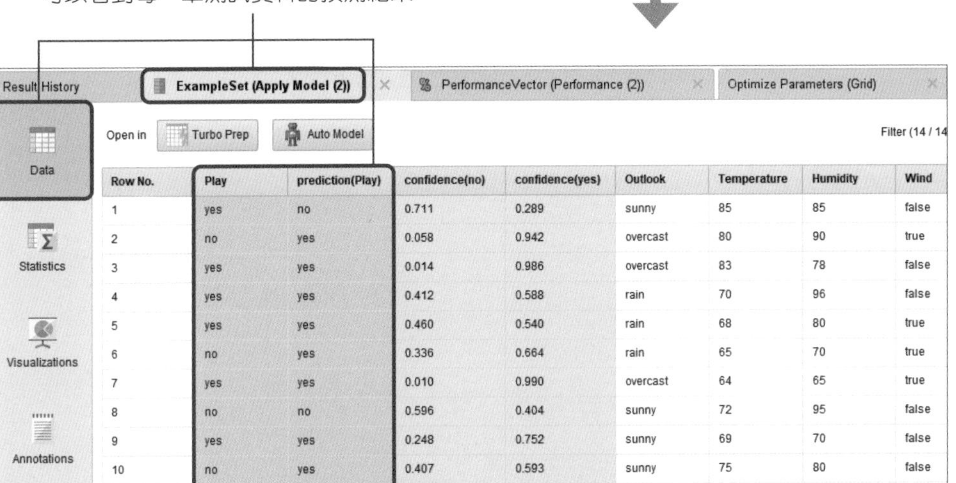

Row No.	Play	prediction(Play)	confidence(no)	confidence(yes)	Outlook	Temperature	Humidity	Wind
1	yes	no	0.711	0.289	sunny	85	85	false
2	no	yes	0.058	0.942	overcast	80	90	true
3	yes	yes	0.014	0.986	overcast	83	78	false
4	yes	yes	0.412	0.588	rain	70	96	false
5	yes	yes	0.460	0.540	rain	68	80	true
6	no	yes	0.336	0.664	rain	65	70	true
7	yes	yes	0.010	0.990	overcast	64	65	true
8	no	no	0.596	0.404	sunny	72	95	false
9	yes	yes	0.248	0.752	sunny	69	70	false
10	no	yes	0.407	0.593	sunny	75	80	false
11	yes	yes	0.496	0.504	sunny	68	70	true
12	yes	yes	0.038	0.962	overcast	72	90	true
13	no	yes	0.027	0.973	overcast	81	75	true
14	yes	yes	0.453	0.547	rain	71	80	true

③ 點選 PerformanceVector（Performance）中的 Performance，可以看到混淆矩陣，以及測試資料的準確率為 64.9%。點選 Criterion 視窗的 precision，可以看到精確率為 66.67%。點選 Criterion 視窗的 recall，可以看到召回率為 88.89%

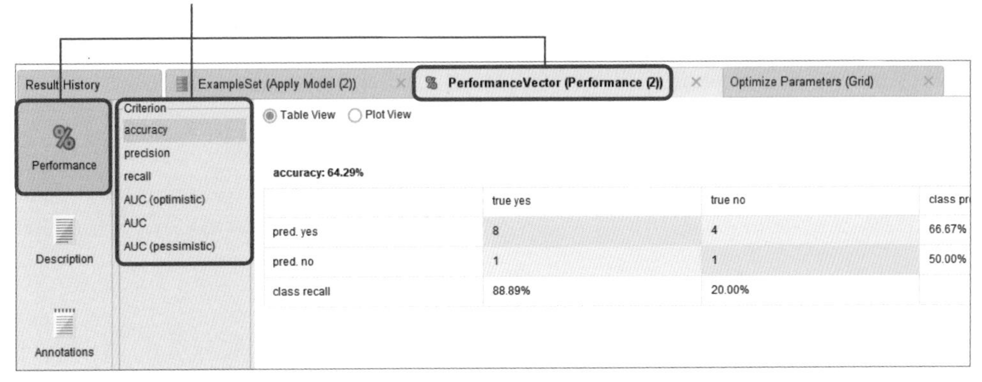

	true yes	true no	class pr
pred. yes	8	4	66.67%
pred. no	1	1	50.00%
class recall	88.89%	20.00%	

④ 在 **PerformanceVector**（**Performance**）中的 **Performance**，點選 **Criterion** 區域的 **AUC**（**Optimistic**）可以看到 ROC 曲線

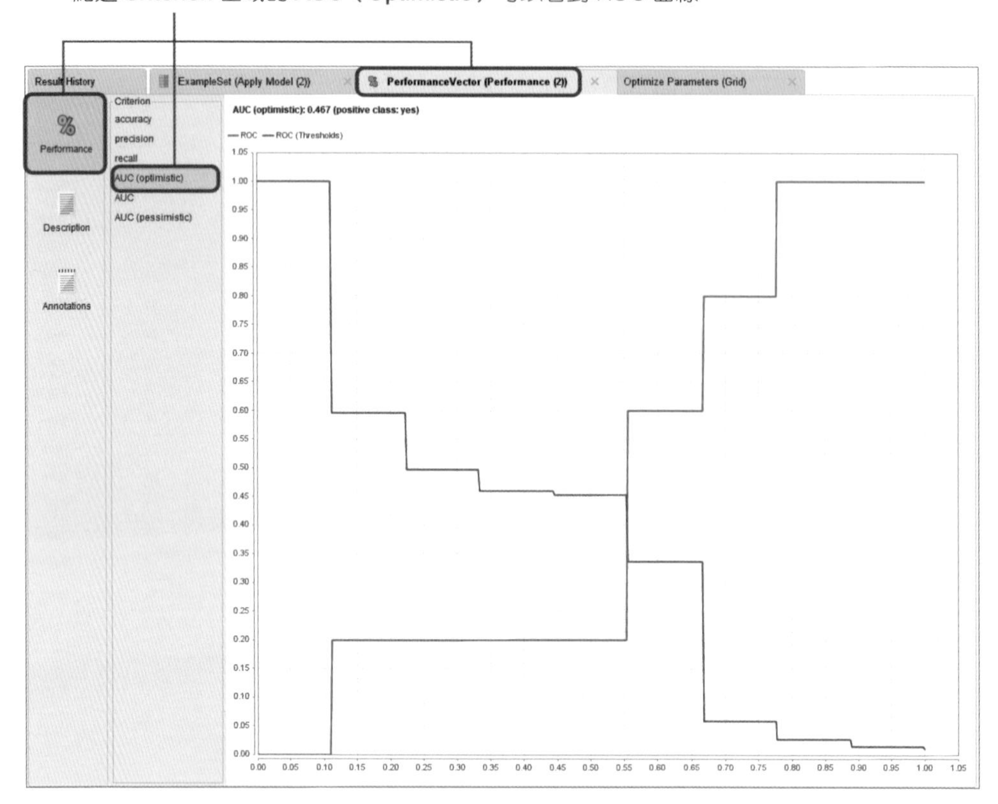

8.3.3 詮釋結果

在測試資料的混淆矩陣中，錯誤預測的情況有以下 2 種：

- 情況一：預測會來（pred.=yes），實際不會來（true=no）的情況有 4 位。
- 情況二：預測不會來（pred.=no），實際會來（true=yes）的情況有 1 位。

對俱樂部的工作人員來說，當情況一的發生，工作人員會事前多準備了4 位會員的需求，但最後會員沒出現，白忙一場。當情況二發生時，由於沒有預測到這位會員會出現，導致俱樂部可能沒有服務好該顧客，讓顧客降低了好感。如果有資料或模型可以降低情況一與情況二的發生次數，也就是提高 precision 跟 recall，則可以提高俱樂部的會員服務。

延伸應用

如果能收集更多會員的消費資料或消費模式，可以結合「推薦系統」，在會員來打球的同時，推出其他的商品吸引其消費，提高業績。

8.4 章節練習 - 線上叫車平台推廣優惠券

自從 Uber 開創了線上叫車的先例，該項服務已在全世界廣泛應用，不同的地區都會有獨特的線上叫車平台。假設你是在地線上叫車平台的創新業務經理，最近為了拓展新的業務線，公司提出了在顧客叫車之後，透過 APP 為顧客贈送餐廳優惠券。一方面能收取餐廳的廣告費，另一方面顧客為了消費優惠券，可能會再次叫車，藉此提升業務量。但是，方案啟動後，發現有使用的優惠券並不多，導致餐廳方面懷疑投放廣告的效果。所以你收集了一些相關的數據，希望透過數據分析的方式，研究顧客使用消費優惠券的特點，並建立預測模型，作為贈送消費券的依據，由此提升消費券廣告的價值。

本練習使用的數據集為 E8_Coupon.csv，包含 11,000 餘筆優惠券推廣的數據。數據中的欄位具體說明如下：

- **destination**：表示目的地類型，有 3 種類別 Work / Home / Not Sure。
- **passenger**：表示客戶乘車的人數，有 4 種類別 Alone / Friend(s) / Kid(s) / Partner。
- **weather**：表示乘車時的天氣，有 3 種類別 Sunny / Rainy / Snowy。
- **temperature**：表示最接近的溫度，有 3 種類別 55 / 80 / 30。
- **time**：表示最接近的時間，有 5 種類別 2PM / 10AM / 6PM / 7AM / 10PM。

- **coupon**：表示優惠券類型，有 5 種類別 Restaurant(<$20) / Coffee House / Carry out & Take away / Bar / Restaurant($20-$50) 。
- **expiration**：表示優惠券使用期限，有 2 種類別 1d / 2h。
- **gender**：表示叫車人性別，有 2 種類別 Female / Male。
- **age**：表示叫車人年齡，有 8 種類別 below21 / 21 / 26 / 31 / 36 / 41 / 46 / 50plus。
- **education**：表示叫車人學歷，有 6 種類別。
- **occupation**：表示叫車人職業，有 24 種類別。
- **toCoupon_GEQ5min**：表示優惠券的餐廳離本次行程目的地超過 5 分鐘車程，1 表示超過，0 表示未超過。
- **toCoupon_GEQ15min**：表示優惠券的餐廳離本次行程目的地超過 15 分鐘車程，1 表示超過，0 表示未超過。
- **toCoupon_GEQ25min**：表示優惠券的餐廳離本次行程目的地超過 25 分鐘車程，1 表示超過，0 表示未超過。
- **direction_sample**：表示優惠券的餐廳與當前目的地是否同方向，1 表示相同，0 表示不同。
- **Y**：發放的優惠券是否有被成功消費，1 表示有被消費，0 表示未被消費。

練習目標

請使用本章節中所介紹的分析方式，以範例數據為基礎，建立機器學習模型，盡可能準確地預測出發放的優惠券是否會被成功使用。

MEMO

CHAPTER

9

哪些因素會影響銷售定價？房價預測

行銷的基本功常會提到 4P（Product、Price、Place、Promotion），在定價（Price）方面，大數據可以協助企業預測哪些因素（X）是影響產品在客戶心中認知價值，進而決定合理的定價（Y）。以房價而言，可能受到交通、屋齡、生活機能、學校遠近、周圍環境、景觀等主觀因素的影響。新產品開發（New Product Develop，NPD）過程中常遇到的訂價建議，大數據分析即可協助企業或買方在眾多因素中計算出合理的定價。

本單元要以線性迴歸進行房價預測，目的是在於訂價方面能提供客戶合理的「性價比」(Cost Performance Ratio，CP)，創造**顧客關係管理**的價值。

9.1 線性迴歸演算法的基本原理

9.1.1 線性迴歸（Linear Regression）

利用最小平方法（Least Squares Method），找出一個或多個自變數（X）和應變數（Y）之間的關係，來建立模型的一種迴歸分析。簡言之，就是利用已知的數值計算未知的連續變數，適合用在**預測值為連續變數的資料**。舉例來說，冰淇淋的銷售量會因為氣溫的高低而有所影響，冰淇淋的銷售量視為應變數（預測目標），氣溫則是已知的自變數。

線性迴歸的**目標是要找到一條直線，可以讓資料點與線的殘差（Residual）最小**。當自變數只有一個時，稱其為簡單線性迴歸（Simple Linear Regression），示意圖如下：

圖 9.1.1 線性迴歸

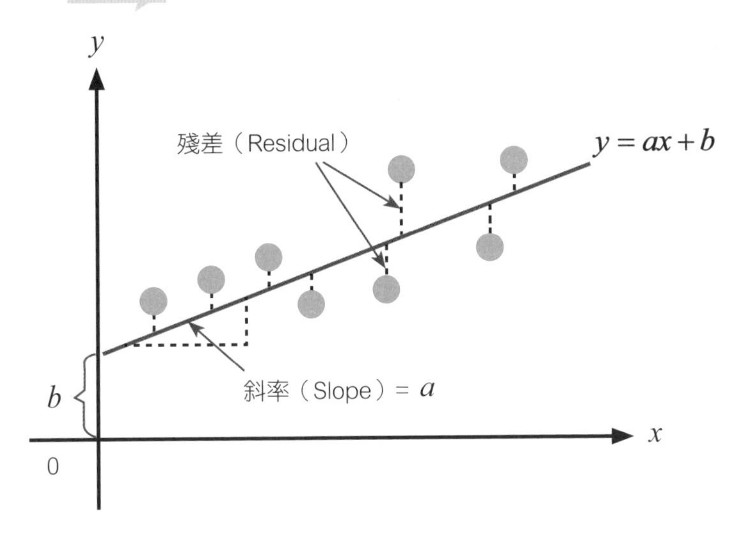

遇到多個自變數（X）時，線性迴歸找出各自變數與應變數間的關係，接著計算每個變數的權重（Weight），來產生出最適配的線，使殘差、誤差能最小化。

$$y = b + \sum_{i=1}^{n}(W_i X_i)$$

再以冰淇淋的例子來說，不只有氣溫影響銷售量，販賣地點、擺攤時間等都可以視為影響銷售量的自變數（X）。我們可以將其看成下方表示式，W1、W2、W3 分別是各個變數前方的權重：

$$y = W_1 \times 氣溫 + W_2 \times 販賣地點 + W_3 \times 擺攤時間 + b$$

9.1.2 顯著性檢定（Significant Test）

指檢定統計量（或其對應之 p 值）是否落在拒絕區間，來判定是否拒絕虛無假設。當 p 值 ≤ 某顯著水準 α 臨界值時，代表所得的檢定統計量落在該顯著水準之拒絕區間，即拒絕原本的虛無假設，稱此假設檢定（Hypothesis Test）於 α 水準下有統計上的顯著性。

以線性迴歸的模型為例，若電商抽樣某幾個月的營業額，發現樣本中每月基本營業額為 60,000 元，而當每增加一位新客戶，月營業額似乎會增加 500 元。假設電商的月營業額（y）線性迴歸模型為 $y = wx + b = 500x + 60000$，其中 x 為新客戶的數量。現在，電商的老闆想要知道新客戶數對營業額是否有顯著的影響。

如果實際的 $w = 0$，表示不管怎麼增加客戶數，都不會有額外的營收。我們現在要對實際的 w 值是否為 0，進行檢定：

$$w \neq 0\text{的}\,t\,\text{檢定統計量} = \frac{\text{迴歸直線的斜率} - \mu_0}{w\text{的估計標準誤}} = \frac{w - 0}{s_w}$$

若以顯著水準 $\alpha = 5\%$ 帶入，估計區間假設如下圖，t 檢定統計量計算後，查表所得到的機率 p 值 <5%，則稱在 95% 的信心水準下，x 對 y 有顯著的影響。

圖 9.1.2 參數檢定

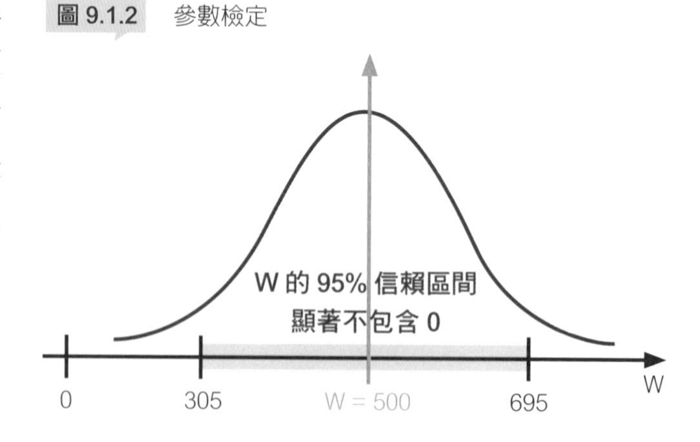

9.1.3 梯度下降（Gradient Descent）

使用一階導數（First Derivative，又稱梯度（Gradient））的最佳化演算法，來找一個函數的局部極小值。針對在函數上各個點所對應梯度的反方向，進行迭代搜尋，**再計算成本函數**（若成本函數為平方誤差和（Sum Squared Error, SSE），則是計算所有資料點的實際值與預測值之間差的平方和：$SSE = \sum_{i=1}^{n}(y_i - (ax_i + b))^2$），**直到成本函數最小為止**。演算法操作步驟如下：

- 步驟 1：隨機找個初始權重（$y = ax + b$ 中的 a 跟 b）。
- 步驟 2：計算權重的成本函數。
- 步驟 3：朝著梯度的反方向，稍微調整權重的數值。
- 步驟 4：使用調整後的權重數值，再次計算成本函數，看是增加還是減少。
- 步驟 5：重複步驟 2 到 4，直到成本函數最小為止。

圖 9.1.3 梯度下降法

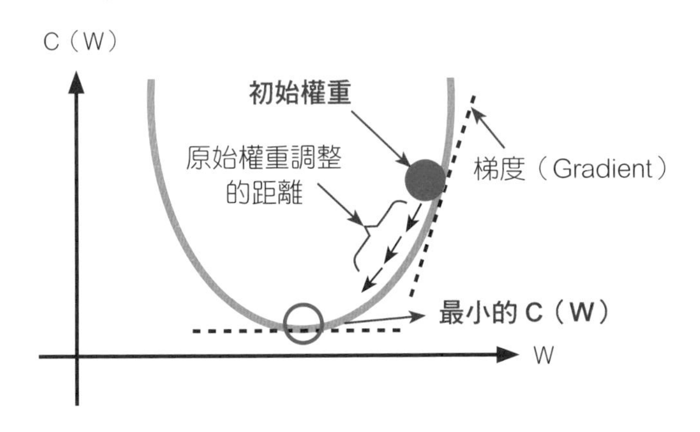

- C（W）：成本函數（Cost Function）
- W：權重（Weight），自變數前方的係數
- 原始權重調整的距離：調整自變數前方的係數，以獲得更小的 C（W）
- 梯度：往哪個方向會減少 C（W）

梯度下降有三個常見的算法：

- **批次梯度下降**（Batch Gradient Descent）：整合每個步驟的所有訓練資料，來計算成本函數的梯度，不適合大型的資料集。
- **隨機梯度下降**（Stochastic Gradient Descent, SGD）：每次迭代時使用一筆訓練資料，每次迭代都會參考前次迭代的誤差，再進行調整。廣泛使用在大型的資料集上，但在計算前需隨機打散訓練資料。
- **小批量梯度下降**（Mini-Batch Gradient Descent）：類似於 SGD，只是每次迭代時使用的不是一筆資料，而是 n 筆資料。

9.1.4 R 平方（R Squared）

又被稱為判定係數（Coefficient of Determination），是一種衡量迴歸模型表現的指標，表示自變數（X）可以用來解釋應變數（Y）變異的比例。無論是哪一種迴歸方程式，都要考慮對原始數據的解釋能力，解釋能力越高代表該模型越有價值，也因此 R 平方的數值越高表示模型表現越好、越有價值。

$$R^2 = \frac{\sum(y_i' - \bar{y})^2}{\sum(y_i - \bar{y})^2} = 1 - \frac{\sum(y_i - y_i')^2}{\sum(y_i - \bar{y})^2} = \frac{\text{迴歸平方和}}{\text{總平方和}} = \frac{\text{預測值與平均值差的平方和}}{\text{實際值與平均值差的平方和}}$$

9.1.5 殘差（Residual）

指實際值與估計值（擬合值）之間的差。迴歸模型的殘差越小，表示模型越好。而常使用來衡量殘差的標準為均方根誤差（Root Mean Square Error, RMSE）：

$$RMSE = \sqrt{MSE} = \sqrt{\frac{\sum_{i=1}^{n}(y_i - y_i')^2}{n-p-1}}$$

其中 n 為樣本數，p 為自變數的個數，$n-p-1$ 為自由度。殘差的大小可以協助決策者調整模型，若差異較小的話，表示模型是有成效的；若差異太大，表示決策者需修改模型或搭配其他相關措施，藉以辨識、預測哪些因素會影響決策。另外，RapidMiner 計算殘差時，並不使用自由度，而是直接使用樣本數。

9.1.6 常規化（Regularization）

線性迴歸演算法在連續數值上的數據有非常好的解釋與預測能力，但是建模過程存在著幾個風險：

- **無法知道自變數（X）之間的關係**：有些不太重要的自變數可能會影響到其他的變數或預測結果。
- **自變數對應變數的影響效果**：不能確定哪些變數對結果的影響最大。
- **易受離群值（Outlier）的影響**：如有離群值，模型預測容易傾向離群值。
- **容易過度擬合（Overfitting）**：如果資料量與特徵數量差不多的時候，很容易出現「量身訂做」的模型，會導致該模型預測新資料的能力很差。

圖 9.1.4 過度擬合

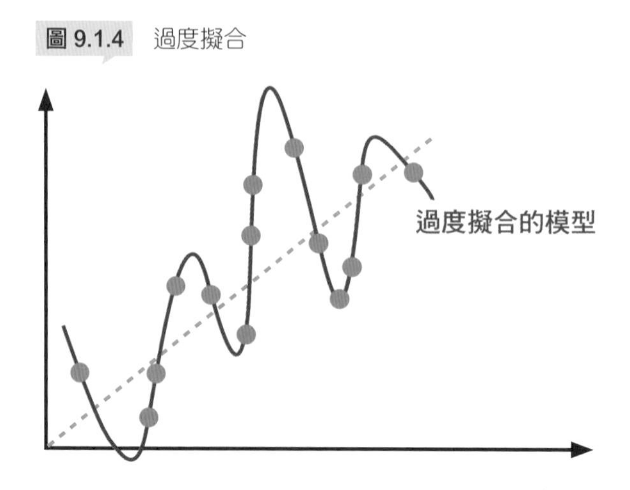

其中為避免過度擬合造成的預測能力問題，可以對模型進行常規化，方便模型「輕鬆」地訓練，讓模型變得平滑點，以下介紹兩個常用的常規化方法：

- Lasso Regression（L1）

  會將模型中的所有權重（或係數）都取絕對值，加入成本函數。能讓複雜的模型簡單化，減少某些無用的自變數，即該自變數權重為 0，留下模型認為重要的自變數。

- Ridge Regression（L2）

  會將模型中的所有權重（或係數）都取平方，加入成本函數，進行 L2 常規化，權重都會減少一點，一樣能夠讓模型簡單化。但是保留了所有自變數，只是減少自變數間的權重差異，不會有太突出的自變數。

簡單來說，常規化就是要減少過度擬合的發生。除了常規化以外，也可以收集更大量的資料、減少自變數來降低過度擬合的情況。

9.2 最佳化步驟

從之前章節的範例中可以發現，以機器學習進行分析預測的過程中，除了選擇一個適當的演算法進行訓練，還需要找到恰當的超參數（Hyperparameter），不同的超參數會帶來不同效果的模型。調整超參數的過程，可以增進對演算法的理解。對於初學者而言，也可以使用例如 RapidMiner 中自動最佳化的功能，嘗試各種超參數的組合，並透過比較關鍵指標，從而獲得最佳超參數的組合。

假設房價（Y）只與坪數（X）有關，有效的樣本數量為 10,000，那最佳化超參數的步驟大致可以分為 7 個部分（圖 9.1.5）：

- 步驟 1：匯入原始資料。
- 步驟 2：過濾原始資料。
- 步驟 3：設定需要最佳化超參數。以線性迴歸預測房價為例，用表格列出需要嘗試各種超參數組合，不同的組合就會有不同的模型。

表 9.2.1 超參數組合範例

	超參數 1	超參數 2	超參數 3	超參數 4
Range/Value	1~30	True/False	Greedy/T-Test…	0~1
Steps	29			10

- 步驟 4：交叉檢驗（Cross Validation, CV）。若交叉驗證的折數為 10，即把 10,000 筆樣本隨機分成 10 組，每組 1,000 筆。第 1 次 CV 運算中，訓練集是第 2 折到第 10 折，驗證集是第 1 折。

- 步驟 5：訓練模型（Modeling）。線性迴歸模型如 $y = ax + b$ 的形式，以訓練集 9,000 筆資料按最小平方法，把係數計算出來。

- 步驟 6：代入模型（Apply Model）。將驗證資料代入模型，在 RapidMiner 中是使用 Apply Model 組件。假設驗證資料集裡第 1 筆資料是 $x = 1$、$y = 68$，訓練得到的模型是 $y = 60x + 5$。以 $x = 1$ 代入得到預測值 $y' = 65$。

- 步驟 7：效果評估（Performance）。預測的誤差 $y - y' = 68 - 65 = 3$。同理，對 1,000 筆驗證集資料都各算一遍，最後取均方根誤差 E_1^1。

當我們再次回到步驟 4，可以取驗證集為第 2 折，剩下的第 1 折與第 3 折到第 10 折為訓練集，重新進行模型訓練、驗證、效果評估，得到均方根誤差 E_2^1。重複上述流程 10 次，得到 10 個均方根誤差，則第 1 組超參數平均的均方根誤差為 $E^1 = \frac{1}{10}\sum_{i=1}^{10} E_i^1$。

最後，可以再次回到步驟 3，換第 2 組超參數，計算平均的均方根誤差。直到所有超參數組合都有平均的均方根誤差，RapidMiner 中的功能會自動篩選平均的均方根誤差最小的模型，作為最佳化的結果。

圖 9.2.1 最佳化步驟

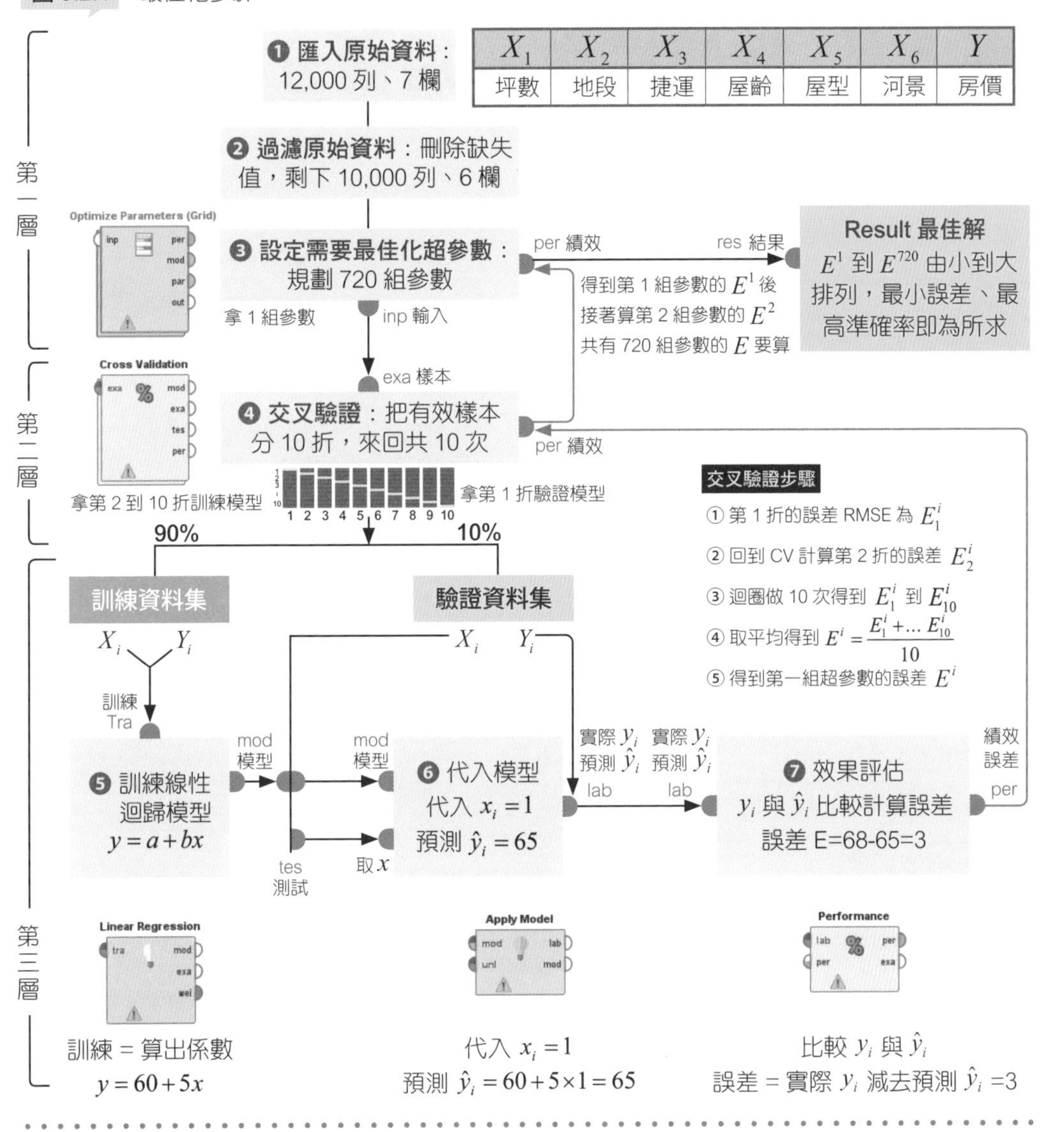

最佳化流程

❶ 匯入原始資料
❷ 過濾原始資料
❸ 設定需要最佳化超參數
❹ 交叉檢驗（Cross Validation, CV）。分 10 折
❺ 訓練模型（Modeling）。即為算出模型係數
❻ 代入模型（Apply Model）。代入 $x_i = 1$，得到預測 $\hat{y}_i = 65$
❼ 效果評估（Performance）。算誤差，實際 y_i 減去預測 $\hat{y}_i$ 為 3

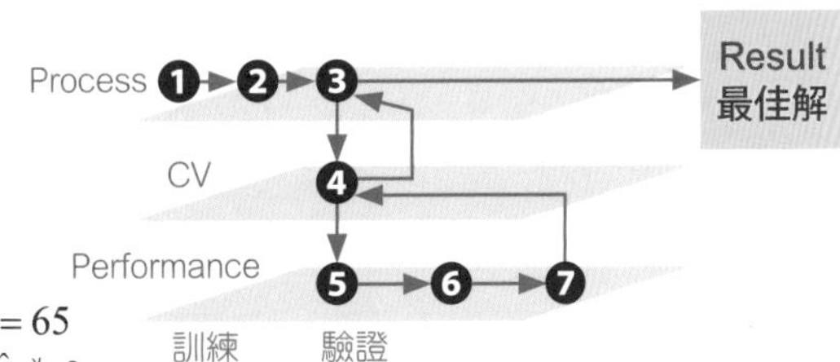

9.3 實例操作 - 房價分析

9.3.1 資料解析

本章範例為波士頓某地區的房價資料，包含 CRIM、ZN、INDUS、CHAS、NOX、RM、AGE、DIS、RAD、TAX、PTRATIO、B、LSTAT 共 13 個變數 X，及 MEDV 一個目標值，總共 14 個欄位。透過分析，我們可以獲知哪個變數 X 對房價有很大的影響，再藉此模型預測房價。

表 9.3.1　範例資料 C9_Housing.csv（僅節錄部分數據）

CRIM 社區犯罪率	ZN 住宅區比率	INDUS 工業區比率	CHAS 查爾斯河邊	NOX 一氧化碳濃度	RM 房間數量	AGE 屋齡在 1940 前比率
0.00632	18	2.31	0	0.538	6.575	65.2
0.02731	0	7.07	0	0.469	6.421	78.9
0.02729	0	7.07	0	0.469	7.185	61.1
0.03237	0	2.18	0	0.458	6.998	45.8
0.06905	0	2.18	0	0.458	7.147	54.2

DIS 與市區距離	RAD 周邊公路數	TAX 社區所得稅	PTRATIO 師生比率	B 黑人比率	LSTAT 低收入比率	MEDV 房價中位數
4.09	1	296	15.3	396.9	4.98	24
4.9671	2	242	17.8	396.9	9.14	21.6
4.9671	2	242	17.8	392.83	4.03	34.7
6.0622	3	222	18.7	394.63	2.94	33.4
6.0622	3	222	18.7	396.9	5.33	36.2

9.3.2 匯入資料

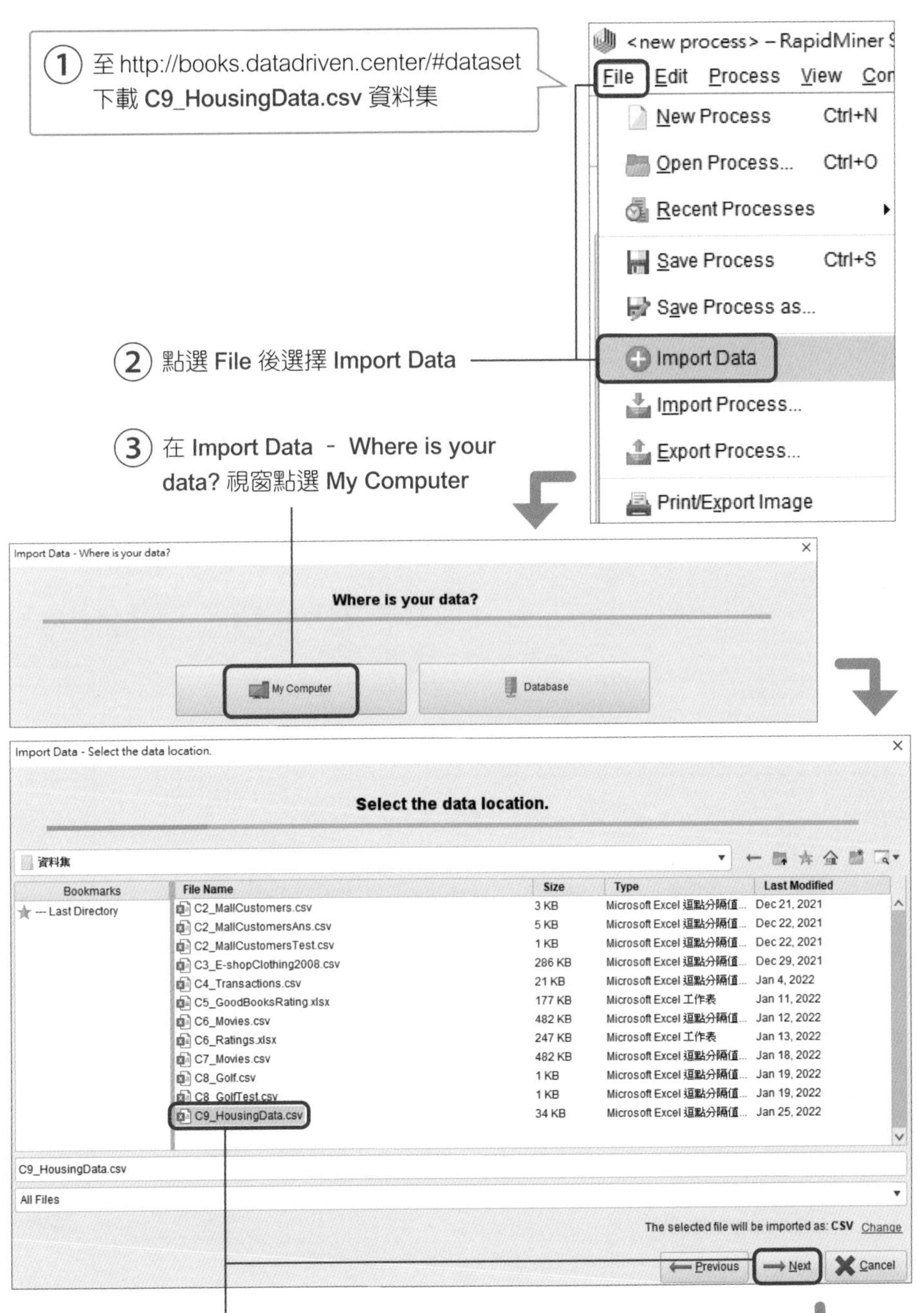

① 至 http://books.datadriven.center/#dataset 下載 C9_HousingData.csv 資料集
② 點選 File 後選擇 Import Data
③ 在 Import Data - Where is your data? 視窗點選 My Computer
④ 選擇步驟 1 下載好的 C9_HousingData.csv 資料集，並點選 → Next
<new process> – RapidMiner
File
Edit
Process
View
New Process Ctrl+N
Open Process... Ctrl+O
Recent Processes
Save Process Ctrl+S
Save Process as...
Import Data
Import Process...
Export Process...
Print/Export Image
Import Data - Where is your data?
Where is your data?
My Computer
Database
Import Data - Select the data location.
Select the data location.
資料集
Bookmarks
Last Directory
File Name
Size
Type
Last Modified
C2_MallCustomers.csv
C2_MallCustomersAns.csv
C2_MallCustomersTest.csv
C3_E-shopClothing2008.csv
C4_Transactions.csv
C5_GoodBooksRating.xlsx
C6_Movies.csv
C6_Ratings.xlsx
C7_Movies.csv
C8_Golf.csv
C8_GolfTest.csv
C9_HousingData.csv
All Files
The selected file will be imported as: CSV Change
Previous
Next
Cancel

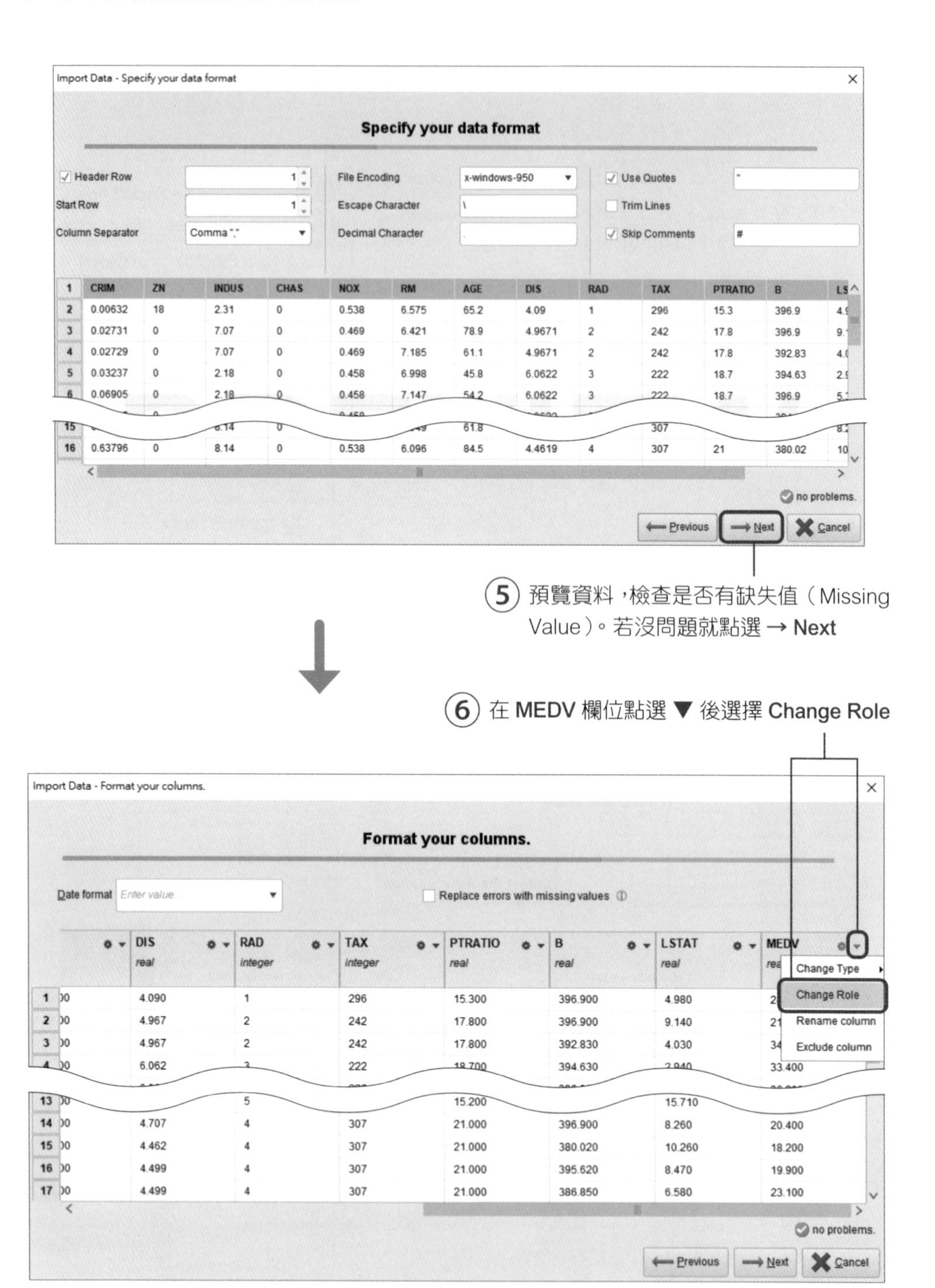
Import Data - Specify your data format
Specify your data format
Header Row
Start Row
Column Separator
Comma ","
File Encoding
x-windows-950
Escape Character
Decimal Character
Use Quotes
Trim Lines
Skip Comments
no problems.
Previous
Next
Cancel
⑤ 預覽資料，檢查是否有缺失值（Missing Value）。若沒問題就點選 → Next
⑥ 在 MEDV 欄位點選 ▼ 後選擇 Change Role
Import Data - Format your columns.
Format your columns.
Date format
Enter value
Replace errors with missing values
Change Type
Change Role
Rename column
Exclude column
no problems.
Previous
Next
Cancel

⑦ 在 **Change role** 視窗中點 ▼ 後選擇 **label**，之後點選 **OK**

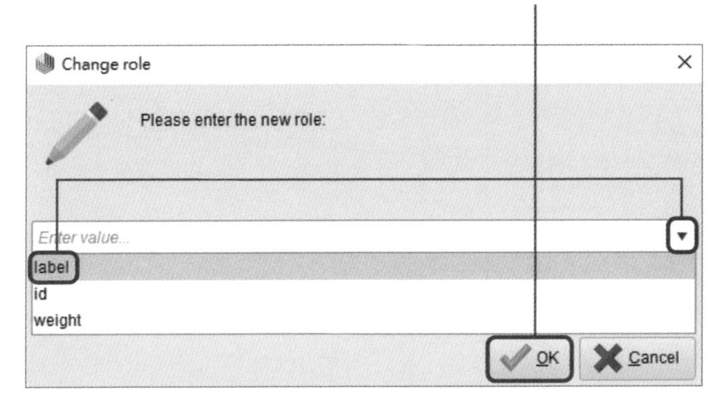

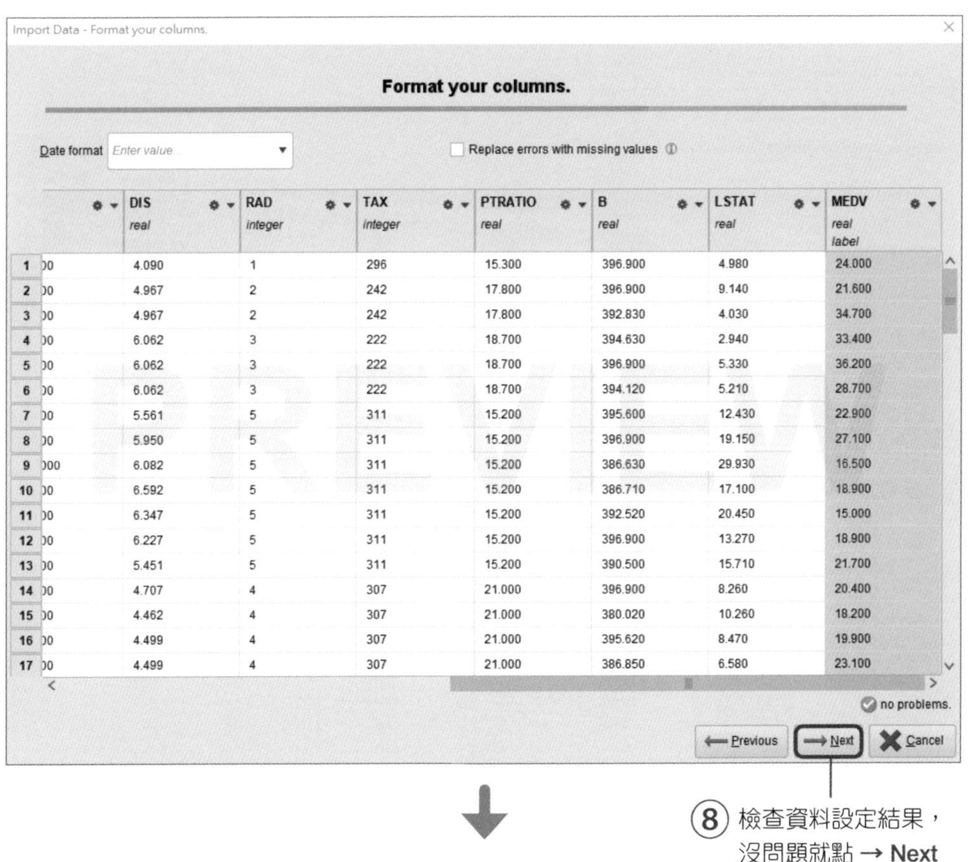

⑧ 檢查資料設定結果，沒問題就點 → **Next**

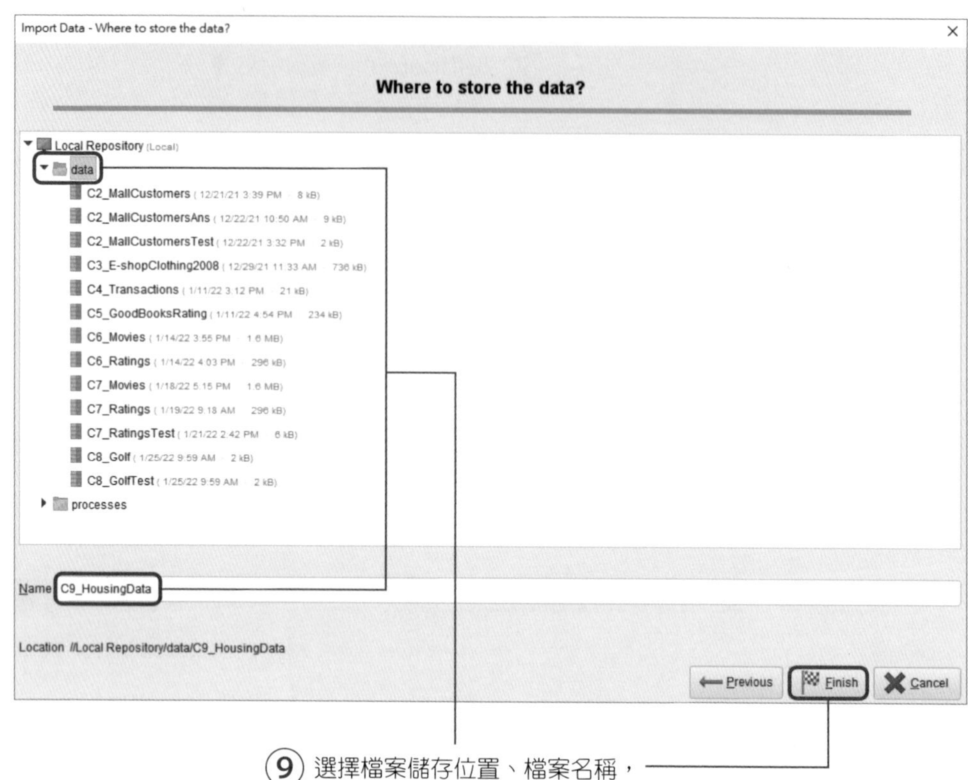

⑨ 選擇檔案儲存位置、檔案名稱，確認儲存路徑後，點選 Finish

Result History | ExampleSet (//Local Repository/data/C9_HousingData)

Open in Turbo Prep | Auto Model — Filter (506 / 506 examples): all

Data / Statistics / Visualizations / Annotations

Row No.	MEDV	CRIM	ZN	INDUS	CHAS	NOX	RM	AGE	DIS	RAD
1	24	0.006	18	2.310	0	0.538	6.575	65.200	4.090	1
2	21.600	0.027	0	7.070	0	0.469	6.421	78.900	4.967	2
3	34.700	0.027	0	7.070	0	0.469	7.185	61.100	4.967	2
4	33.400	0.032	0	2.180	0	0.458	6.998	45.800	6.062	3
5	36.200	0.069	0	2.180	0	0.458	7.147	54.200	6.062	3
6	28.700	0.030	0	2.180	0	0.458	6.430	58.700	6.062	3
7	22.900	0.088	12.500	7.870	0	0.524	6.012	66.600	5.561	5
8	27.100	0.145	12.500	7.870	0	0.524	6.172	96.100	5.950	5
9	16.500	0.211	12.500	7.870	0	0.524	5.631	100	6.082	5
10	18.900	0.170	12.500	7.870	0	0.524	6.004	85.900	6.592	5

⑩ 匯入完成，預覽資料

⑪ 點 ExampleSet（//Local Repository/data/C9_HousingData）的 Statistics，可以看到目標欄位有 54 個缺失值

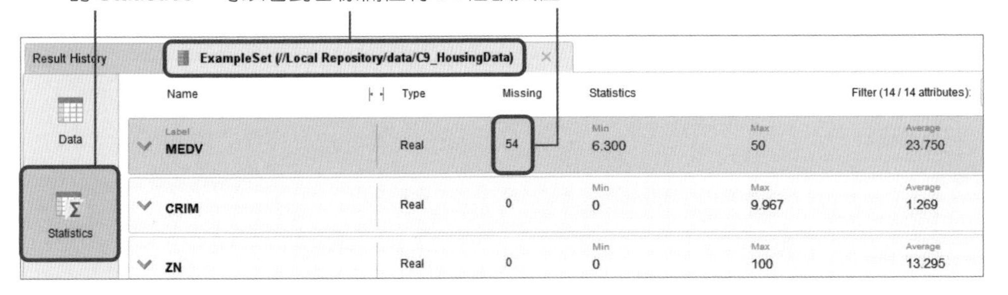

9.3.3 選擇分析方法

分析目標

利用這筆資料，建立一個模型：按房屋條件，預測房價為何。

設計流程

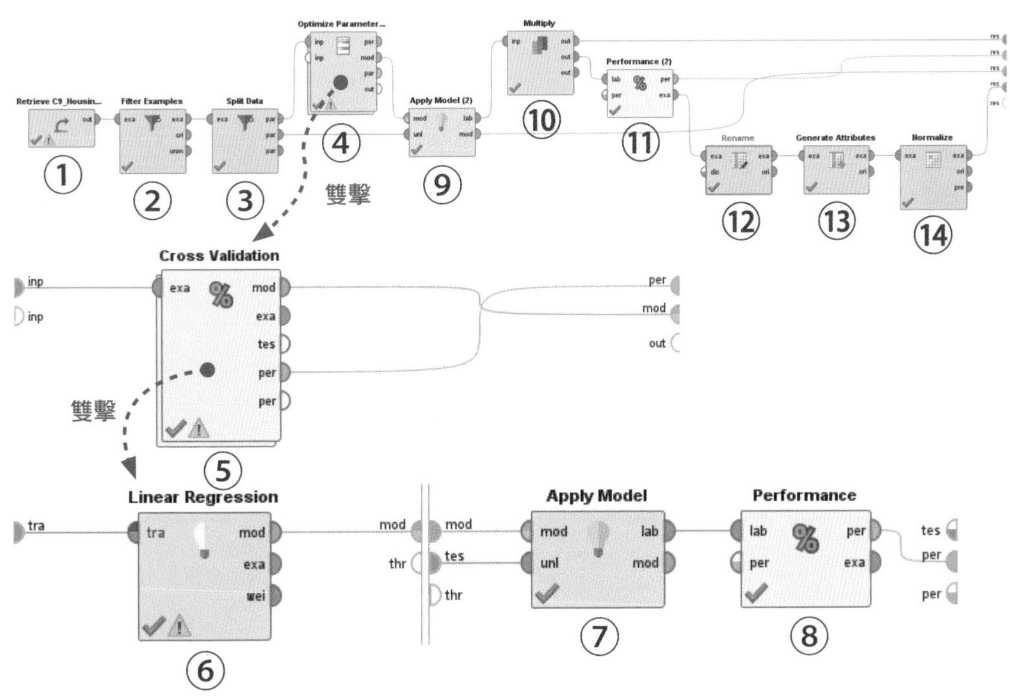

表 9.3.2 組件清單

組件索引	組件	操作	說明
1. 原始資料	Repository ↳ Local Repository ↳ data ↳ C9_HousingData	拖拉至畫布中	1 個標籤 Y、 2 個定性變數 X、 2 個定量變數 X
2. 過濾樣本	Operators ↳ Blending ↳ Examples ↳ Filter ↳ Filter Examples	拖拉至畫布中	刪除缺失值
3. 分割樣本	Operators ↳ Blending ↳ Examples ↳ Sampling ↳ Split Data	拖拉至畫布中	70% 訓練資料集、 30% 驗證資料集
4. 最佳化	Operator ↳ Modeling ↳ Optimization ↳ Parameters ↳ Optimize Parameters（Grid）	拖拉至畫布中	找最佳的交叉驗證 模組參數
5. 交叉驗證	Operators ↳ Validation ↳ Cross Validation	拖拉至畫布中	交叉驗證
6. 線性迴歸	Operators ↳ Modeling ↳ Predictive ↳ Functions ↳ Linear Regression	拖拉至畫布中	用變數 X 來預測房價
7. 代入模型	Operators ↳ Scoring ↳ Apply Model	拖拉至畫布中	預測交叉驗證所分割 出來的驗證資料集

接下頁

組件索引	組件	操作	說明
8. 績效評估	Operators ↳ Validation ↳ Performance ↳ Predictive ↳ Performance（Regression）	拖拉至畫布中	計算均方根誤差
9. 代入模型	Operators ↳ Scoring ↳ Apply Model	拖拉至畫布中	對測試資料做預測
10. 複製資料	Operators ↳ Utility ↳ Multiply	拖拉至畫布中	把原來的資料複製成許多份輸出到後面的組件
11. 績效評估	Operators ↳ Validation ↳ Performance ↳ Predictive ↳ Performance（Regression）	拖拉至畫布中	計算均方根誤差
12. 重新命名	Operators ↳ Blending ↳ Attributes ↳ Names & Roles ↳ Rename	拖拉至畫布中	重新命名預測值
13. 產生特徵	Operators ↳ Blending ↳ Generation ↳ Generate Attributes	拖拉至畫布中	計算殘差
14. 標準化	Operators ↳ Cleansing ↳ Normalization ↳ Normalize	拖拉至畫布中	將殘差標準化

9.3.4 設定參數

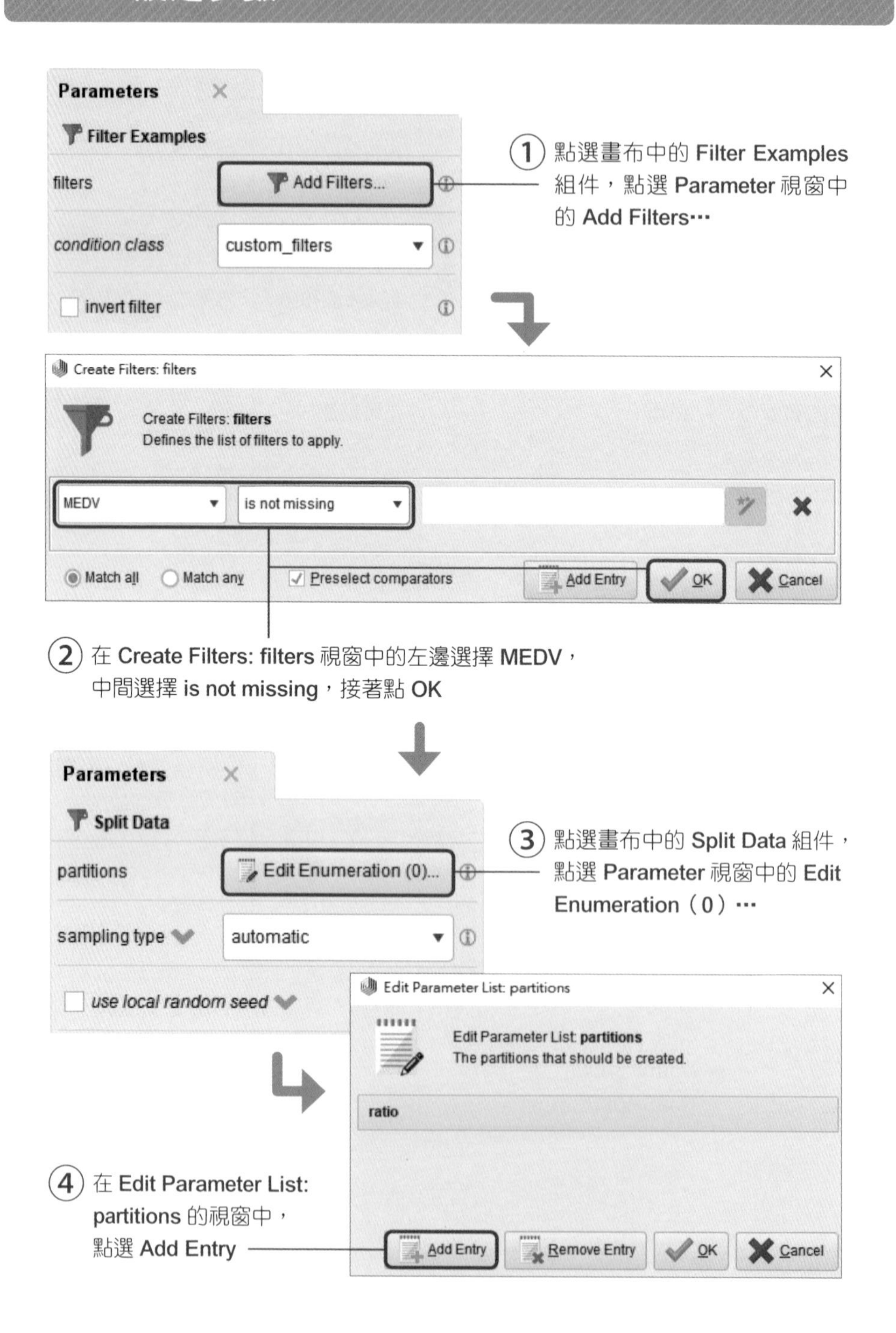
Parameters
Filter Examples
filters
Add Filters...
condition class
custom_filters
invert filter
① 點選畫布中的 Filter Examples 組件，點選 Parameter 視窗中的 Add Filters…
Create Filters: filters
Create Filters: filters
Defines the list of filters to apply.
MEDV
is not missing
Match all
Match any
Preselect comparators
Add Entry
OK
Cancel
② 在 Create Filters: filters 視窗中的左邊選擇 MEDV，中間選擇 is not missing，接著點 OK
Parameters
Split Data
partitions
Edit Enumeration (0)...
sampling type
automatic
use local random seed
③ 點選畫布中的 Split Data 組件，點選 Parameter 視窗中的 Edit Enumeration（0）…
Edit Parameter List: partitions
Edit Parameter List: partitions
The partitions that should be created.
ratio
④ 在 Edit Parameter List: partitions 的視窗中，點選 Add Entry
Add Entry
Remove Entry
OK
Cancel

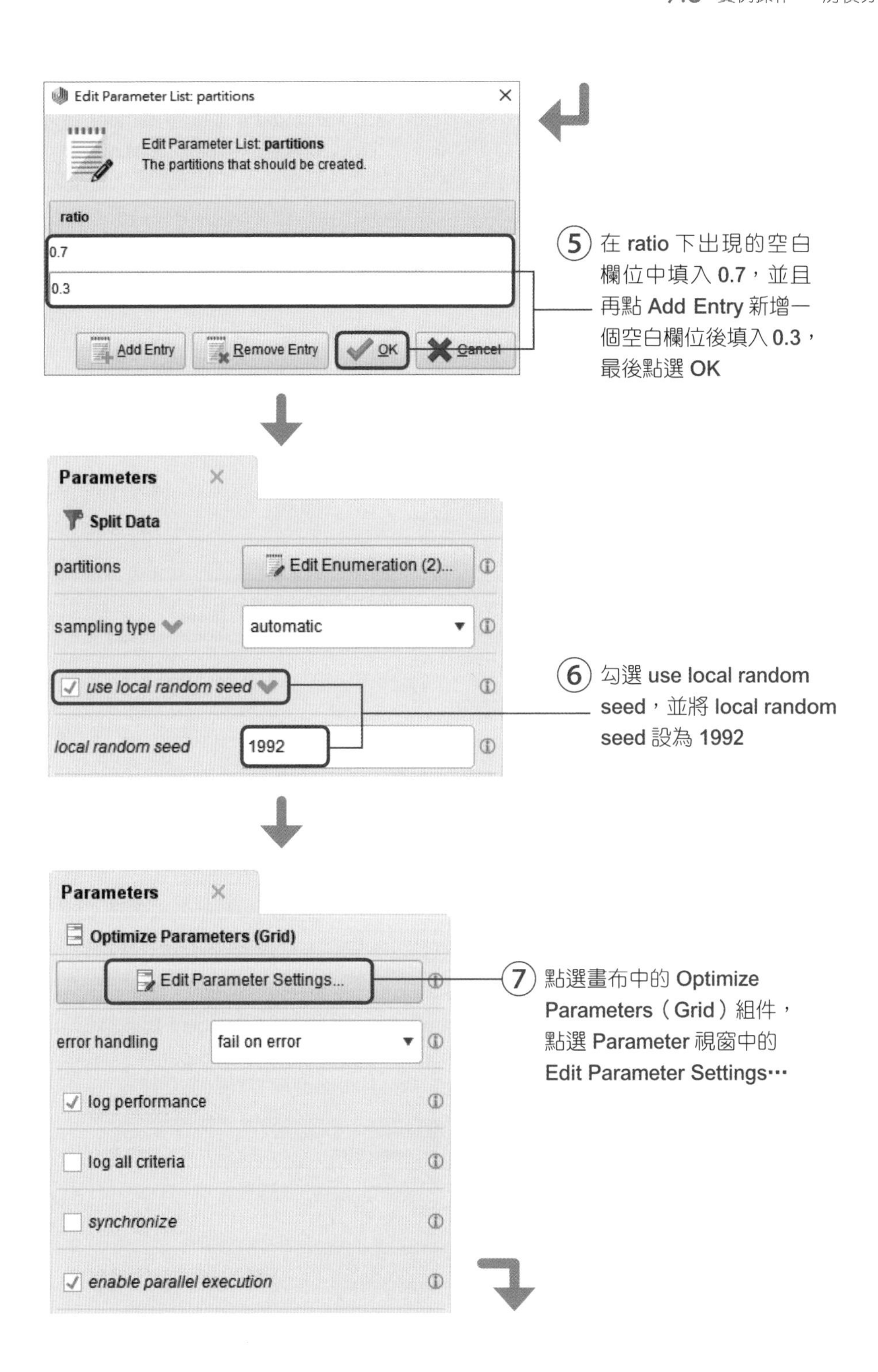
Edit Parameter List: partitions
Edit Parameter List: partitions
The partitions that should be created.
ratio
0.7
0.3
Add Entry
Remove Entry
OK
Cancel
⑤ 在 ratio 下出現的空白欄位中填入 0.7，並且再點 Add Entry 新增一個空白欄位後填入 0.3，最後點選 OK
Parameters
Split Data
partitions
Edit Enumeration (2)...
sampling type
automatic
use local random seed
local random seed
1992
⑥ 勾選 use local random seed，並將 local random seed 設為 1992
Parameters
Optimize Parameters (Grid)
Edit Parameter Settings...
error handling
fail on error
log performance
log all criteria
synchronize
enable parallel execution
⑦ 點選畫布中的 Optimize Parameters（Grid）組件，點選 Parameter 視窗中的 Edit Parameter Settings…

⑧ 在 **Select Parameters: configure operator** 視窗中的 **Operators** 區域，選擇 **Cross Validation（Cross Validation）**，接著使用→將 **Parameters** 區域的 **number_of_folds** 移至 **Selected Parameters** 區域。最後，在 **Grid/Range** 的區域設定 **Min** 為 **2**、**Max** 為 **10**、**Step** 為 **8**、**Scale** 為 **linear**。經過此設定，我們會從 2 開始嘗試，並且另外嘗試 8 個值，最大值為 10，線性增加。再次提醒，只看最佳的交叉驗證結果，有可能會出現擬合過度的問題

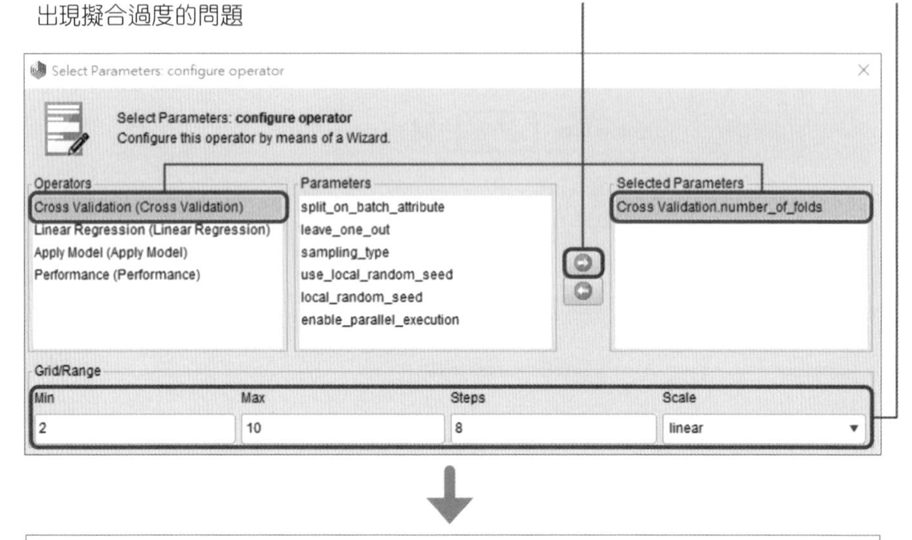

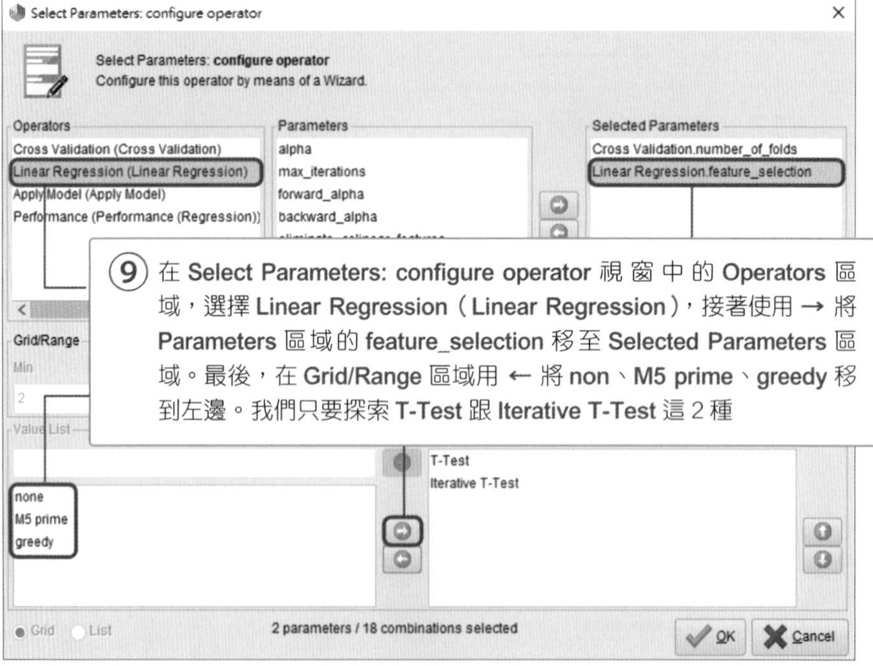

⑨ 在 **Select Parameters: configure operator** 視窗中的 **Operators** 區域，選擇 **Linear Regression（Linear Regression）**，接著使用 → 將 **Parameters** 區域的 **feature_selection** 移至 **Selected Parameters** 區域。最後，在 **Grid/Range** 區域用 ← 將 **non**、**M5 prime**、**greedy** 移到左邊。我們只要探索 **T-Test** 跟 **Iterative T-Test** 這 2 種

⑩ 在 **Select Parameters: configure operator** 視窗中的 **Operators** 區域，選擇 **Linear Regression（Linear Regression）**，接著使用 → 將 **Parameters** 區域的 **eliminate_colinear_feature** 移至 **Selected Parameters** 區域。RapidMiner 會自動探索 **true** 跟 **false** 這 2 個選項

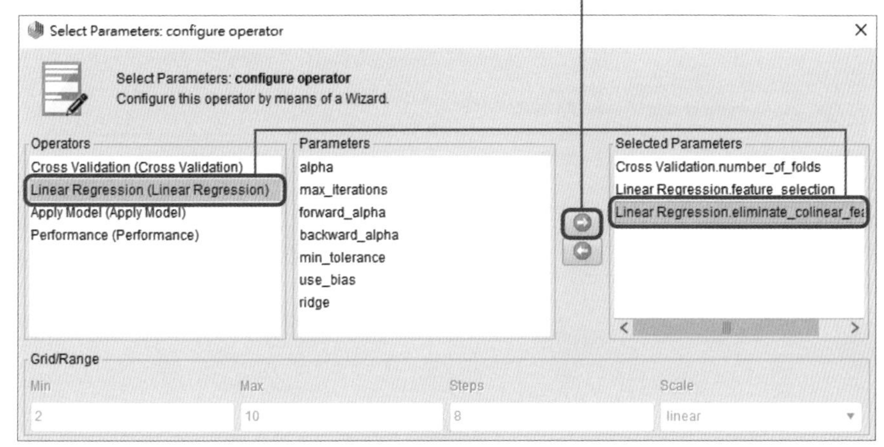

⑪ 在 **Select Parameters: configure operator** 視窗中的 **Operators** 區域，選擇 **Linear Regression（Linear Regression）**，接著使用 → 將 **Parameters** 區域的 **min_tolerance** 移至 **Selected Parameters** 區域。最後，在 **Grid/Range** 的區域設定 **Min** 為 **0.01**、**Max** 為 **0.1**、**Step** 為 **9**、**Scale** 為 **linear**。經過此設定，我們會從 0.01 開始嘗試，並且另外嘗試 9 個值，最大值為 0.1，線性增加

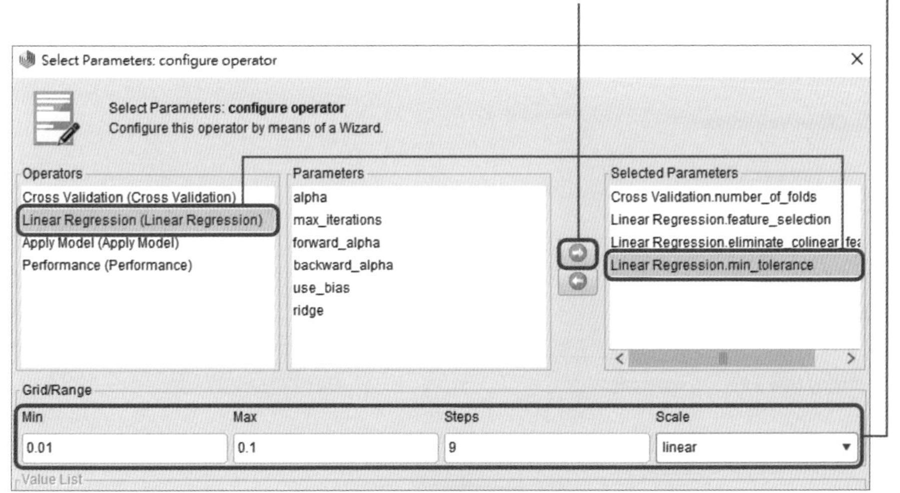

⑫ 在 **Select Parameters: configure operator** 視窗中的 **Operators** 區域，選擇 **Linear Regression（Linear Regression）**，接著使用 → 將 **Parameters** 區域的 **use_bias** 移至 **Selected Parameters** 區域，RapidMiner 會自動探索 **true** 跟 **false** 這 2 個選項。最後點選 **OK**，如此一來 RapidMiner 總共會探索 720 種超參數組合

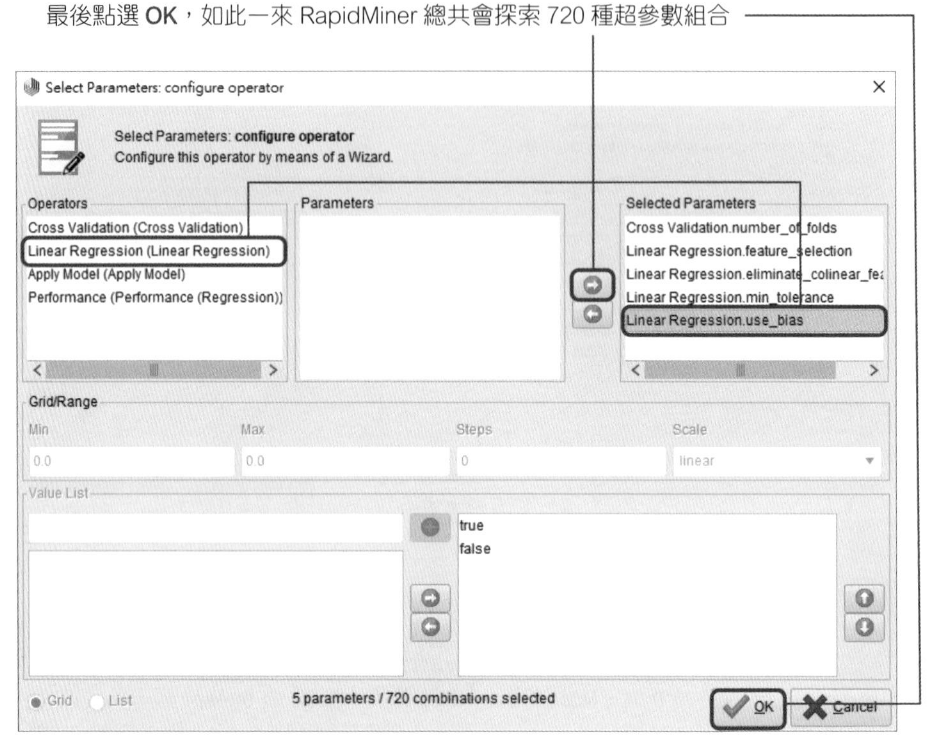

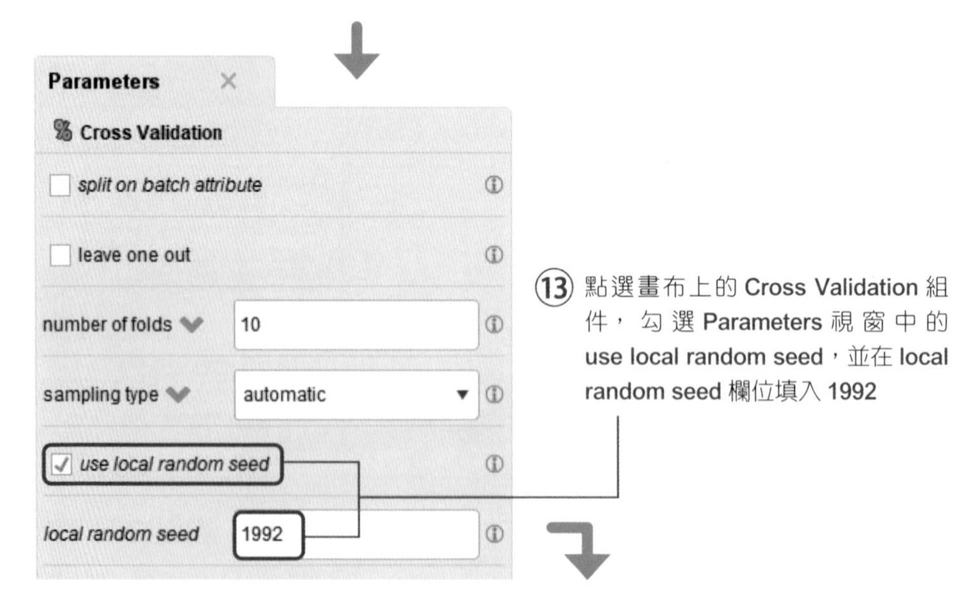

⑬ 點選畫布上的 **Cross Validation** 組件，勾選 **Parameters** 視窗中的 **use local random seed**，並在 **local random seed** 欄位填入 **1992**

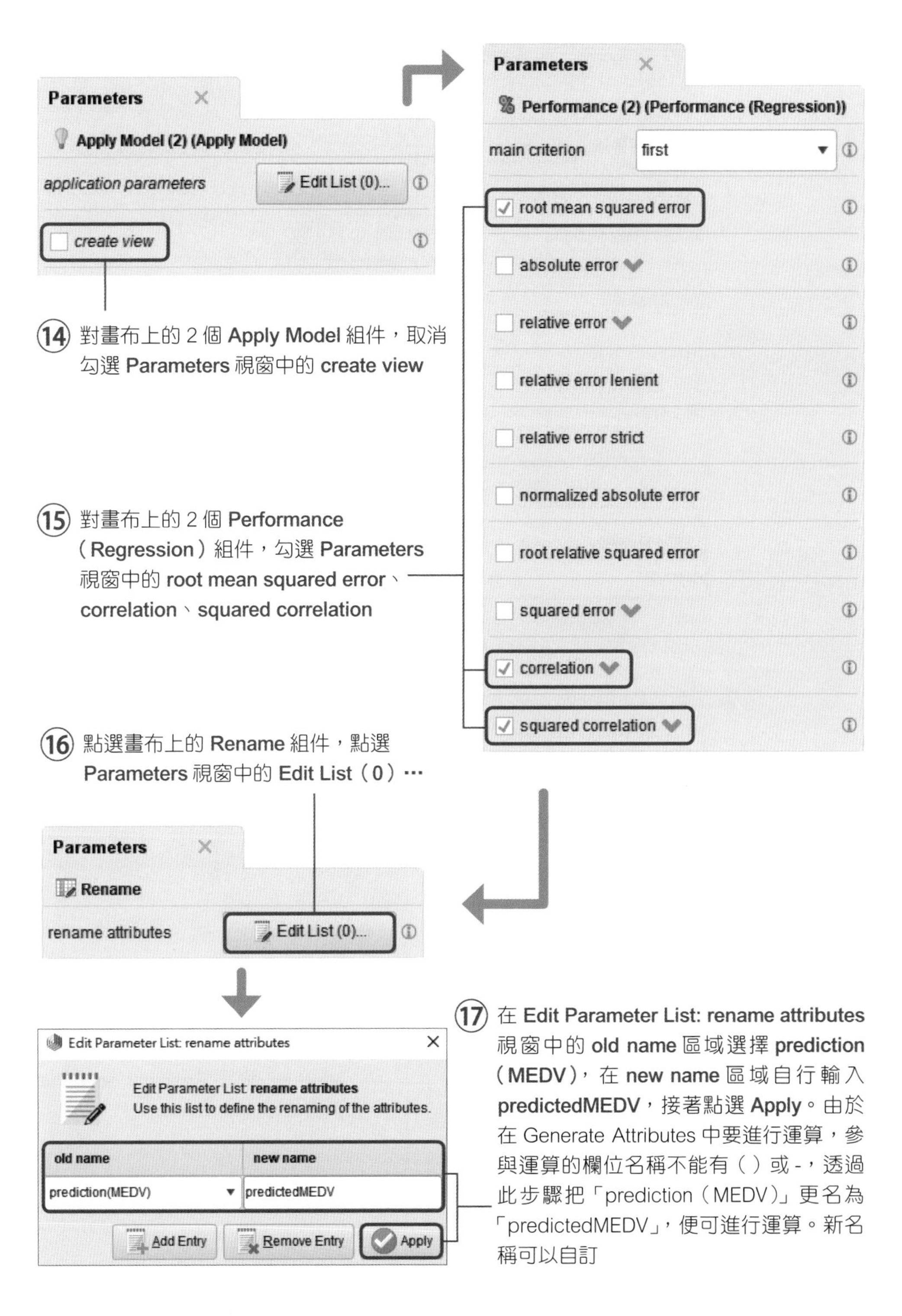

⑭ 對畫布上的 2 個 Apply Model 組件，取消勾選 Parameters 視窗中的 create view

⑮ 對畫布上的 2 個 Performance（Regression）組件，勾選 Parameters 視窗中的 root mean squared error、correlation、squared correlation

⑯ 點選畫布上的 Rename 組件，點選 Parameters 視窗中的 Edit List（0）…

⑰ 在 Edit Parameter List: rename attributes 視窗中的 old name 區域選擇 prediction（MEDV），在 new name 區域自行輸入 predictedMEDV，接著點選 Apply。由於在 Generate Attributes 中要進行運算，參與運算的欄位名稱不能有（）或 -，透過此步驟把「prediction（MEDV）」更名為「predictedMEDV」，便可進行運算。新名稱可以自訂

⑱ 點選畫布上的 Generate Attributes 組件，點選 Parameters 視窗中的 Edit List(0)⋯

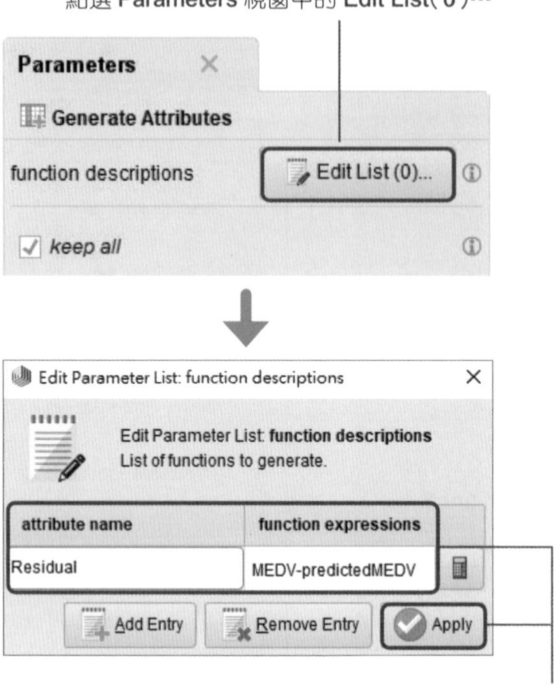

⑲ 在 Edit Parameter List: function description 視窗中的 attribute name 區域自行輸入 Residual，在 function expressions 區域自行輸入 MEDV-predictedMEDV，接著點選 Apply

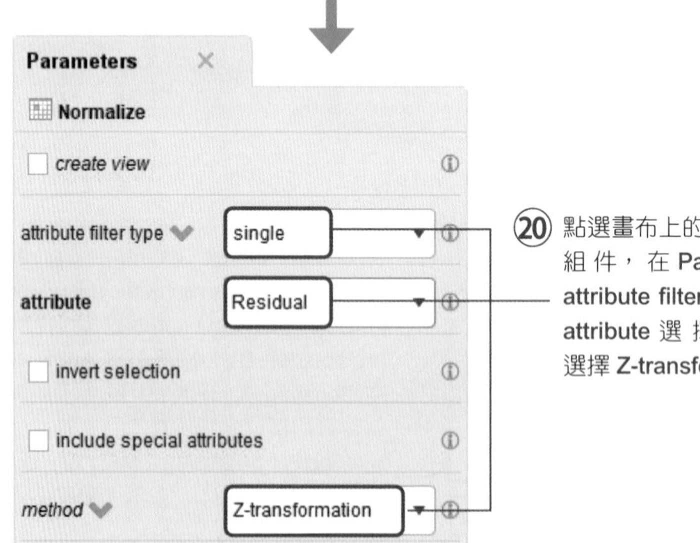

⑳ 點選畫布上的 Generate Attributes 組件，在 Parameters 視窗中的 attribute filter type 選擇 single，attribute 選擇 Residual，method 選擇 Z-transformation

9.3.5 執行結果

① 點選 Start the execution of the current process

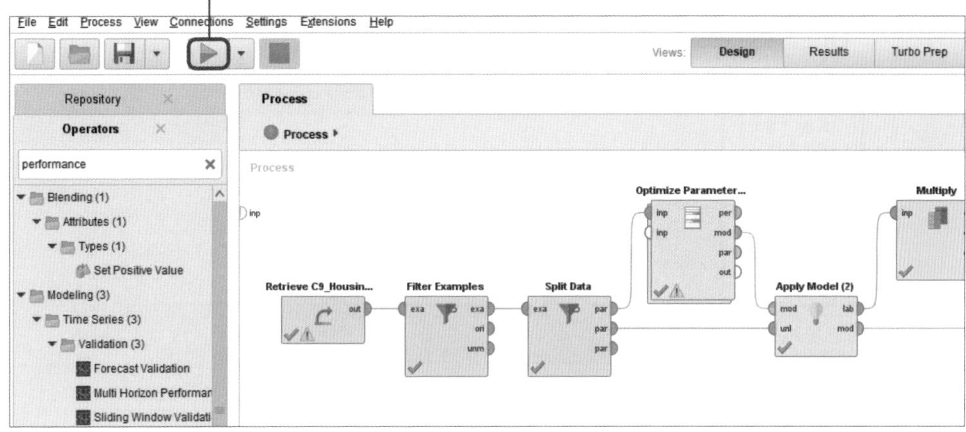

② 點選 LinearRegression（Linear Regression）中的 Data，點一下 p-Value 欄位標題，讓表格根據此欄位從小到大排列。Attribute 欄位是變數，Coefficient 是該變數的迴歸係數，t-Stat 是 t 檢定中的檢定統計量，p-Value 是 p 值，Code 是指該變數對標籤的顯著程度。可以發現當顯著水準為 0.05 時，紅色框中變數的 p 值都小於 0.001，因此是非常顯著。藍色框中變數的 p 值都小於 0.01，也是顯著。綠色框中變數的 p 值就大於等於 0.05，因此不顯著

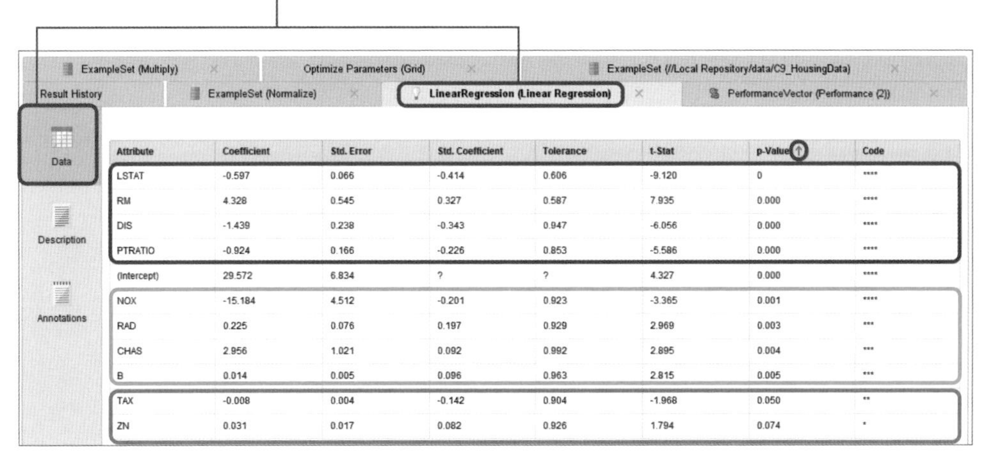

Attribute	Coefficient	Std. Error	Std. Coefficient	Tolerance	t-Stat	p-Value	Code
LSTAT	-0.597	0.066	-0.414	0.606	-9.120	0	****
RM	4.328	0.545	0.327	0.587	7.935	0.000	****
DIS	-1.439	0.238	-0.343	0.947	-6.056	0.000	****
PTRATIO	-0.924	0.166	-0.226	0.853	-5.586	0.000	****
(Intercept)	29.572	6.834	?	?	4.327	0.000	****
NOX	-15.184	4.512	-0.201	0.923	-3.365	0.001	****
RAD	0.225	0.076	0.197	0.929	2.969	0.003	***
CHAS	2.956	1.021	0.092	0.992	2.895	0.004	***
B	0.014	0.005	0.096	0.963	2.815	0.005	***
TAX	-0.008	0.004	-0.142	0.904	-1.968	0.050	**
ZN	0.031	0.017	0.082	0.926	1.794	0.074	*

③ 點選 LinearRegression（Linear Regression）中的 Description，每個變數所對應的迴歸係數，以及模型的截距值

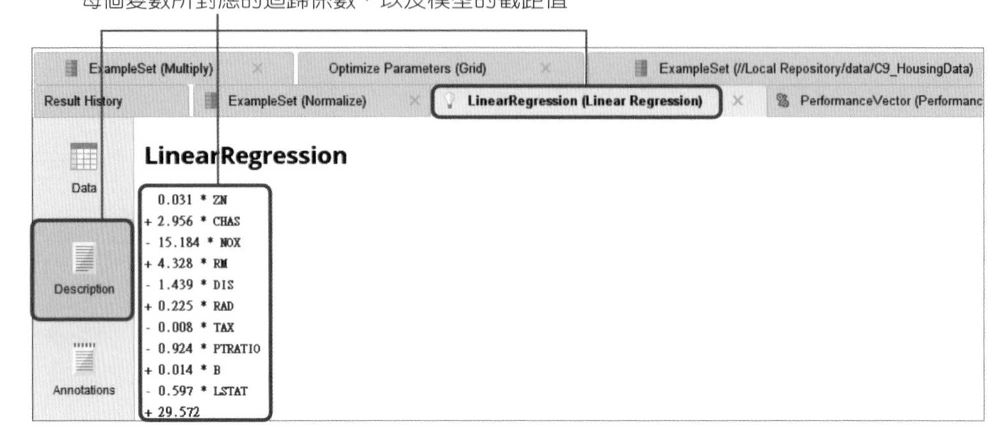

④ 點選 PerformanceVector（Performance（2））的 Description，可以看到模型的均方根誤差在 95% 的信心水準下，最大誤差為 3.712（千美元），判定係數（迴歸方程式對於資料的詮釋能力）為 81%

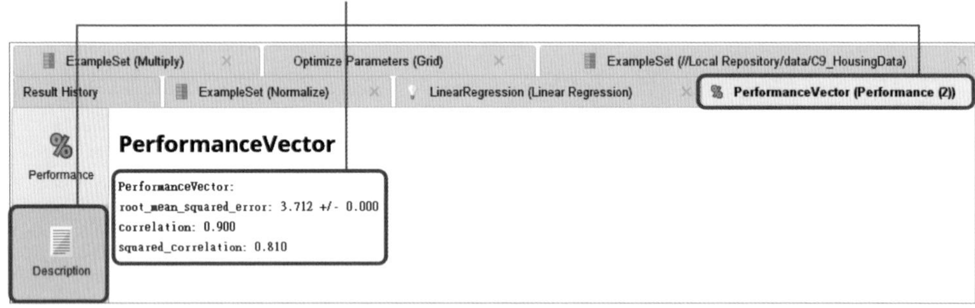

⑤ 點選 ExampleSet（Multiply）的 Data，可以看到每筆資料的 13 個變數，以及對應的真實值跟預測值

Row No.	MEDV	prediction(M...	CRIM	ZN	INDUS	CHAS	NOX	RM	AGE	DIS
1	24	30.895	0.006	18	2.310	0	0.538	6.575	65.200	4.090
2	34.700	31.624	0.027	0	7.070	0	0.469	7.185	61.100	4.967
3	33.400	29.639	0.032	0	2.180	0	0.458	6.998	45.800	6.062
4	36.200	28.889	0.069	0	2.180	0	0.458	7.147	54.200	6.062
5	27.100	18.920	0.145	12.500	7.870	0	0.524	6.172	96.100	5.950
6	16.500	9.802	0.211	12.500	7.870	0	0.524	5.631	100	6.082
7	15	18.398	0.225	12.500	7.870	0	0.524	6.377	94.300	6.347
8	18.900	21.329	0.117	12.500	7.870	0	0.524	6.009	82.900	6.227
9	21.700	20.377	0.094	12.500	7.870	0	0.524	5.889	39	5.451
10	17.500	16.942	0.784	0	8.140	0	0.538	5.990	81.700	4.258

⑥ 點選 **ExampleSet（Multiply）**的 **Visualizations**，在 **Plot type** 選 **Line**，**X-axis column** 選 **-**，**Value columns** 選 **prediction（MEDV）**以及 **MEDV**，可以看到每筆資料真實值跟預測值的差異

⑦ 點選 **ExampleSet（Normalize）**中的 **Data**，可以看到實際值跟預測值的差異，也就是殘差

Row No.	MEDV	predictedMEDV	Residual	CRIM	ZN	INDUS	CHAS	NOX	RM	AGE
1	24	30.895	-1.747	0.006	18	2.310	0	0.538	6.575	65.200
2	34.700	31.624	0.947	0.027	0	7.070	0	0.469	7.185	61.100
3	33.400	29.639	1.132	0.032	0	2.180	0	0.458	6.998	45.800
4	36.200	28.889	2.091	0.069	0	2.180	0	0.458	7.147	54.200
5	27.100	18.920	2.326	0.145	12.500	7.870	0	0.524	6.172	96.100
6	16.500	9.802	1.925	0.211	12.500	7.870	0	0.524	5.631	100
7	15	18.398	-0.802	0.225	12.500	7.870	0	0.524	6.377	94.300
8	18.900	21.329	-0.541	0.117	12.500	7.870	0	0.524	6.009	82.900
9	21.700	20.377	0.473	0.094	12.500	7.870	0	0.524	5.889	39
10	17.500	16.942	0.267	0.784	0	8.140	0	0.538	5.990	81.700

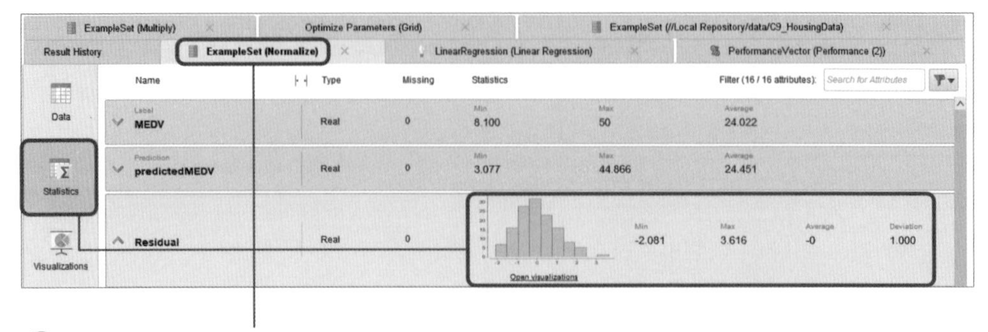

⑧ 點選 ExampleSet（Normalize）中的 Statistics，點一下 Residual 的欄位，可以看到殘差的敘述統計。標準化殘差的平均值為 0，標準差為 1，殘差的分布接近常態分配

⑨ 點 選 ExampleSet（Normalize） 中 的 Visualizations， 在 Plot type 選 Histogram，Value columns 選 Residual，Number of Bins 填入 10。可以看到殘差的直方圖近似常態分配，此外，標準化殘差介於 -0.372 到 0.198 之間的樣本有 32 筆

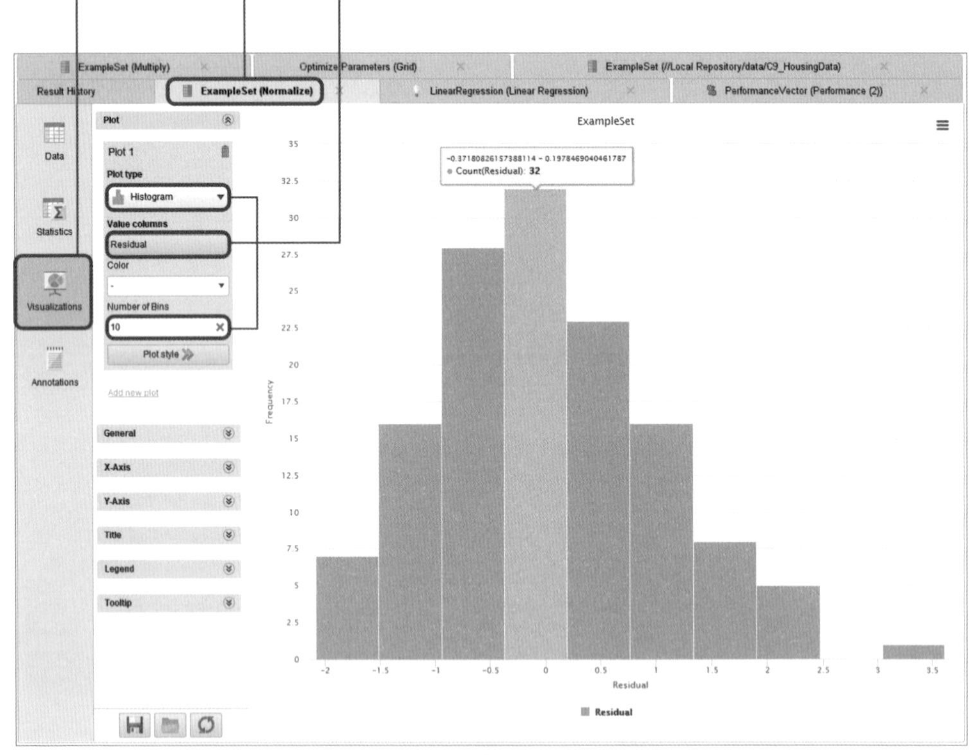

⑩ 點選 **ExampleSet（Normalize）** 中的 **Visualizations**，在 **Plot type** 選 **Scatter/Bubble**，**X-axis column** 選 **-**，**Value columns** 選 **Residual**，**Color** 選 **Residual**。可以發現有一筆資料的殘差很大（從 0 開始數，第 60 號的資料，也就是 **ExampleSet（Normalize）** 裡 **Row No.** 為 61 的資料），也許是離群值，將離群值刪除，可以提高模型的效能。對大樣本（資料筆數大於 30），若樣本的殘差經 t 分配的標準化之後，標準化殘差介於 -1.96 到 1.96 之間，則有 95% 的信心水準稱該樣本不是離群值

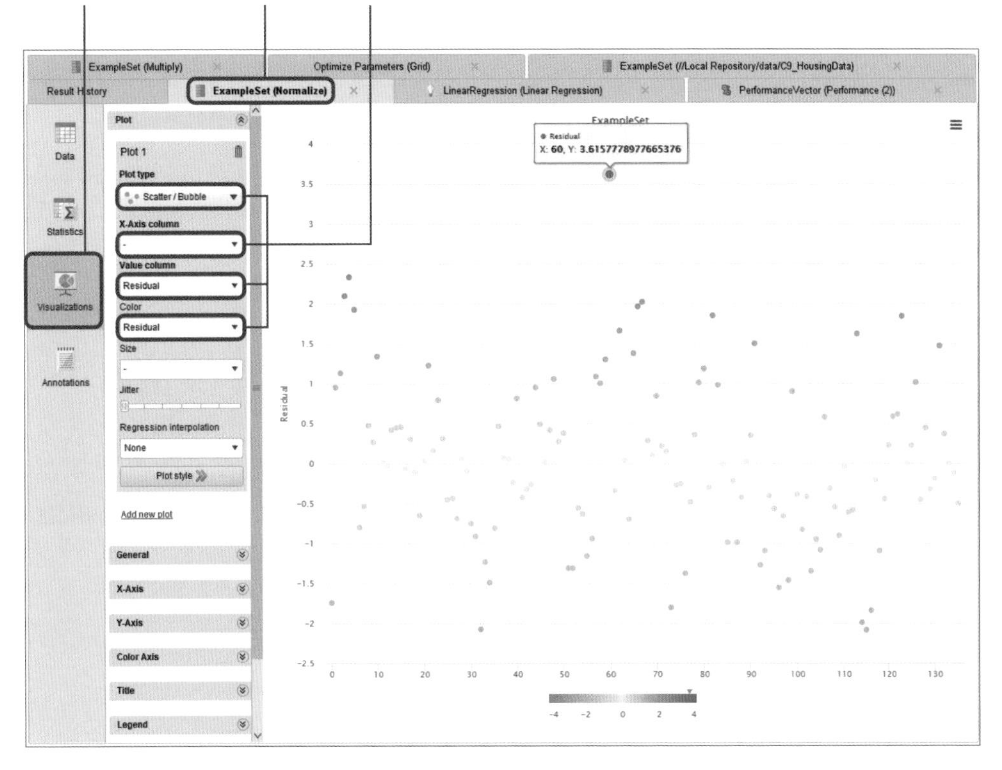

ExampleSet (Multiply) | Optimize Parameters (Grid) | ExampleSet (//Local Repository/data/C9_HousingData)

Result History | ExampleSet (Normalize) | LinearRegression (Linear Regression) | PerformanceVector (Performance (2))

Data | Statistics | Visualizations | Annotations

Open in Turbo Prep Auto Model

Filter (136 / 136 examples): all

Row No.	MEDV	predictedMEDV	Residual	CRIM	ZN	INDUS	CHAS	NOX	RM	AGE	DIS
61	50	37.046	3.616	0.056	0	2.460	0	0.488	7.831	53.600	3.19[illegible]
62	32	33.700	-0.344	0.079	45	3.440	0	0.437	6.782	41.100	3.789
63	37	31.272	1.663	0.091	45	3.440	0	0.437	6.951	21.500	6.480
64	30.500	30.772	0.042	0.069	45	3.440	0	0.437	6.739	30.800	6.480
65	33.300	36.302	-0.695	0.040	80	1.520	0	0.404	7.287	34.100	7.309
66	34.900	30.213	1.382	0.032	95	1.470	0	0.403	6.975	15.300	7.653
67	48.500	41.655	1.965	0.035	95	2.680	0	0.416	7.853	33.200	5.118
68	50	42.962	2.017	0.020	95	2.680	0	0.416	8.034	31.900	5.118
69	24.400	23.791	0.280	0.230	0	10.590	0	0.489	6.326	52.500	4.355
70	22.400	22.432	0.107	0.217	0	10.590	1	0.489	5.807	53.800	3.653

9.3.6 詮釋結果

解讀模型

- 判定係數：迴歸模型對資料有「解釋能力」。
- 係數為 0 的 t 檢定：以 RAD 為例。RAD 的係數為 0 的機率 ≤0.3%，代表「交通便利性 RAD 對房價 Y 有顯著的影響」。
- 係數大小：若 RAD 的係數顯著不為 0，則 RAD 的係數 +0.225 才有意義，也就是當交通便利性 RAD「每增加 1 單位」，則房價 Y「增加 0.225 單位」。
- 即係數大小表示「X 對 Y 的影響程度」，也就是「X 對 Y 的權重」。
- 係數正負號：係數大於 0，表示若 X 增加，則 Y 增加；係數小於 0，表示若 X 增加，則 Y 減少。比如當空氣汙染指標 NOX 每增加 1 單位，則房價 Y「下降 15.184 單位」。

分析結果

- 對房價有顯著影響的變數為：房間數、與市區距離、周邊公路、生 / 師比率、黑人比率、低收入比率。
- 模型對資料的詮釋能力為：81.0%。
- 在 95% 的信心水準下最大誤差為： 3.712 (千美元)。

9.4 房價預測

9.4.1 資料解析

依房屋仲介長年的經驗，影響房價的關鍵因素包括：社區犯罪率、住宅區比率、非商業區比率、靠河邊 (是 =1、否 =0)。若業務員開發 3 間委託出售的房屋，並將相關資料輸入 Excel 如下，則這 3 個新物件的可能房價為何。

表 9.4.1 範例資料 C9_HousingDataTest.csv

CRIM 社區犯罪率	ZN 住宅區比率	INDUS 工業區比率	CHAS 查爾斯河邊	NOX 一氧化碳濃度	RM 房間數量	AGE 屋齡在 1940 前比率
0.00596	12	5.6	1	0.538	5.628	98.3
0.02816	6	7.82	0	0.47	6.321	80.2
0.01868	0	7.07	1	0.469	7.238	71.1
DIS 與市區距離	**RAD 周邊公路數**	**TAX 社區所得稅**	**PTRATIO 師生比率**	**B 黑人比率**	**LSTAT 低收入比率**	**MEDV 房價中位數**
4.0928	2	296	15.3	288.8	3.23	?
3.2589	1	242	18.3	382.5	9.15	?
4.9671	2	258	17.8	392.8	4.03	?

9.4.2 匯入資料

請依照本章 9.3.2 節的方法匯入 C9_HousingDataTest.xlsx，過程中使用 Change Type 將 ZN 變數換成 real、使用 Change Type 將 MEDV 換成 real、使用 Change Role 將 MEDV 換成 label。

9.4.3 選擇分析方法

分析目標

我們要將訓練階段得到的模型，套用在新資料。以 RapidMiner 來說，我們可以直接把訓練階段的流程複製過來，藉此讓模型跟訓練階段得到的模型相同。

設計流程

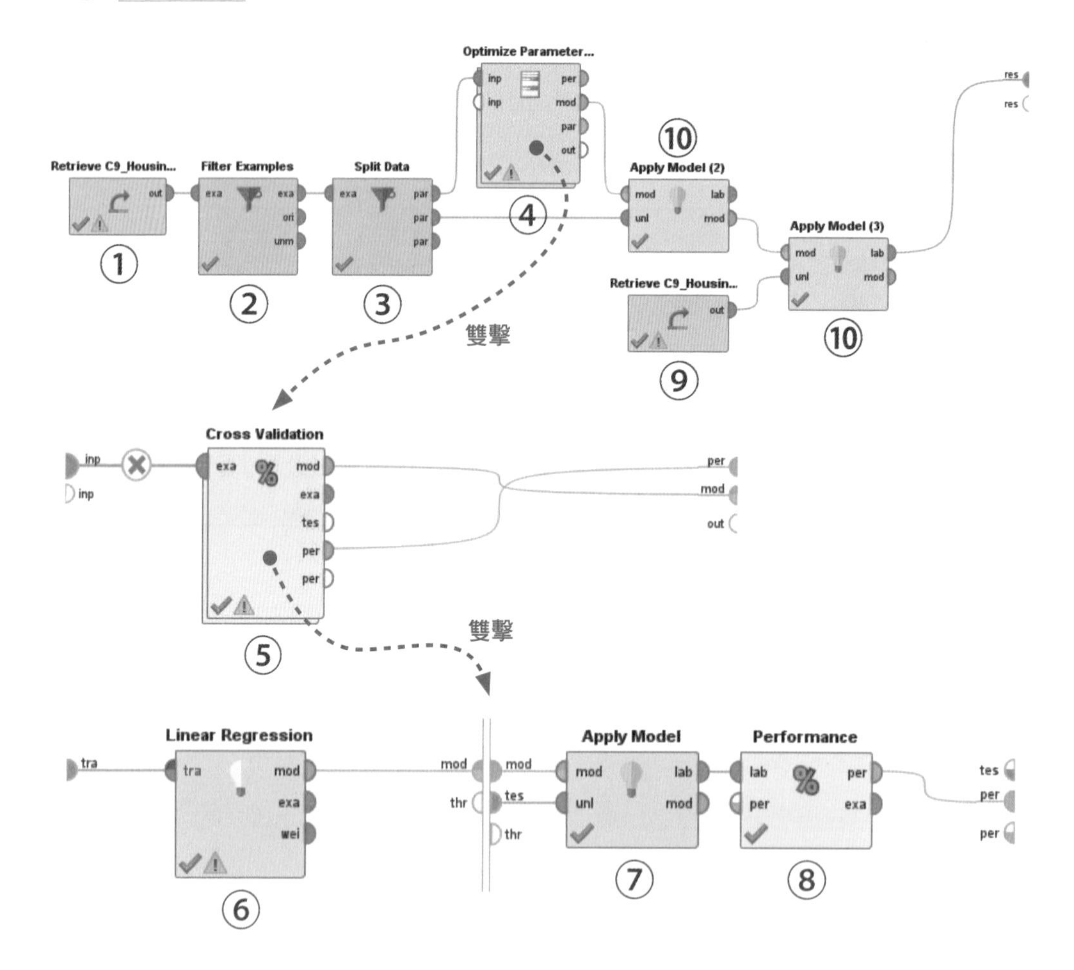

表 9.4.2 組件清單

組件索引	組件	操作	說明
1. 原始資料	Repository ↳ Local Repository ↳ data ↳ C9_HousingData	拖拉至畫布中	13 個變數 X、 1 個標籤 Y
2. 過濾樣本	Operators ↳ Blending ↳ Examples ↳ Filter ↳ Filter Examples	拖拉至畫布中	刪除缺失值
3. 分割樣本	Operators ↳ Blending ↳ Examples ↳ Sampling ↳ Split Data	拖拉至畫布中	70% 訓練資料集、 30% 驗證資料集
4. 最佳化	Operator ↳ Modeling ↳ Optimization ↳ Parameters ↳ Optimize Parameters（Grid）	拖拉至畫布中	找最佳的交叉驗證 模組參數
5. 交叉驗證	Operators ↳ Validation ↳ Cross Validation	拖拉至畫布中	交叉驗證
6. 線性迴歸	Operators ↳ Modeling ↳ Predictive ↳ Functions ↳ Linear Regression	拖拉至畫布中	用變數 X 來預測房價
7. 代入模型	Operators ↳ Scoring ↳ Apply Model	拖拉至畫布中	預測交叉驗證所分割 出來的驗證資料集
8. 績效評估	Operators ↳ Validation ↳ Performance ↳ Predictive ↳ Performance（Regression）	拖拉至畫布中	計算均方根誤差

接下頁

組件索引	組件	操作	說明
9. 原始資料	Repository ↳ Local Repository ↳ data ↳ C9_HousingDataTest	拖拉至畫布中	13 個變數 X、 沒有標籤
10. 代入模型	Operators ↳ Scoring ↳ Apply Model	拖拉至畫布中	對測試資料與 新資料做預測

9.4.4 設定參數

重複本章 9.3.4 節的步驟 1 到步驟 15，將 **Filter Example**、**Split Data**、**Optimize Parameter**、**Cross Validation**、**Apply Model**、**Performance** 組件設定好。

9.4.5 執行結果

① 點選 **Start the execution of the current process**

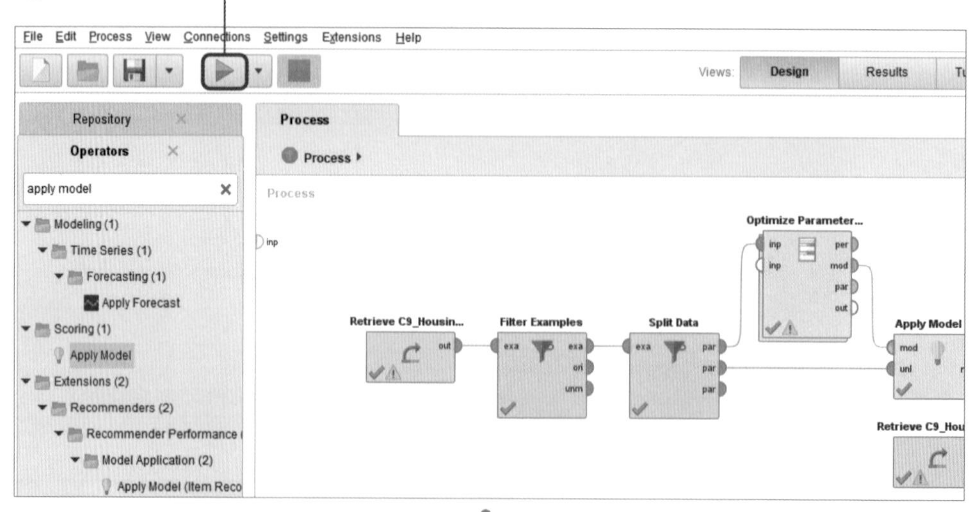

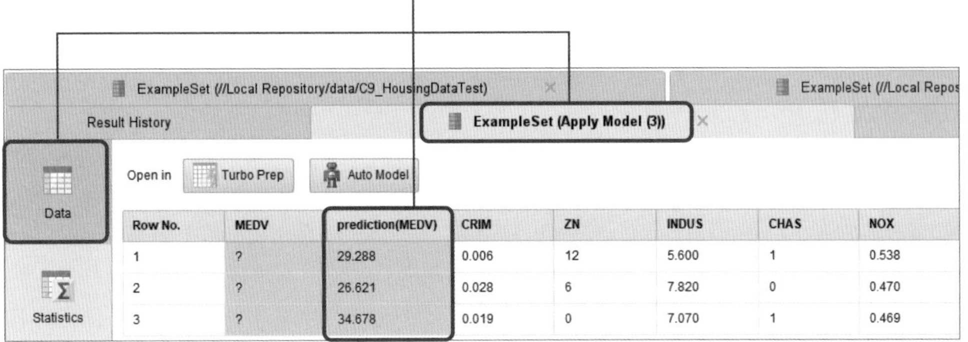

9.4.6 詮釋結果

以第一間房屋而言（Row No. 為 1），在 95% 的信心水準下，模型預測房價為 29.288（千美元），最大誤差不超過 3.712（千美元），即最大值不高於 33.000（千美元）、最小值不低於 25.576（千美元）。同理，第二間房屋為 26.621（千美元）、第三間房屋為 34.678（千美元）。

商業應用說明：

- 將 Y=「實際房價」改為「實際銷售量」。
- 將 X=「犯罪率、住宅比率、…」改為其他「影響銷售量」的因素。
- 在 Excel 上輸入新的 X。

按照前述的作法，你也可以建立自己的預測模型喔！

9.5 章節練習 - 紅酒等級評估

除了定價評估以外，商品市場接受度評估也同樣非常影響業務的發展。假設你是某紅酒進口商的負責人，最近獲得合作機會可以低價從葡萄牙進口一批新酒莊的紅酒，但這些紅酒是首次進入本地市場，所以你也無法確定是否能符合在地客戶的口味。於是你想到分析過往市場對所銷售紅酒的評價數據，去預測在地市場對這批紅酒的喜愛程度，並依此去從上百款待進口的紅酒中篩選最適合的 10 款紅酒。

本練習使用的數據集為 E9_Wine.csv，其中包含 1,400 餘筆主要影響口感的特性和市場評分數據，每筆數據表示一款紅酒。表 9.5.1 中是範例數據，其中 fixed acidity：表示固定酸度值；volatile acidity：表示揮發性酸度值；citric acid：表示檸檬酸含量；residual sugar：表示殘留糖含量；chlorides：表示氯化物含量；free sulfur dioxide：表示游離二氧化硫含量；total sulfur dioxide：表示總二氧化硫含量；density：表示密度；pH：表示 PH 值；sulphates：表示硫酸鹽含量。alcohol：表示酒精含量；rating：表示市場綜合評分（0~10 分），也是本次分析目標。

表 9.5.1 紅酒成分及市場評分

fixed acidity	volatile acidity	citric acid	residual sugar	chlorides
10.3	0.27	0.24	2.1	0.072
8.9	0.62	0.19	3.9	0.17
6.7	0.48	0.08	2.1	0.064
7.1	0.63	0.06	2	0.083
7.1	0.755	0.15	1.8	0.107

接下頁

free sulfur dioxide	total sulfur dioxide	density	pH	sulphates	alcohol	rating
15	33	0.9956	3.22	0.66	12.8	6
51	148	0.9986	3.17	0.93	9.2	5
18	34	0.99552	3.33	0.64	9.7	5
8	29	0.99855	3.67	0.73	9.6	5
20	84	0.99593	3.19	0.5	9.5	5

練習目標

請使用本章節中所介紹的迴歸分析的方式建立機器學習模型，使用紅酒的成分特性預測在地市場的綜合評分，儘量降低模型的 RMSE。在使用模型對於 E9_WineTest.csv 中記錄的紅酒特性進行分析，並預測出 10 款最有可能被在地市場接受的紅酒。

MEMO

CHAPTER

10

哪些客戶會違約？客戶貸款違約預測

本單元是以線性迴歸所衍生的邏輯斯迴歸進行客戶貸款違約預測，目的在於創造**顧客風險管理**的價值。

對於銀行而言，「打電話給客戶，吸引他們來貸款」本身就隱藏著風險，若客人的貸款違約，則銀行的風險是損失本金，所以銀行通常會很謹慎。

若銀行風險管理部的承辦人，對於「客戶的貸款是否會違約」的預測，只是跟老闆說「是」或「否」，這樣簡單的回答，恐怕會惹怒老闆。站在老闆的立場，當有 100 位客戶提出貸款申請，但銀行資金僅能提供給 10 位客戶，此時將這 100 位客戶的違約機率由小到大依序排列，這樣老闆可以輕鬆的挑選前 10 位違約機率小的客戶撥款。依「違約成本」比較大的應用來看，不能只是簡單的回答「是」或「否」，而是需要計算違約機率，再由老闆選定「可承受的違約風險門檻值」，進行「風險管理」。

10.1 邏輯斯迴歸演算法的基本原理

10.1.1 邏輯斯迴歸（Logistic Regression）

如果想要預測一個連續的值，可以使用線性迴歸；邏輯斯迴歸則適合使用在分類的應用上，尤其二元分類。

圖 10.1.1 邏輯斯迴歸

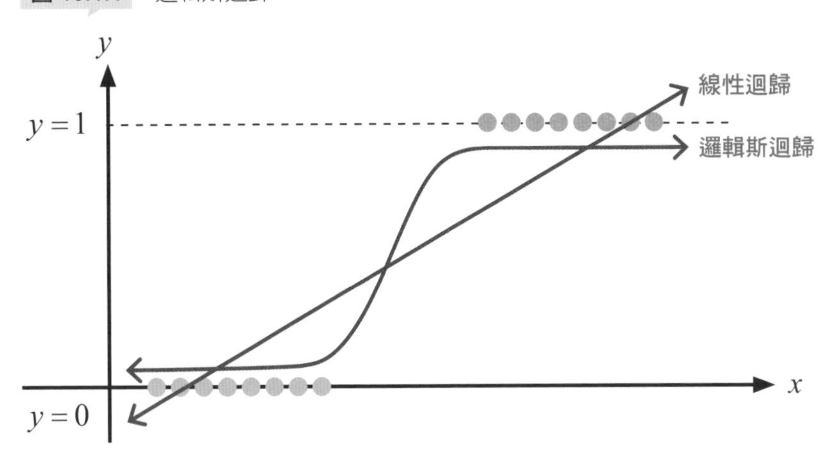

邏輯斯迴歸是從線性迴歸衍生出來的，透過 Sigmoid 函數轉換數值，最後輸出機率，判斷屬於哪個類別。Sigmoid 函數，又稱為 Logistic 函數，這個函數的輸出值介於 0 到 1 之間，經由此函數轉換後的值就會落在 0 到 1 之間。

$$p(x) = \frac{1}{1+e^{-x}}$$

用下圖來說明，若使用線性迴歸，最後會得出一個靠近紅線的預測數值；而邏輯斯迴歸可以通過設定閾值 (Threshold) 決定大於閾值是藍色，小於閾值是黃色。

圖 10.1.2 線性迴歸、邏輯斯迴歸圖形比較

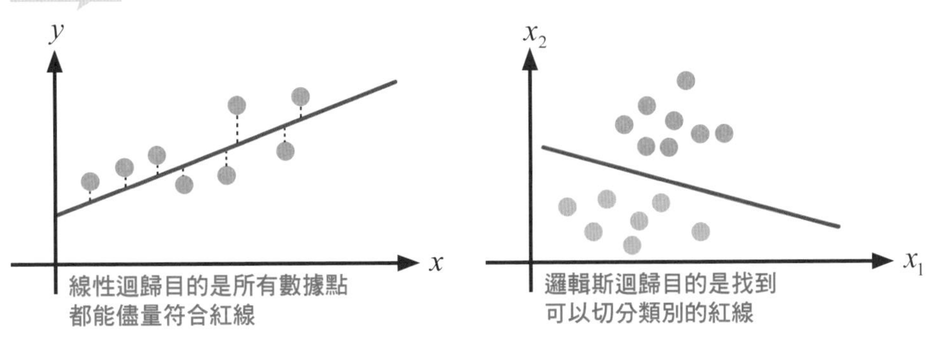

10.1.2 混淆矩陣（Confusion Matrix）

混淆矩陣是 ROC 曲線（Receiver Operating Characteristic Curve）的繪製基礎，同時也是一種常見用來衡量二元分類模型表現的方法。

表 10.1.1 混淆矩陣

		實際值 (Actual)	
		正確 (True)	錯誤 (False)
預測值(Predicted)	正確 (True)	True Positive（TP）	False Positive（FP）
	錯誤 (False)	False Negative（FN）	True Negative（TN）

假設模型目的是預測是否為垃圾信件，以是垃圾信件為正確、不是垃圾信件為錯誤，則混淆矩陣中的四種情形會分別如下：

- TP：預測值與實際值皆為是垃圾信件。
- TN：預測值與實際值皆為不是垃圾信件。
- FP：預測是垃圾信件，但實際不是垃圾信件。FP 亦可稱為統計學上的型 I 錯誤（Type I Error）、α Error。
- FN：預測不是垃圾信件，但實際是垃圾信件。FN 亦可稱為統計學上的型 II 錯誤（Type II Error）、β Error。

從混淆矩陣中，可以得到**五個指標**，可以應用在不同的情況：

- **召回率**（Recall）：又可稱為敏感度（Sensitivity），指的是實際值為正確的所有結果中，模型抓到幾個。

$$\text{Recall} = \frac{TP}{TP + FN}$$

- **精準度**（Precision）：模型預測為正確的所有結果中，模型預測為正確的比重。

$$\text{Precision} = \frac{TP}{TP + FP}$$

- **特異度**（Specificity）：實際值為錯誤的所有結果中，模型預測為正確的比重。

$$\text{Specificity} = \frac{TN}{TN + FP}$$

- **F1-score**：綜合了 Precision 跟 Recall 的結果，值會介於 0 到 1 之間，越靠近 1 代表模型的預測表現越好。

$$\text{F1-score} = 2 \times \frac{\text{Precision} \times \text{Recall}}{\text{Precision} + \text{Recall}}$$

- **準確度**（Accuracy）：在所有結果中，模型預測為正確的比重。

$$\text{Accuracy} = \frac{TP + TN}{TP + FN + TN + FP}$$

假設混淆矩陣如下，則五個指標的計算值分別是：

表 10.1.2 混淆矩陣

		實際值（Actual）	
		正確（True）	錯誤（False）
預測值(Predicted)	正確（True）	210（TP）	42（FP）
	錯誤（False）	15（FN）	10（TN）

- **召回率**（Recall）：$\text{Recall} = \frac{TP}{TP+FN} = \frac{210}{210+15} \approx 0.93$

- **精準度**（Precision）：$\text{Precision} = \frac{TP}{TP+FP} = \frac{210}{210+42} \approx 0.83$

- **特異度**（Specificity）：$\text{Specificity} = \frac{TN}{TN+FP} = \frac{10}{10+42} \approx 0.19$

- F1-score：$\text{F1-score} = 2 \times \frac{\text{Precision} \times \text{Recall}}{\text{Precision} + \text{Recall}} = 2 \times \frac{0.83 \times 0.93}{0.83 + 0.93} \approx 0.88$

- **準確度**（Accuracy）：

$$\text{Accuracy} = \frac{TP+TN}{TP+FN+TN+FP} = \frac{210+10}{210+15+10+42} \approx 0.79$$

10.1.3 ROC曲線（Receiver Operating Characteristic Curve）

由訊號偵測理論中而來，反映召回率與特異度的綜合指標，曲線上的每個點都代表著對訊號的刺激感受。應用在機器學習中，常使用來找出理想的閾值、評估模型的表現，ROC 曲線上的每個點都是一個閾值（Threshold），不同的應用場景會有不同需求的閾值大小。

ROC 曲線下所覆蓋的面積稱為 AUC（Area Under Curve）。AUC 的面積越大，表示模型越精準。常使用的 AUC 數值判別規則：

- AUC = 0.5：無鑑別力。
- 0.7 ≦ AUC < 0.8：尚可接受的鑑別力。

- 0.8 ≦ AUC < 0.9：優良的鑑別力。
- 0.9 ≦ AUC ≦ 1.0：極佳的鑑別力。

圖 10.1.3 ROC 以及 AUC

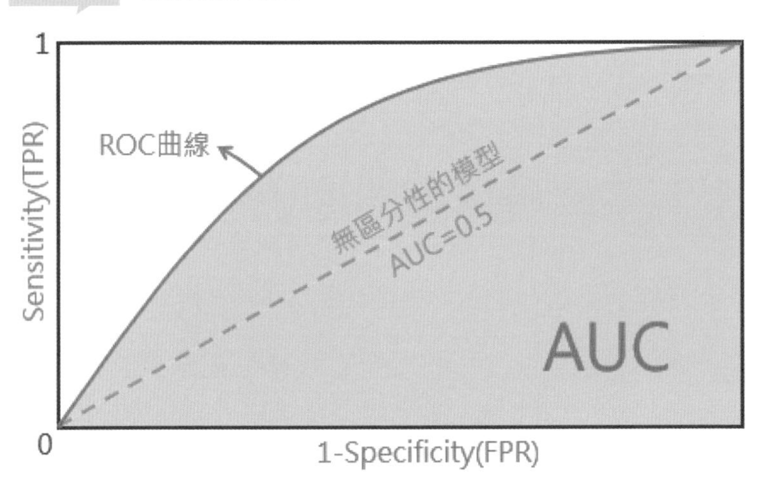

10.2 實例操作 - 銀行客戶貸款違約分析

10.2.1 資料解析

本章範例為某銀行客戶的貸款資料，包含 BUSAGE、DAYSDELQ 兩個變數 X，及 DEFAULT 一個目標值 Y，總共三個欄位。透過分析，我們可以獲知哪個變數 X 對客戶違約有很大的影響，再藉此模型預測新客戶們是否可能違約。

表 10.2.1 範例資料 C10_CreditScores.csv（僅節錄部分數據）

BUSAGE	DAYSDELQ	DEFAULT
87	2	N
89	2	N
90	2	N
90	2	N
101	2	N
110	2	N

10.2.2 匯入資料

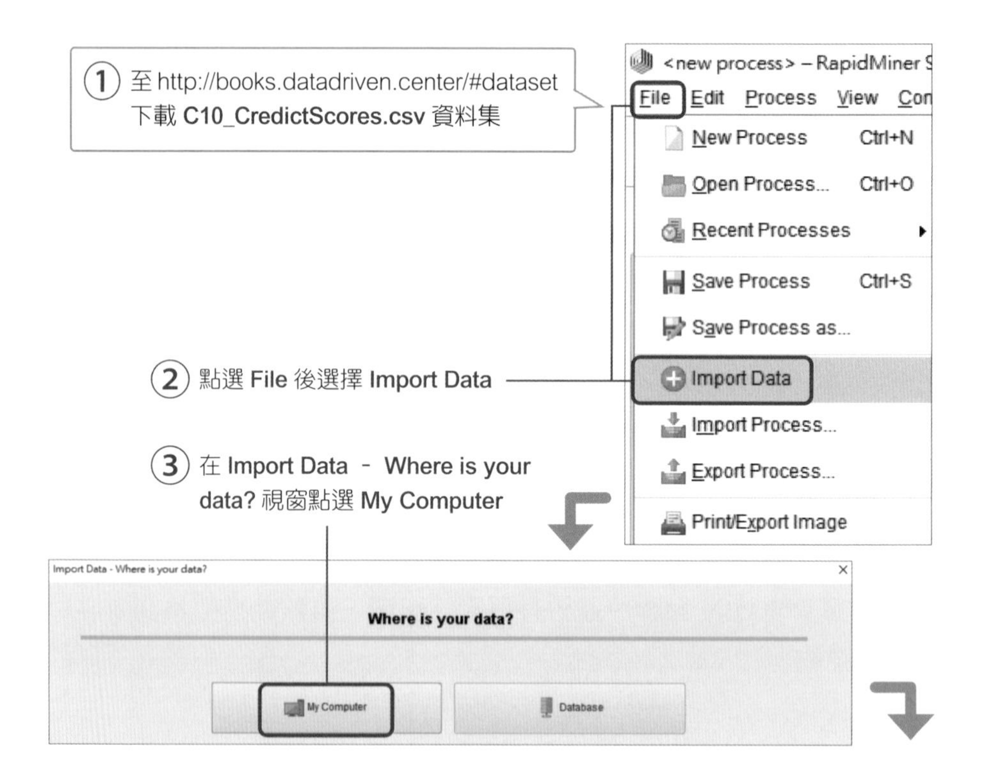

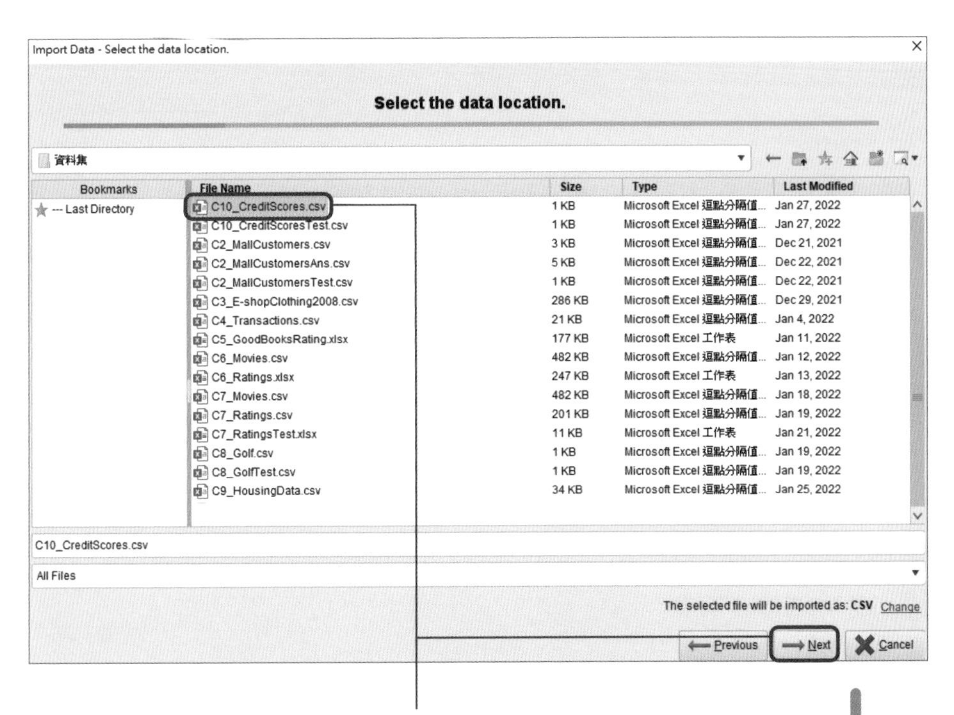

④ 選擇步驟 1 下載好的 C10_CredictScores.csv 資料集，並點選 → Next

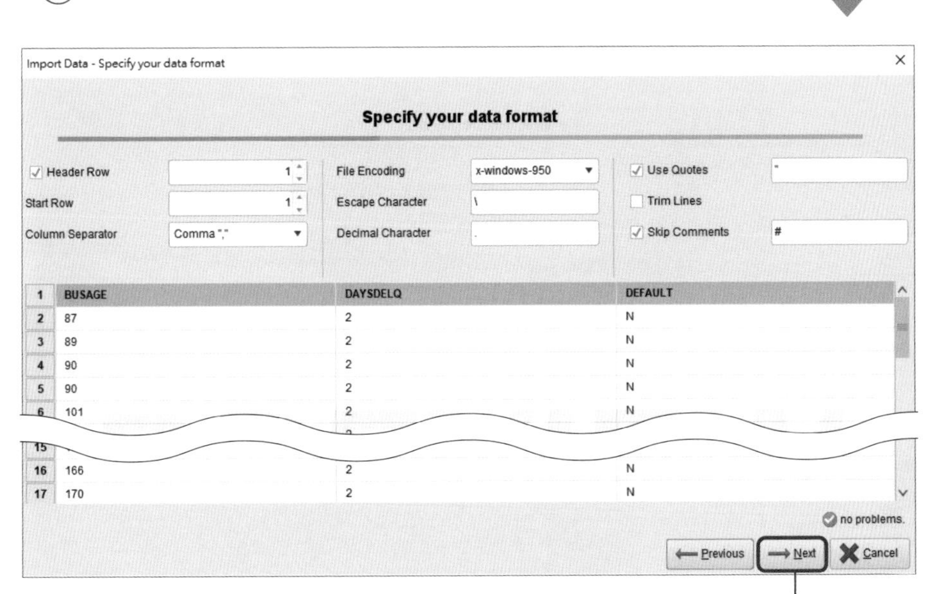

⑤ 預覽資料，檢查是否有缺失值（Missing Value）。若沒問題就點選 → Next

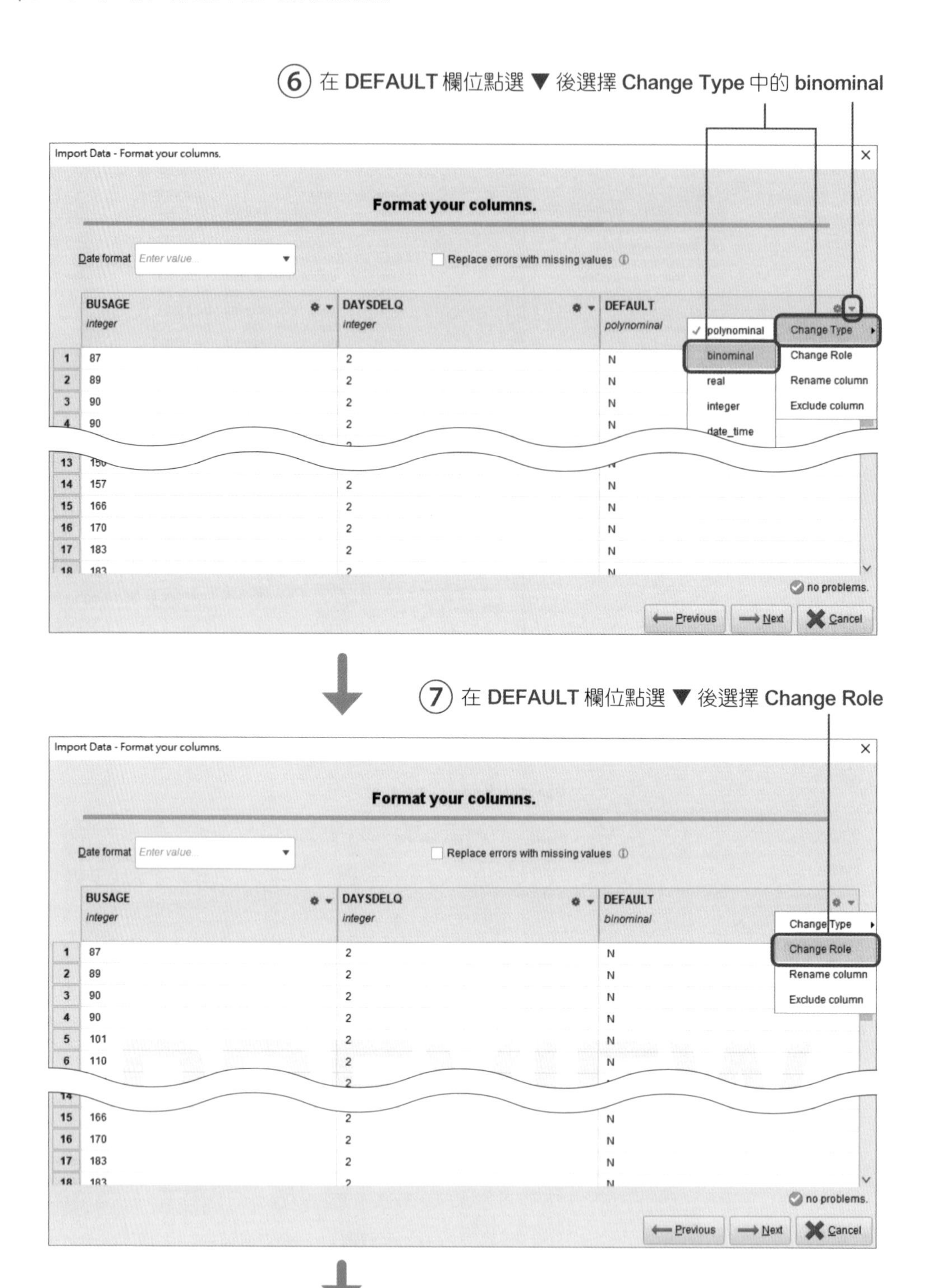
⑥ 在 DEFAULT 欄位點選 ▼ 後選擇 Change Type 中的 binominal
Import Data - Format your columns.
Format your columns.
Date format
Enter value...
Replace errors with missing values
BUSAGE
integer
DAYSDELQ
integer
DEFAULT
polynominal
polynominal
binominal
real
integer
date_time
Change Type
Change Role
Rename column
Exclude column
no problems.
Previous
Next
Cancel
⑦ 在 DEFAULT 欄位點選 ▼ 後選擇 Change Role
Import Data - Format your columns.
Format your columns.
Date format
Enter value...
Replace errors with missing values
BUSAGE
integer
DAYSDELQ
integer
DEFAULT
binominal
Change Type
Change Role
Rename column
Exclude column
no problems.
Previous
Next
Cancel

⑧ 在 **Change role** 視窗中點 ▼ 後選擇 **label**，之後點選 **OK**

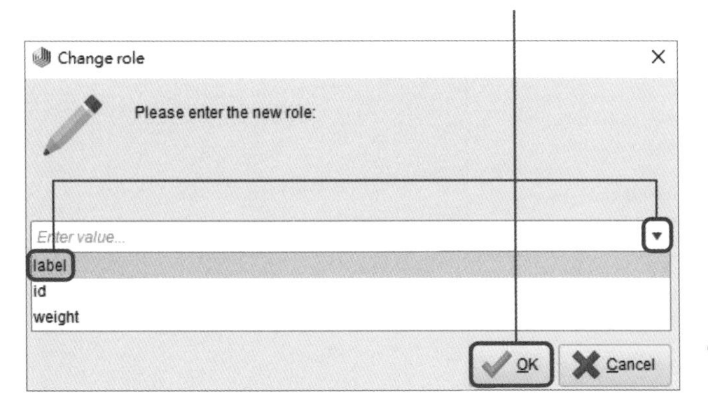

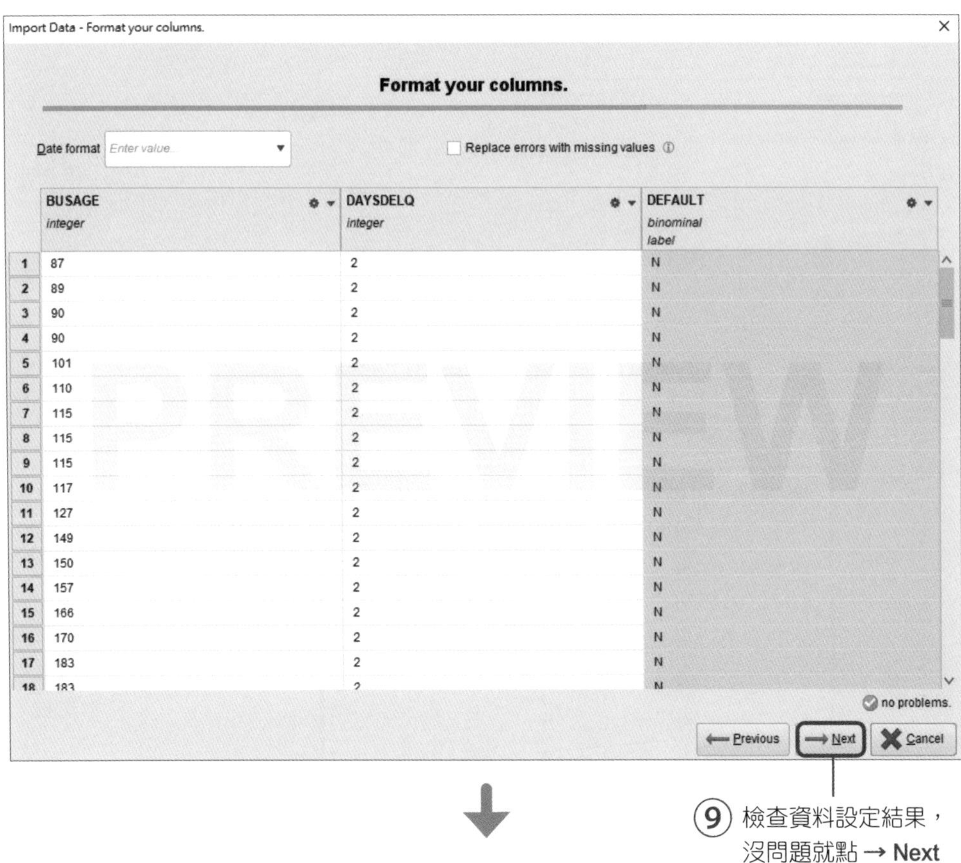

⑨ 檢查資料設定結果，沒問題就點 → **Next**

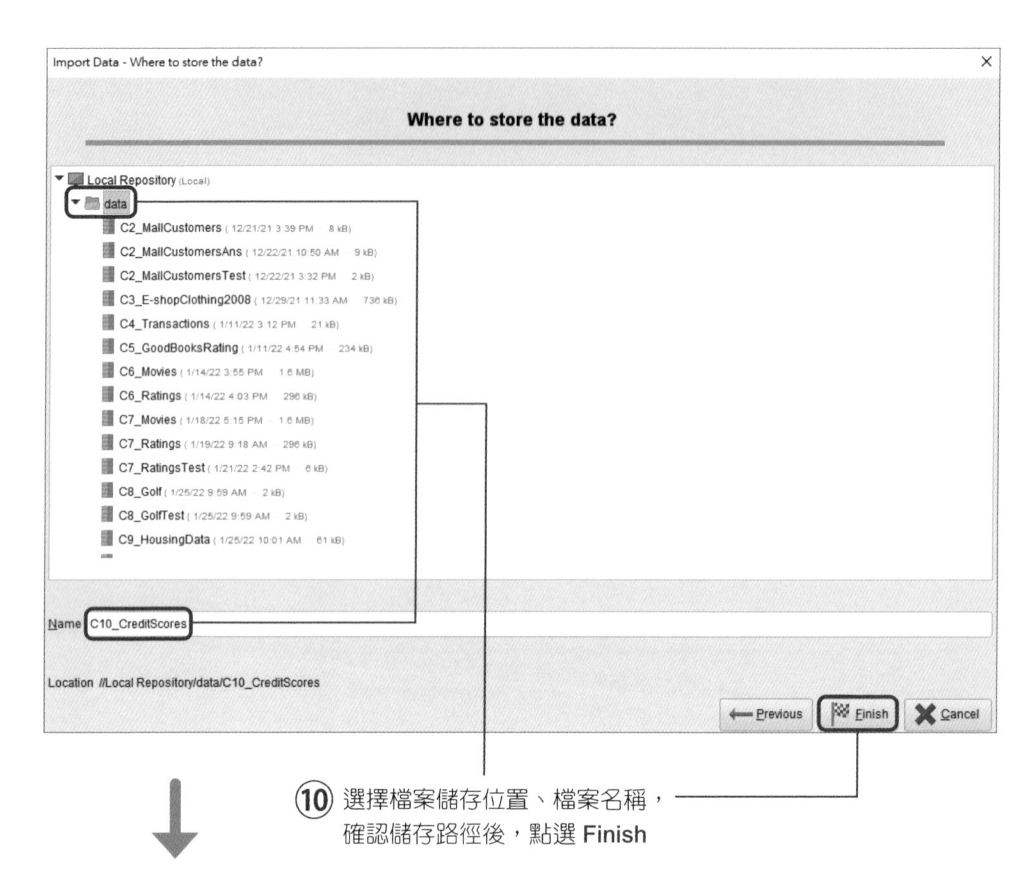

⑩ 選擇檔案儲存位置、檔案名稱，確認儲存路徑後，點選 Finish

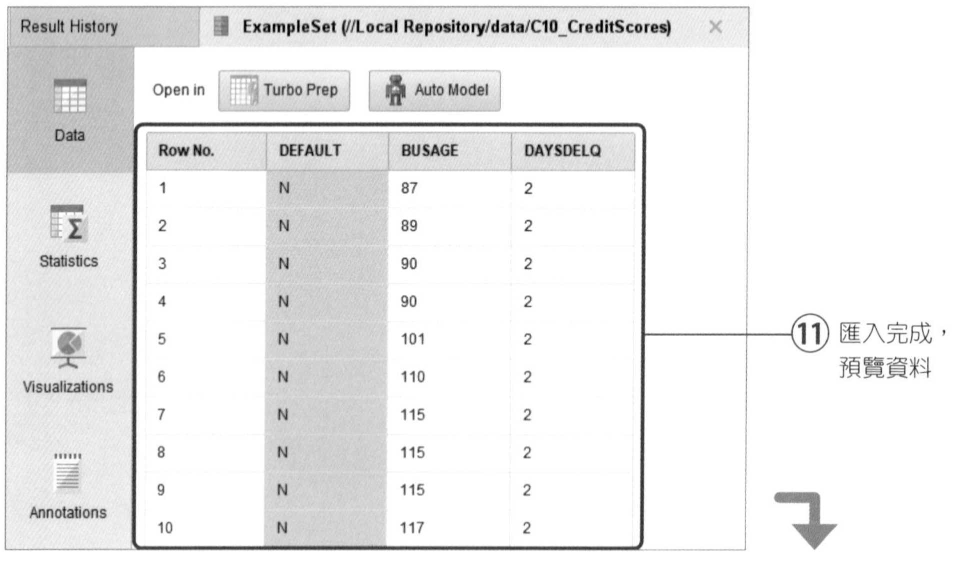

Row No.	DEFAULT	BUSAGE	DAYSDELQ
1	N	87	2
2	N	89	2
3	N	90	2
4	N	90	2
5	N	101	2
6	N	110	2
7	N	115	2
8	N	115	2
9	N	115	2
10	N	117	2

⑪ 匯入完成，預覽資料

⑫ 點 ExampleSet（//Local Repository/data/C10_CreditScores）的 Statistics，可以看到資料沒有缺失值

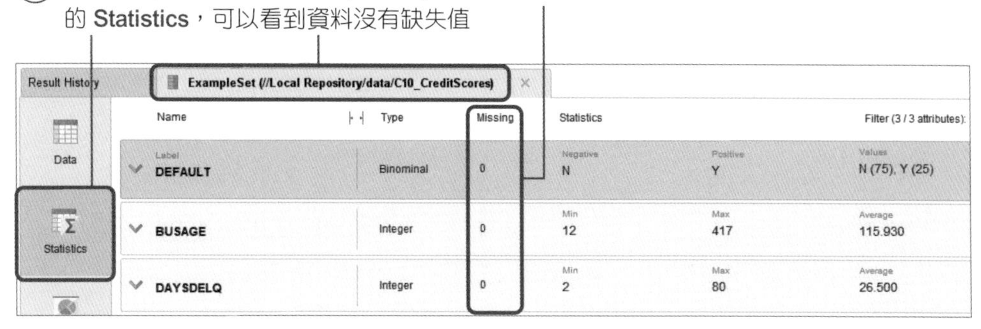

10.2.3 選擇分析方法

分析目標

利用這個資料集，建立一個模型，預測哪些客戶會違約，哪些不會違約。

設計流程

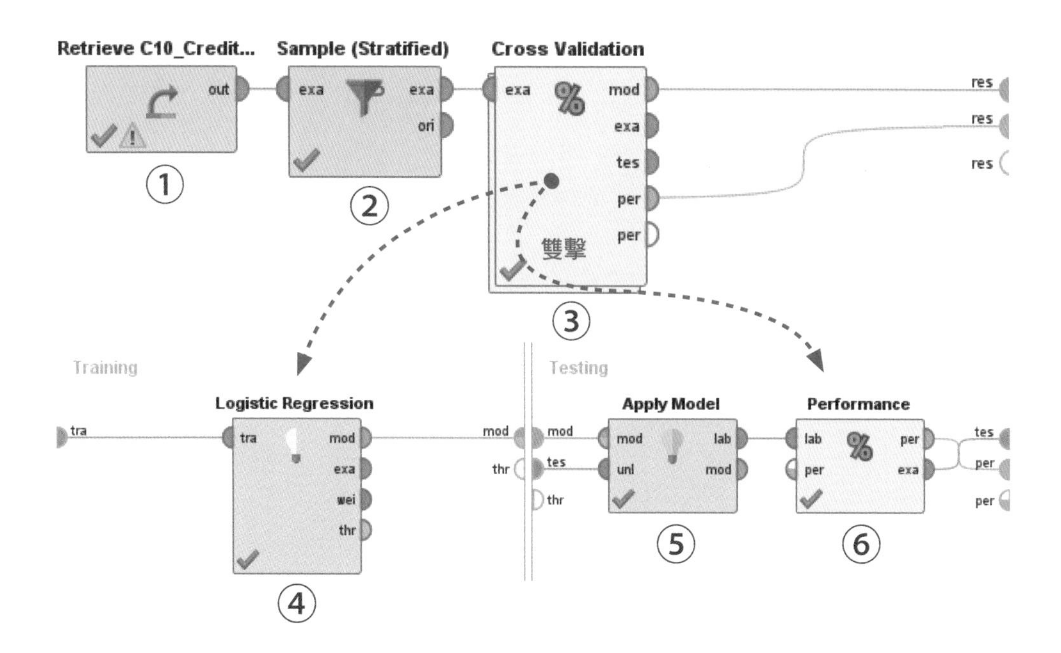

表 10.2.2 組件清單

組件索引	組件	操作	說明
1. 原始資料	Repository ↳ Local Repository ↳ data ↳ C10_CreditScores	拖拉至畫布中	1 個標籤 Y、 2 個變數 X
2. 分層抽樣	Operators ↳ Blending ↳ Examples ↳ Sampling ↳ Sample（Stratified）	拖拉至畫布中	抽出部分樣本
3. 交叉驗證	Operators ↳ Validation ↳ Cross Validation	拖拉至畫布中	交叉驗證
4. 邏輯斯迴歸	Operators ↳ Modeling ↳ Predictive ↳ Functions ↳ Logistic Regression	拖拉至畫布中	用變數 X 來 預測標籤 Y
5. 代入模型	Operators ↳ Scoring ↳ Apply Model	拖拉至畫布中	預測交叉驗證所分割 出來的驗證資料集
6. 績效評估	Operators ↳ Validation ↳ Performance ↳ Predictive ↳ Performance （Binominal Classification）	拖拉至畫布中	計算誤差

10.2.4 設定參數

① 點選畫布中的 **Sample（Stratified）**組件，將 **Parameter** 視窗中的 **sample** 選為 **relative**，在 **sample ratio** 欄位填入 **0.8**，勾選 **use local random seed**，在 **local random seed** 欄位填入 **1992**。使用 Sample（Stratified）模組，分層抽取 80% 的資料作為訓練數據，並確保抽取出訓練數據的類別分佈會與整份資料相同（讓抽取出目標欄位類別與原始資料是差不多的比例）

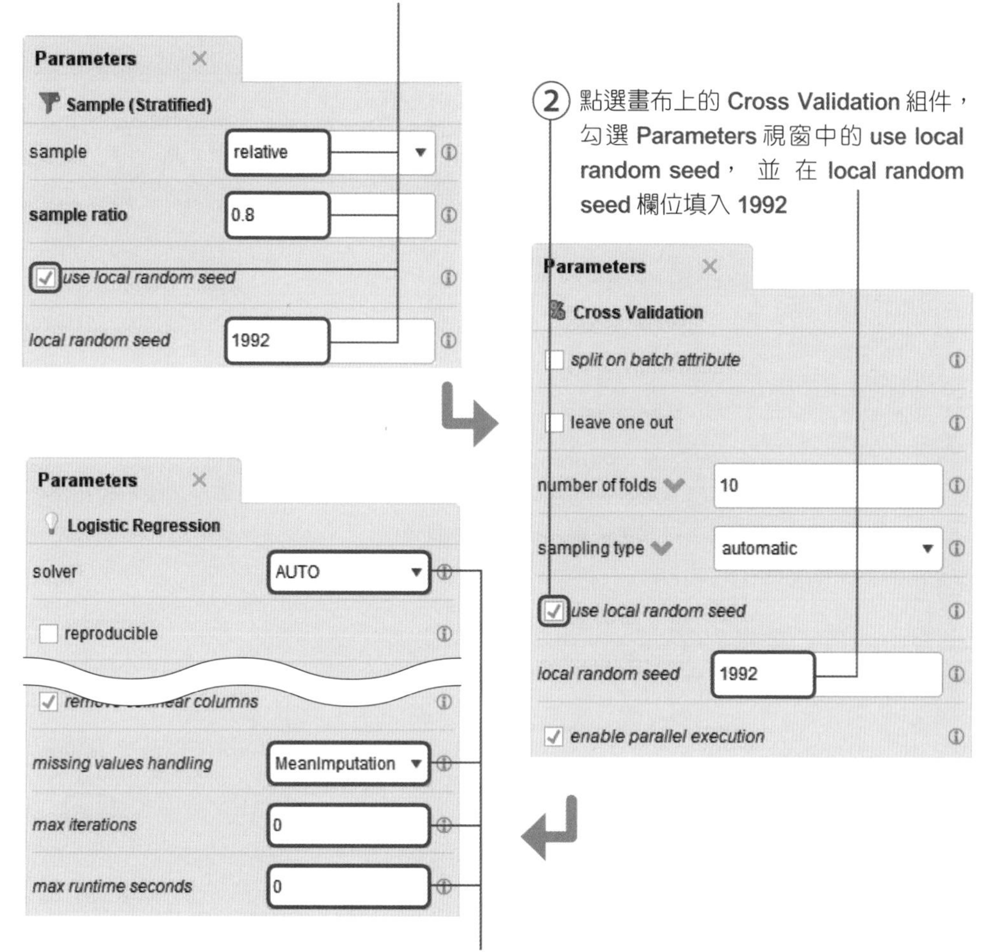

③ 點選畫布中的 **Logistic Regression** 組件，在 **Parameter** 視窗中的 **Solver** 選 **AUTO**，讓 RapidMiner 自己選擇合適的演算法，在 **Missing values handling** 中選擇 **MeanImputation** 來處理缺失值，在 **max iterations** 填入 **0** 來讓 RapidMiner 可以不受限地一直迭代找最佳解，在 **max runtime seconds** 填入 **0** 來讓 RapidMiner 可以不受時間限制（以秒為單位）找最佳解

10.2.5 執行結果

① 點選 Start the execution of the current process

② 點選 PerformanceVector（Performance）中的 Performance，準確率為 90%，精確率跟召回率都是 80%。可以發現有 4 位實際上有違約，但是模型預測不會違約，對銀行來說代表要承擔這 4 位客戶的風險

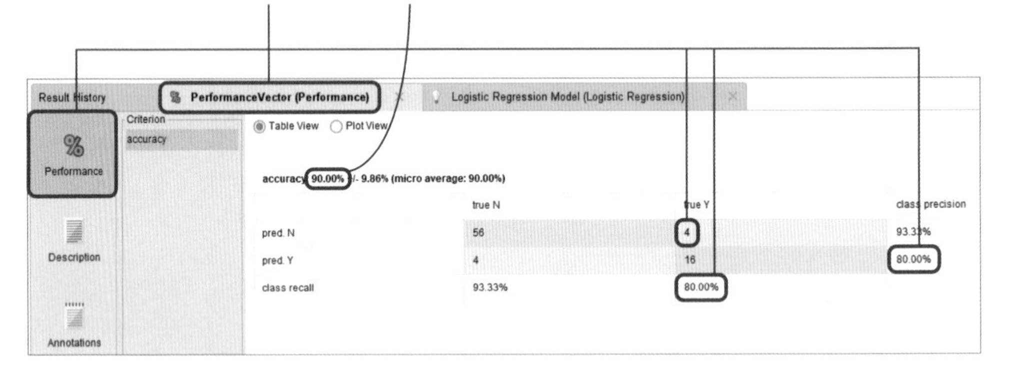

	true N	true Y	class precision
pred. N	56	4	93.33%
pred. Y	4	16	80.00%
class recall	93.33%	80.00%	

10.3 模型調整

10.3.1 選擇分析方法

分析目標

站在銀行的角度思考，減少 FN 可以降低客戶落跑的風險。透過增加召回率來降低 FN 的值，讓誤判為不違約的人數減少。我們可以在 Cross Validation 組件中使用 MetaCost 組件，讓 FN 帶來更多模型懲罰，希望減少 FN（亦可使用 Select Recall 組件調整召回率）。

設計流程

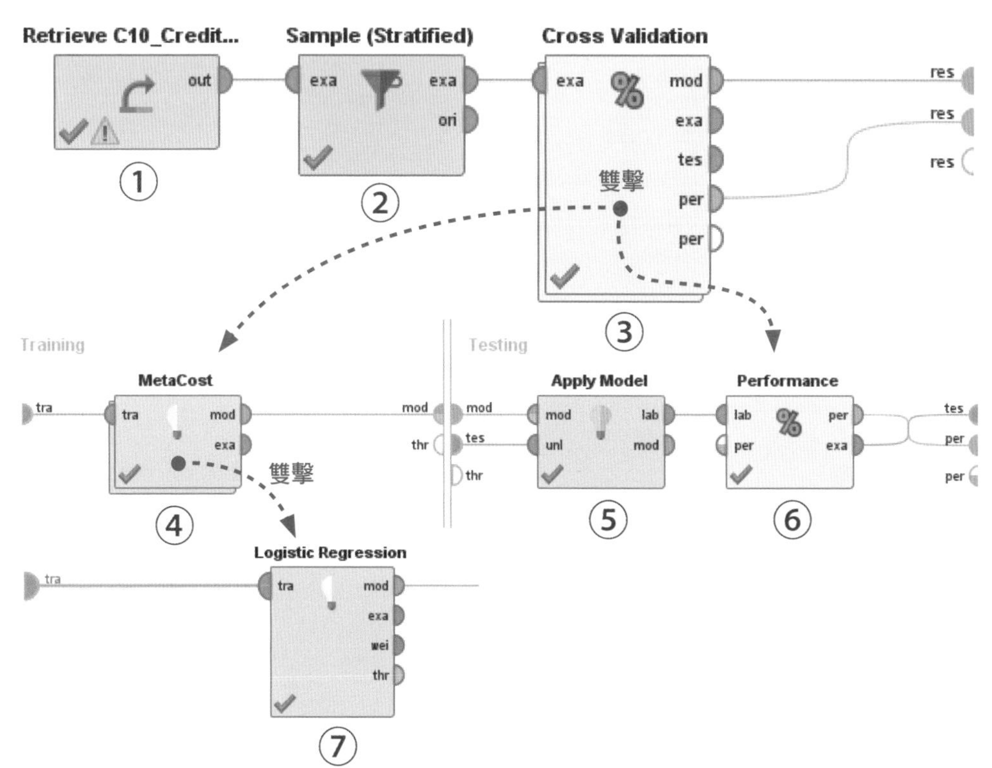

表 10.3.1 組件清單

組件索引	組件	操作	說明
1. 原始資料	Repository ↳ Local Repository ↳ data ↳ C10_CreditScores	拖拉至畫布中	1 個標籤 Y、 2 個變數 X
2. 分層抽樣	Operators ↳ Blending ↳ Examples ↳ Sampling ↳ Sample（Stratified）	拖拉至畫布中	抽出部分樣本
3. 交叉驗證	Operators ↳ Validation ↳ Cross Validation	拖拉至畫布中	交叉驗證
4. MetaCost	Operators ↳ Modeling ↳ Predictive ↳ Ensembles ↳ MetaCost	拖拉至畫布中	讓 FN 有更多懲罰
5. 代入模型	Operators ↳ Scoring ↳ Apply Model	拖拉至畫布中	預測交叉驗證所分割出來的驗證資料集
6. 績效評估	Operators ↳ Validation ↳ Performance ↳ Predictive ↳ Performance（Binominal Classification）	拖拉至畫布中	計算誤差
7. 邏輯斯迴歸	Operators ↳ Modeling ↳ Predictive ↳ Functions ↳ Logistic Regression	拖拉至畫布中	用變數 X 來預測標籤 Y

10.3.2 設定參數

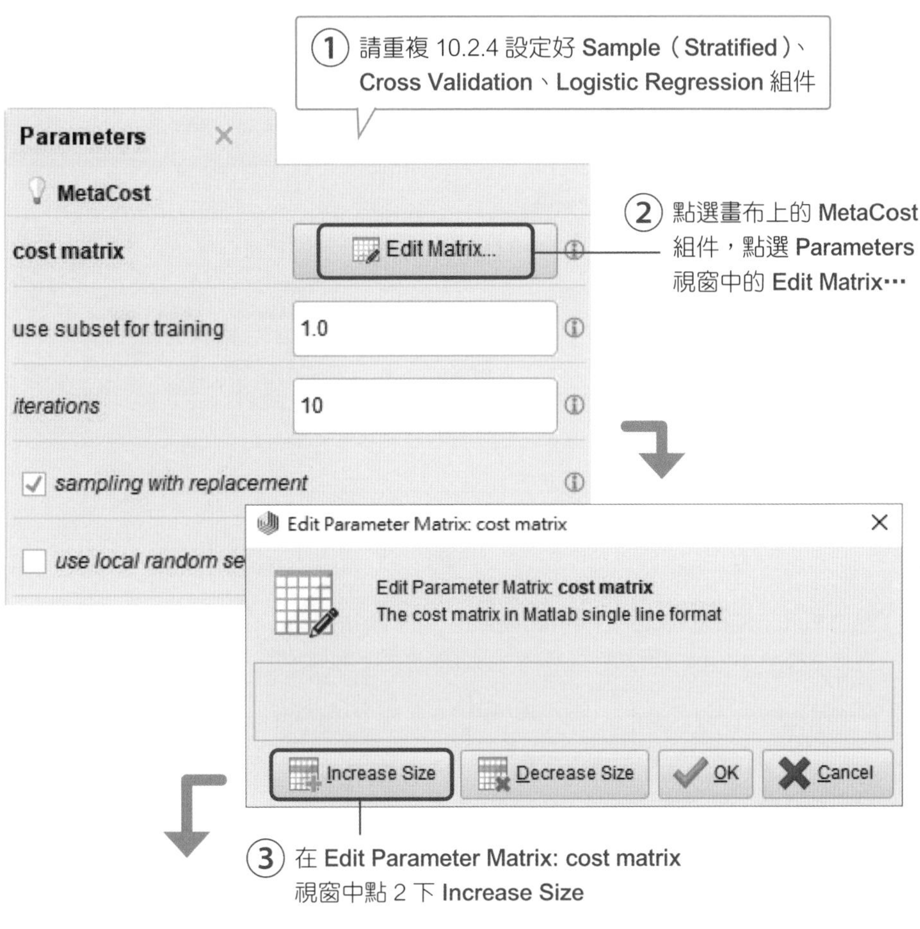
① 請重複 10.2.4 設定好 Sample（Stratified）、Cross Validation、Logistic Regression 組件
Parameters
MetaCost
cost matrix
Edit Matrix...
use subset for training
1.0
iterations
10
sampling with replacement
use local random se
② 點選畫布上的 MetaCost 組件，點選 Parameters 視窗中的 Edit Matrix…
Edit Parameter Matrix: cost matrix
Edit Parameter Matrix: cost matrix
The cost matrix in Matlab single line format
Increase Size
Decrease Size
OK
Cancel
③ 在 Edit Parameter Matrix: cost matrix 視窗中點 2 下 Increase Size

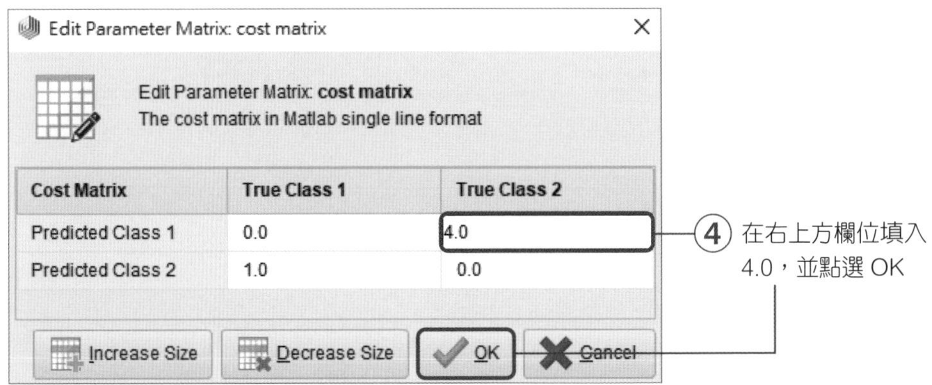
Edit Parameter Matrix: cost matrix
Edit Parameter Matrix: cost matrix
The cost matrix in Matlab single line format
Cost Matrix
True Class 1
True Class 2
Predicted Class 1
0.0
4.0
Predicted Class 2
1.0
0.0
Increase Size
Decrease Size
OK
Cancel
④ 在右上方欄位填入 4.0，並點選 OK

10.3.3 執行結果

① 點選 Start the execution of the current process

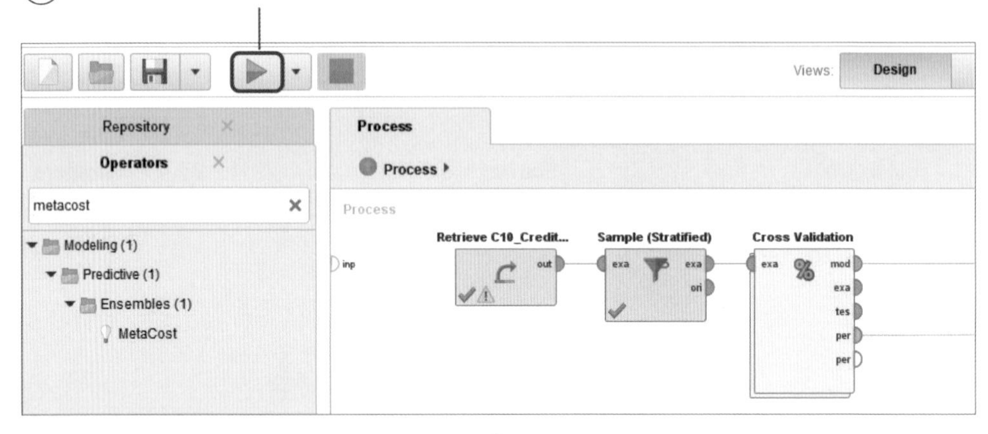

② 點選 PerformanceVector（Performance）中的 Performance，準確率為 90%，召回率上升到 90%，但是精準度下降到 75%

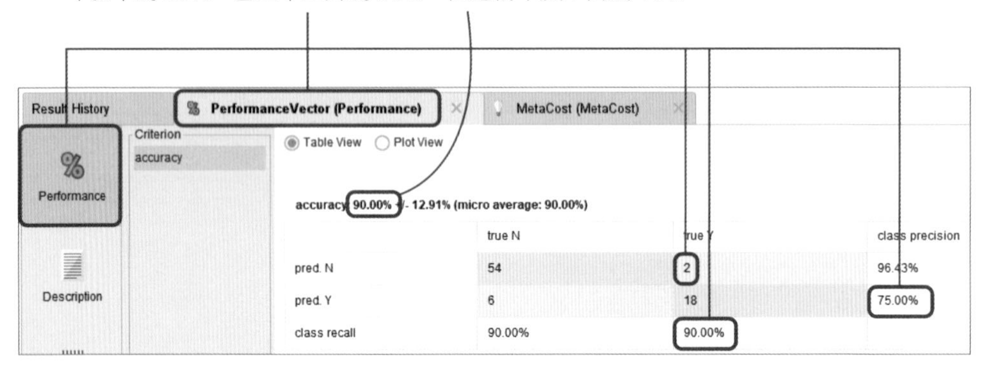

10.4 預測客戶是否違約

10.4.1 資料解析

匯入沒有標籤 Y 的測試資料 C10_CreditScoresTest (3 筆)，利用前面訓練的模型，預測出這 3 筆新客戶是否會違約。

表 10.4.1 範例資料 C10_CreditScoresTest.csv

BUSAGE	DAYSDELQ	DEFAULT
200	0	?
100	30	?
12	365	?

10.4.2 匯入資料

請依照本章 10.2.2 節的方法匯入 C10_CredictScoresTest.csv。

10.4.3 選擇分析方法

分析目標

預測出這 3 筆新客戶是否會違約。

設計流程

請複製本章 10.3.1 的流程設計，並且額外增加 C10_CredictScoresTest 跟 Apply Model 組件。

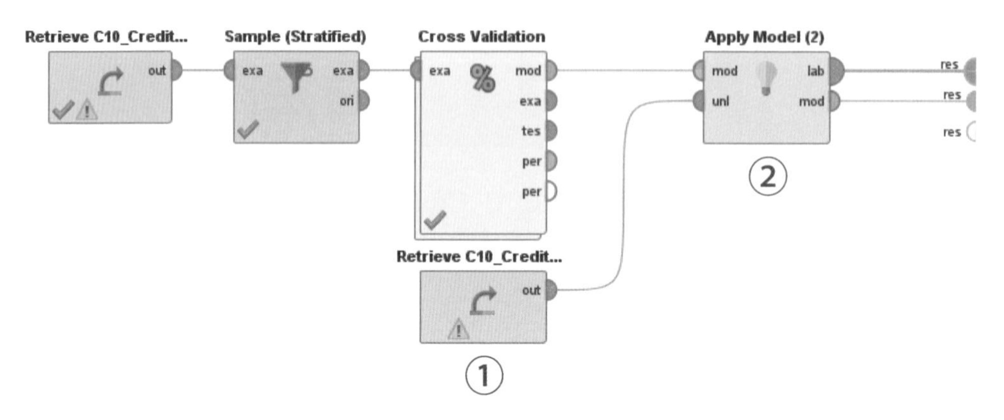

表 10.4.2　新增組件清單

組件索引	組件	操作	說明
1. 原始資料	Repository ↳ Local Repository ↳ data ↳ C10_CredictScoresTest	拖拉至畫布中	2 個變數 X、 沒有標籤 Y
2. 代入模型	Operators ↳ Scoring ↳ Apply Model	拖拉至畫布中	預測 3 筆新資料

10.4.4 設定參數

請依照本章 10.2.4 以及 10.3.2 節設定好組件。

10.4.5 執行結果

① 點選 Start the execution of the current process

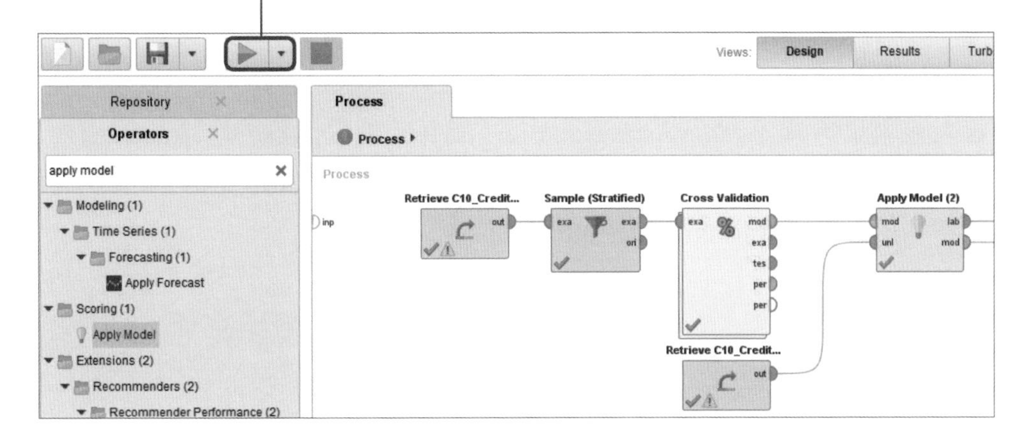

② 點選 ExampleSet（Apply Model（2））中的 Data，prediction（DEFAULT）欄位即為預測結果

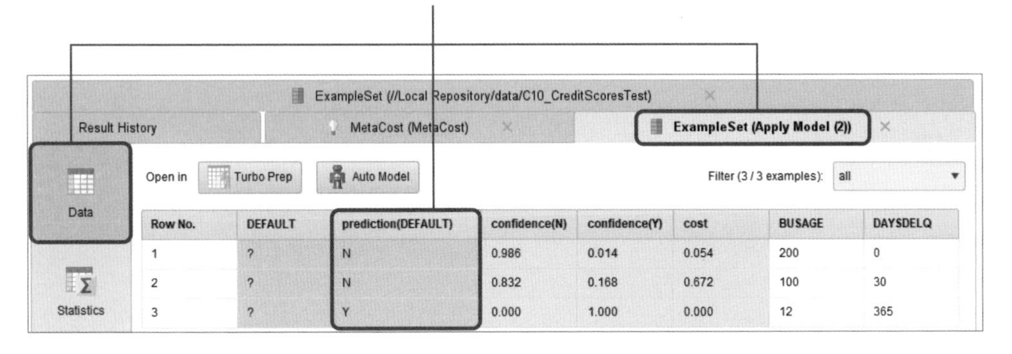

Row No.	DEFAULT	prediction(DEFAULT)	confidence(N)	confidence(Y)	cost	BUSAGE	DAYSDELQ
1	?	N	0.986	0.014	0.054	200	0
2	?	N	0.832	0.168	0.672	100	30
3	?	Y	0.000	1.000	0.000	12	365

10.4.6 詮釋結果

預測結果解釋

案例數據的欄位是銀行核貸人員長年經驗所判斷的違約特徵，透過邏輯斯迴歸模型的建立，協助預測欲貸款的新客戶未來是否會違約。對銀行核貸人員來說，減少 FN（提升 Recall），能有效地降低違約所造成的損失，進行多次嘗試後，亦發現過度提升 Recall 時，Precision 反而會降低，因此不應一味地針對 Recall 做調整。

其他應用

可以以相同的原理，針對「信用卡詐欺」、「肺炎風險」等資料進行分析，依不同的情況調整模型，找出最合適的邏輯斯迴歸模型。

10.5 章節練習 - 信用卡用戶逾期還款

企業除了盡可能創造營收之外，也應該考慮哪些條件的客戶其實是很容易拖欠貨款，因為這樣的客戶對於公司而言，只能賺到營收，卻沒賺到利潤；若進一步倒閉不還反而產生壞賬，對於公司產生損失。因此當成長到一定程度時應該適當的篩選客戶，在創造營收與客戶風險管理之間取得平衡。

假設你是某銀行信用卡部門的經理，公司最近大力推廣的某款信用卡在發卡數屢創新高的同時，卻也出現了大量的違約情況，你希望加強信用卡的審批管理，所以收集了相關的數據。

本練習使用的數據集為 E10_CreditCard.csv，包含 27,000 筆辦卡客戶數據。數據中 24 個欄位具體說明如下：

- LIMIT_BAL：表示信用卡額度。
- SEX：表示客戶性別，1 表示男性，2 表示女性。
- EDUCATION：表示乘車時的天氣， 1 表示碩士以上，2 表示大學生，3 表示高中，4 表示其他。
- MARRIAGE：表示婚姻狀況，1 表示已婚，2 表示單身，3 表示其他。
- AGE：表示年齡。
- PAY_0 ~ PAY_6：表示過去的月度還款歷史，-1 表示按時還款，1~8 表示違約還款的 1~8 個月，9 表示違約還款了 8 個月以上。

- **BILL_AMT1 ~ BILL_AMT6**：表示過去的月度賬單額，與 PAY_0 ~ PAY_6 對應。
- **PAY_AMT1 ~ PAY_AMT6**：表示過去的月度實際還款額，與 PAY_0 ~ PAY_6 對應。
- **default payment next month**：表示下一個月是否有按時足額還款 1 表示有，0 表示沒有。

練習目標

請使用本章節中所介紹的分析方式，以範例數據為基礎，建立機器學習模型，盡可能準確的預測出客戶下個月是否會按時的還款。

Episode 5

如果第 1 輪資金是為了立穩腳跟，則第 2 輪資金就是為了奮力向前。資金到帳後，公司的財務長 Fendi 說：「按既有的營運模式，公司已經在快速成長，表示我們之前的規劃是契合市場需求，但這並不能保證成長到永遠，我們應該居安思危著手準備下一波的新產品、新模式，以便再造成長曲線。」Judy 說我們可以思考如何增加新客戶，創造新的營收。

公司的市場部經理 William 則說我們也可以試著留下老客戶。對此 Charlie 說：「在新客戶方面，我們可以著重如何**篩選電話行銷的有效名單**，以便讓電話行銷人員知道應該打給那些客戶；在老客戶方面，則可以透過**預測那些客戶會跳槽**，適時給予優惠，避免老客戶流失」。行銷部經理 Jan 說：「沒錯，很多電話行銷人員反映電話不好打，常被拒絕」客服部經理 Tiffany 則說：「部分客服反映有些老客戶常抱怨東、抱怨西，客服也很頭疼。」Sunny 表示：「篩選電話行銷的有效名單和預測客戶是否會跳槽，這兩個問題真都在大數據分析領域有非常成熟的解決方案。像支援向量機就是一個非常有效的分類器工具，只要有一定量的電話行銷歷史數據，重點是要記錄電話行銷案是否有成功，就可以透過分析成功與不成功案之間的差異，來建立分類模型啦。當然除了支援向量機，還有其他算法像是決策樹……」一如往常，一說起專業領域的內容，Sunny 又開始滔滔不絕了，當然最終行銷的想法有成果的被數據分析方法實現了。

這時 Charlie 補充說：「是的，不管是預測客戶是否會跳槽或違約這些都是屬於『顧客關係管理』的議題。」Joe 不解的問：「客戶和顧客有不一樣嗎？」「是有所不同的」，Charlie 繼續說道：「客戶通常指第一次購買的新客戶，需要靠價值傳遞的方法來刺激消費。而顧客是指重複消費的客人，所以需要建立長期的夥伴關係才能互存共好，例如私人銀行成為客戶理財的顧問、自動化服務的公司成為客戶個性化需求的解決方案提供者，甚至我們的產品討論區如果做的公開公平的話，也可以與客戶和廠商共創價值喔！」Eddy 在旁問說：「也就是說『顧客關係』其實是『企業想要與客戶建立何種關係』嘍？」Charlie 帶著滿意的微笑說：「還是 Eddy 反應快！」

Charlie 繼續說「是的！首先，『客戶是否會購買此商品？』與『哪些因素會影響商品的銷售量？』這些分析可以讓我們對於顧客的需求和偏好更進一步了解，別忘了隨著科技和環境的進步，顧客的使用情境與需求、消費習慣也是會動態改變的；其次，『預測哪些客戶可能會違約』、『篩選電話行銷的有效名單』、『預測客戶是否會跳槽』，這些可以進一步作為公司的『顧客風險管理』，例如銀行的行銷部門篩選客戶電話名單『推銷定存』與『推銷房貸』這就不一樣了。因為定存的客戶若違約，則客戶自己損失利息的優惠，對於銀行而言幾乎沒有損失；房貸就不一樣了，客戶若違約可能就會損失本金，風險較大，所以銀行若依預測模型做決策是否要打電話給客戶時，可能不會只是依照『預測會違約』或『預測不會違約』這麼簡單的二分法，而是希望可以進一步了解客戶『會違約的機率』，然後按違約機率由小到大依序打電話，當然推銷定存時可以容忍的違約機率『門檻值』可能會比較高，而推銷房貸時的『門檻值』相對而言就會比較低。」Eddy 問：「若『預測哪些客戶會違約』是降低成本，則『篩選電話行銷的有效名單』與『預測老客戶會不會流失』更像是提升價值。這麼說來，這些預測方法不只可以做好顧客關係管理，也可以進一步增加公司營收並降低營運的風險了」Charlie 和 Sunny 齊聲說道：「是的，沒錯！」

CHAPTER

11

電話行銷應該打給哪些客戶？找出可能會買定存的客戶

電話行銷始終盛行，因為比起 Email 而言，多了幾分人與人之間的溫度，但是行銷人員常會遇到拒絕而感到沮喪。

若電話行銷的任務是「打電話給客戶，吸引他們來存定存」，這與「打電話給客戶，吸引他們來貸款」在風險上是不同的。若客戶貸款違約，則銀行的風險是損失本金；若客戶定存違約，只是提前解除定存，客戶自己損失利息優惠，而銀行幾乎沒有損失。因此在篩選貸款名單時要慎選，應更著重在避免找到壞客戶；而定存的名單則更著重在避免遺漏有可能成交的好客戶，所以銀行可忍受的「違約風險門檻值」可以比較高一些。

本單元是以支援向量機（Support Vector Machine, SVM）篩選銀行存定存的名單為例，介紹對於「複雜資料」與「不平衡資料」的預測模型，目的在於創造**顧客風險管理**的價值。

11.1 支援向量機演算法的基本原理

11.1.1 支援向量機（Support Vector Machine, SVM）

SVM 是一種監督式學習的方法，主要應用在分類問題上。假設有男性、女性 2 個群體，欲將這 2 個群體分開，可以在中間畫一條線，使該線與兩個群體的邊界距離都相等，如下圖：

圖 11.1.1 支援向量機範例圖

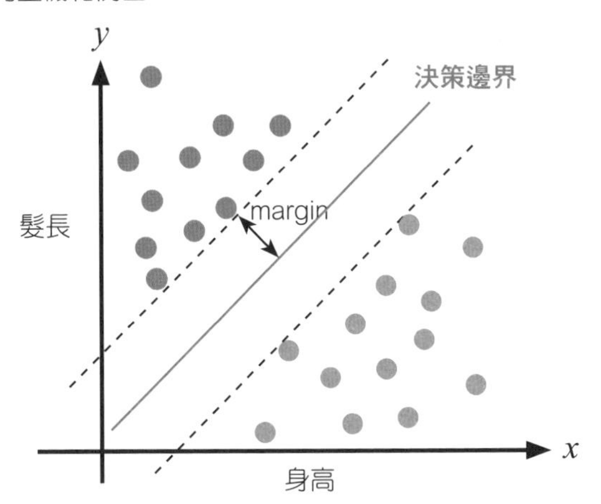

SVM 目標是要找出可以**讓 2 個群體最大程度分開（margin 的值越大越好），同時減少誤差（最小化誤差）的界限**，可能會是直線、平面、超平面（Hyperplane），在機器學習中會稱這個界限為決策邊界（Decision Boundary），而落在 margin 上的數據點亦稱為 support vector。

當遇到線性不可分的情況時，SVM 會將原始資料的變數 X 投影到其他維度上，形成特徵空間，讓原始資料能從線性不可分轉換成線性可分，以找到最好分組的界限；為了避免 SVM 轉換後的運算量太過龐大，必須搭配使用核函數（Kernel Function），以進行有效地計算。

圖 11.1.2 空間轉換示意圖

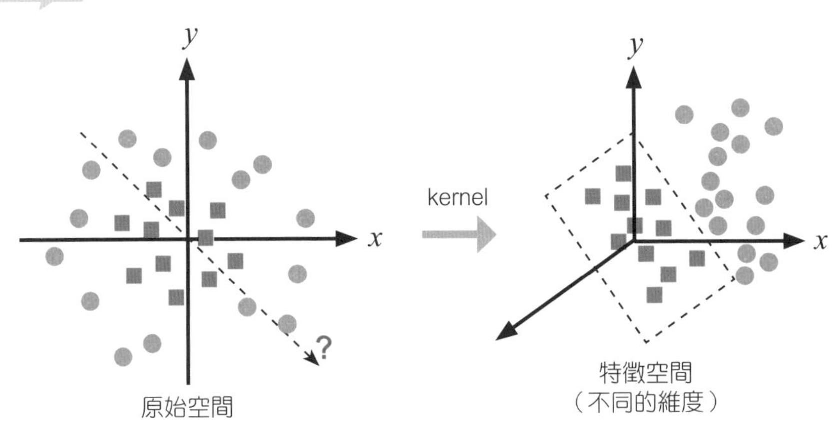

11.1.2 核函數（Kernel Function）

核函數指轉換任兩向量內積的任何演算法，可以**讓資料在非線性可分與線性可分之間進行轉換**，藉以找出可以分群的界限。當原始資料 A 投影到高維度的空間時，在這個高維度空間執行的線性演算法，回到原始資料 A 空間時則會是非線性演算法。

圖 11.1.3 轉換示意圖

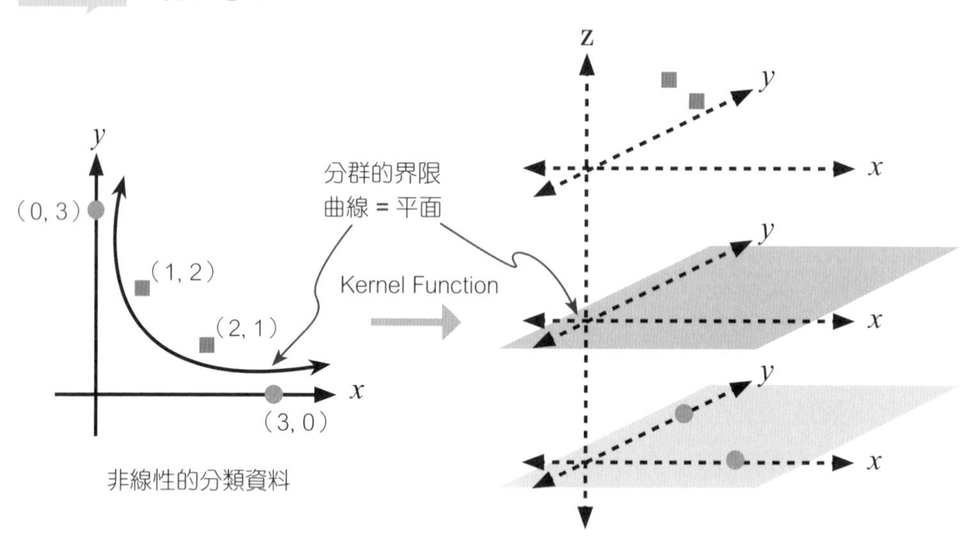

若演算法只能使用兩個向量間的內積來表示的話，在轉換維度時，需要有來自其他空間的內積，這時候就需要透過 kernel function 找到新的向量。在上圖的非線性分類資料中，需找出合適的 SVM 對其分組，透過訓練後發現當 kernel function $= xy$ 時，能夠將兩組區隔，進行空間轉換後，得到 SVM 為 $xy = 1$。

圖 11.1.4 核函數轉換範例圖

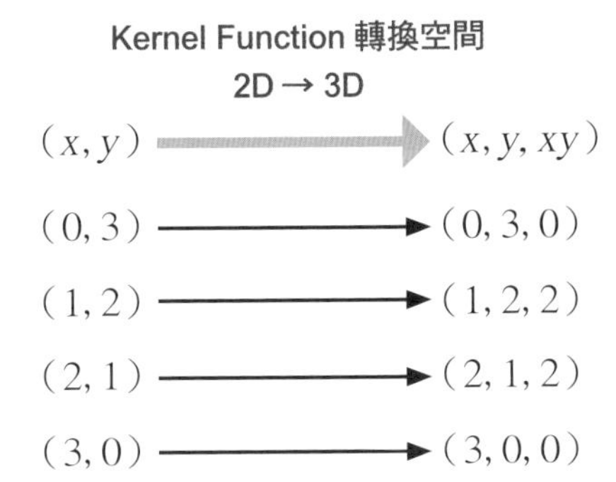

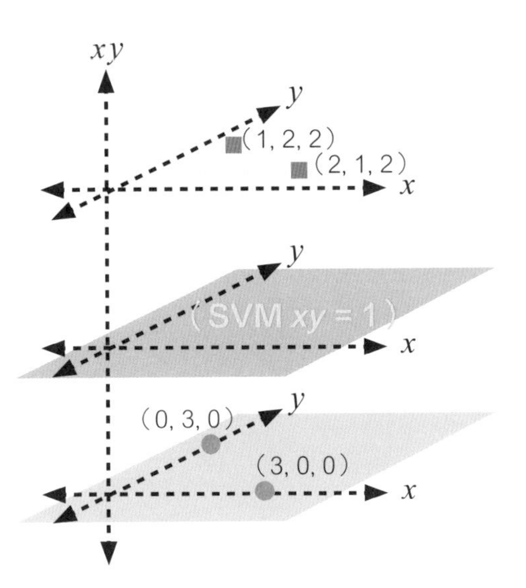

當面對所有資料時，有一個函數可以滿足 $k(x,y)=<a,b>$，那這個 $k(x,y)$ 就是一個核函數，$<a,b>$ 表示向量 a 跟向量 b 做內積。雖然 $k(x,y)$ 是任意函數，但也需要滿足 Mercer 定理，簡單來說就是將所有原始資料帶入到 $k(x,y)$，其總和必須大於或等於 0：

$$\sum_{i=1}^{n}\sum_{j=1}^{n}k(x_i,x_j)c_i c_j \geq 0$$

核函數有許多種類，以下說明較常使用的四種：

- **Linear**：原始資料點的內積，適合使用在線性可分的應用上。在原始空間中尋找最佳化的線性分類器，具有參數少速度快的優點。

$$k(x,y)=<x,y>$$

- **Polynomial**：以提高維度的方式使原本非線性可分的資料轉換成線性可分的資料，容許距離很遠的資料點對 kernel function 有影響，可以很好地處理非線性關係的問題。當投影的維度越高，計算量就會越大，同時也容易出現過度擬合的狀況。

$$k(x,y) = < x, y + c >^d$$

- RBF（Radial Basis Function，**徑向基函數**）：SVM 中常使用的核函數，適合使用在非線性關係的資料上，做法為使用計算距離的方式 $\phi(x,y) = \phi(\|x-c\|)$，其中計算距離的方式有很多種，例如歐氏距離、高斯函數等，可將其帶入延伸。

高斯 RBF：$$k(x,y) = e^{\frac{\|x-y\|^2}{2\sigma^2}}, \sigma > 0$$

- Sigmoid：類似神經網路，常使用在深度學習的資料中，適合處理有高度非線性關係的資料。

$$k(x,y) = \tanh(\beta x^t y + \theta), \beta > 0$$

11.2 實例操作 - 銀行客戶產品需求分析

11.2.1 資料解析

本章範例為某銀行的電話行銷客戶資料，包含 age、job、marital、loan 等 16 個變數 X，及一個目標值 Y，總共 17 個欄位，如下表 11.2.1。透過分析，我們可以知道哪些變數 X 對客戶的購買意願有很大的影響，並預測應該打電話給哪些高成功率的客戶。

表 11.2.1 範例資料 C11_BankCustomer.csv（僅節錄部分數據）

age 年紀	job 職業	marital 婚姻	education 教育	default 信用違約	balance 存款餘額
30	unemployed	married	primary	no	1787
33	services	married	secondary	no	4789
35	management	single	tertiary	no	1350

housing 房貸	loan 個人信用貸款	contact 通訊方式	day 最後聯繫日期	month 最後聯繫月份	duration 最後聯繫時長
no	no	cellular	19	oct	79
yes	yes	cellular	11	may	220
yes	no	cellular	16	apr	185

campaign 活動時間聯繫次數	pdays 上次聯繫至今的天數	previous 聯繫次數	poutcome 以前的行銷活動	y 是否購買
1	-1	0	unknown	no
1	339	4	failure	no
1	330	1	failure	no

11.2.2 匯入資料

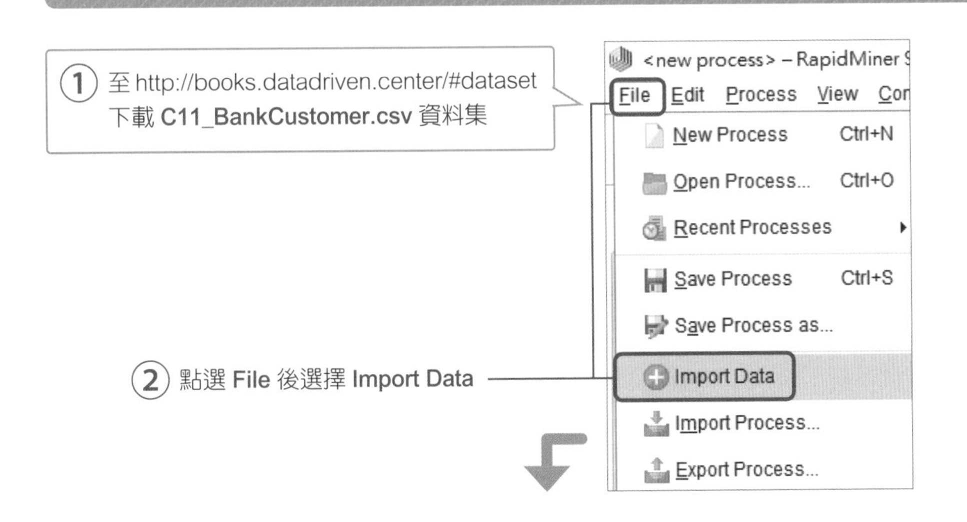

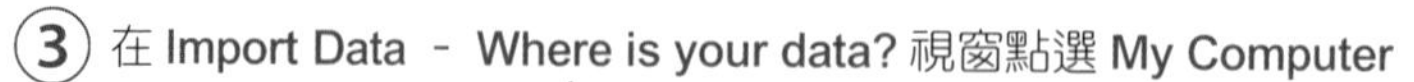

③ 在 Import Data － Where is your data? 視窗點選 My Computer

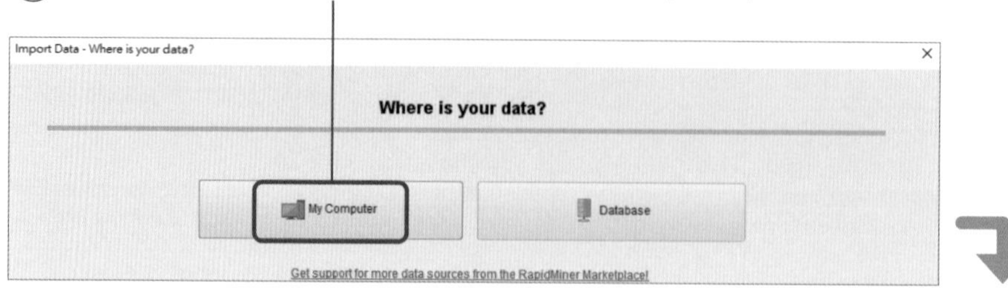

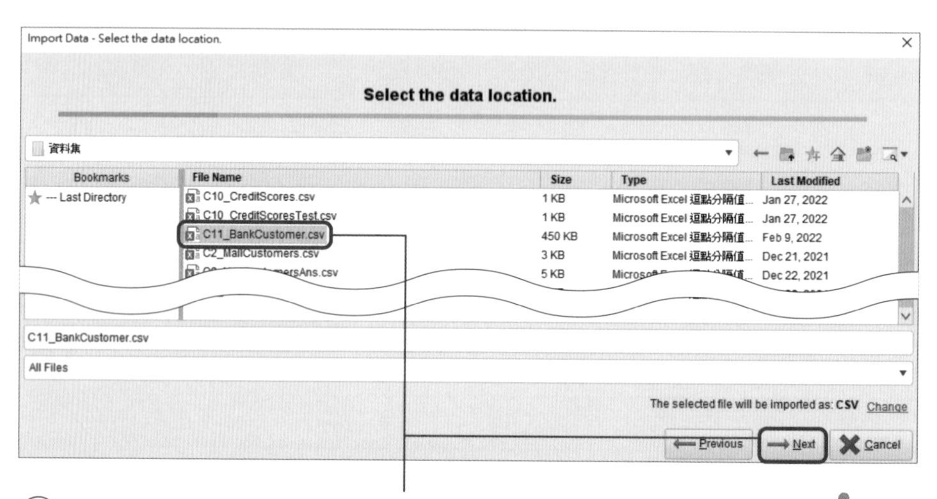

④ 選擇步驟 1 下載好的 C11_BankCustomer.csv 資料集，並點選 → Next

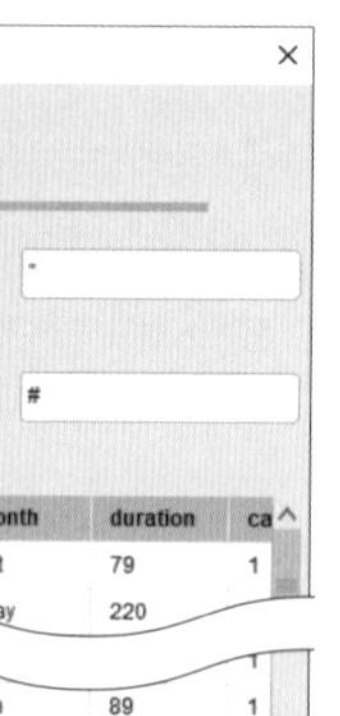

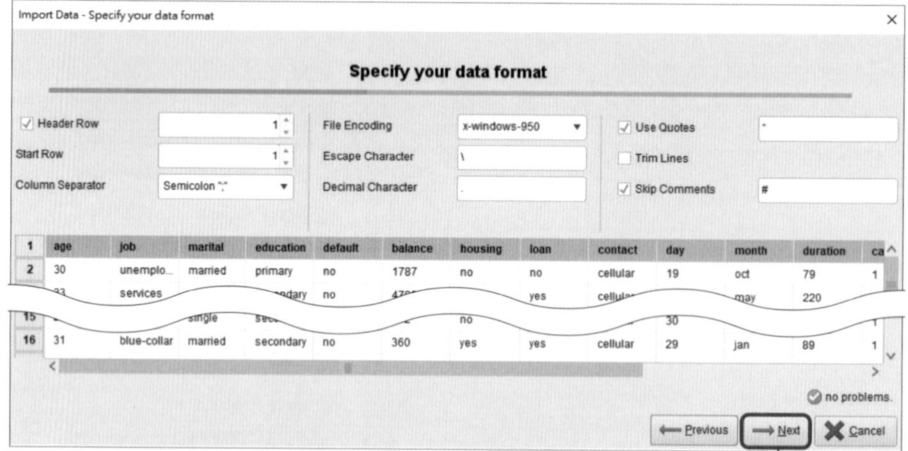

⑤ 預覽資料，檢查是否有缺失值（Missing Value）。若沒問題就點選 → Next

⑥ 在 default 欄位點選 ▼ 後選擇 Change Type 中的 binominal。同理，將 housing、loan、y 這四個欄位都換成 binominal

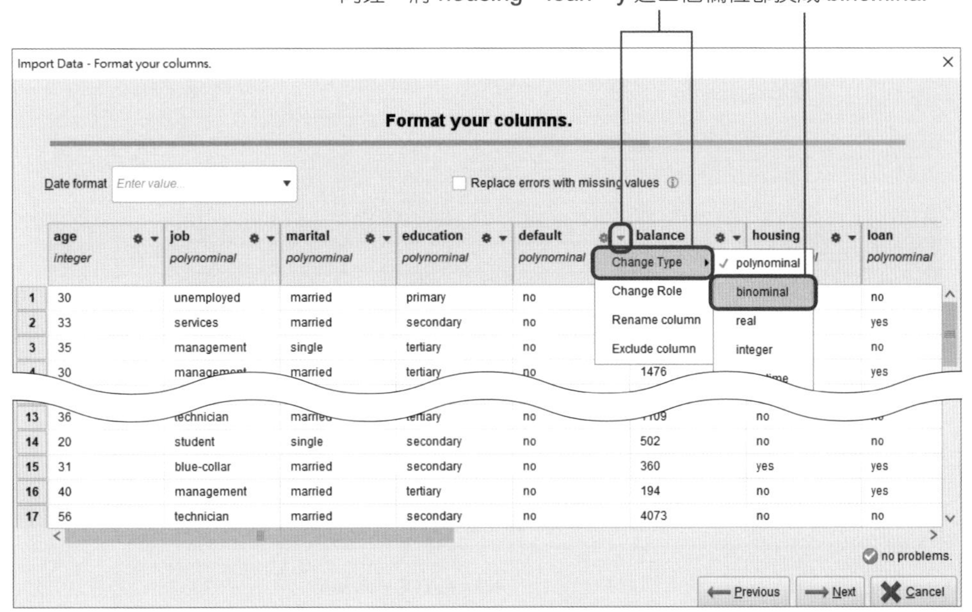

⑦ 在 y 欄位點選 ▼ 後選擇 Change Role

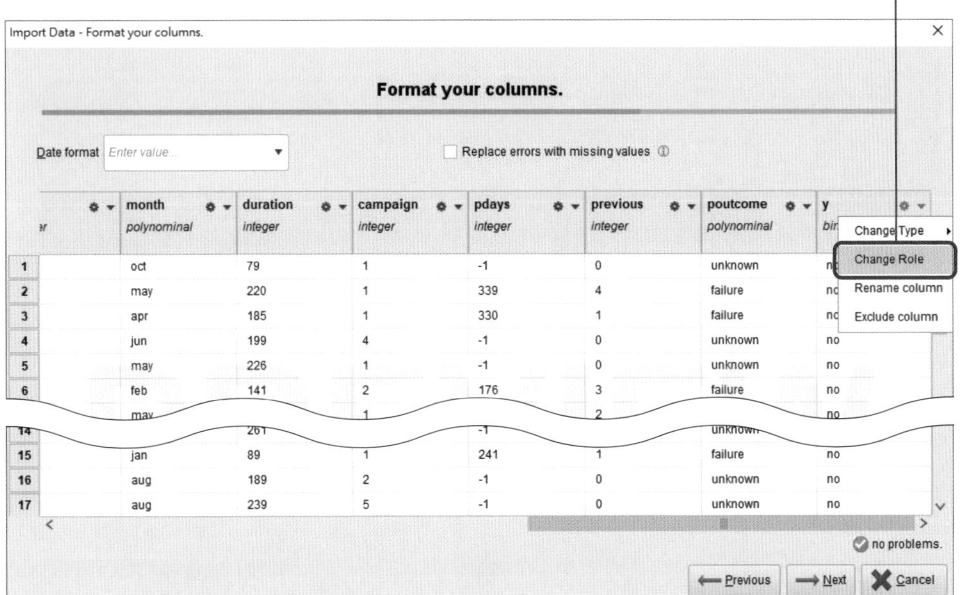

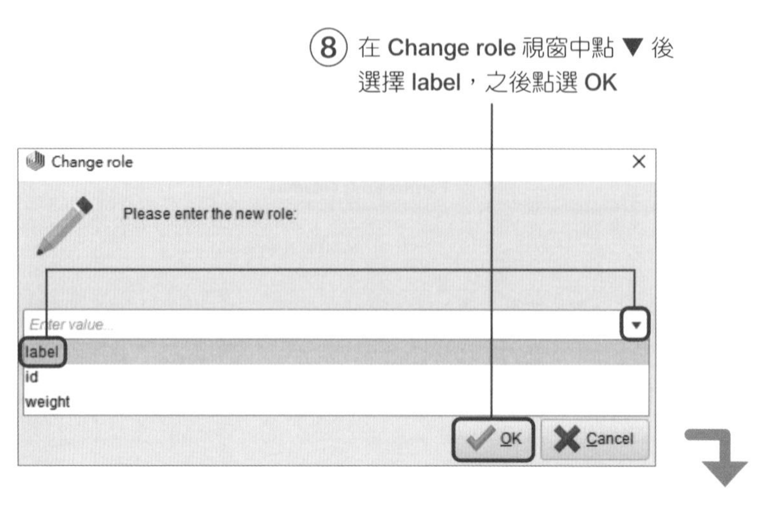
⑧ 在 Change role 視窗中點 ▼ 後
選擇 label，之後點選 OK
Change role
Please enter the new role:
Enter value...
label
id
weight
OK
Cancel

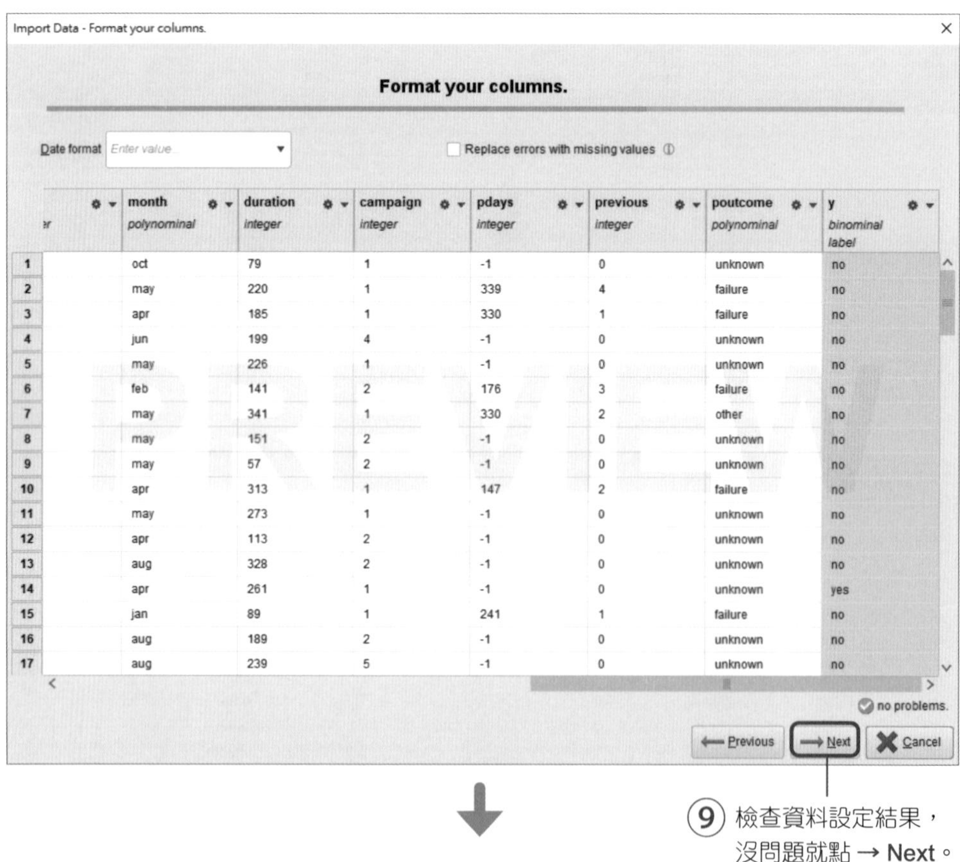
Import Data - Format your columns.
Format your columns.
Date format
Enter value...
Replace errors with missing values
month polynominal
duration integer
campaign integer
pdays integer
previous integer
poutcome polynominal
y binominal label
1 oct 79 1 -1 0 unknown no
2 may 220 1 339 4 failure no
3 apr 185 1 330 1 failure no
4 jun 199 4 -1 0 unknown no
5 may 226 1 -1 0 unknown no
6 feb 141 2 176 3 failure no
7 may 341 1 330 2 other no
8 may 151 2 -1 0 unknown no
9 may 57 2 -1 0 unknown no
10 apr 313 1 147 2 failure no
11 may 273 1 -1 0 unknown no
12 apr 113 2 -1 0 unknown no
13 aug 328 2 -1 0 unknown no
14 apr 261 1 -1 0 unknown yes
15 jan 89 1 241 1 failure no
16 aug 189 2 -1 0 unknown no
17 aug 239 5 -1 0 unknown no
no problems.
Previous
Next
Cancel
⑨ 檢查資料設定結果，
沒問題就點 → Next。

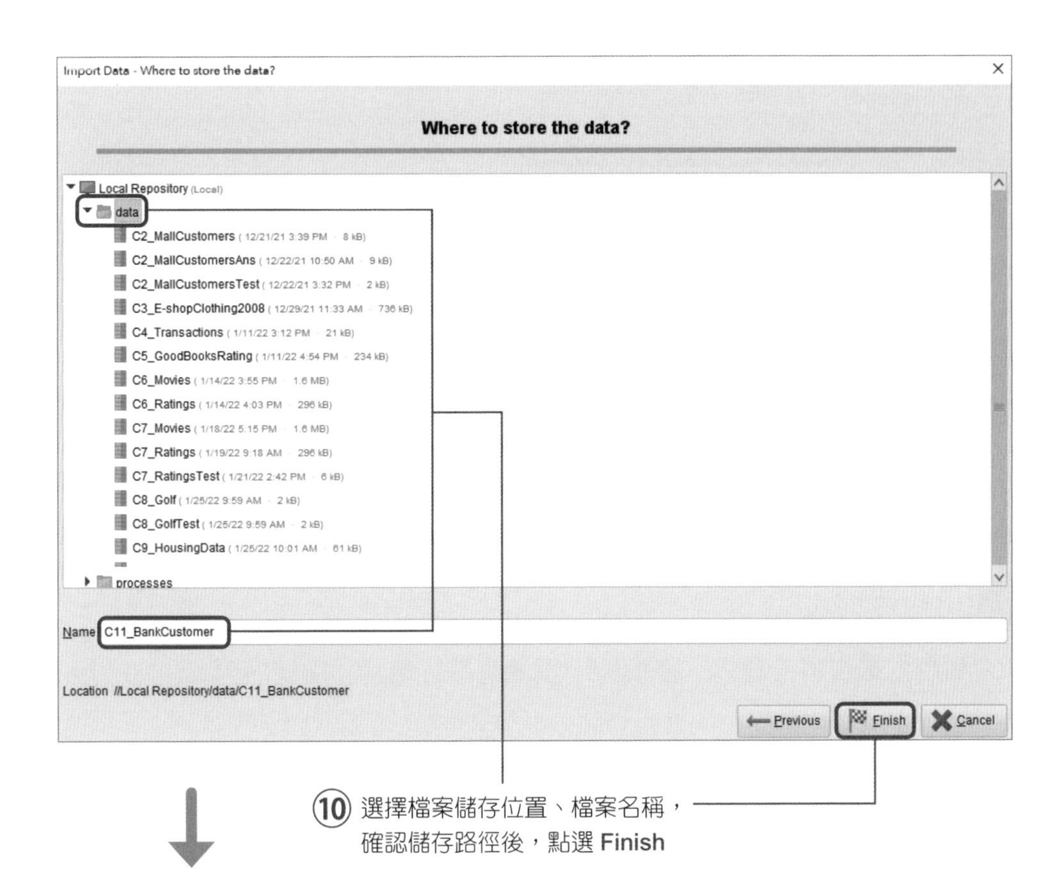

⑩ 選擇檔案儲存位置、檔案名稱，確認儲存路徑後，點選 **Finish**

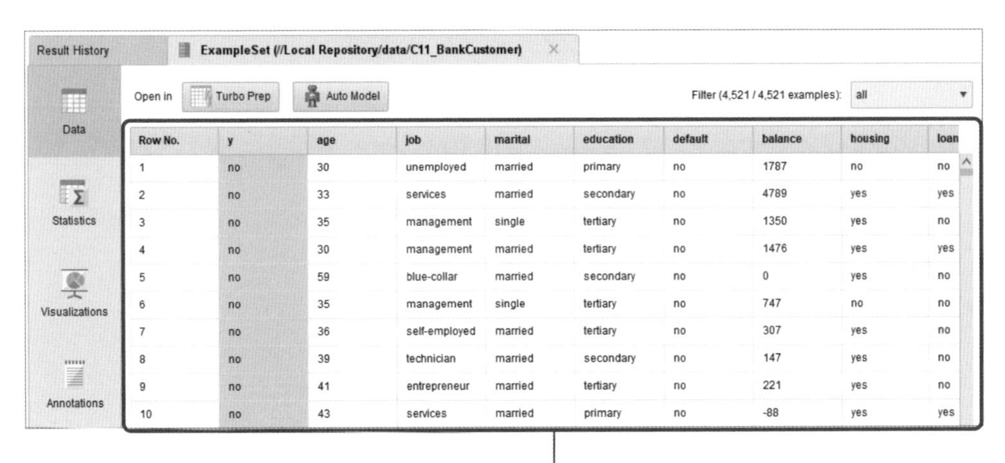

Row No.	y	age	job	marital	education	default	balance	housing	loan
1	no	30	unemployed	married	primary	no	1787	no	no
2	no	33	services	married	secondary	no	4789	yes	yes
3	no	35	management	single	tertiary	no	1350	yes	no
4	no	30	management	married	tertiary	no	1476	yes	yes
5	no	59	blue-collar	married	secondary	no	0	yes	no
6	no	35	management	single	tertiary	no	747	no	no
7	no	36	self-employed	married	tertiary	no	307	yes	no
8	no	39	technician	married	secondary	no	147	yes	no
9	no	41	entrepreneur	married	tertiary	no	221	yes	no
10	no	43	services	married	primary	no	-88	yes	yes

⑪ 匯入完成，預覽資料

⑫ 點 ExampleSet（//Local Repository/data/C10_CreditScores）的 Statistics，可以看到變數 X 的敘述統計

Result History | ExampleSet (//Local Repository/data/C11_BankCustomer)

Data

Statistics

Name	Type	Missing	Statistics			Filter (17 / 17 attributes):
Label y	Binominal	0	Negative no	Positive yes	Values no (4000), yes (521)
age	Integer	0	Min 19	Max 87	Average 41.170
job	Nominal	0	Least unknown (38)	Most management (969)	Values management (969),

11.2.3 選擇分析方法

分析目標

利用這筆資料，建立一個模型，預測應該打電話給哪些客戶。

設計流程

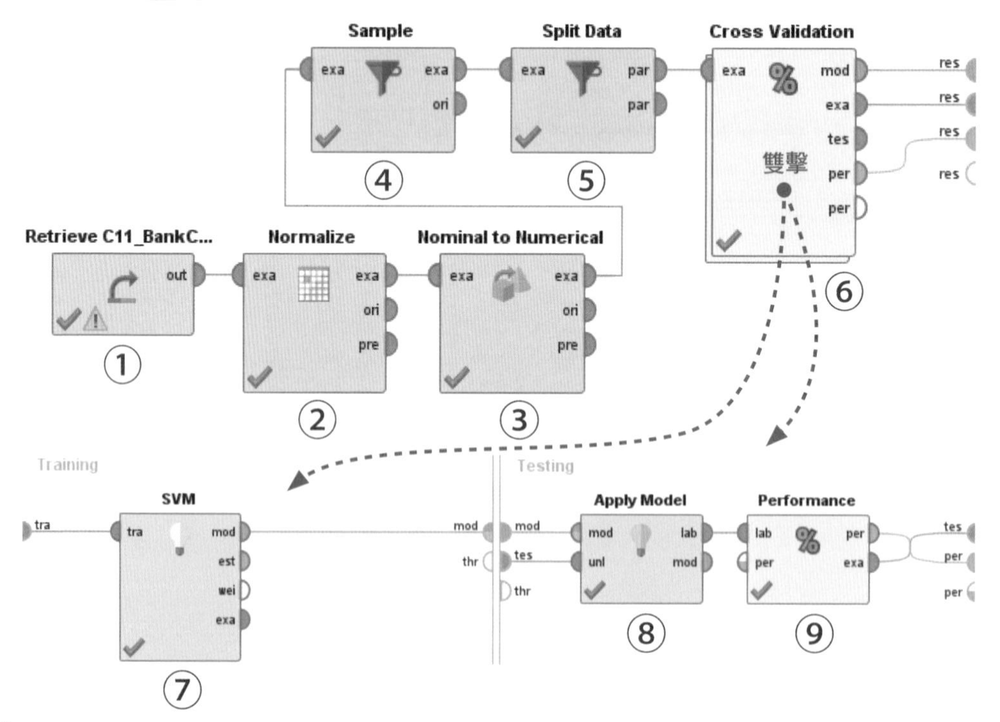

表 11.2.2 組件清單

組件索引	組件	操作	說明
1. 原始資料	Repository ↳ Local Repository ↳ data ↳ C11_BankCustomer	拖拉至畫布中	16 個變數 X、 1 個標籤 Y
2. 標準化	Operators ↳ Cleansing ↳ Normalization ↳ Normalize	拖拉至畫布中	抽出部分樣本
3. 虛擬變數	Operators ↳ Blending ↳ Attributes ↳ Types ↳ Nominal to Numerical	拖拉至畫布中	使用 one-hot encoding
4. 抽樣	Operators ↳ Blending ↳ Examples ↳ Sampling ↳ Sample	拖拉至畫布中	調整樣本數據
5. 分割樣本	Operators ↳ Blending ↳ Examples ↳ Sampling ↳ Split Data	拖拉至畫布中	80% 訓練資料集、 20% 驗證資料集
6. 交叉驗證	Operators ↳ Validation ↳ Cross Validation	拖拉至畫布中	交叉驗證
7. 支援向量機	Operators ↳ Modeling ↳ Predictive ↳ Support Vector Machines ↳ Support Vector Machine	拖拉至畫布中	預測模型
8. 代入模型	Operators ↳ Scoring ↳ Apply Model	拖拉至畫布中	預測交叉驗證所分割出來的驗證資料集
9. 績效評估	Operators ↳ Validation ↳ Performance ↳ Predictive ↳ Performance（Binominal Classification）	拖拉至畫布中	計算誤差

11.2.4 設定參數

① 本章使用的銀行客戶資料，有一些數值（integer、real）型別的欄位（balance、campaign、duration、pdays、previous）差異較大，需進行標準化。點選畫布中的 **Normalize** 組件，將 **Parameter** 視窗中的 **attribute filter type** 選為 **subset**，**method** 選為 **Z-transformation**，接著點選 **Select Attributes…**

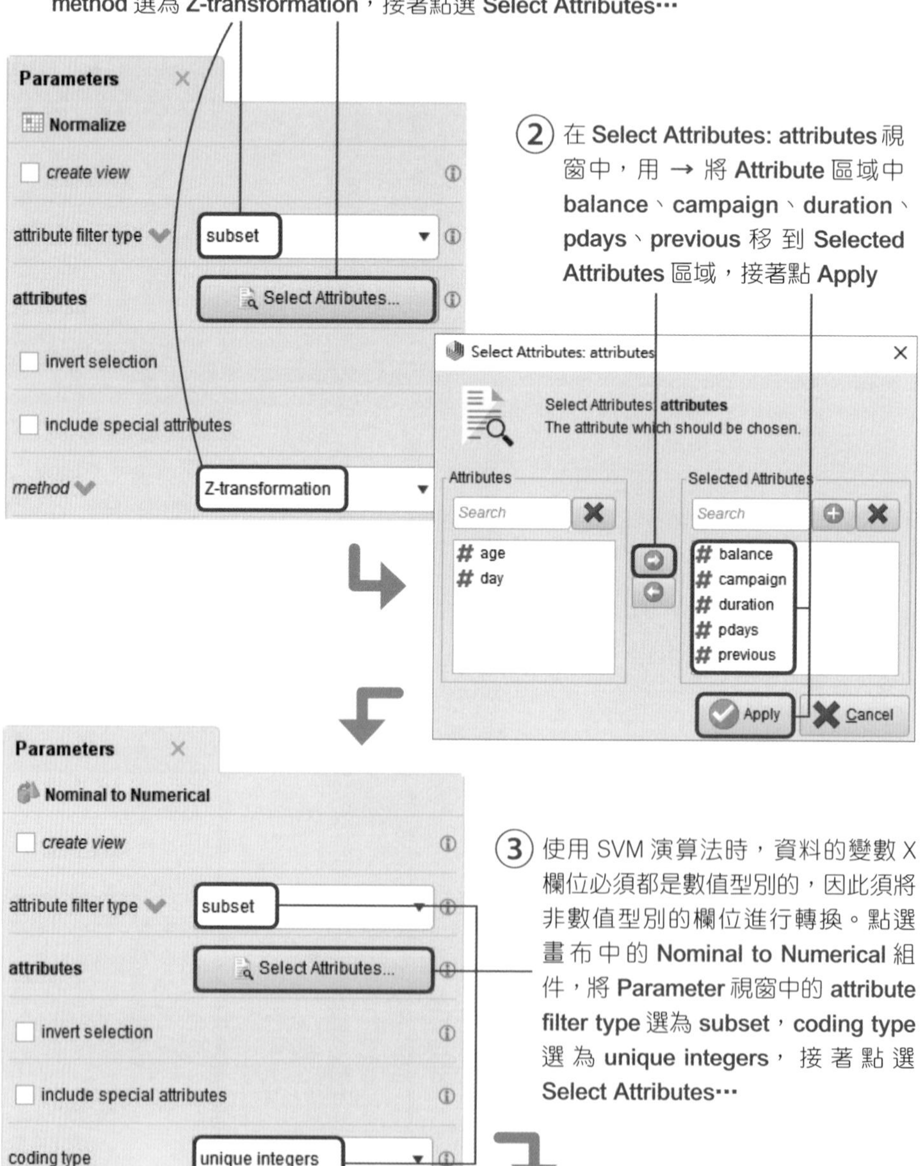

② 在 **Select Attributes: attributes** 視窗中，用 → 將 **Attribute** 區域中 **balance**、**campaign**、**duration**、**pdays**、**previous** 移到 **Selected Attributes** 區域，接著點 **Apply**

③ 使用 SVM 演算法時，資料的變數 X 欄位必須都是數值型別的，因此須將非數值型別的欄位進行轉換。點選畫布中的 **Nominal to Numerical** 組件，將 **Parameter** 視窗中的 **attribute filter type** 選為 **subset**，**coding type** 選為 **unique integers**，接著點選 **Select Attributes…**

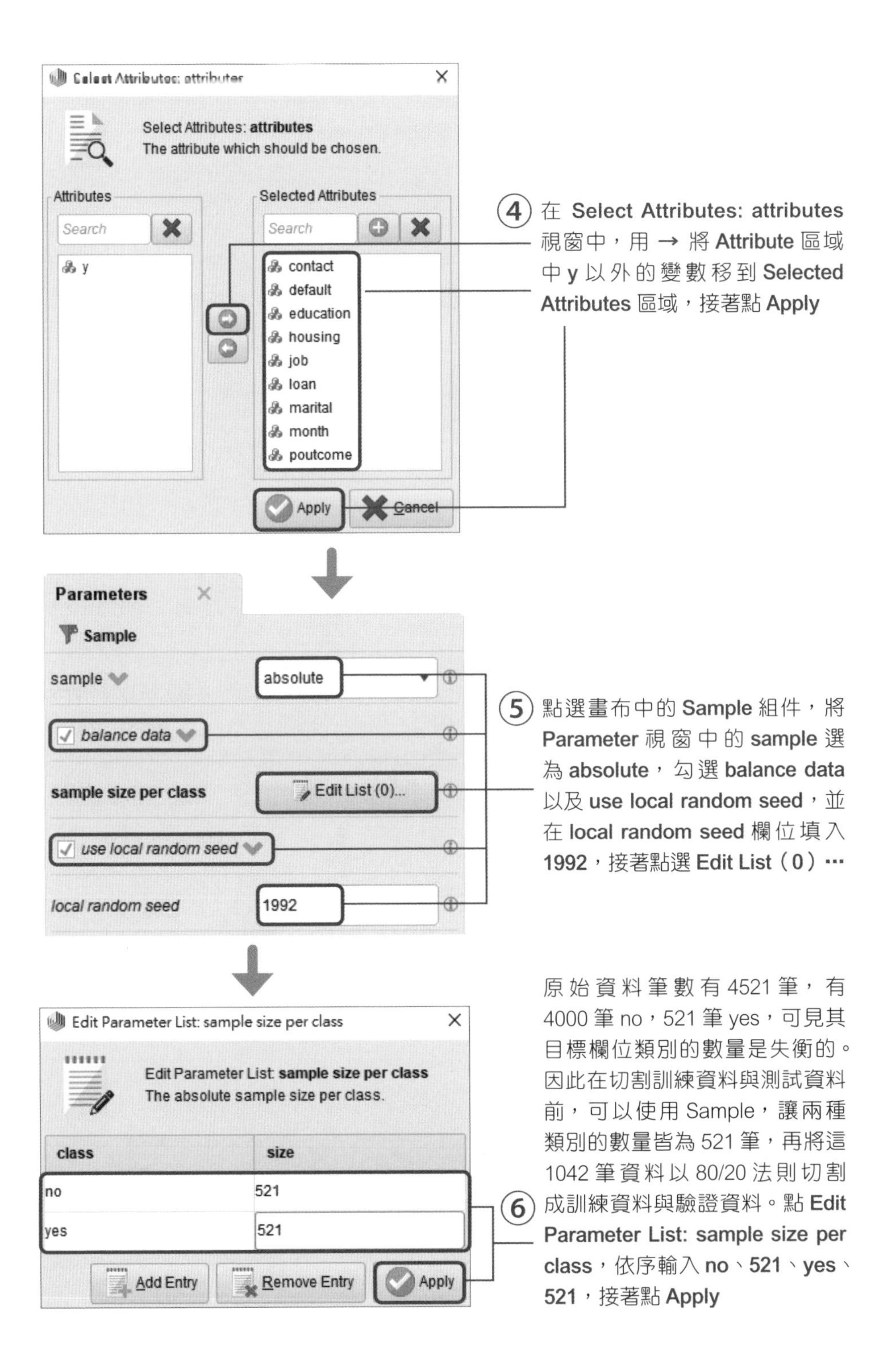

④ 在 **Select Attributes: attributes** 視窗中，用 → 將 **Attribute** 區域中 **y** 以外的變數移到 **Selected Attributes** 區域，接著點 **Apply**

⑤ 點選畫布中的 **Sample** 組件，將 **Parameter** 視窗中的 **sample** 選為 **absolute**，勾選 **balance data** 以及 **use local random seed**，並在 **local random seed** 欄位填入 **1992**，接著點選 **Edit List（0）…**

原始資料筆數有 4521 筆，有 4000 筆 no，521 筆 yes，可見其目標欄位類別的數量是失衡的。因此在切割訓練資料與測試資料前，可以使用 Sample，讓兩種類別的數量皆為 521 筆，再將這 1042 筆資料以 80/20 法則切割成訓練資料與驗證資料。

⑥ 點 **Edit Parameter List: sample size per class**，依序輸入 **no**、**521**、**yes**、**521**，接著點 **Apply**

⑦ 點選畫布中的 Split Data 組件，將 Parameter 視窗中的 sampling type 選為 automatic，勾選 use local random seed，並在 local random seed 欄位填入 1992，接著點選 Edit Enumeration（0）…

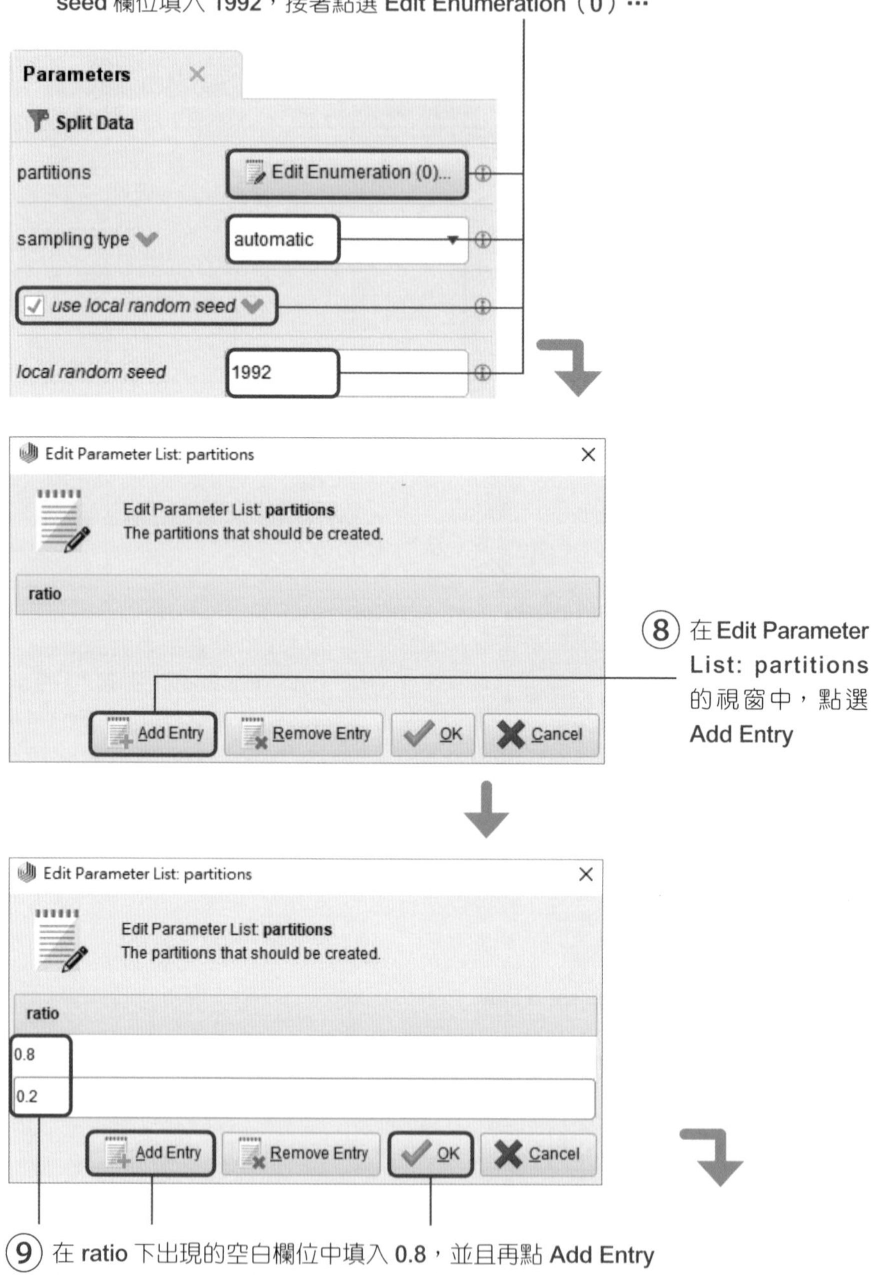

⑨ 在 ratio 下出現的空白欄位中填入 0.8，並且再點 Add Entry 新增一個空白欄位後填入 0.2，最後點選 OK

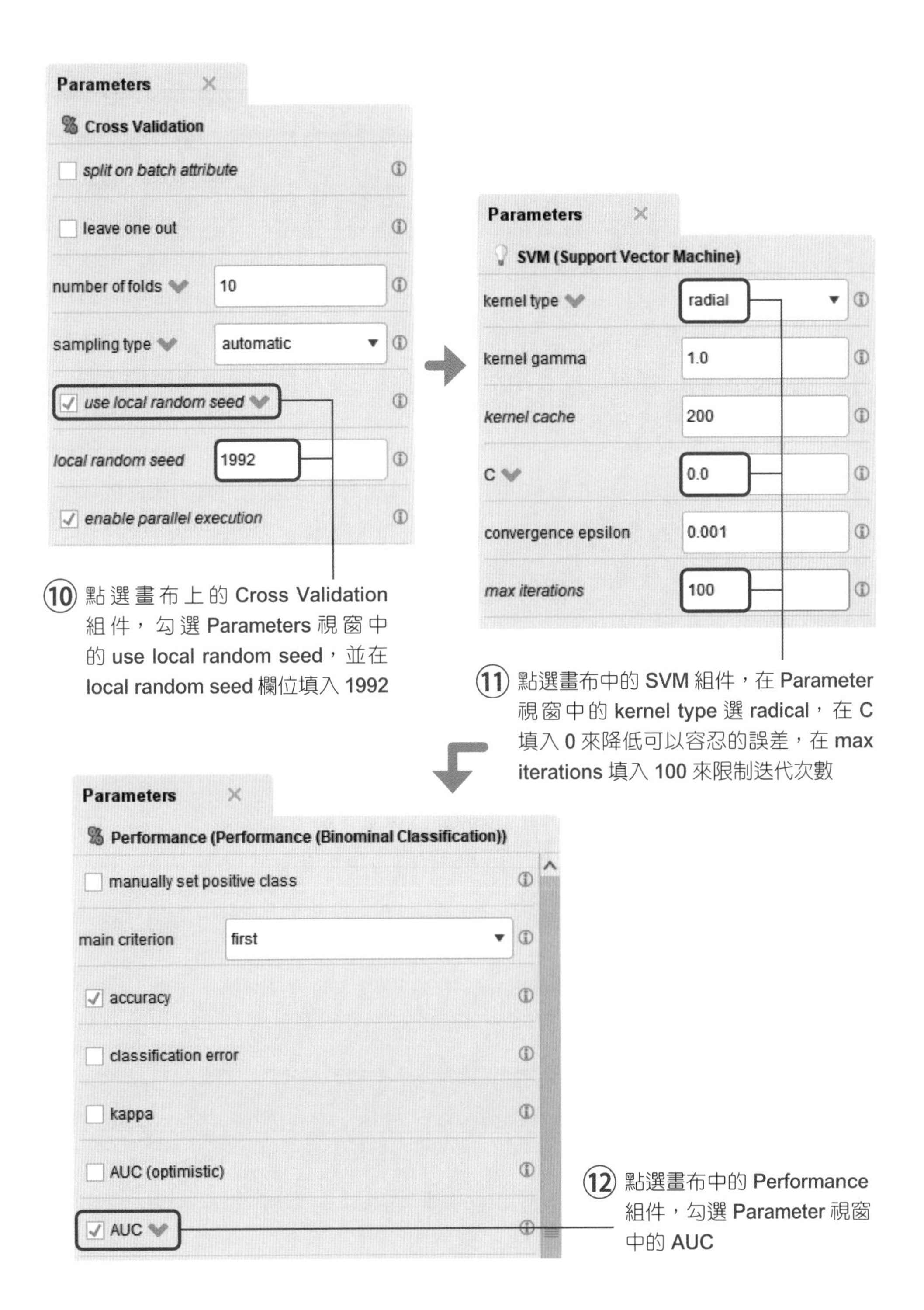
Parameters
Cross Validation
split on batch attribute
leave one out
number of folds
10
sampling type
automatic
use local random seed
local random seed
1992
enable parallel execution
⑩ 點選畫布上的 Cross Validation 組件，勾選 Parameters 視窗中的 use local random seed，並在 local random seed 欄位填入 1992
Parameters
SVM (Support Vector Machine)
kernel type
radial
kernel gamma
1.0
kernel cache
200
C
0.0
convergence epsilon
0.001
max iterations
100
⑪ 點選畫布中的 SVM 組件，在 Parameter 視窗中的 kernel type 選 radical，在 C 填入 0 來降低可以容忍的誤差，在 max iterations 填入 100 來限制迭代次數
Parameters
Performance (Performance (Binominal Classification))
manually set positive class
main criterion
first
accuracy
classification error
kappa
AUC (optimistic)
AUC
⑫ 點選畫布中的 Performance 組件，勾選 Parameter 視窗中的 AUC

支援向量機的參數介紹

- **kernel type**：設定欲使用的核函數類型，可選擇 dot、radial、polynomial、neural、anova、epachnenikov、gaussian_combination、multiquadric，預設為 dot，即為內積。
- **C**：SVM 的複雜常數，是指允許錯誤的容忍值。若 C 值很高，則允許較寬鬆的分類界限，容易過度擬合；若 C 值過低，則允許較嚴謹的界限，容易擬合不足。
- **max iterations**：最大迭代次數，每一次迭代代表對整個訓練數據進行一次訓練，同時更新一次權重，最後達到設定的值後停止迭代，值設定越大，運算時間越長。

11.2.5 執行結果

① 點選 Start the execution of the current process

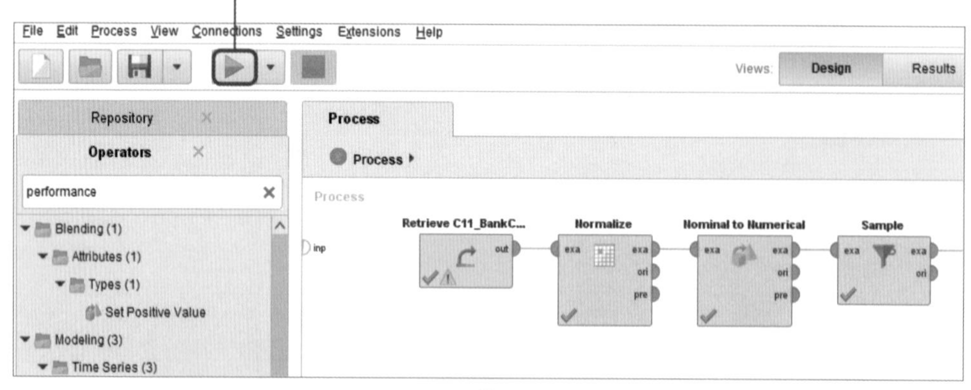

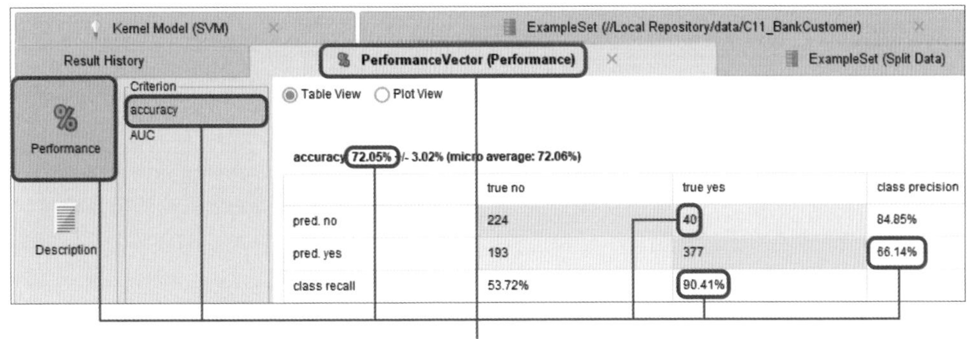

② 點 選 **PerformanceVector**（**Performance**） 中 的 **Performance**， 在 **Criterion** 中選 **accuracy**，可以看到準確率為 72.05%，精確率是 66.14%，召回率是 90.41%。可以發現有 40 位實際上有購買，但是模型預測沒有購買，對銀行來說代表損失這 40 位客戶

③ 點選 **PerformanceVector**（**Performance**）中的 **Performance**，在 **Criterion** 中選 **AUC**，可以看到 AUC 為 0.803

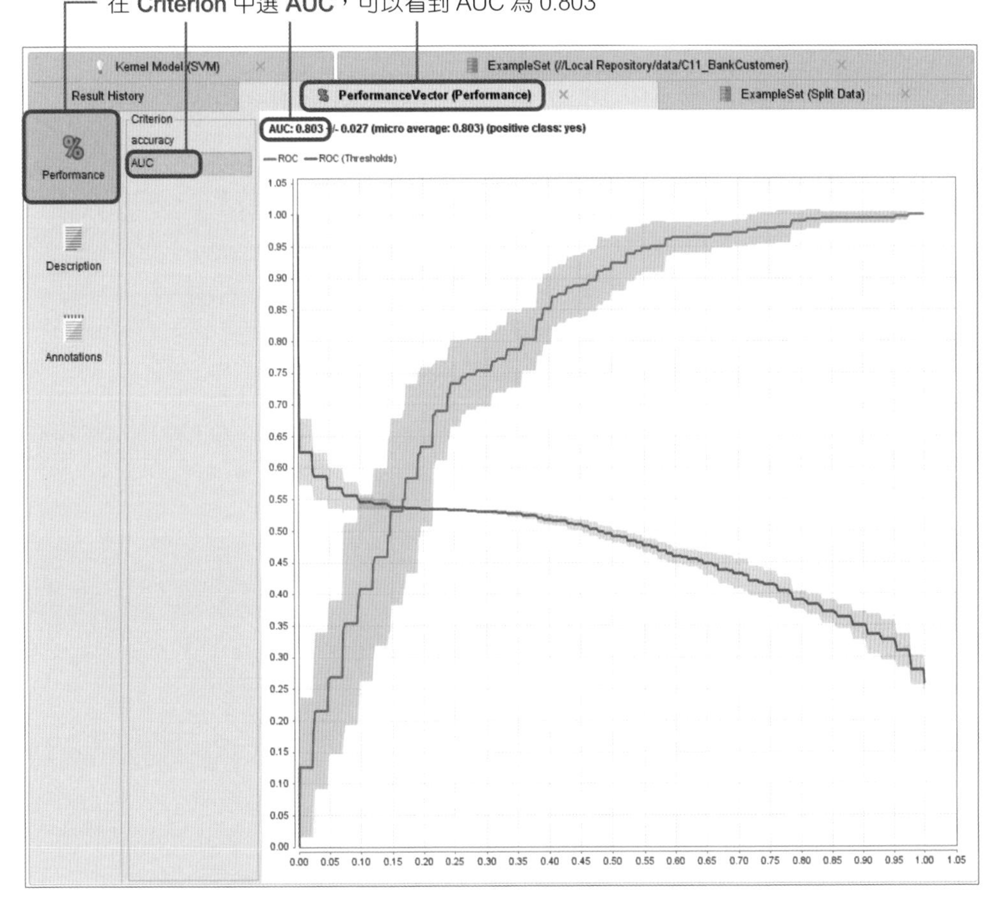

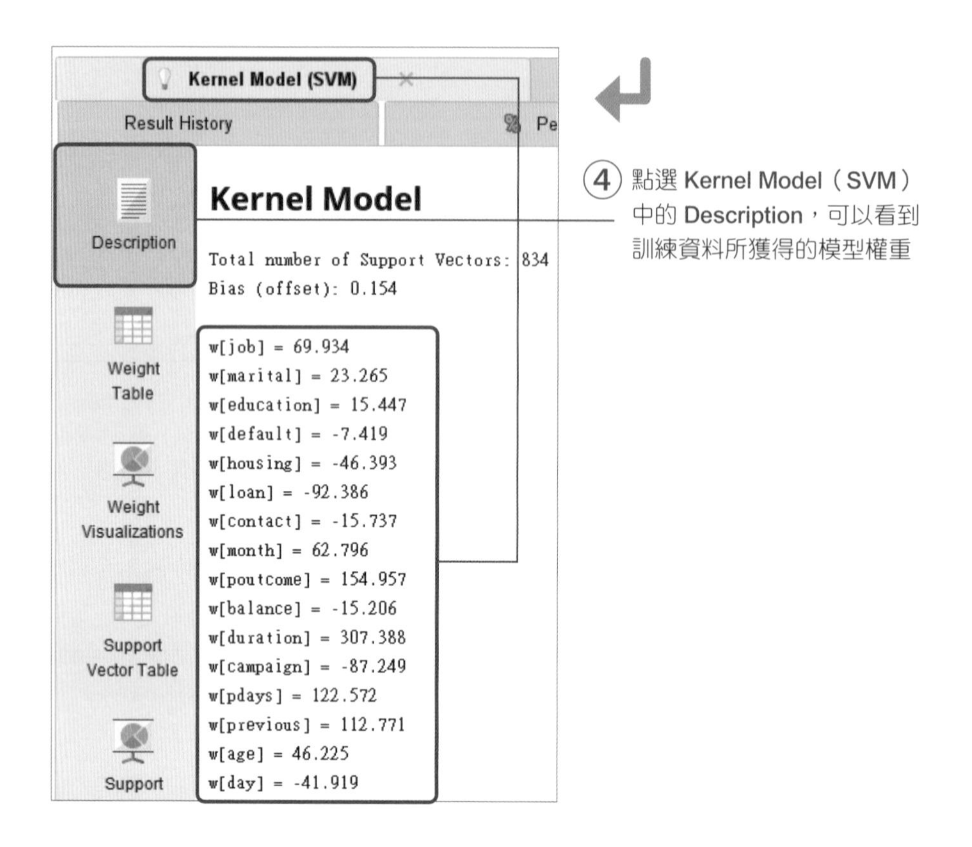

11.3 模型調整

11.3.1 選擇分析方法

分析目標

本例是要透過電話行銷的資訊預測客戶是否會購買產品，分析混淆矩陣內容，進而使用 MetaCost 模組調整。

設計流程

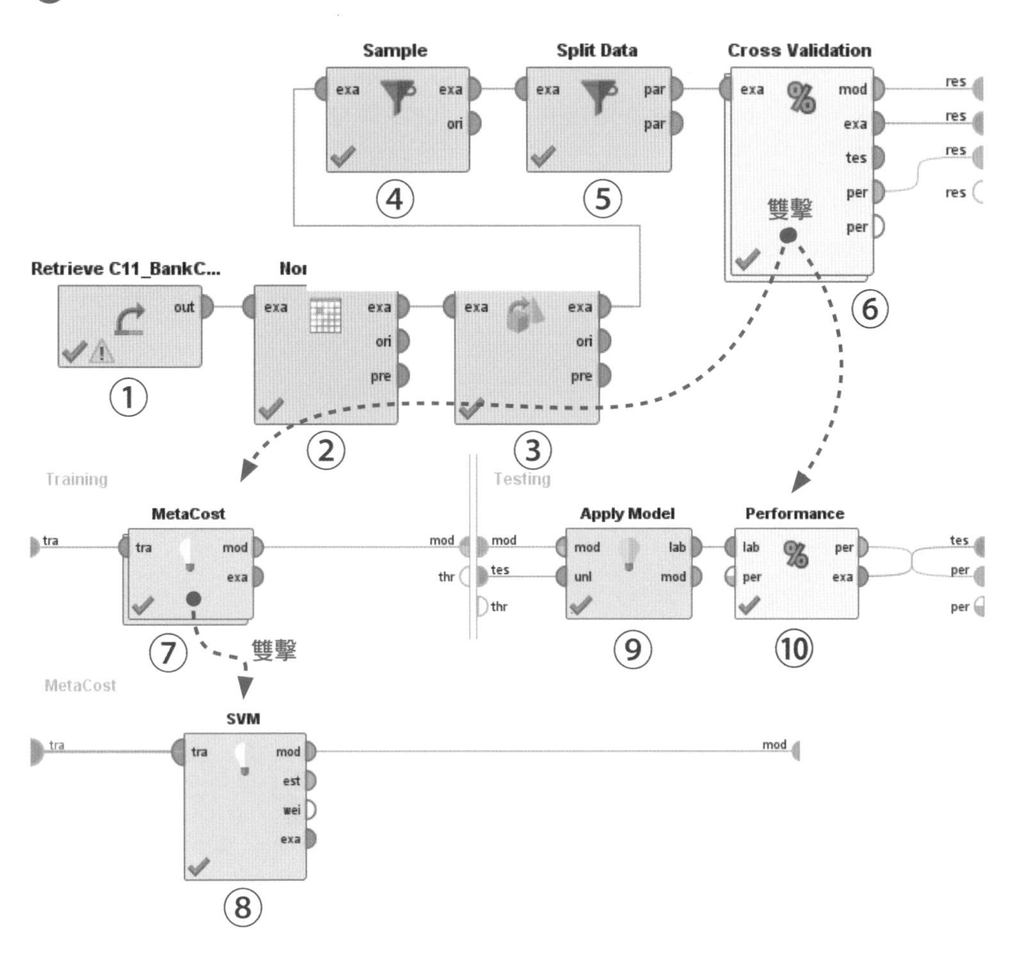

表 11.3.1 組件清單

組件索引	組件	操作	說明
1. 原始資料	Repository ↳ Local Repository ↳ data ↳ C11_BankCustomer	拖拉至畫布中	16 個變數 X、 1 個標籤 Y
2. 標準化	Operators ↳ Cleansing ↳ Normalization ↳ Normalize	拖拉至畫布中	抽出部分樣本

接下頁

組件索引	組件	操作	說明
3. 虛擬變數	Operators ↳ Blending ↳ Attributes ↳ Types ↳ Nominal to Numerical	拖拉至畫布中	使用 one-hot encoding
4. 抽樣	Operators ↳ Blending ↳ Examples ↳ Sampling ↳ Sample	拖拉至畫布中	調整樣本數據
5. 分割樣本	Operators ↳ Blending ↳ Examples ↳ Sampling ↳ Split Data	拖拉至畫布中	80% 訓練資料集、20% 驗證資料集
6. 交叉驗證	Operators ↳ Validation ↳ Cross Validation	拖拉至畫布中	交叉驗證
7. MetaCost	Operators ↳ Modeling ↳ Predictive ↳ Ensembles ↳ MetaCost	拖拉至畫布中	讓 FN 有更多懲罰
8、支援向量機	Operators ↳ Modeling ↳ Predictive ↳ Support Vector Machines ↳ Support Vector Machine	拖拉至畫布中	預測模型
9、代入模型	Operators ↳ Scoring ↳ Apply Model	拖拉至畫布中	預測交叉驗證所分割出來的驗證資料集
10、績效評估	Operators ↳ Validation ↳ Performance ↳ Predictive ↳ Performance (Binominal Classification)	拖拉至畫布中	計算誤差

11.3.2 設定參數

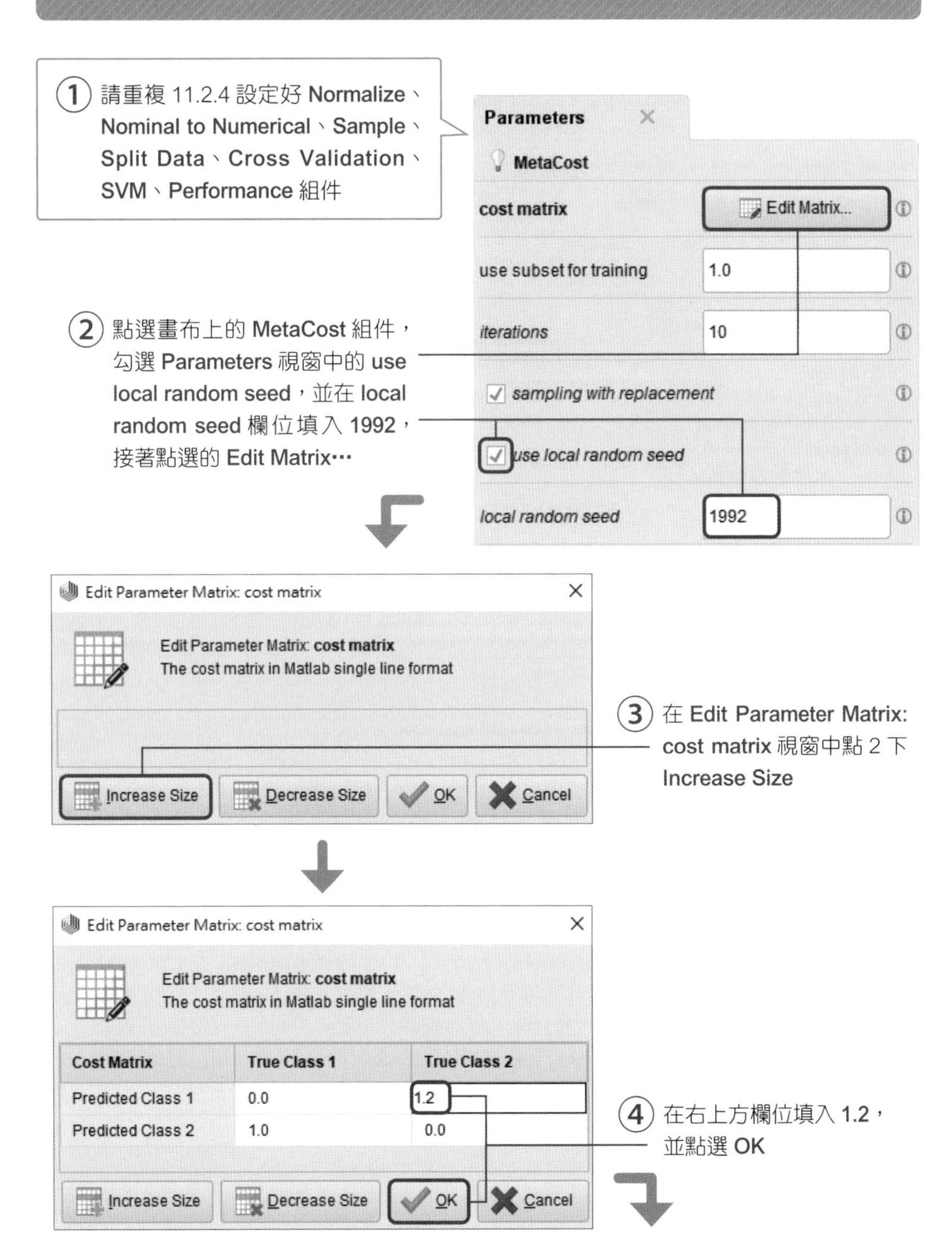

① 請重複 11.2.4 設定好 Normalize、Nominal to Numerical、Sample、Split Data、Cross Validation、SVM、Performance 組件
Parameters
MetaCost
cost matrix
Edit Matrix...
use subset for training
1.0
iterations
10
sampling with replacement
use local random seed
local random seed
1992
② 點選畫布上的 MetaCost 組件，勾選 Parameters 視窗中的 use local random seed，並在 local random seed 欄位填入 1992，接著點選的 Edit Matrix…
Edit Parameter Matrix: cost matrix
Edit Parameter Matrix: cost matrix
The cost matrix in Matlab single line format
Increase Size
Decrease Size
OK
Cancel
③ 在 Edit Parameter Matrix: cost matrix 視窗中點 2 下 Increase Size
Cost Matrix
True Class 1
True Class 2
Predicted Class 1
0.0
1.2
Predicted Class 2
1.0
0.0
④ 在右上方欄位填入 1.2，並點選 OK

11.3.3 執行結果

① 點選 **Start the execution of the current process**

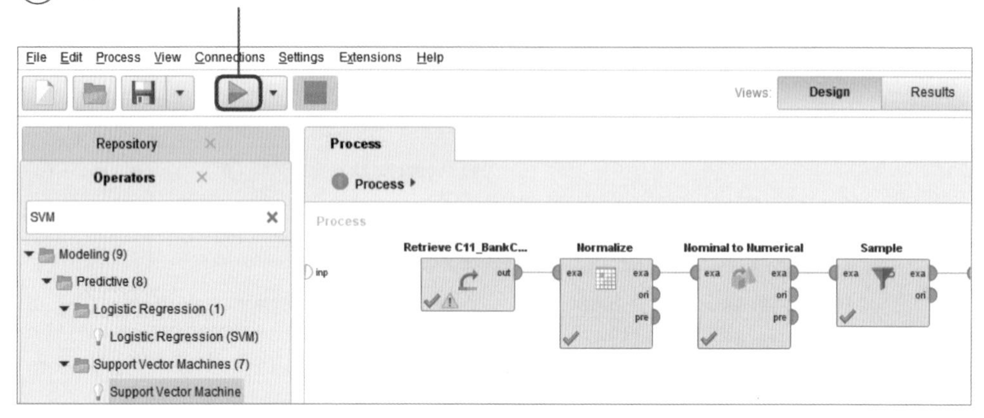

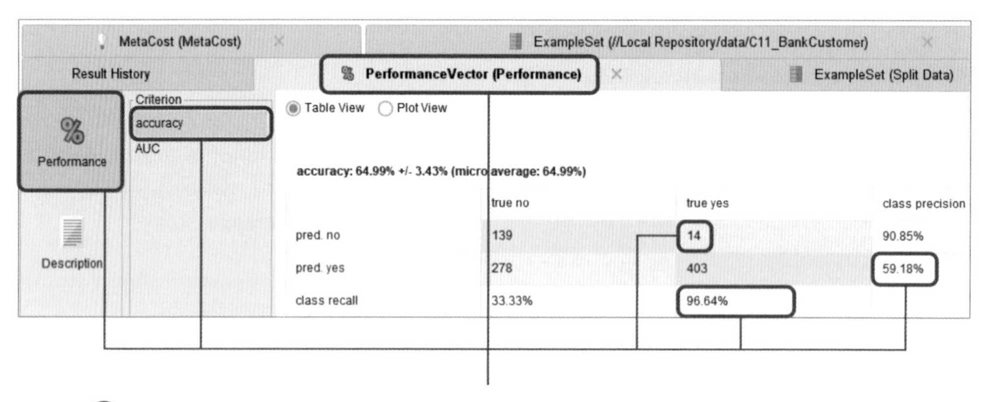

	true no	true yes	class precision
pred. no	139	14	90.85%
pred. yes	278	403	59.18%
class recall	33.33%	96.64%	

② 點選 **PerformanceVector（Performance）**中的 **Performance**，在 **Criterion** 中選 **accuracy**，可以看到準確率為 64.99%，精確率是 59.18%，召回率是 96.64%。透過 MetaCost 的調整，雖然整體 Accuracy 降低了，但是提高了 Recall，從原本錯失 40 位購買機率大的客戶降低至了 14 位，可見該模型在本應用中是有顯著效果

③ 點選 **PerformanceVector**（**Performance**）中的 **Performance**，在 **Criterion** 中選 **AUC**，可以看到 AUC 為 0.805

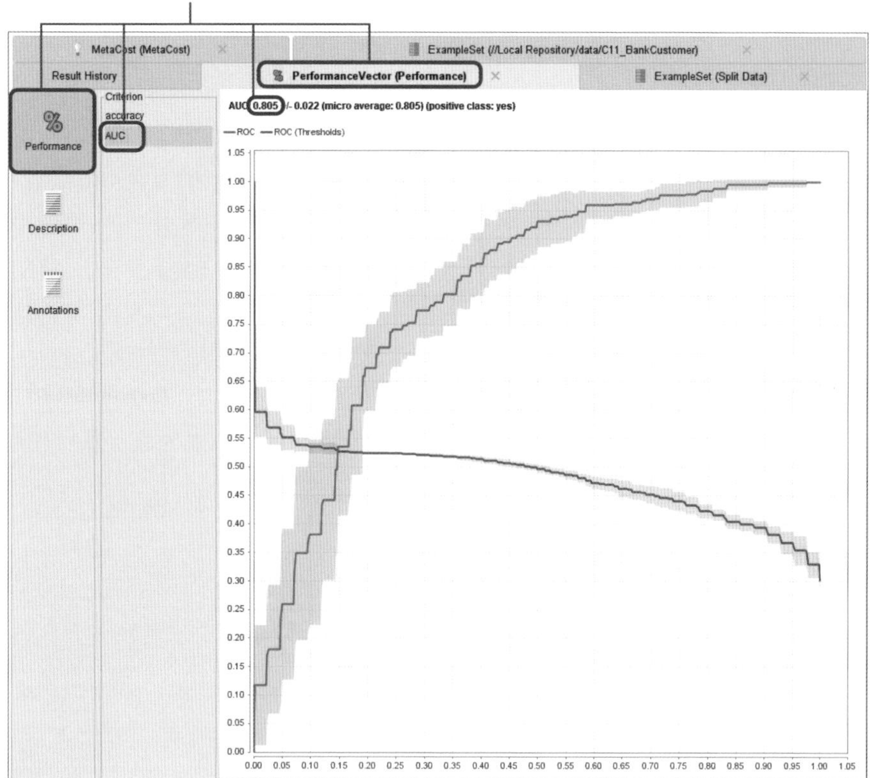

11

11.4 模型驗證

11.4.1 選擇分析方法

分析目標

將前面所切割出的驗證資料放入調整後的模型，進行驗證。

設計流程

請複製本章 11.3.1 的流程設計，並且額外增加 Apply Model 與 Performance 組件。

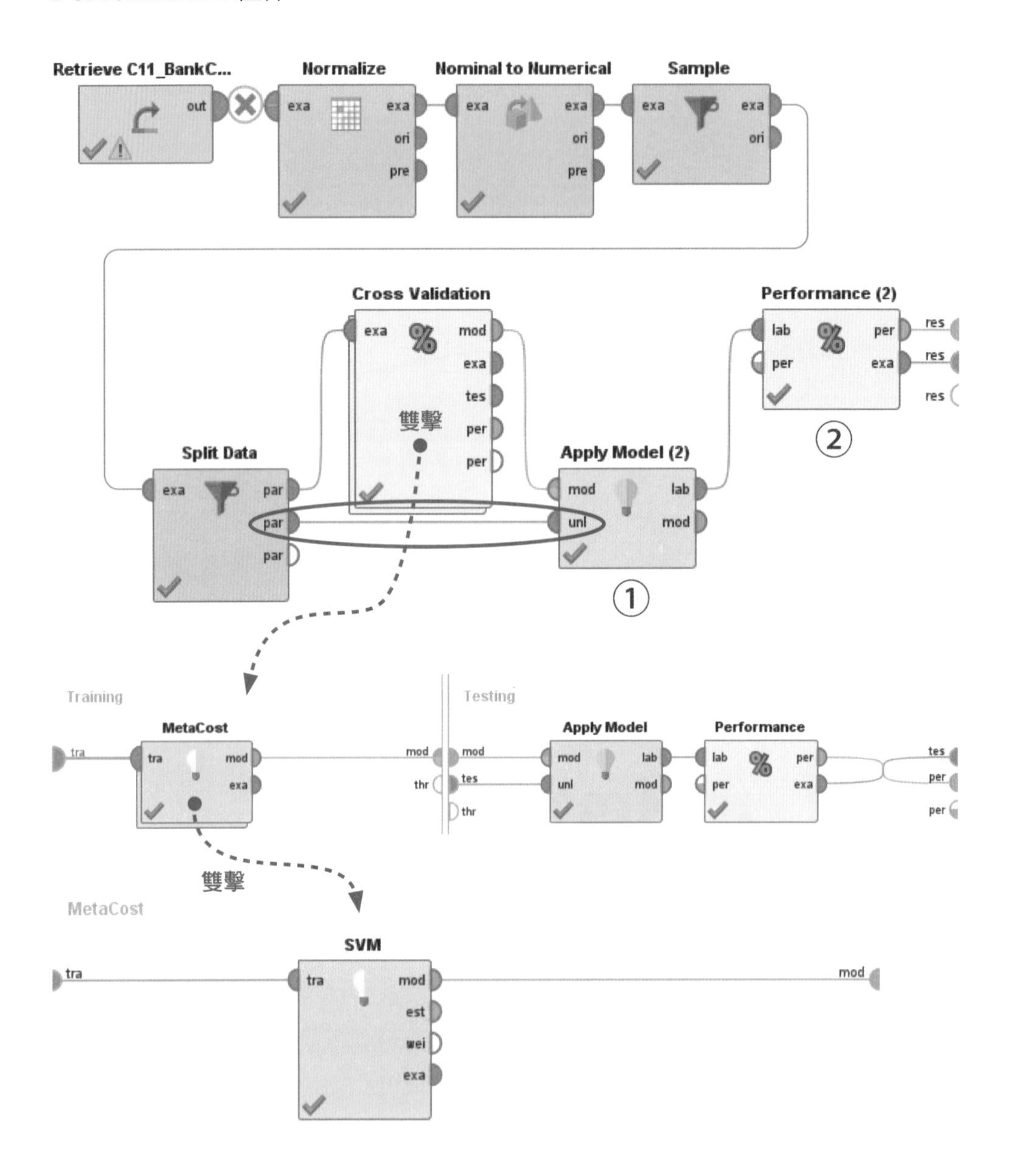

表 11.4.1　新增組件清單

組件索引	組件	操作	說明
1. 代入模型	Operators ↳ Scoring ↳ Apply Model	拖拉至畫布中	預測 Split Data 模組產生的驗證資料集
2. 績效評估	Operators ↳ Validation ↳ Performance ↳ Predictive ↳ Performance (Binominal Classification)	拖拉至畫布中	計算誤差

11.4.2 設定參數

請依照本章 11.3.2 節的方法設定好組件。

11.4.3 執行結果

① 點選 Start the execution of the current process

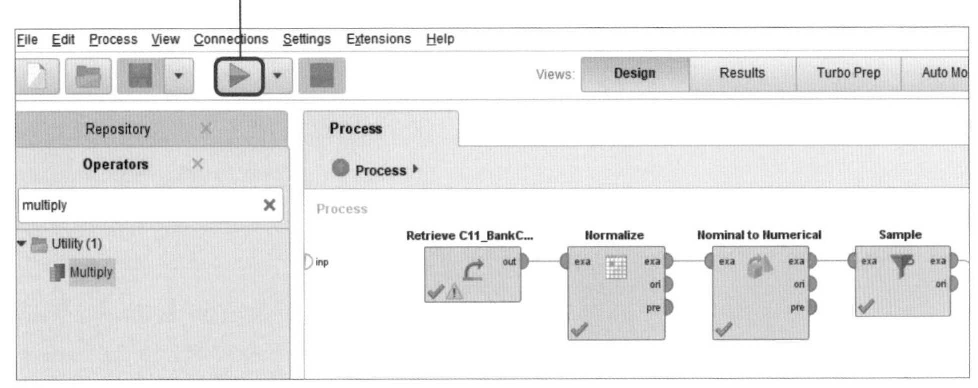

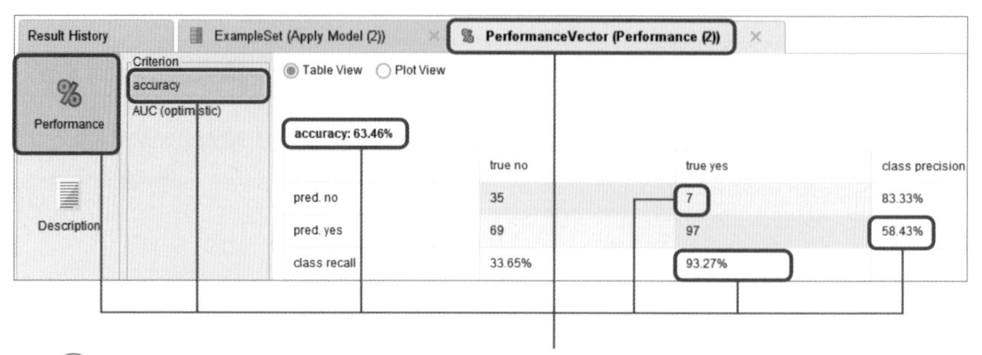

② 點選 **PerformanceVector（Performance）**中的 **Performance**，在 **Criterion** 中選 **accuracy**，可以看到準確率為 63.46%，精確率是 58.43%，召回率是 93.27%

③ 點選 **PerformanceVector（Performance）**中的 **Performance**，在 **Criterion** 中選 **AUC**，可以看到 AUC 為 0.771

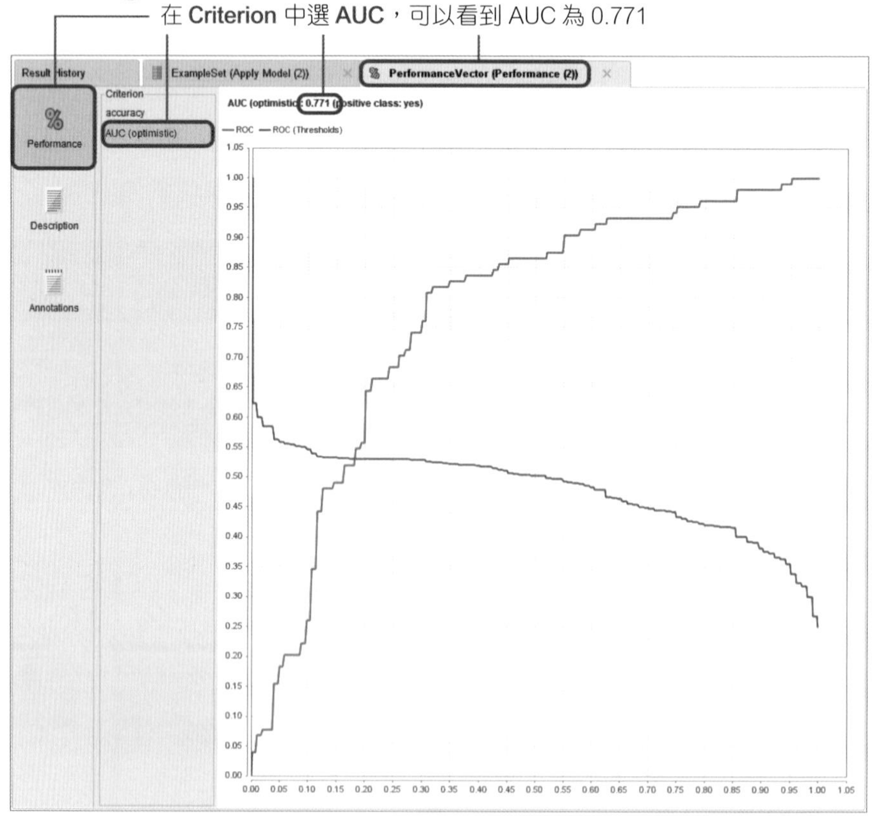

④ 點選 ExampleSet（Apply Model（2））中的 Data，紅色框為預測結果，藍色框為預測的信心度，綠色框為資料變數 X

Result History | ExampleSet (Apply Model (2)) | PerformanceVector (Performance (2))

Data | Statistics | Visualizations | Annotations

Open in Turbo Prep | Auto Model | Filter (208 / 208 examples): all

Row No.	y	prediction(y)	confidence(no)	confidence(yes)	cost	job	marital	education
1	yes	yes	0.388	0.612	0.388	8	1	1
2	no	yes	0.497	0.503	0.497	3	0	1
3	no	yes	0.534	0.466	0.534	2	0	2
4	yes	yes	0.470	0.530	0.470	7	0	3
5	yes	yes	0.426	0.574	0.426	7	2	1
6	yes	yes	0.445	0.555	0.445	1	1	1
7	yes	yes	0.512	0.488	0.512	0	0	0
8	yes	yes	0.468	0.532	0.468	4	1	2
9	yes	yes	0.472	0.528	0.472	10	0	1
10	yes	yes	0.473	0.527	0.473	3	1	2

11.5 模型測試

11.5.1 資料解析

以相同的匯入方式與前處理步驟，將 C11_BankCustomerTest.csv 測試資料匯入，資料中為 3 筆沒有標籤 Y 的新客戶。

表 11.5.1 範例資料 C11_BankCustomerTest.csv

age 年紀	job 職業	marital 婚姻	education 教育	default 信用違約	balance 存款餘額
20	student	single	secondary	no	502
68	retired	divorced	secondary	no	4189
32	management	single	tertiary	no	2536

housing 房貸	loan 個人信用貸款	contact 通訊方式	day 最後聯繫日期	month 最後聯繫月份	duration 最後聯繫時長
no	no	cellular	30	apr	261
no	no	telephone	14	jul	897
yes	no	cellular	26	aug	958

campaign 活動時間聯繫次數	pdays 上次聯繫至今的天數	previous 聯繫次數	poutcome 以前的行銷活動	y 是否購買
1	-1	0	unknown	?
2	-1	0	unknown	?
6	-1	0	unknown	?

11.5.2 匯入資料

請依照本章 11.2.2 節的方法匯入 C11_BankCustomerTest.csv。

11.5.3 選擇分析方法

分析目標

利用前面調整過後的模型，預測這些客戶是否會有購買意願。

設計流程

請複製本章 11.3.1 的流程設計，並且額外增加 C11_BankCustomer_Test、Normalize、Nominal to Numerical、與 Apply Model 組件。

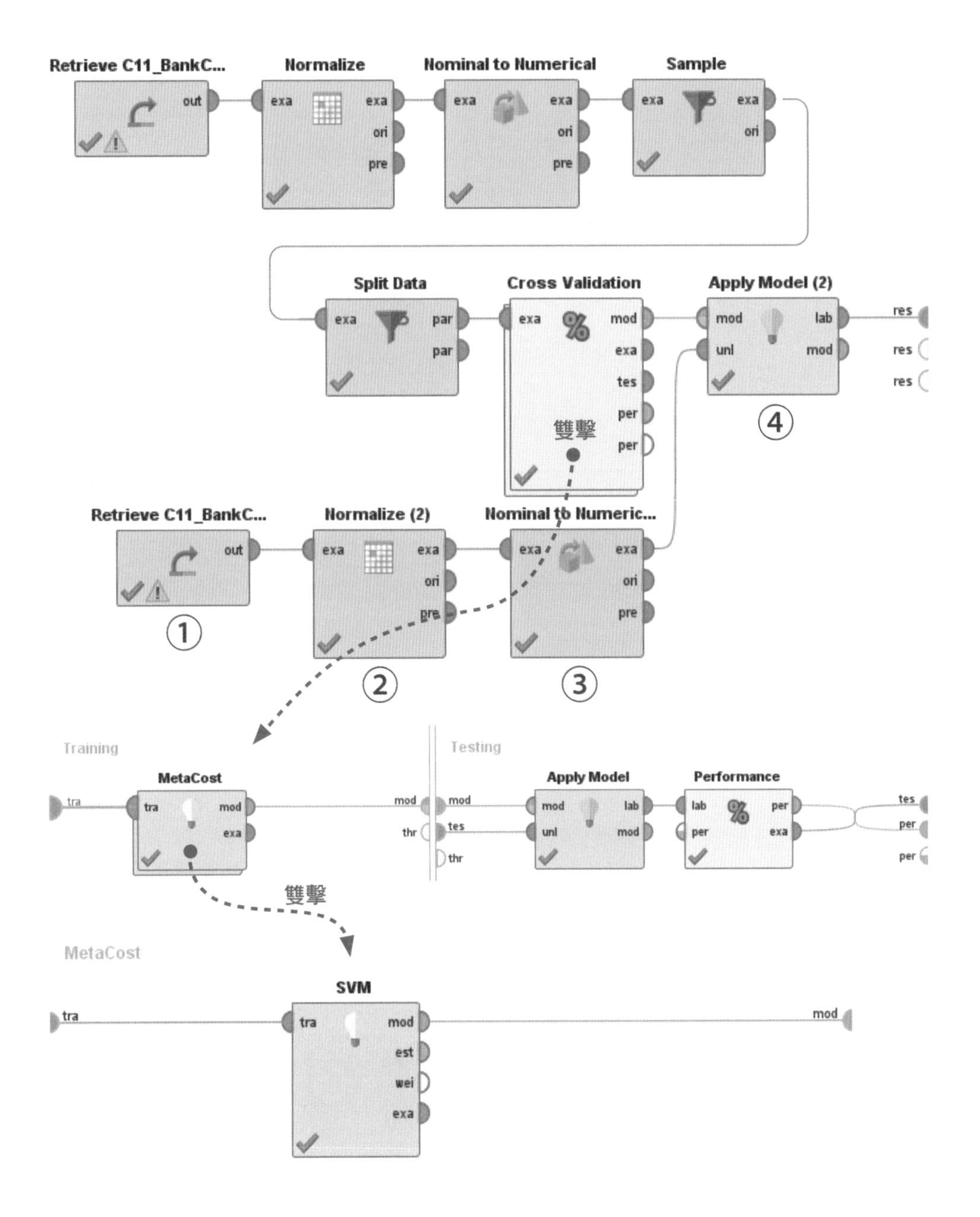

表 11.5.2 新增組件清單

組件索引	組件	操作	說明
1. 原始資料	Repository ↳ Local Repository ↳ data ↳ C11_BankCustomerTest	拖拉至畫布中	16 個變數 X、 沒有標籤 Y
2. 標準化	Operators ↳ Cleansing ↳ Normalization ↳ Normalize	拖拉至畫布中	抽出部分樣本
3. 虛擬變數	Operators ↳ Blending ↳ Attributes ↳ Types ↳ Nominal to Numerical	拖拉至畫布中	使用 one-hot encoding
4. 代入模型	Operators ↳ Scoring ↳ Apply Model	拖拉至畫布中	預測新資料

11.5.4 設定參數

請依照本章 11.3.2 節的方法設定好組件。

11.5.5 執行結果

① 點選 Start the execution of the current process

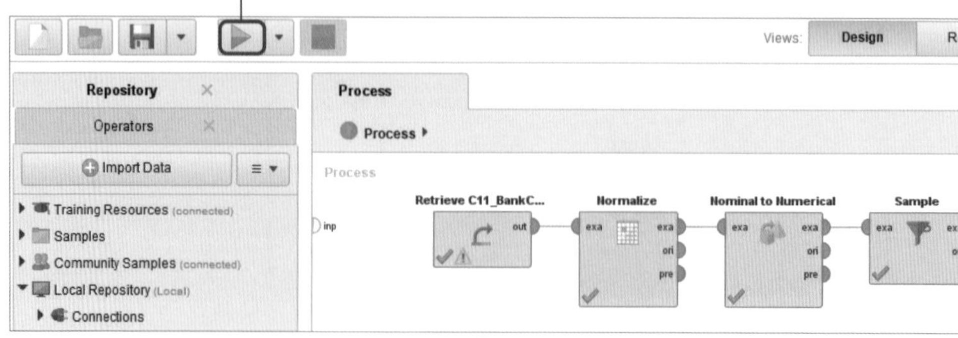

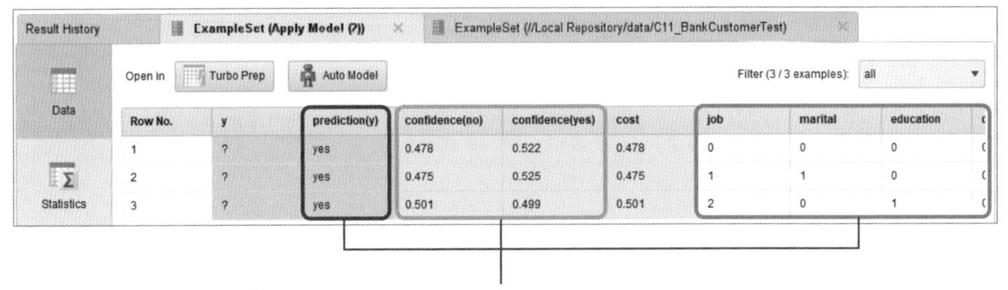

② 點選 ExampleSet（Apply Model（2））中的 Data，紅色框為預測結果，藍色框為預測的信心度，綠色框為資料變數 X、

11.5.6 詮釋結果

模型結果解釋

在本範例中，假設成功銷售出商品所帶來的獲益遠大於打電話的成本，那銷售人員一定會竭盡所能的推銷給實際會購買的客戶，因此需要調整預測不會購買，但實際購買的群組 (FN)，合理降低該群組的人數 (也就是提高 Recall)，減少錯過潛在客戶的可能。

預測結果解釋

在驗證結果中，可以看到 Recall 有 93.27%，有許多正確預測會購買的客戶。從 3 筆沒有標籤的測試資料結果，可以發現這三位客戶都是有機率會購買產品的。爾後如有新的客戶資料，也可以相同方式建立模型，預測客戶是否為潛在購買者，同時也可以透過所建立的模型權重，觀察哪些變數 X、對客戶是否購買是有影響的。

11.6 章節練習 - 估計客戶的實際年收入

企業或銀行在評估客戶風險時，常會問到客戶的年收入。這是一個敏感的問題，所以實務上常流於形式。但是年收入卻可能與客戶的清償能力有關，也可能間接影響到公司的應收帳款週期管理。

本單元的練習為美國人口普查局的年收入調查資料，若我們可以藉由具有相似條件下，大多數人的年收入做為參考指標，則對於客戶所填寫的年收入資料輔以服務人員詢問的相關問題，將有助於估計客戶的實際年收入，藉此降低公司的經營風險。

本練習使用的數據集為 E11_Income.csv，包含 29,000 餘筆客戶的數據。數據中的欄位具體說明如下：

- **age**：表示客戶年齡。
- **workclass**：表示客戶工作類型，有 8 種類別。
- **education**：表示受教育程度，有 16 種類別。
- **marital-status**：表示婚姻狀況，有 7 種類別。
- **occupation**：表示工作，有 14 種類別。
- **relationship**：表示人際關係，有 6 種類別 Wife / Own-child / Husband / Not-in-family / Other-relative / Unmarried。
- **race**：表示人種類別，有 5 種類別 White / Asian-Pac-Islander / Amer-Indian-Eskimo / Other / Black。

- **sex**：表示性別，有 2 種類別 Female / Male。
- **capital-gain**：表示叫資本獲利。
- **capital-loss**：表示叫資本損失。
- **native-country**：表示祖國籍，有 44 種類別。
- Y：表示客戶實際收入是否有超過 50K，>50K 表示超過，<50K 表示未超過。

練習目標

請使用本章節中所介紹的分析方式，以範例數據為基礎，建立機器學習模型，盡可能準確能判斷出客戶的實際年收入是否超過了 50K。

MEMO

CHAPTER

12

如何避免客戶流失？分類電信客戶跳槽名單

企業藉著滿足客戶的需求而吸引客戶，並逐漸培養其忠誠度。在許多產業上，開發新客戶的成本往往比維護一個老客戶的成本還高，而老客戶與新客戶都是企業營收的來源，都很重要。

在老客戶方面，企業考慮的風險可能包括是否會跳槽。例如在技術成熟的電信產業市場，每一家的通話品質都差不多，影響客戶是否繼續簽約的因素可能是費率、服務或其他因素。

在新客戶方面，企業考慮的風險可能包括是否誠信。例如保險業常遇到的痛點，便是**訊息不對稱**下的道德危機，保險公司事先不會知道保戶在投保前是否已身體不適？去醫院檢查前才來買健康險？也難以約束保戶在投保竊盜險之後，是否疏忽防盜措施。因此**客戶誠信與否**將可能影響企業的獲利，若誤判的比例過高，則可能造成損失。

本單元藉由篩選電信客戶跳槽名單為例，預測「客戶說的話是否值得信任」，目的在於創造**顧客風險管理**的價值。

12.1 決策樹演算法的基本原理

12.1.1 決策樹（Decision Tree）

決策樹是一種解決分類問題的演算法，以**樹狀結構**展開，組成元素與應用如圖 12.1.1。透過不同的分枝找出結果，不同節點表示不同情境下的分類，最後建立一個系統性的規則，協助決策者**擬定策略**。

圖 12.1.1 使用決策樹決定是否貸款給客戶

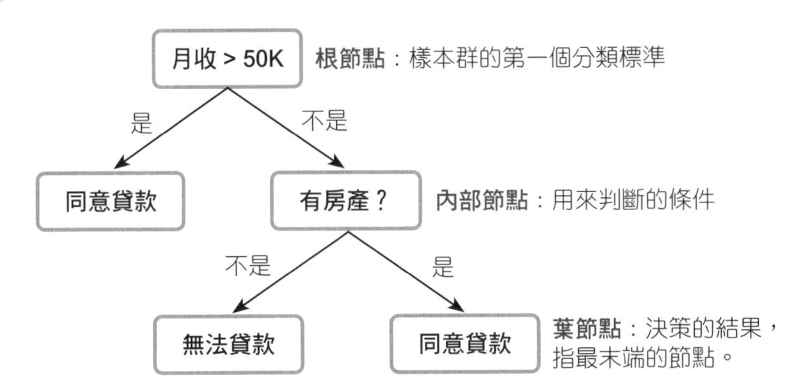

決策樹是監督式學習的演算法，透過歷史資料來分類、分組，以預測最後的結果，產生決策樹有以下三個主要的步驟：

1. **特徵選擇**：選擇節點要使用的特徵 X，不同特徵的分類，產生的結果都會不同。為篩選出能有效分類的特徵，經常使用**亂度**（Entropy，又稱為**熵**）來找出重要的分枝特徵、條件。亂度為資料混亂程度的度量，一個好的分類結果，其內部資訊分布均勻、系統穩定。**亂度小，分類結果越單一，越容易預測**，其計算方式如下，P_x 為 x 出現的機率：

$$\text{Entropy} = -\sum_{x \in X} P_x \log_2 P_x$$

亂度表示「資料凌亂的程度」，圖 12.1.2 為原始資料分組與亂度。

圖 12.1.2 分組與亂度

原始資料 = (1,2,3,4,5,1,2,3,4,5,1,2,3,4,5,1,2,3,4,5,1,2,3,4,5)

分組一：
在分組後，每一組內部都「很均勻」即亂度下降，是好的分組

分組一	分組二
A=(1,1,1,1,1)	A=(1,2,3,4,5)
B=(2,2,2,2,2)	B=(1,2,3,4,5)
C=(3,3,3,3,3)	C=(1,2,3,4,5)
D=(4,4,4,4,4)	D=(1,2,3,4,5)
E=(5,5,5,5,5)	E=(1,2,3,4,5)

分組二：
在分組後，每一組內部都「不均勻」亂度沒降，是不好的分組

以亂度為基礎，針對不同的資料特性發展出不同的**特徵衡量標準**：

- **資訊增益**（Information Gain, IG）：又稱 **ID3 演算法**。計算資料分組前後的熵值，若使熵值有下降的特徵，則分組效果越好，適用於特徵中種類較少的資料。

- **增益比例**（Gain Ratio, GR）：又稱 **C4.5 演算法**。計算資料分組前後的熵值，並考慮特徵中種類的數量，若數量較多，會配予較大的權重，以盡可能地不選擇此特徵。適用於特徵中種類較多的資料，或有 ID 欄位的資料（如身分證字號，因不會有重複的 ID，分到最後，一組一個樣本，雖然很均勻，但沒有意義）。

- **吉尼係數**（Gini Index, GI）：又稱 **CART 演算法**，或**不純度**（Impurity），計算出的**數值介於 0 到 1 之間**，數值越小，樣本差異性越小，分組效果越好。適用於 X 種類較少，且各組組內樣本接近的資料，其定義如下。其中，p_i 表示類別 i 的占比，k 表示類別的總數。當每個種類只有一個時，吉尼係數會是最大的 1；反之，當所有種類皆相同時，吉尼係數為 0。

$$\text{Gini Index} = 1 - \sum_{i=1}^{k} p_i^2$$

2. **產生決策樹**：從根節點開始展開，使用特徵衡量標準所計算出的有效特徵們來建立內部節點，依據衡量標準從高到低，一層一層的向下產生決策樹，直到沒有特徵或衡量標準達到最小值為止。

3. **修剪決策樹**：為避免決策樹所建立的分類規則太過具體或太過模糊，對新資料的預測不夠客觀，因此需要透過下方兩個參數主動限制決策樹：

- **最小樣本數**（Minimum Samples (Size) Split）：當每個內部節點準備向下展開時，資料筆需達到最小樣本數才可以進行展開。如最小樣本數設定太多，容易**擬合不足**（Underfitting）；反之，設定太少，會**擬合過度**（Overfitting）。

- **最大深度**（Maximum Depth）：要向下建立多少層的決策樹。如果最大深度設定太多，容易擬合過度，針對性太強，遇到新資料，沒辦法合理的預測；反之，設定太少，會發生擬合不足的問題。

12.1.2 隨機森林（Random Forest）

由於決策樹容易有擬合不足或擬合過度的問題，為增強模型的預測能力，科學家使用**集成學習**（Ensemble Methods）的方式，結合**聚合法**（Bootstrap Aggregating, Bagging）與決策樹概念，產生多棵決策樹再統整各個結果，多數決產出最終分類。建構隨機森林的基礎過程如下：

假設原始資料有 1000 筆，每筆都有 9 個 X，電信公司門市剛收到的 1 筆新資料，現在想要建立「由 7 棵決策樹所組成、每棵決策樹考慮 5 個 X」的「隨機森林」，來預測這位客戶「未來是否會跳槽」。

1. **從原始資料隨機抽出 7 組**：從原始的 1000 筆資料中，均勻且重複的抽樣形成 7 組互相獨立的樣本，當作 7 棵決策樹的訓練集。若訓練集的比例為 80，則這 7 組訓練集都各自擁有 800 筆資料。

2. **建立第 1 棵決策樹**：採用第 1 組訓練集的資料。在每次分枝之前從「9 個 X」中，隨機抽出「5 個 X」，計算「用哪一個 X 作為分枝標準的效果最好」，逐步建立第 1 棵決策樹。

3. **建立第 2 到 7 棵決策樹**：重複操作步驟 2，直到 7 棵決策樹都完成。

4. **整合 7 棵決策樹的結果**：代入測試集的資料，採用「多數決」的方式決定「最後的結果 $\hat{y}_i$」，並且和「真實答案 y」比較計算 Accuracy。

5. **尋找最佳化模型**：不斷改變「隨機抽出的 X」和「各項參數」以「最高的 Accuracy」作為「最佳化的隨機森林模型」。

6. **帶入新資料做預測**：把新資料帶入「最佳化的隨機森林模型」做預測，採用「多數決」的方式決定「最後的預測結果」。

隨機森林可以簡單理解為「多參考幾個人的意見，以便集思廣益」，隨機森林由許多棵決策樹組成，每一棵決策樹（如同每個受訪者）都隨機選取 *X*（如同每個受訪者有自己重視的準則），最後將每一棵決策樹得到的結果整合成隨機森林的結論，因此隨機森林藉由大量的決策樹與隨機選擇特徵（*X*）的方式，可以有效降低擬合過度的發生。

建立隨機森林時，需注意三個參數，分別是要**建立幾棵樹**（Number of trees, Ntree）、每棵樹要**隨機使用多少個特徵**（Mtry）、每棵樹要**向下展開多少層**（Max-Depth）。

如果是分類問題，隨機森林將計算出決策樹們出現最多次的那個結果；如果是迴歸問題，則將計算所有決策樹結果的平均值。

圖 12.1.3 隨機森林概念圖

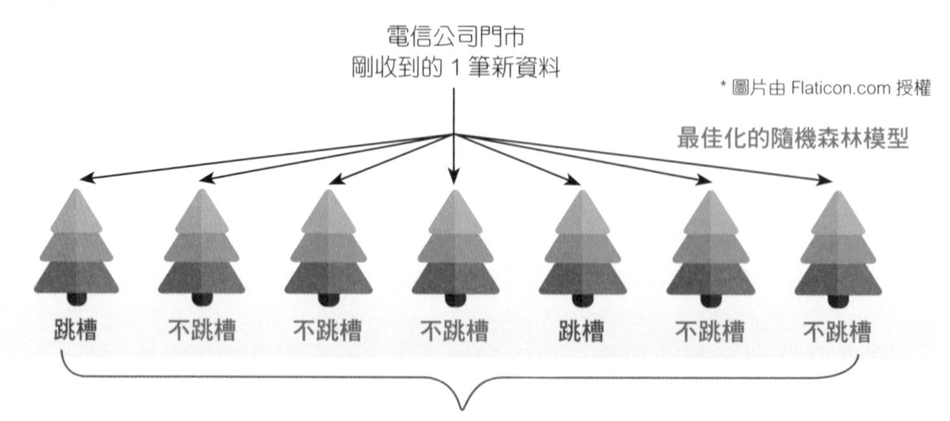

12.2 決策樹實例操作 - 電信客戶跳槽分析

12.2.1 資料解析

本章範例為某電信公司的客戶資料，包含 Gender、Age、Payment Method、LastTransaction 四個變數 X，及 Churn 一個目標值，總共五個欄位。透過分析，我們可以獲知哪些變數 X 對客戶跳槽有很大的影響性，找出關鍵因素，甚至可以預測其他客戶們是否可能跳槽。

藉由電信客戶資料，分別建立決策樹模型，以預測新客戶未來是否有可能跳槽。

表 12.2.1 範例資料 C11_CustomerChurn.csv（僅節錄部分數據）

Gender 性別	Age 年紀	Payment Method 付款方式	LastTransaction 上次交易金額	Churn 跳槽
male	64	credit card	98	loyal
male	35	cheque	118	churn
female	25	credit card	107	loyal
female	39	credit card	177	
male	39	credit card	90	loyal
female	28	cheque	189	churn

12.2.2 匯入資料

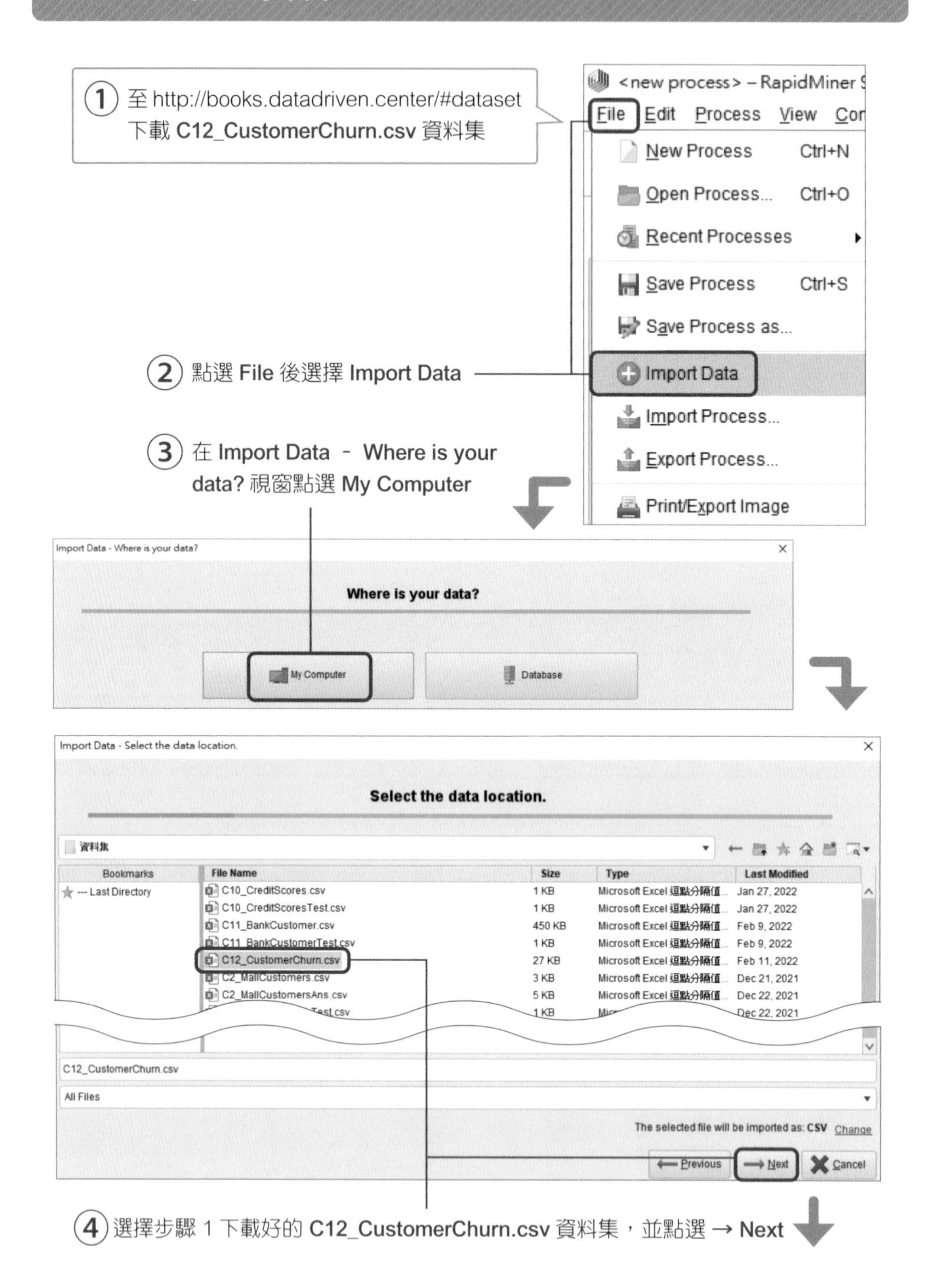
① 至 http://books.datadriven.center/#dataset 下載 C12_CustomerChurn.csv 資料集
<new process> – RapidMiner
File Edit Process View
New Process Ctrl+N
Open Process... Ctrl+O
Recent Processes
Save Process Ctrl+S
Save Process as...
Import Data
Import Process...
Export Process...
Print/Export Image
② 點選 File 後選擇 Import Data
③ 在 Import Data － Where is your data? 視窗點選 My Computer
Import Data - Where is your data?
Where is your data?
My Computer
Database
Import Data - Select the data location.
Select the data location.
資料集
Bookmarks
Last Directory
File Name
Size
Type
Last Modified
C10_CreditScores.csv
C10_CreditScoresTest.csv
C11_BankCustomer.csv
C11_BankCustomerTest.csv
C12_CustomerChurn.csv
C2_MallCustomers.csv
C2_MallCustomersAns.csv
C12_CustomerChurn.csv
All Files
The selected file will be imported as: CSV Change
Previous
Next
Cancel
④ 選擇步驟 1 下載好的 C12_CustomerChurn.csv 資料集，並點選 → Next

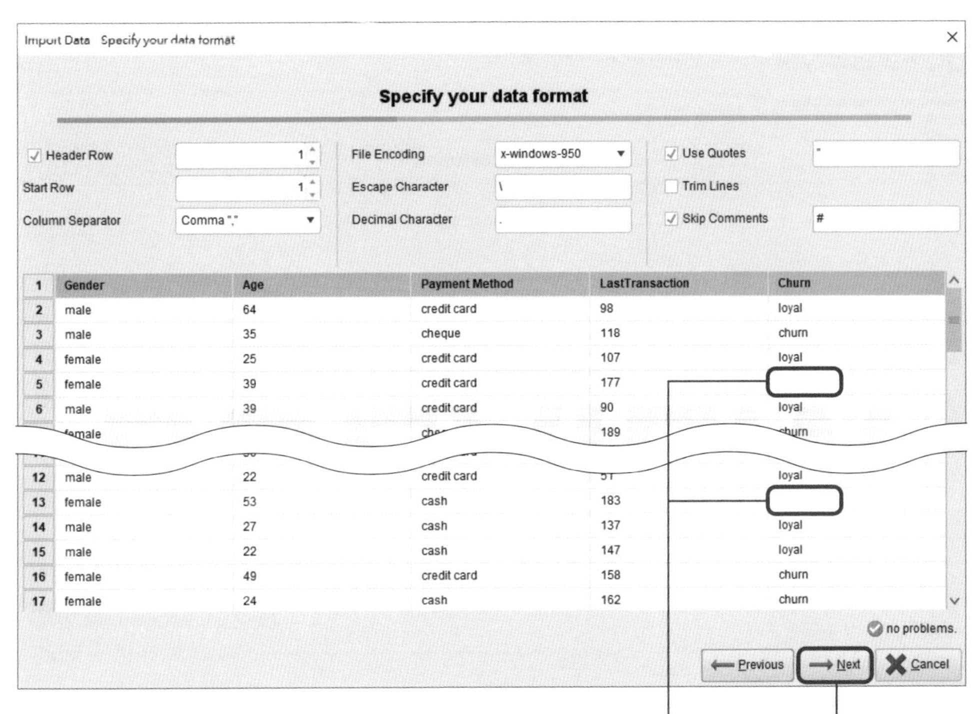

⑤ 預覽資料，發現有缺失值（Missing Value），所以之後會另做處理。接著點 → Next

⑥ 在 Gender 欄位點選 ▼ 後選擇 Change Type 中的 binominal。同理，將 Churn 這個欄位也換成 binominal

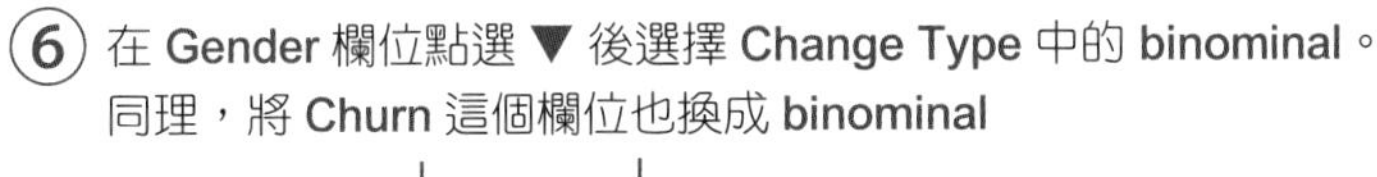

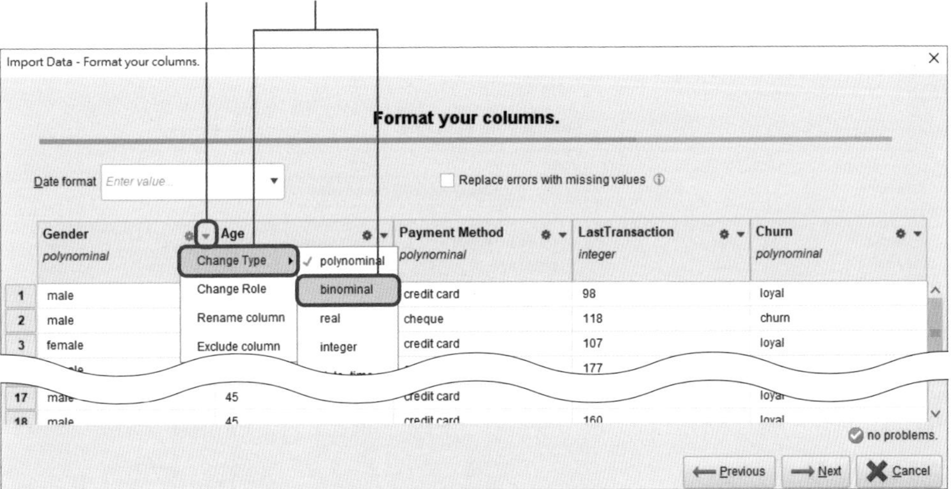

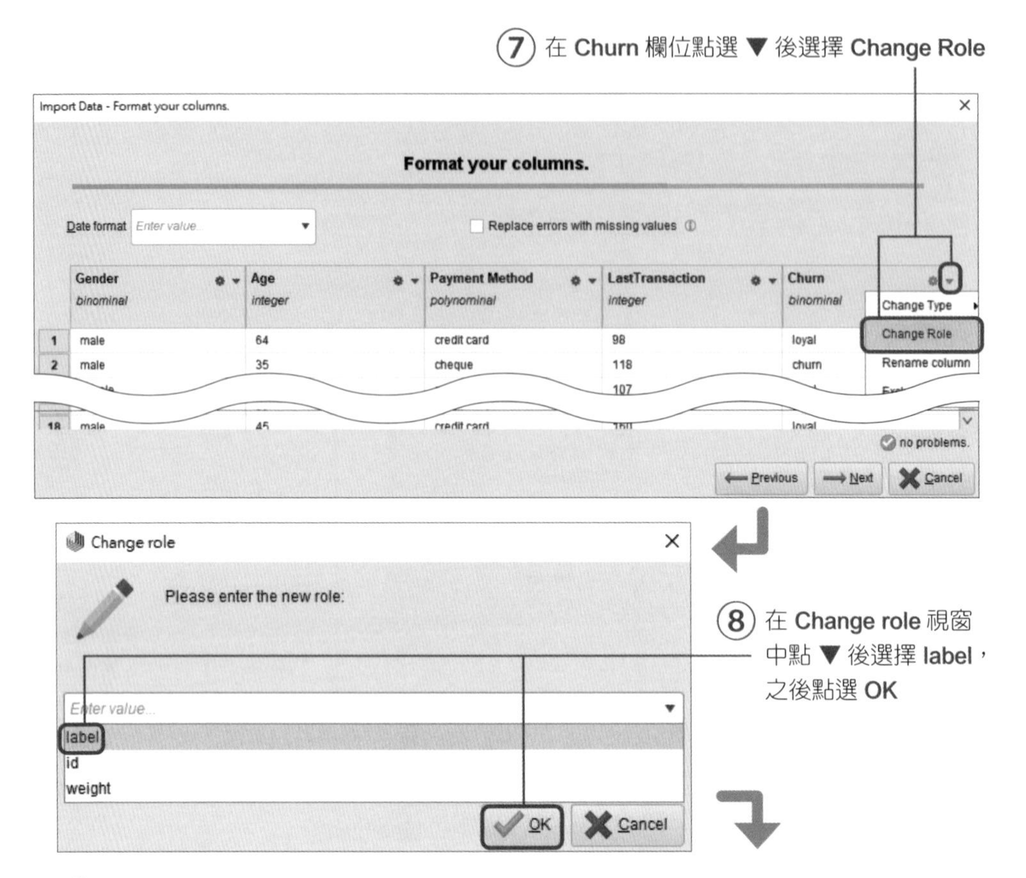

⑨ 勾選 Replace errors with missing values，讓軟體處理缺失值的錯誤，接著點 → Next

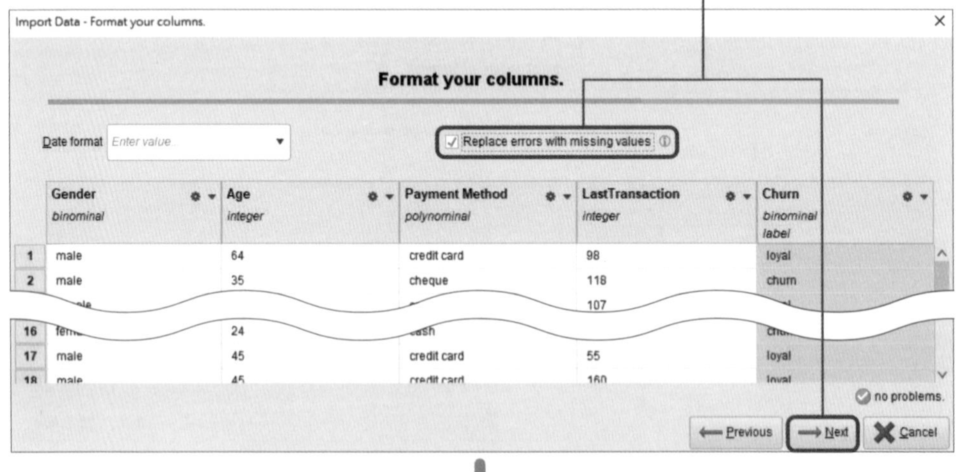

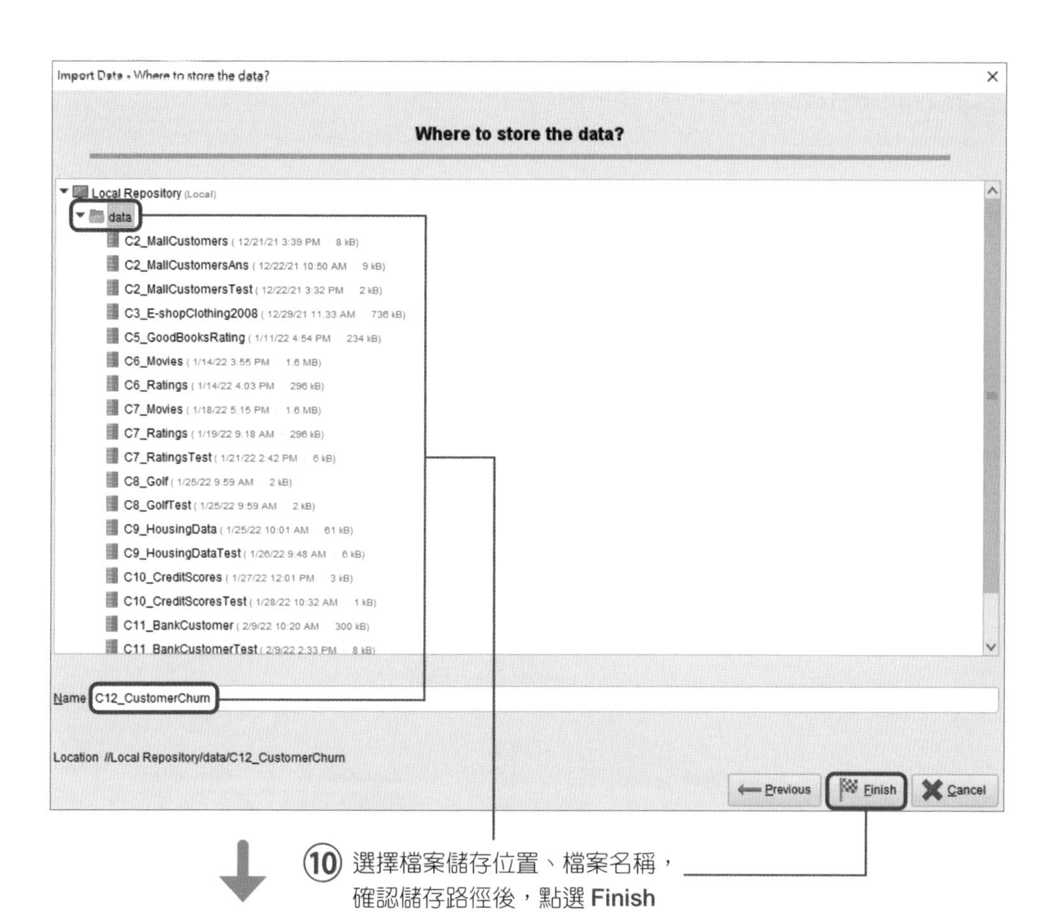

⑩ 選擇檔案儲存位置、檔案名稱，確認儲存路徑後，點選 Finish

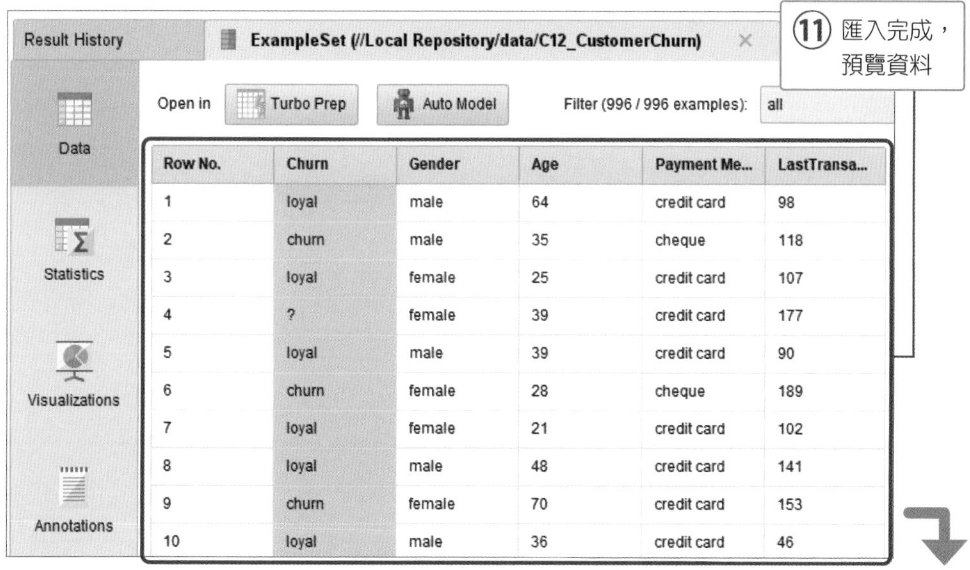

Row No.	Churn	Gender	Age	Payment Me...	LastTransa...
1	loyal	male	64	credit card	98
2	churn	male	35	cheque	118
3	loyal	female	25	credit card	107
4	?	female	39	credit card	177
5	loyal	male	39	credit card	90
6	churn	female	28	cheque	189
7	loyal	female	21	credit card	102
8	loyal	male	48	credit card	141
9	churn	female	70	credit card	153
10	loyal	male	36	credit card	46

⑪ 匯入完成，預覽資料

12.2.3 選擇分析方法

分析目標

利用這個資料集，建立一個模型，預測應該打電話給哪些客戶。

設計流程

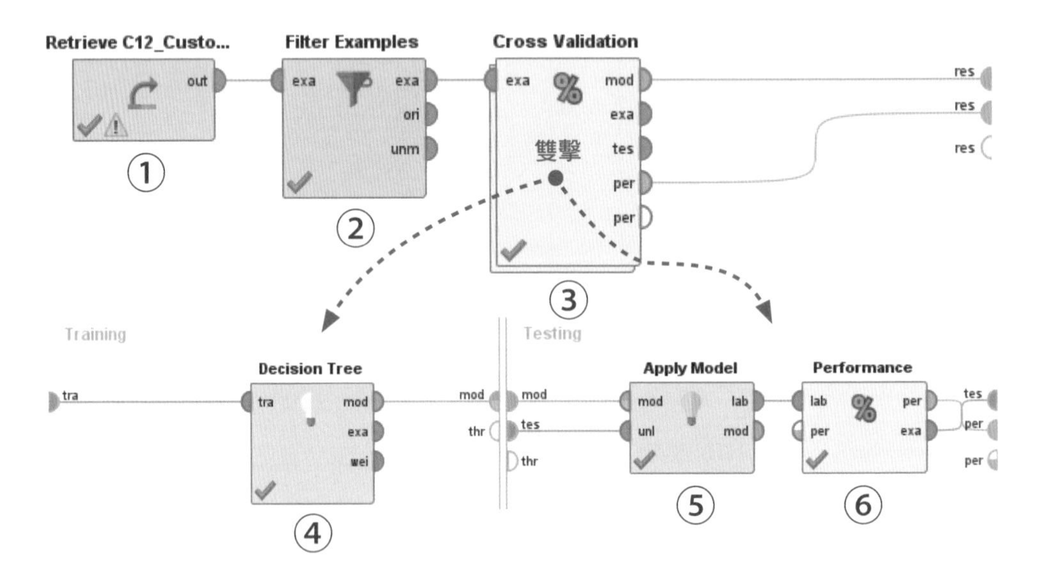

表 12.2.2 組件清單

組件索引	組件	操作	說明
1. 原始資料	Repository ↳ Local Repository ↳ data ↳ C11_CustomerChurn	拖拉至畫布中	4 個變數 X、 1 個標籤 Y
2. 過濾樣本	Operators ↳ Blending ↳ Examples ↳ Filter ↳ Filter Examples	拖拉至畫布中	取部分樣本

接下頁

3. 交叉驗證	Operators ↳ Validation ↳ Cross Validation	拖拉至畫布中	交叉驗證
4. 決策樹	Operators ↳ Modeling ↳ Predictive ↳ Trees ↳ Decision Tree	拖拉至畫布中	預測模型
5. 代入模型	Operators ↳ Scoring ↳ Apply Model	拖拉至畫布中	預測交叉驗證所分割出來的驗證資料集
6. 績效評估	Operators ↳ Validation ↳ Performance ↳ Predictive ↳ Performance （Binominal Classification）	拖拉至畫布中	顯示混淆矩陣

12.2.4 設定參數

① 決策樹是監督式學習的演算法，因此**訓練模型時，目標值（label，標籤）必須要有值**，而此份數據的目標值欄位（**Churn**）有缺失值，因此必須將其篩選掉。點選畫布中的 **Filter Examples** 組件，點 **Parameter** 視窗中的 **Add Filters…**

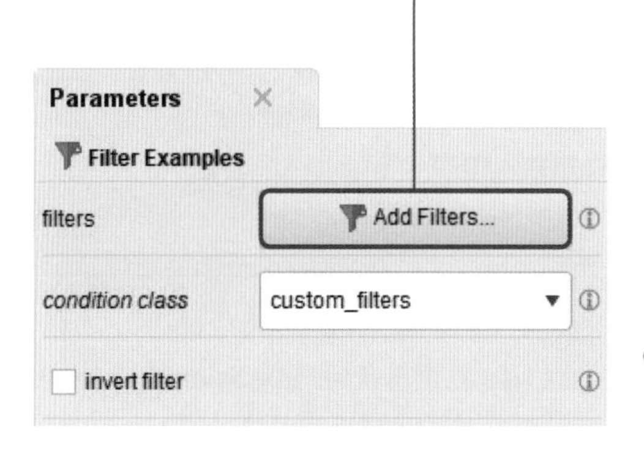

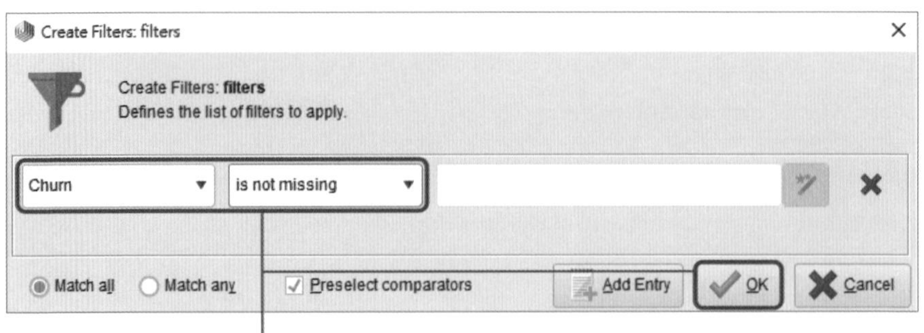

② 在 **Create Filters: filters** 視窗中，左邊欄位選 **Churn**，中間欄位選 **is not missing**，接著點 **OK**

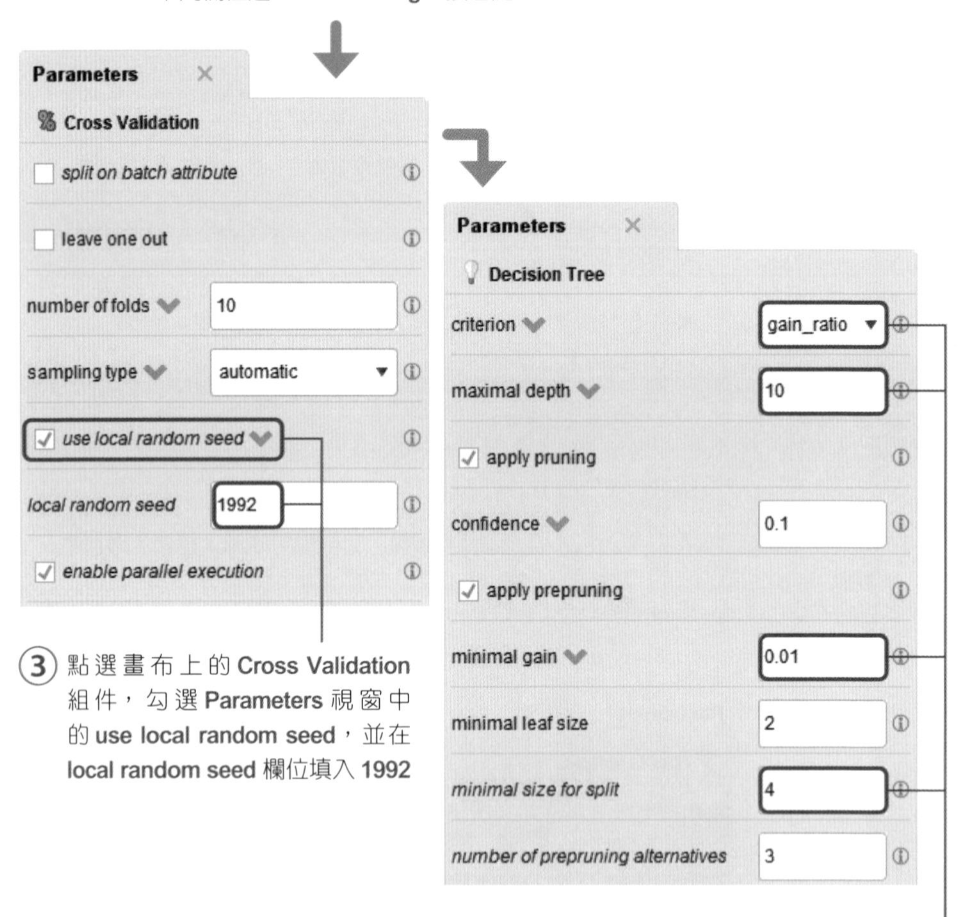

③ 點選畫布上的 **Cross Validation** 組件，勾選 **Parameters** 視窗中的 **use local random seed**，並在 **local random seed** 欄位填入 **1992**

④ 點選畫布中的 **Decision Tree** 組件，在 **Parameter** 視窗中的 **criterion** 選 **gain_ratio**，在 **Maximal depth** 填入 **10**，在 **minimal gain** 填入 **0.01**，在 **minimal size for split** 填入 **4**

決策樹的設定說明

- **criterion**：決策樹是否分枝的衡量標準，預設為 gain_ratio。
- **minimal gain**：分枝後，組內資料是否變得更均勻的最低門檻。
- **minimal size for split**：分枝後，組內的最小樣本數，若只剩下 1 筆資料則最均勻，但沒有意義。此外，若全部有 10000 筆，而分枝後只有 3~5 筆，也難以代表整體行為。
- **maximal depth**：決策樹的最大深度（層數），預設為 10。

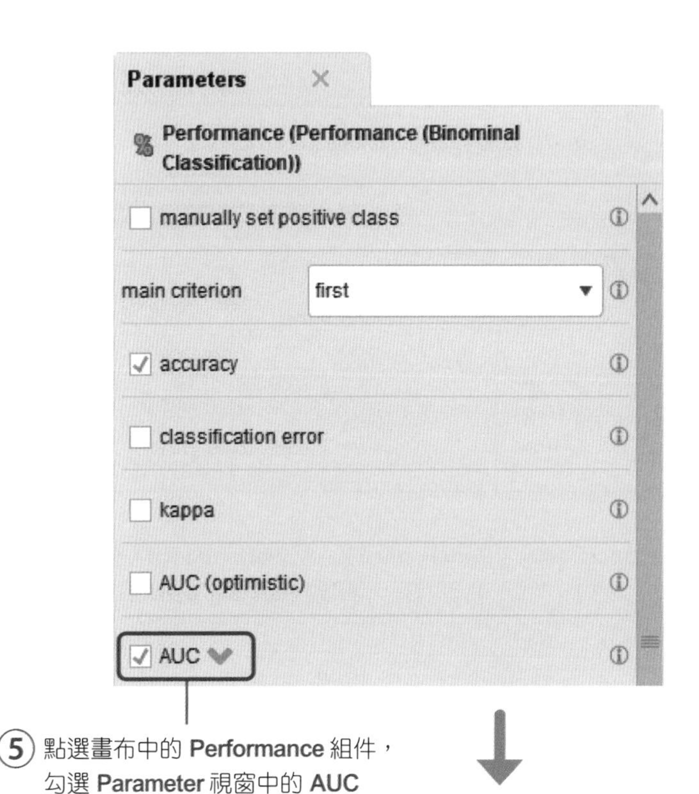

⑤ 點選畫布中的 **Performance** 組件，勾選 **Parameter** 視窗中的 **AUC**

12.2.5 執行結果

① 點選 Start the execution of the current process

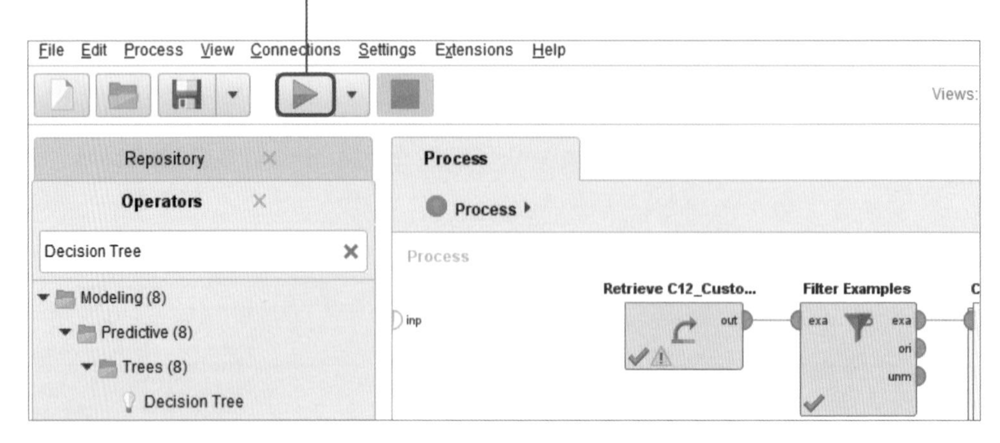

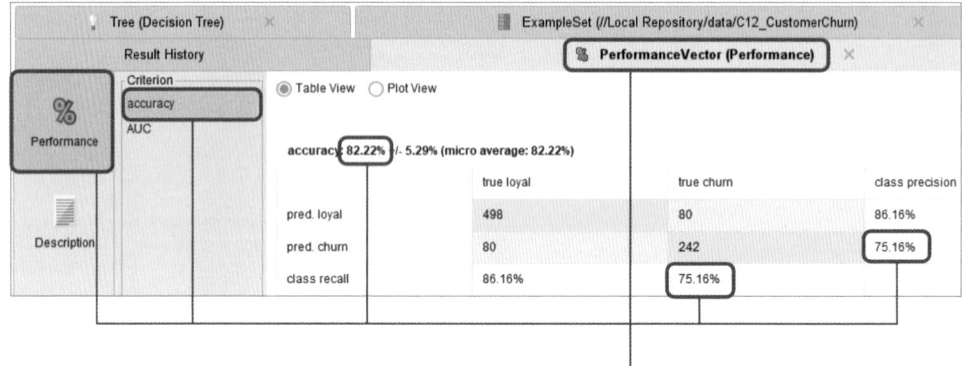

② 點選 PerformanceVector（Performance）中的 Performance，在 Criterion 中選 accuracy，可以看到準確率為 82.22%，精確率是 75.16%，召回率是 75.16%

③ 點選 **PerformanceVector（Performance）**中的 **Performance**，在 **Criterion** 中選 **AUC**，可以看到 AUC 為 0.817

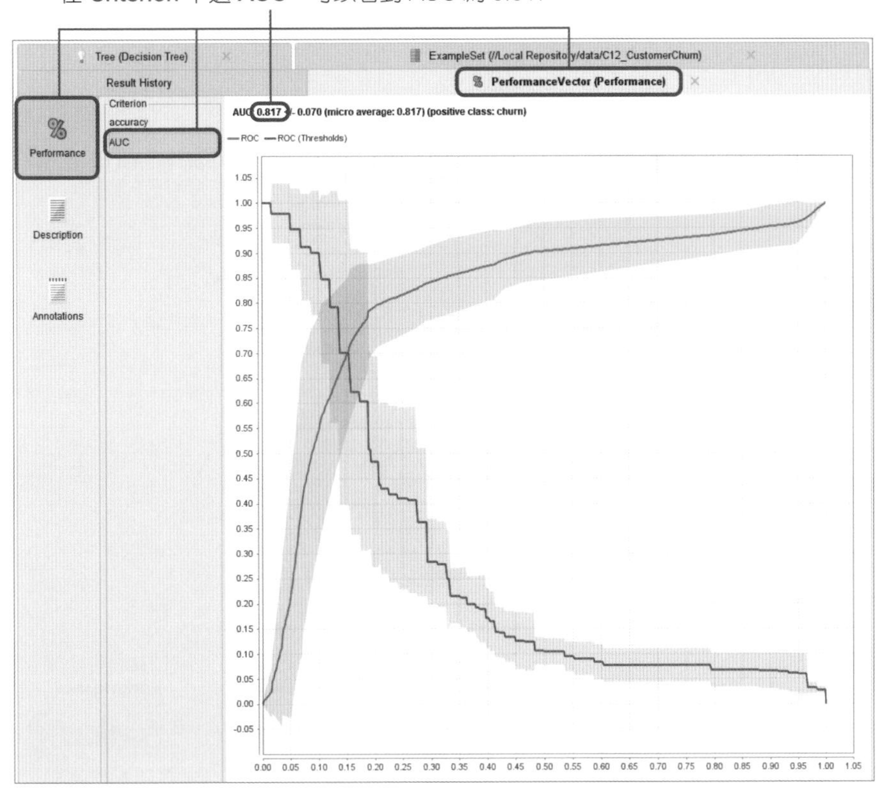

12.3 決策樹模型測試

12.3.1 選擇分析方法

分析目標

預測原始資料中目標欄位沒有值的資料，看看客戶是否會跳槽。

設計流程

請複製本章 12.2.3 的流程設計，並且額外增加 Filter Examples、Apply Model 組件。

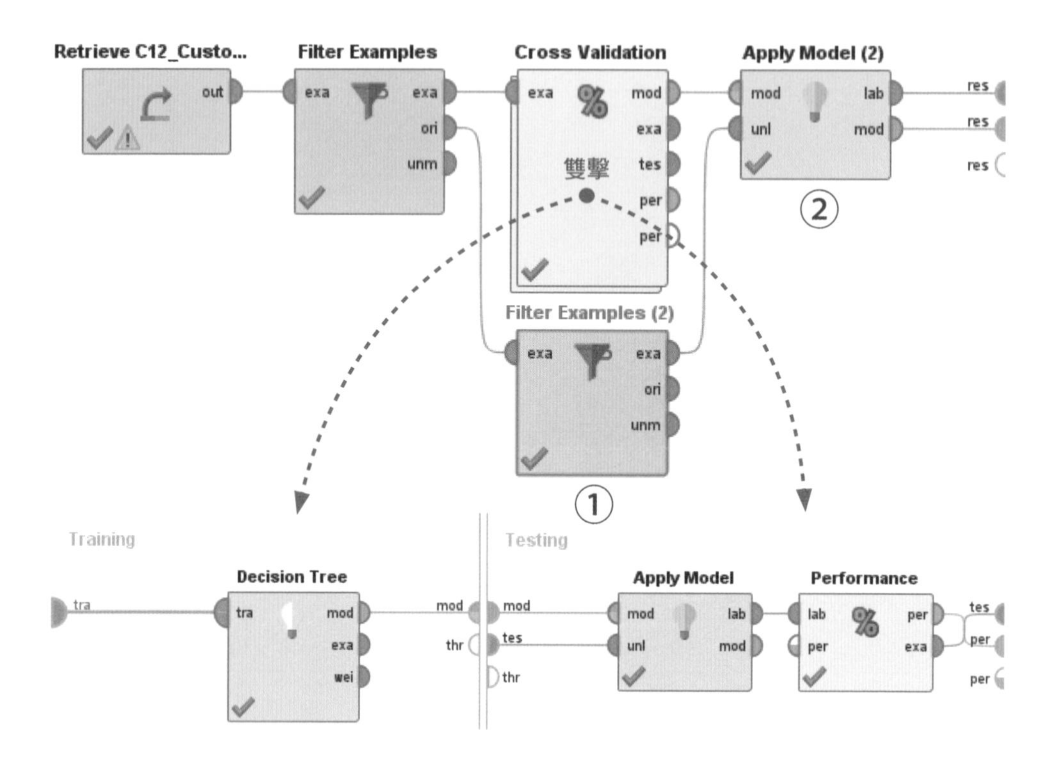

表 12.3.1 新增組件清單

組件索引	組件	操作	說明
1. 過濾樣本	Operators ↳ Blending ↳ Examples ↳ Filter ↳ Filter Examples	拖拉至畫布中	取部分樣本
2. 代入模型	Operators ↳ Scoring ↳ Apply Model	拖拉至畫布中	預測沒有標籤 Y 的資料

12.3.2 設定參數

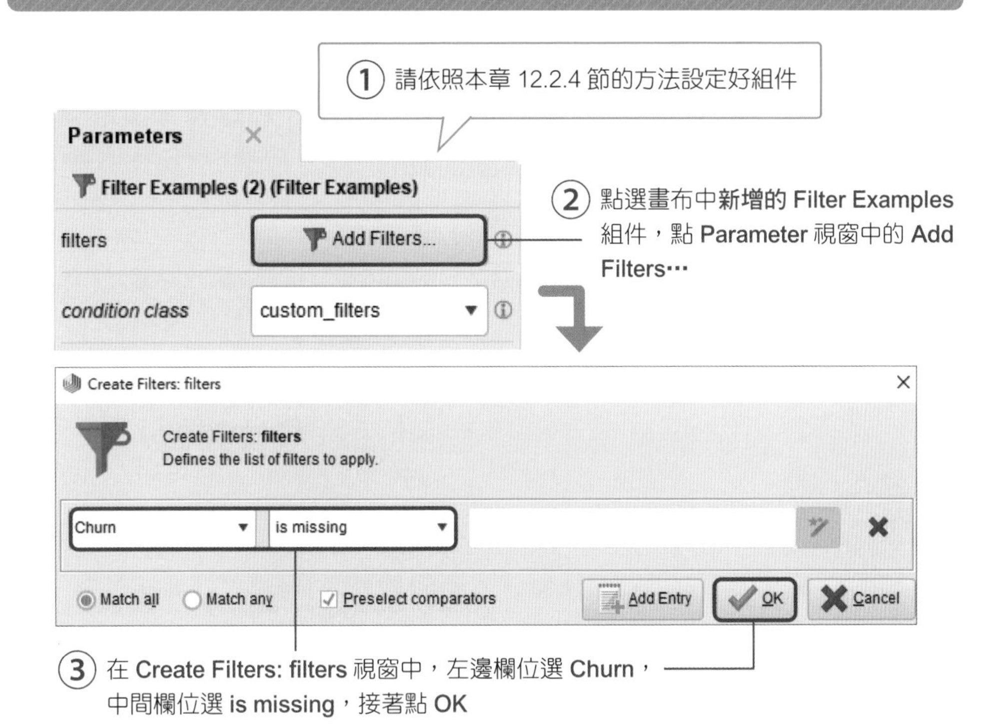

12.3.3 執行結果

① 點選 Start the execution of the current process

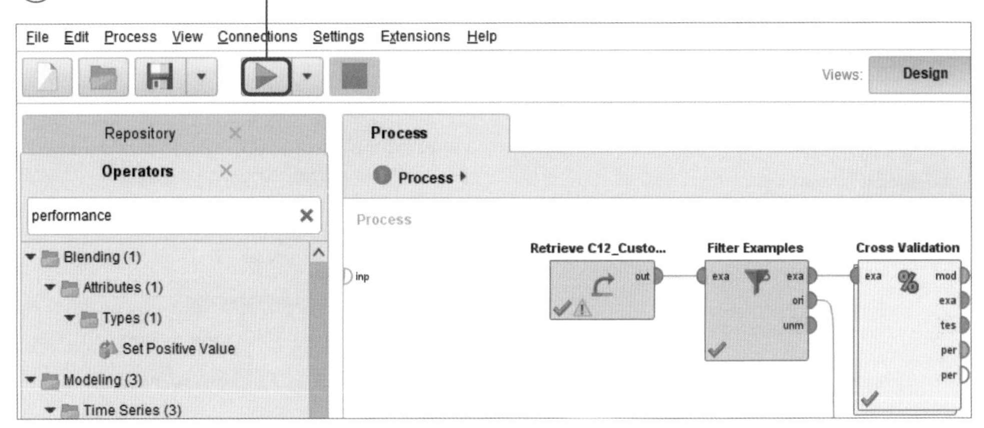

② 點選 ExampleSet（Apply Model（2））中的 Data，可以看到預測結果。預測資料（96 筆）的目標欄位是缺失的，沒有實際值比較，無法建立混淆矩陣。但是可以將這些資料看成電信服務的新客戶，以歷史資料訓練出的模型，預測這些新客戶是否有可能會跳槽

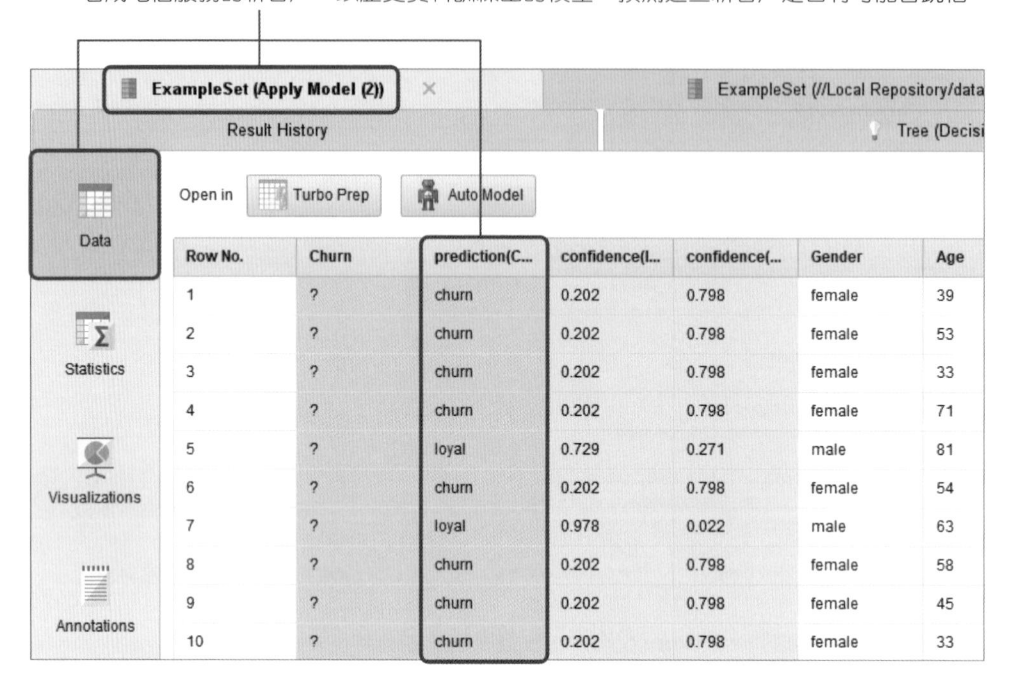

Row No.	Churn	prediction(C...	confidence(l...	confidence(...	Gender	Age
1	?	churn	0.202	0.798	female	39
2	?	churn	0.202	0.798	female	53
3	?	churn	0.202	0.798	female	33
4	?	churn	0.202	0.798	female	71
5	?	loyal	0.729	0.271	male	81
6	?	churn	0.202	0.798	female	54
7	?	loyal	0.978	0.022	male	63
8	?	churn	0.202	0.798	female	58
9	?	churn	0.202	0.798	female	45
10	?	churn	0.202	0.798	female	33

③ 點選 Tree（Decision Tree）中的 Graph，可以看到決策樹的預測方式

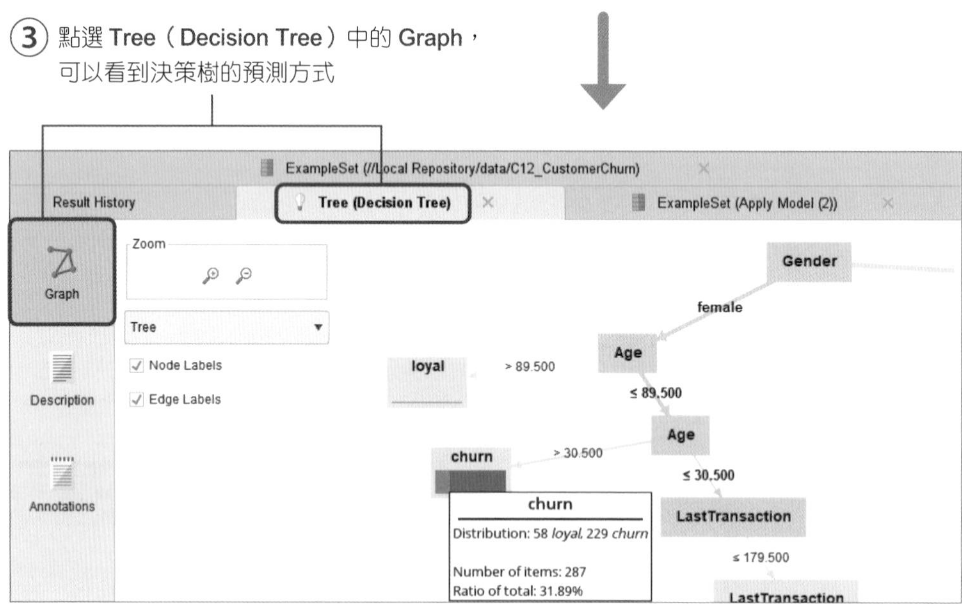

12.3.4 詮釋結果

本節範例透過決策樹模型訓練出來的分類結果，能協助決策者決定是否要與客戶進行續約或折扣、優惠等動作，讓可能會跳槽的客戶，繼續使用電信服務。

預測會跳槽但實際不會跳槽的客戶，存在著未來可能跳槽的風險，可以得出針對此範例的分類法則，發現多數跳槽的客戶以女性居多，且多在一個特定區間年齡（以模型中的某一分枝來舉例：Gender = female 且 age 介於 89.5~30.5 歲之間，有 229 人跳槽），決策者可以藉由此分類法則擬定相應的行銷策略。

12.4 隨機森林實例操作 - 電信客戶跳槽分析

12.4.1 選擇分析方法

分析目標

延續前一節的範例資料，藉由電信客戶資料，建立隨機森林模型，以預測新客戶未來是否有可能跳槽。

設計流程

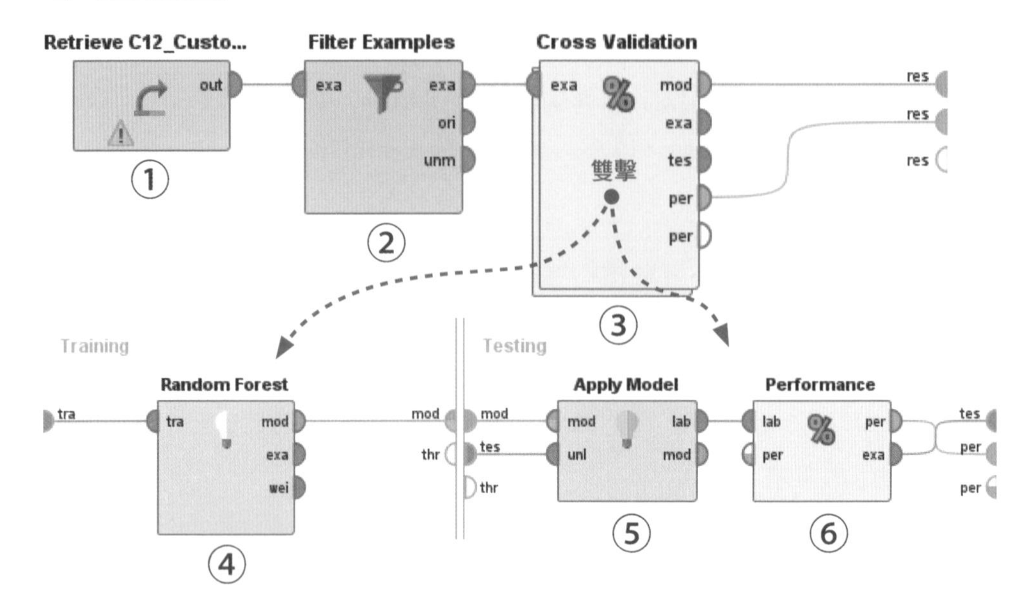

表 12.4.1 組件清單

組件索引	組件	操作	說明
1. 原始資料	Repository ↳ Local Repository ↳ data ↳ C11_CustomerChurn	拖拉至畫布中	4 個變數 X、 1 個標籤 Y
2. 過濾樣本	Operators ↳ Blending ↳ Examples ↳ Filter ↳ Filter Examples	拖拉至畫布中	取部分樣本
3. 交叉驗證	Operators ↳ Validation ↳ Cross Validation	拖拉至畫布中	交叉驗證
4. 隨機森林	Operators ↳ Modeling ↳ Predictive ↳ Trees ↳ Random Forest	拖拉至畫布中	預測模型

接下頁

5. 代入模型	Operators ↳ Scoring ↳ Apply Model	拖拉至畫布中	預測交叉驗證所分割出來的驗證資料集
6. 績效評估	Operators ↳ Validation ↳ Performance ↳ Predictive ↳ Performance (Binominal Classification)	拖拉至畫布中	顯示混淆矩陣

12.4.2 設定參數

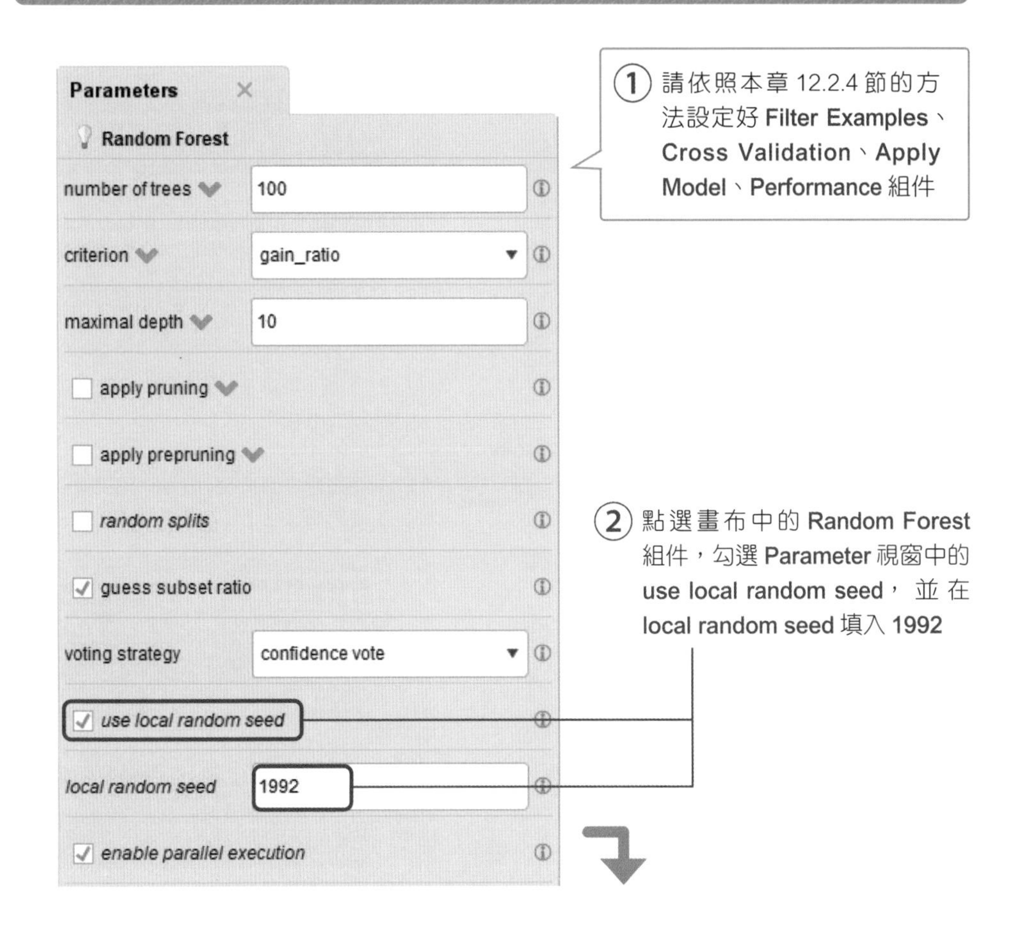

決策樹的設定說明

隨機森林演算法由決策樹算法衍生來，參數多與決策樹相同，其餘重要參數如下：

- **number of trees**：要建立多少棵決策樹，數值越大，運算時間越長。
- **voting strategy**：選 confidence_vote 會依據較高的 confidence 為最終分類結果；選 majority_vote 則是多數決。

12.4.3 執行結果

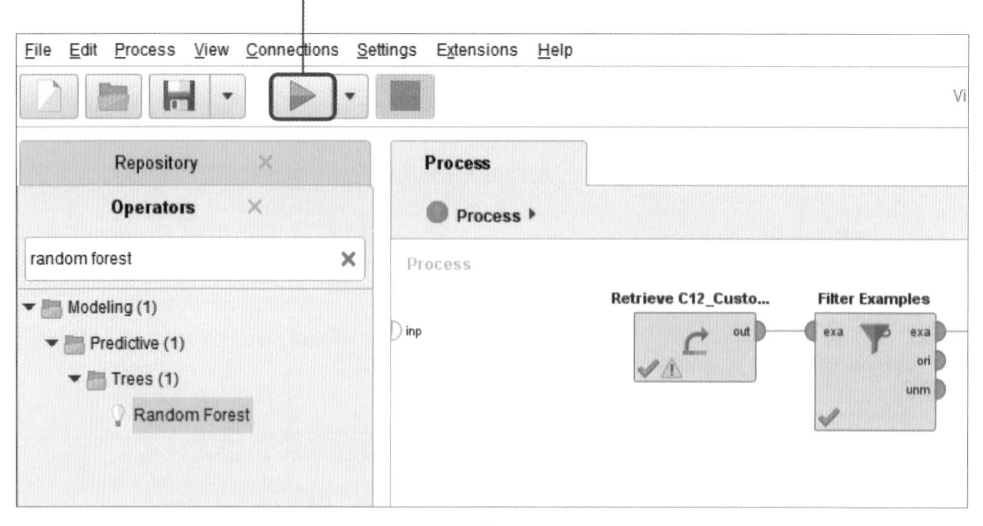

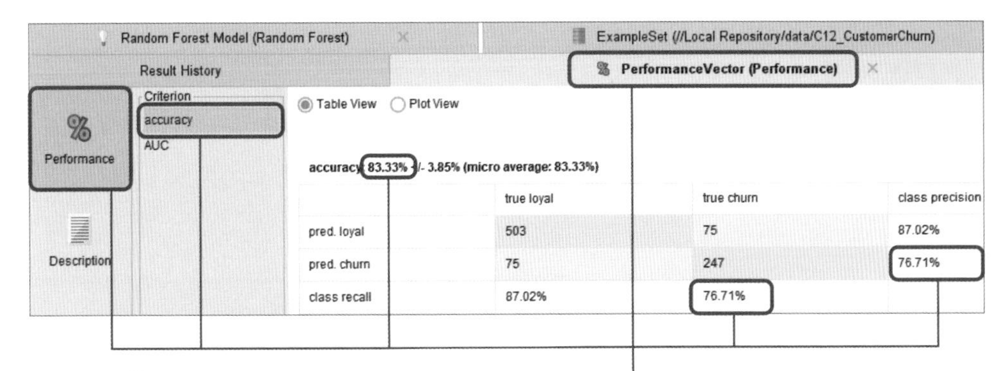

② 點選 PerformanceVector（Performance）中的 Performance，在 Criterion 中選 accuracy，可以看到準確率為 83.33%，精確率是 76.71%，召回率是 76.71%。比決策樹略高一些

③ 點選 PerformanceVector（Performance）中的 Performance，在 Criterion 中選 AUC，可以看到 AUC 為 0.853

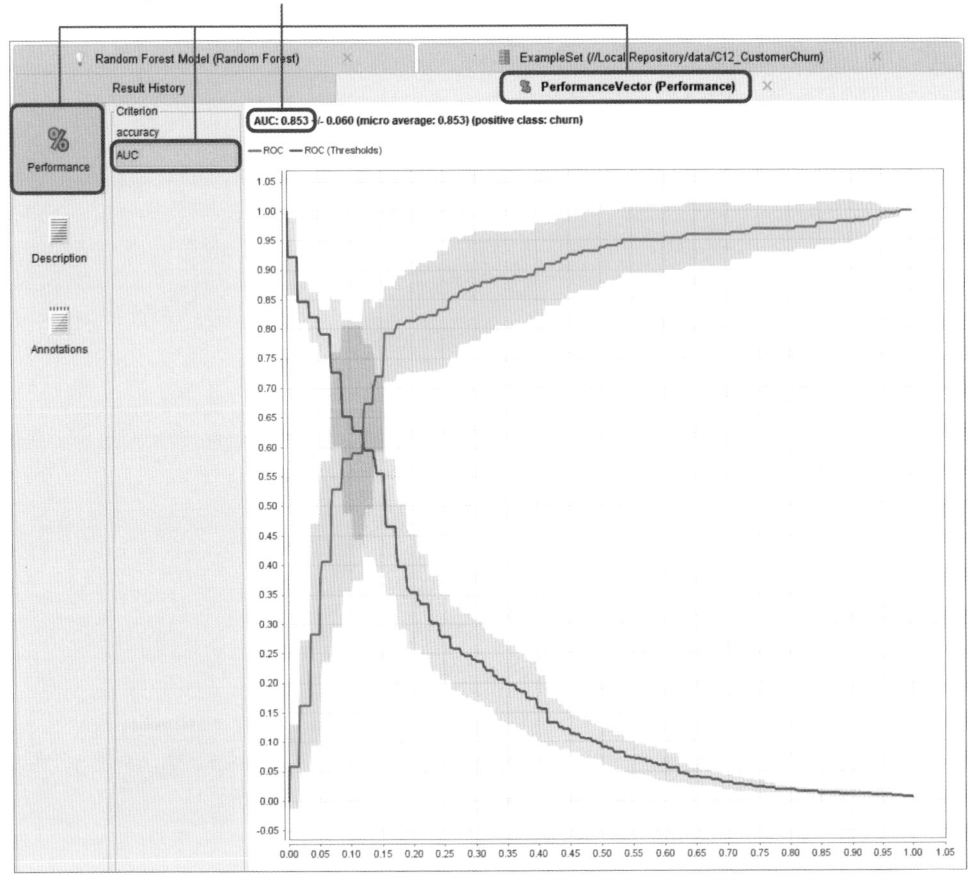

12.5 隨機森林模型調整

12.5.1 選擇分析方法

分析目標

RapidMiner 提供的最佳化模組可以協助將統一設定參數，以找出表現較好的模型。

設計流程

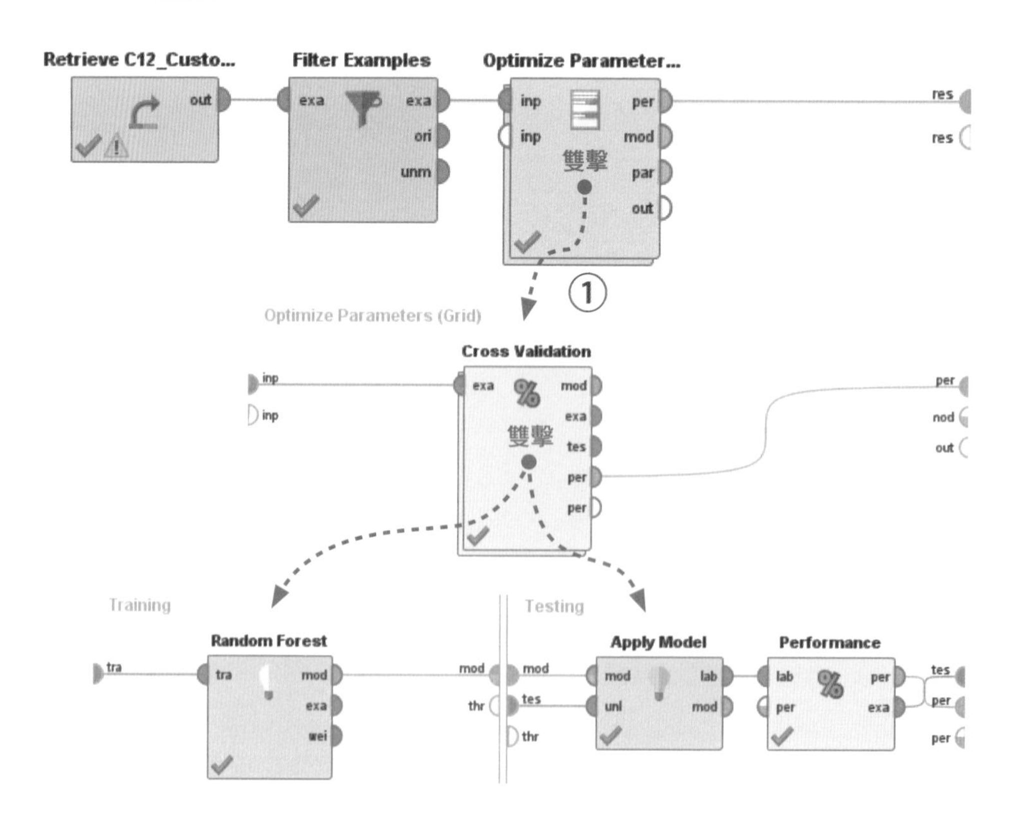

表 12.5.1 新增組件清單

組件索引	組件	操作	說明
1. 最佳化	Operators ↳ Modeling ↳ Optimization ↳ Parameters ↳ Optimize Parameters（Grid）	拖拉至畫布中	最佳化隨機森林的參數

12.5.2 設定參數

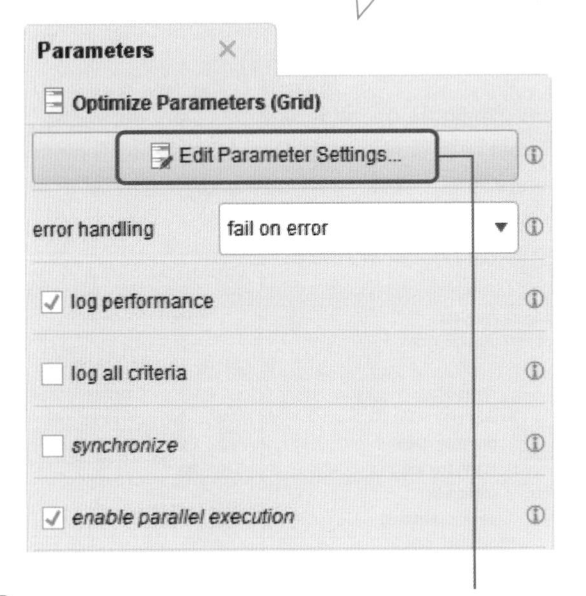

③ 在 Select Parameters: configure operator 視窗中的 Operators 區域，選擇 Cross Validation（Cross Validation），接著使用 → 將 Parameters 區域的 number_of_folds 移至 Selected Parameters 區域。最後，在 Grid/Range 的區域設定 Min 為 10、Max 為 20、Step 為 10、Scale 為 linear。經過此設定，我們會從 10 開始嘗試，並且另外嘗試 10 個值，最大值為 20，線性增加。再次提醒，只看最佳的交叉驗證結果，有可能會出現擬合過度的問題

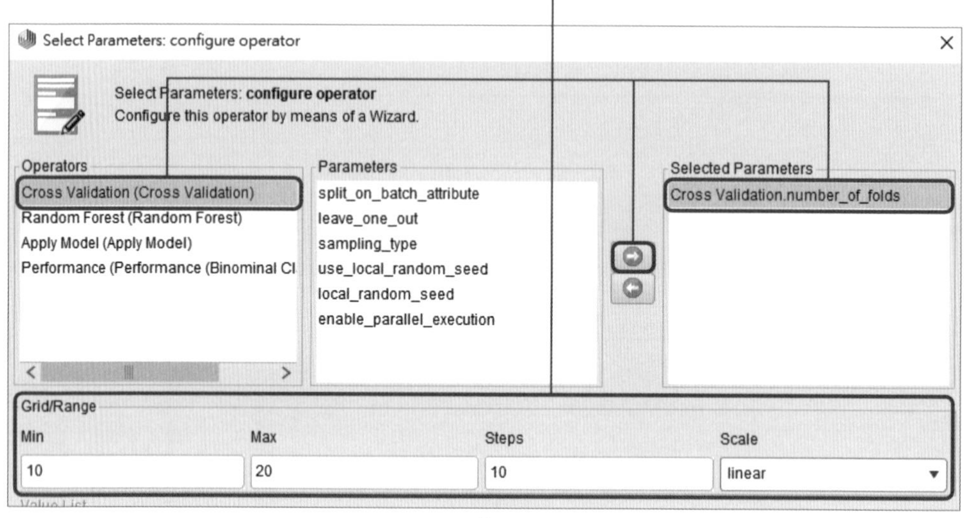

④ 在 Select Parameters: configure operator 視窗中的 Operators 區域，選擇 Random Forest（Random Forest），接著使用 → 將 Parameters 區域的 number_of_trees 移至 Selected Parameters 區域。最後，在 Grid/Range 的區域設定 Min 為 10、Max 為 50、Step 為 10、Scale 為 linear

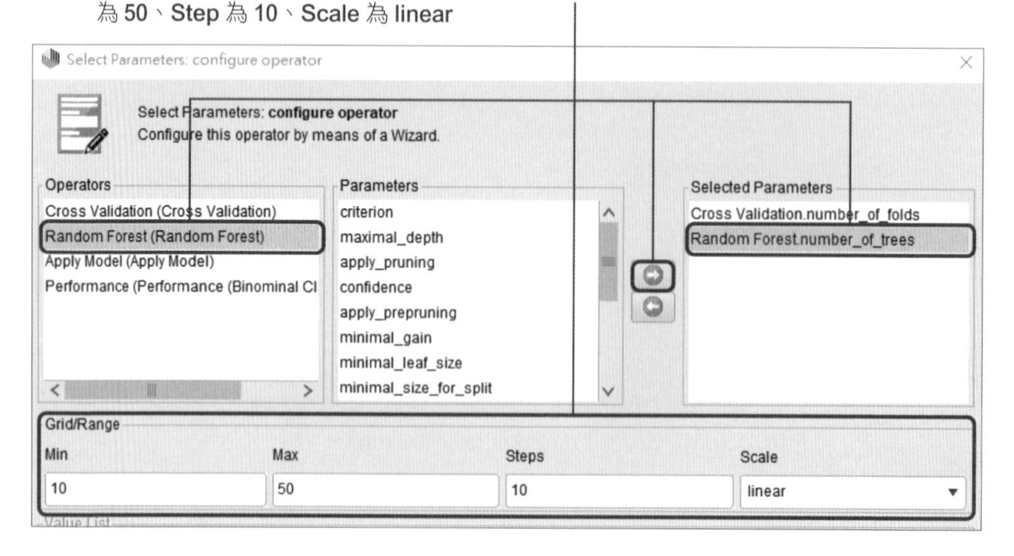

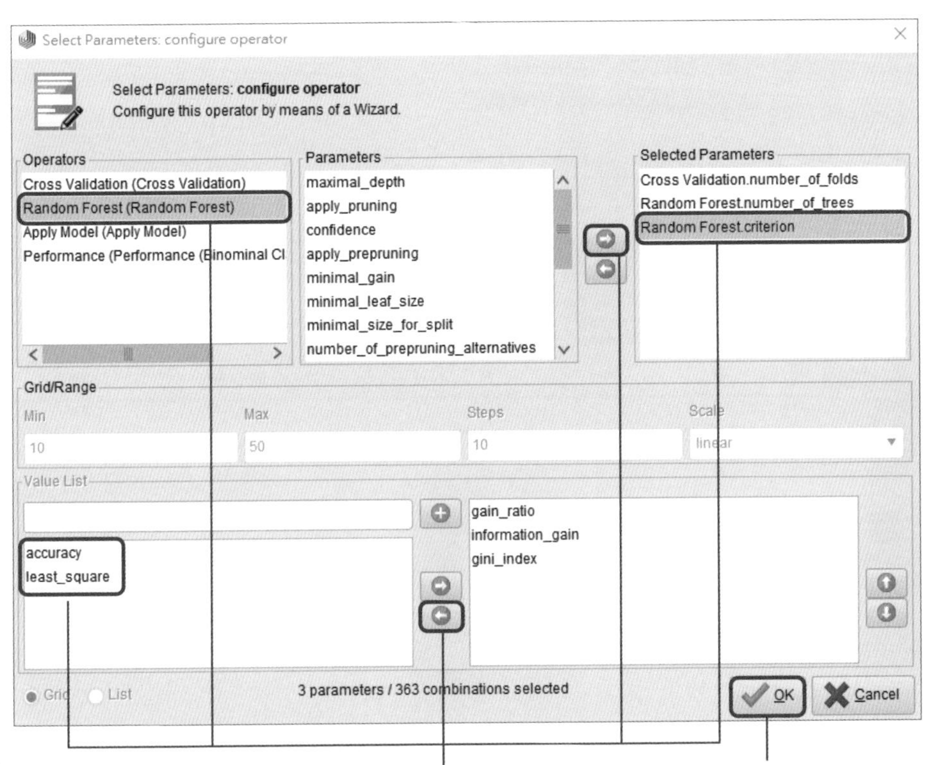

⑤ 在 Select Parameters: configure operator 視窗中的 Operators 區域，選擇 Random Forest（Random Forest），接著使用 → 將 Parameters 區域的 criterion 移至 Selected Parameters 區域。最後，用 ← 將右下方的 accuracy、least_square 移到左邊。接著點選 OK

12.5.3 執行結果

① 點選 Start the execution of the current process

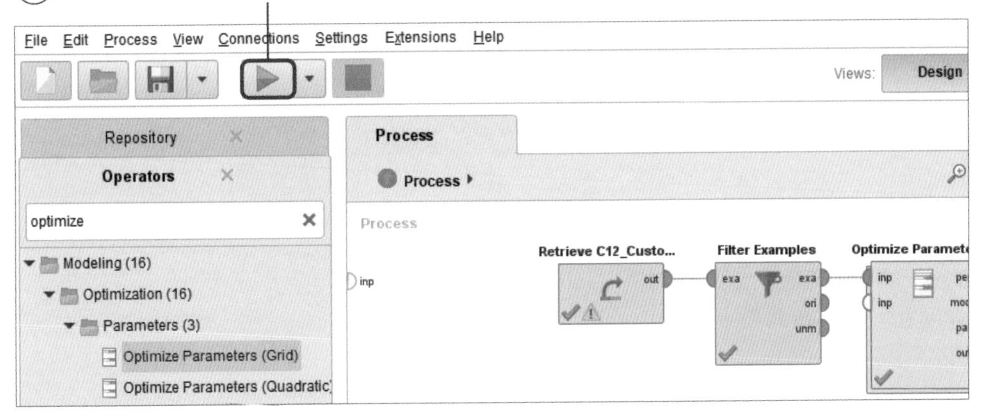

② 點選 **Optimize Parameters（Grid）**中的 **Data**，可以看到準確率最高的參數組合

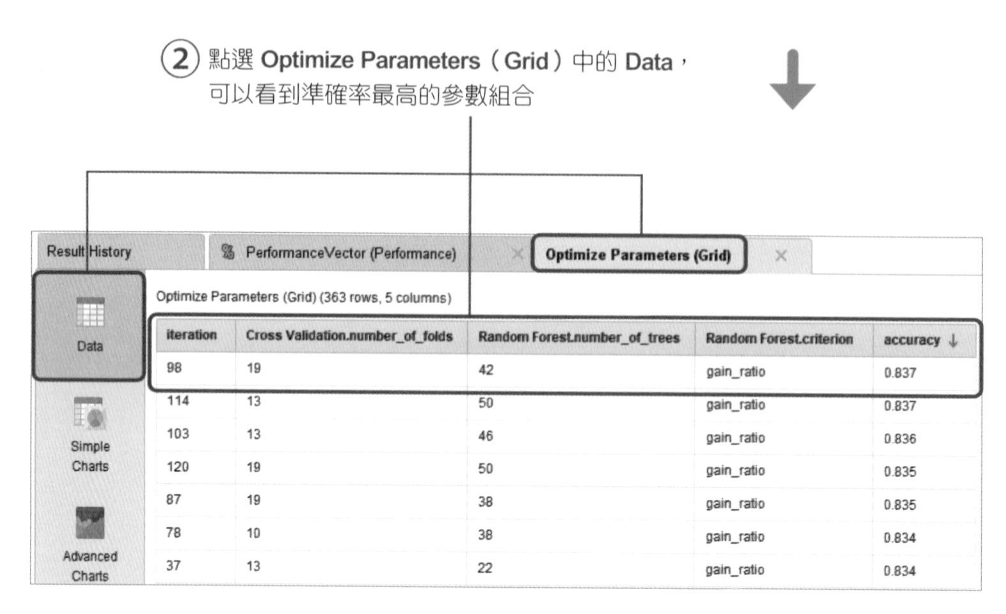

iteration	Cross Validation.number_of_folds	Random Forest.number_of_trees	Random Forest.criterion	accuracy ↓
98	19	42	gain_ratio	0.837
114	13	50	gain_ratio	0.837
103	13	46	gain_ratio	0.836
120	19	50	gain_ratio	0.835
87	19	38	gain_ratio	0.835
78	10	38	gain_ratio	0.834
37	13	22	gain_ratio	0.834

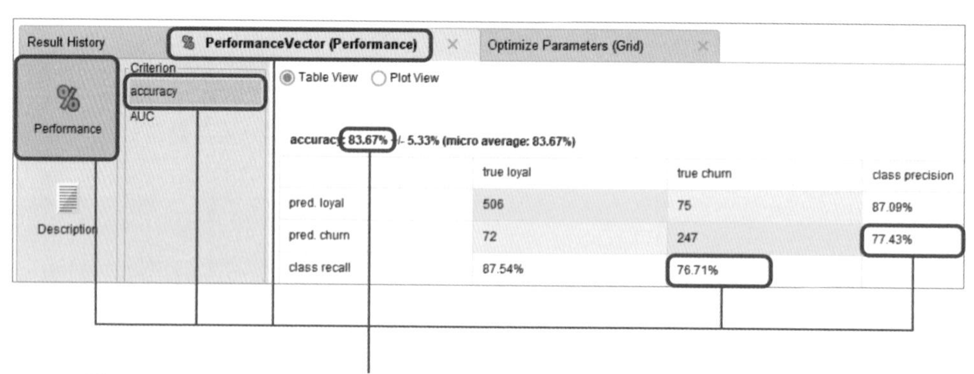

	true loyal	true churn	class precision
pred. loyal	506	75	87.09%
pred. churn	72	247	77.43%
class recall	87.54%	76.71%	

③ 點選 **PerformanceVector（Performance）**中的 **Performance**，在 **Criterion** 中選 **accuracy**，可以看到準確率提高到 83.67%，精確率提高到 77.43%，召回率則是 76.71%

④ 點選 **PerformanceVector（Performance）**中的 **Performance**，在 **Criterion** 中選 **AUC**，可以看到 AUC 為 0.854

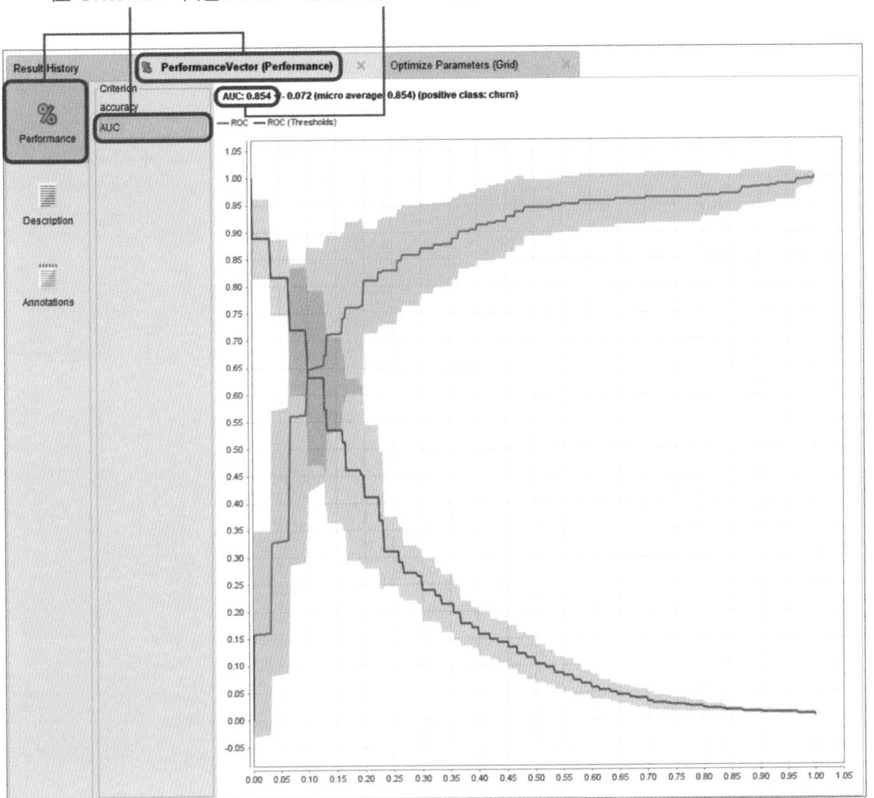

12

12.6 隨機森林模型測試

12.6.1 選擇分析方法

分析目標

預測原始資料中目標欄位沒有值的資料，看看客戶是否會跳槽。

設計流程

請複製本章 12.5.1 的流程設計，並且額外增加 Filter Examples、Apply Model 組件。

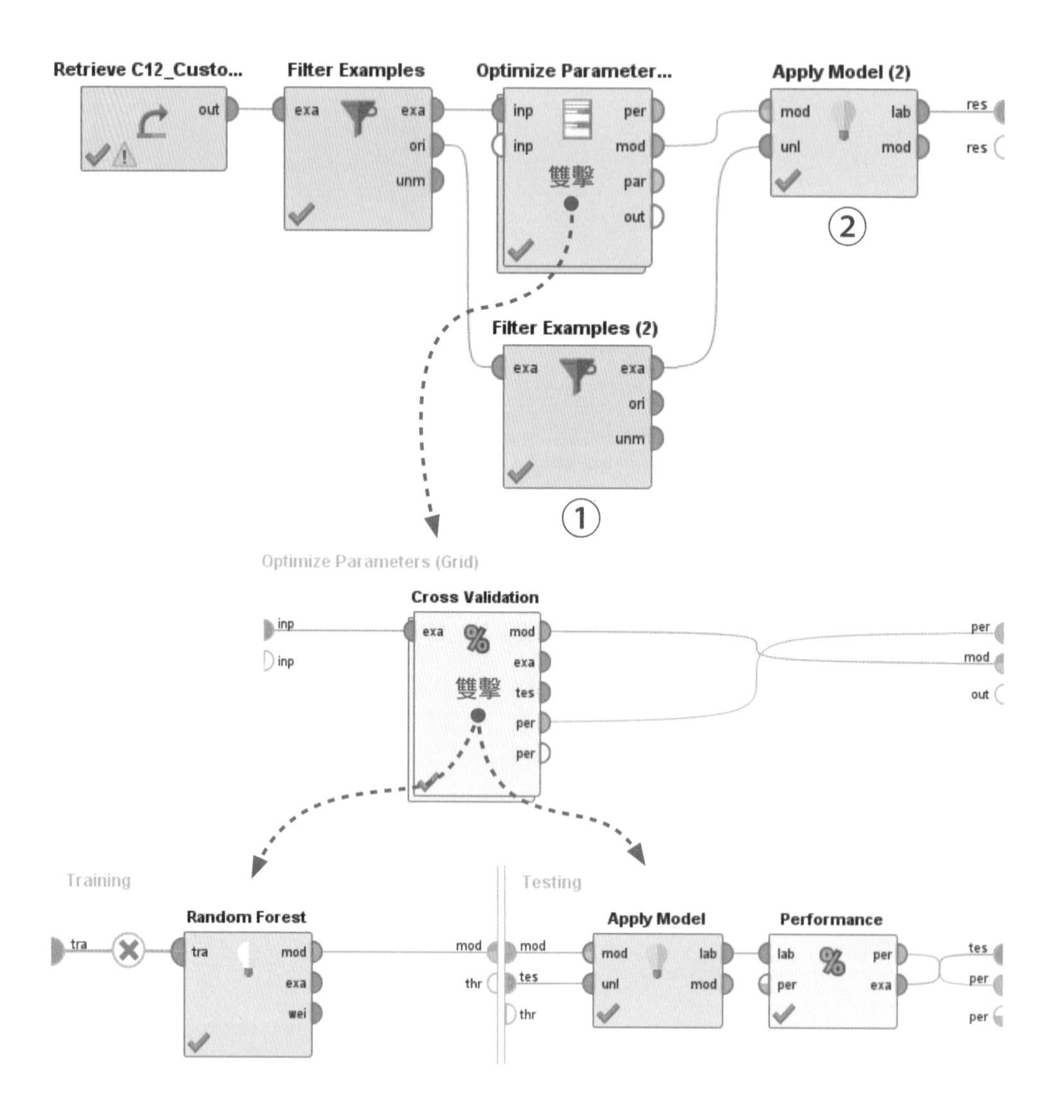

表 12.6.1 新增組件清單

組件索引	組件	操作	說明
1. 過濾樣本	Operators ↳ Blending ↳ Examples ↳ Filter ↳ Filter Examples	拖拉至畫布中	取部分樣本
2. 代入模型	Operators ↳ Scoring ↳ Apply Model	拖拉至畫布中	預測沒有標籤 Y 的資料

12.6.2 設定參數

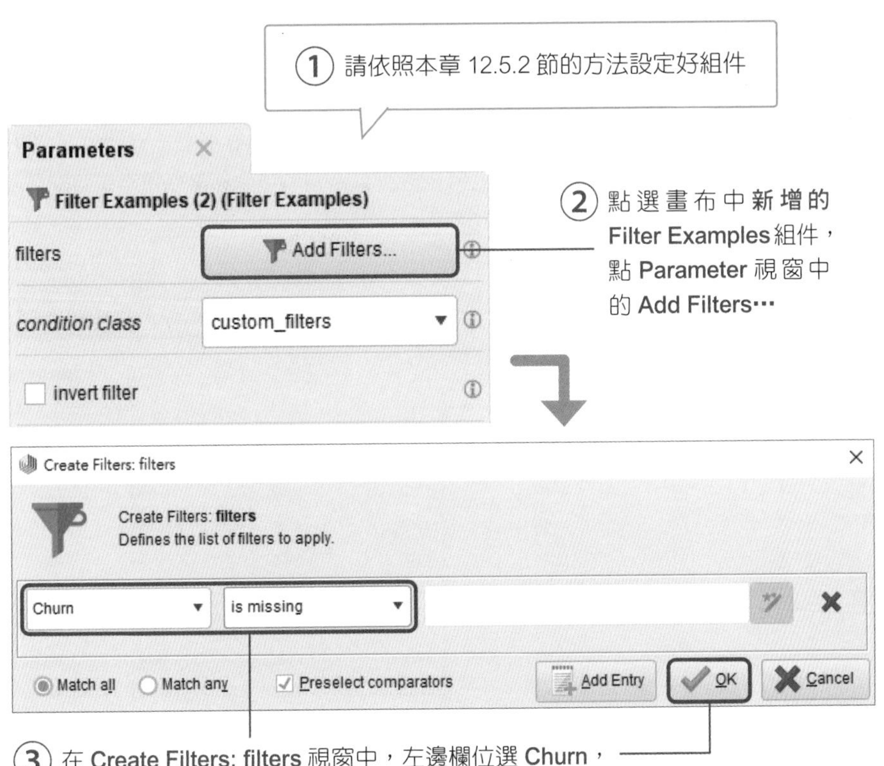

12.6.3 執行結果

① 點選 **Start the execution of the current process**

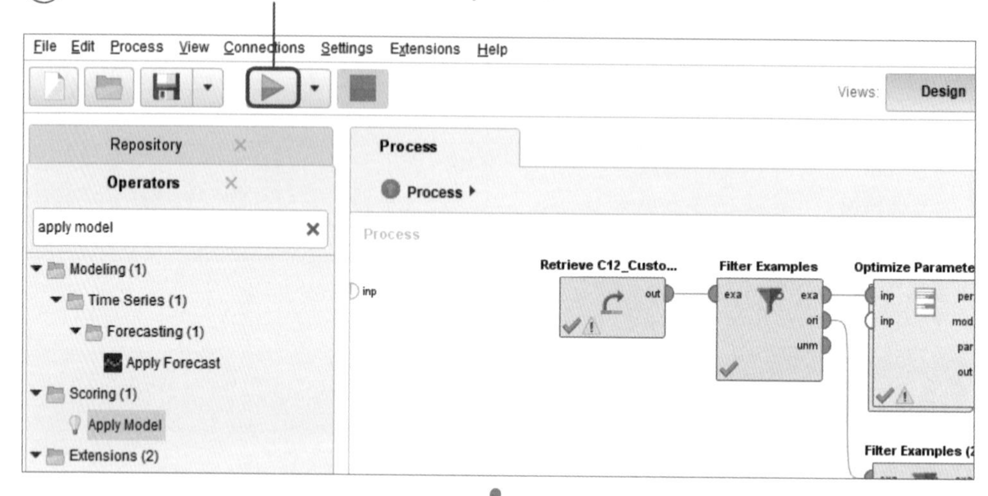

② 點選 **ExampleSet（Apply Model（2））**中的 **Data**，可以看到預測結果。預測資料（96 筆）的目標欄位是缺失的，沒有實際值比較，無法建立混淆矩陣。但是可以將這些資料看成電信服務的新客戶，以歷史資料訓練出的模型，預測這些新客戶是否有可能會跳槽

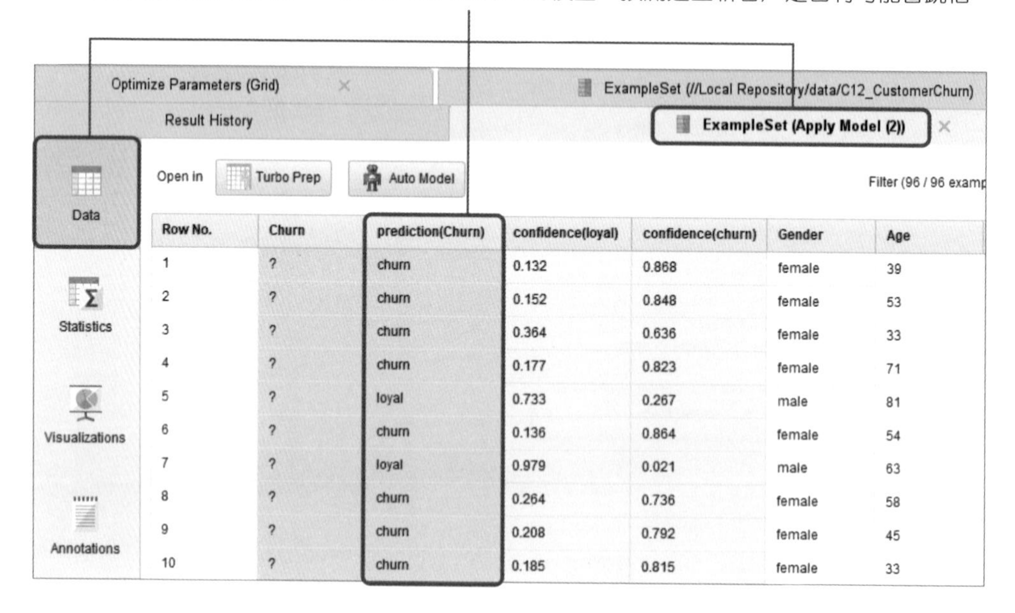

Row No.	Churn	prediction(Churn)	confidence(loyal)	confidence(churn)	Gender	Age
1	?	churn	0.132	0.868	female	39
2	?	churn	0.152	0.848	female	53
3	?	churn	0.364	0.636	female	33
4	?	churn	0.177	0.823	female	71
5	?	loyal	0.733	0.267	male	81
6	?	churn	0.136	0.864	female	54
7	?	loyal	0.979	0.021	male	63
8	?	churn	0.264	0.736	female	58
9	?	churn	0.208	0.792	female	45
10	?	churn	0.185	0.815	female	33

12.6.4 詮釋結果

透過隨機森林最佳化模型訓練出來的**分類**結果，協助決策者決定是否要與客戶進行續約或折扣、優惠等動作，讓可能會跳槽的客戶，繼續使用電信服務。

預測會跳槽但實際不會跳槽的客戶存在著未來可能跳槽的風險，模型分類結果說明這些客戶的特徵與實際跳槽的客戶特徵相似。最後使用隨機森林搭配最佳化模組的模型來預測，可以獲得不同方式的分類法則。

以第一位客戶而言（Row No.=1），模型預測這位客戶「不會跳槽（loyal）」的信心（或機率）為 0.132、會跳槽（churn）的信心（或機率）為 0.868。由於會跳槽的信心大於不會跳槽，因此最後預測這位客戶會跳槽，可能需要密切注意或釋出更多的優惠方案給這位客戶。

回顧監督式學習演算法

回顧前幾章節的演算法，以下整理關於監督式學習演算法的小重點：

- **X**：定性 X（比如性別為男或女），要透過「Dummy」改為「數值」（比如男生為 1、女生為 0）。使用 KNN 與 SVM 的「定量 X」，建議要「正規化」調整到「同一尺度」。線性迴歸建議「常規化」將「高次方的 X 係數降低」，避免擬合過度。
- **Y**：「二元分類問題」（比如違約或不違約）的「風險管理」通常以「信心（機率）」表示。使用單純貝氏分類器時，建議勾選「拉普拉斯轉換」避免「條件機率 0」的情況。

Polynomial 代表多元的定性變數。Binomial 代表二元的變數。

接下頁

表 12.6.2 監督式演算法整理

章	演算法	X	Y	是否允許缺失值
2	KNN	可接受二元及多元定性 X 定量 X 需正規化	可接受二元 及多元定性 Y	可
8	單純貝氏	可接受二元及多元定性 X 可接受定量 X	可接受二元 及多元定性 Y 需要拉普拉斯轉換	可
9	線性迴歸	定性 X 需要經過 Dummy 定量 X 需常規化	可接受二元 定性 Y 及定量 Y	不可
10	邏輯斯迴歸	可接受二元及多元定性 X 可接受定量 X	可接收二元 定性 Y	可
11	SVM	定性 X 需要經過 Dummy 定量 X 需正規化	可接受二元 定性 Y 及定量 Y	不可
12	決策樹 / 隨機森林	可接受二元及多元定性 X 可接受定量 X	可接受二元 及多元定性 Y 可接受定量 Y	可

12.7 章節練習 - 預測交易的公平性

客戶誠信與否，是許多企業所關心的議題，尤其是在信息不對稱（Information Asymmetry）下，面臨道德危機（Moral Hazar）的風險。例如保險公司事先不會知道，保戶在投保前是否已有身體不適，在去醫院檢查前先來買健康險；也難以約束保戶在投保竊盜險之後，不能疏於汽車的防盜措施。因此客戶誠信與否，將可能影響企業的獲利，若誤判的比例過高，則可能造成損失。

為了解決這個問題，若我們可以藉由具有相似條件下，是否值得信任做為參考指標。對於客戶所填寫的問卷或服務人員詢問的回答，將有助於評估客戶誠信與否，藉此降低公司的經營風險。

本練習使用的數據集為 E12_Transaction.csv，包含 290 筆客戶的交易數據。表 12.7.1 中是範例數據，其中 CT 表示最後一次不可信交易後，發生的可信任交易次數；CU 表示最後一次可信交易後，發生的不可信交易次數；LT 表示上一次發生交易距現在的時間；TC 表示交易場景，有 game/ECommerce/sport/holiday 這 4 種類別；TS 表示是否交易對象評價，有 trustworthy 跟 untrustworthy 這 2 種類別；Y 表示交易是否公平，有 fair 跟 unfair 這 2 種類別。

表 12.7.1 交易信用紀錄

CT	CU	LT	TC	TS	Y
4	1	4	sport	untrustworthy	fair
4	1	4	game	untrustworthy	fair
1	4	4	sport	trustworthy	fair
2	1	4	ECommerce	trustworthy	unfair
3	1	4	holiday	trustworthy	fair

練習目標

請使用本章節中所介紹的決策樹相關模型，分析範例數據，建立機器學習模型，盡可能準確能判斷出交易是否公平。

MEMO

Episode 6

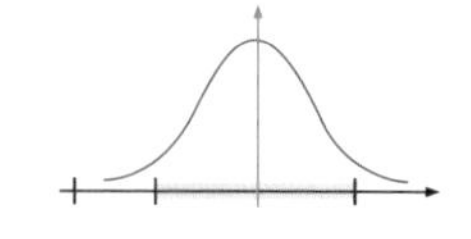

公司逐漸形成規模，並具備上市櫃的條件，承銷券商陸續到公司來提升公司治理等準備工作，在 12 月底的一個下午券商要求公司提供客觀的財務預測。Fendi 說：按美國評價分析師協會（NACVA）的建議：可以由公司**過去損益表的營收推估明年的營收**，若過去的營收有變化趨勢則用加權平均；若無則用簡單平均。此外，由過去的財務比率分析決定公司每作 1 元的生意就會有多少元的折舊，依此估計明年的折舊，同理可以預測明年整個財務報表。接下來就考慮各種內部與外部因素推估 2~5 年的財報。Charlie 也同意說：「沒錯，商業模式的右邊 5 格基本上是在敘述一個商業故事，而且通常都是說的比唱的好聽，缺乏具體的數據分析，在此之前我們已經針對『市場區隔』、『價值訴求』、『價值傳遞』與『顧客關係』等 4 格提供分析模型，若我們在『營業收入』可以在提供一個客觀的預測方法，則我們在商業模式的右邊 5 格就可以建立一套預測的模型，如此一來我們在面對券商議定承銷價時就可以有所依據了。」於是 Fendi 轉頭對但 Sunny 說：「是啊，若有更客觀的營收預測，則會更符合券商的期望，對投資人也是負責的做法。」Sunny 想了一下說：「可以，你把公司的歷史性財務報表給我，我用『ARIMA』就可以用過去的營收預測未來的營收」…

CHAPTER

13

如何預測公司未來的營收？銷售預測

在其他條件不變的前提下，本單元可協助公司以過去的營收，預測未來的營收；投資人則以過去的股價，預測未來的股價。本章與第 9 章線性迴歸不同在於：線性迴歸以同一筆 X，預測同一筆 Y，而時間序列則以過去的 Y，預測未來的 Y。

對公司來說，未來的銷售量、獲利是大部分老闆想知道的事情。**時間序列**（Time Series）分析提供了一個很好的方法，可以讓老闆們在知道模型準確度的情況下，預知未來的銷售量、獲利。對投資客來說，按照過去 3 年的財務報表，預測未來 14 個月的預期獲利，再依適當的**折現率**（Discount Rate）轉換成**淨現值**（NPV，Net Present Value）以**收益法**（Income Approach）評估企業價值。

13.1 ARIMA 演算法的基本原理

13.1.1 時間序列數據

時間序列分析是從時間序列中提取有意義的訊息和模式的過程。時間序列預測是一種基於過去的觀察和其他輸入，來預測時間序列數據的未來價值的常用技術；例如在計劃週期中的銷售預測，預算預測或生產預測。圖 13.1.1 的**飛機乘客數樣本資料集**就是典型時間序列數據資料。

圖 13.1.1 飛機乘客數

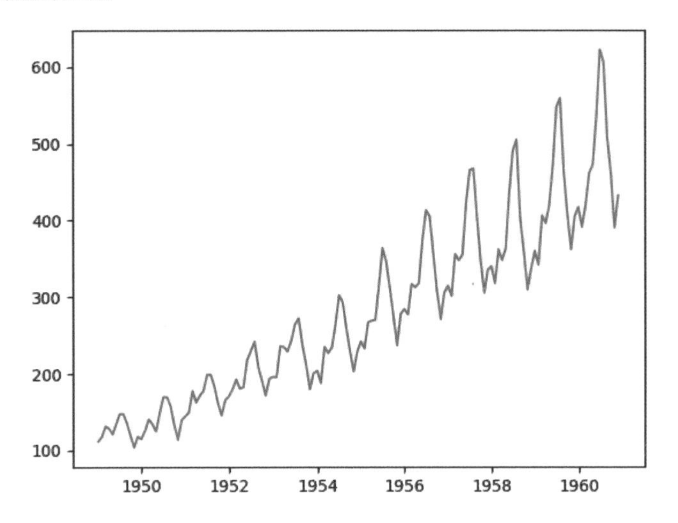

表 13.1.1 中呈現的是一組時間序列資料。第三欄「prod」為原始時間序列，即當季度數據。第四欄「prod-1」是前一季度數據，後續欄中的資料依次是前兩季度、前三季度…將第四欄開始的後續欄位與原始欄位的差異稱為 1-lag、2-lag，3-lag，...，n-lag。

需要注意的是，原始時間序列「prod」的資料和 4-lag 的「prod-4」的數據之間存在很強的相關性。他們有相同升降變化的趨勢，這種現象稱為**自相關**。也可理解為，當前數據與 n-lag 數據點具有穩定的**滯後關係**。

表 13.1.1 時間序列資料

Year	Quarter	prod	prod-1	prod-2	prod-3	prod-4	prod-5	prod-6
1956	Q1	2843	?	?	?	?	?	?
1956	Q2	2123	2843	?	?	?	?	?
1956	Q3	2527	2123	2843	?	?	?	?
1956	Q4	3008	2527	2123	2843	?	?	?
1957	Q1	2652	3008	2527	2123	2843	?	?
1957	Q2	2346	2652	3008	2527	2123	2843	?
1957	Q3	3200	2346	2652	3008	2527	2123	2843
1957	Q4	2336	3200	2346	2652	3008	2527	2123

13.1.2 滑動窗口（Sliding Window）

在處理時間序列資料過程中，最常見的一種方式是以固定長度的窗口（Window，W）大小截取數據作為自變數 X，對目標範圍（Horizon，H）內的數據（應變數 Y）進行預測分析，並使用固定的步長（Step，S）將窗口進行由前到後的滑動，從而形成多組資料集。這樣的模式通常稱為滑動窗口（Sliding Window）。

以下圖 13.1.2 展示了滑動窗口的基本工作原理，以 W=20，H=7，S=1 為例，當第一次計算時，會使用前 20 筆數據（$y_1 \sim y_{20}$）進行後 7 筆數據（$y_{21} \sim y_{27}$）的計算得到預測值（$y'_{21} \sim y'_{27}$）。使用平均絕對誤差評估真實值與預測值之間的差距。第二次計算時，窗口整體向下移動 1 格，會使用 20 筆數據（$y_2 \sim y_{21}$）進行後 7 筆數據（$y_{22} \sim y_{28}$）的計算得到預測值（$y'_{22} \sim y'_{28}$），同樣也會得到平均絕對誤差。透過多次的循環運算，最終再將所有平均絕對誤差進行平均，即可得出模型的最終誤差，可用於模型的修正與評估。

圖 13.1.2 滑動窗口示意圖

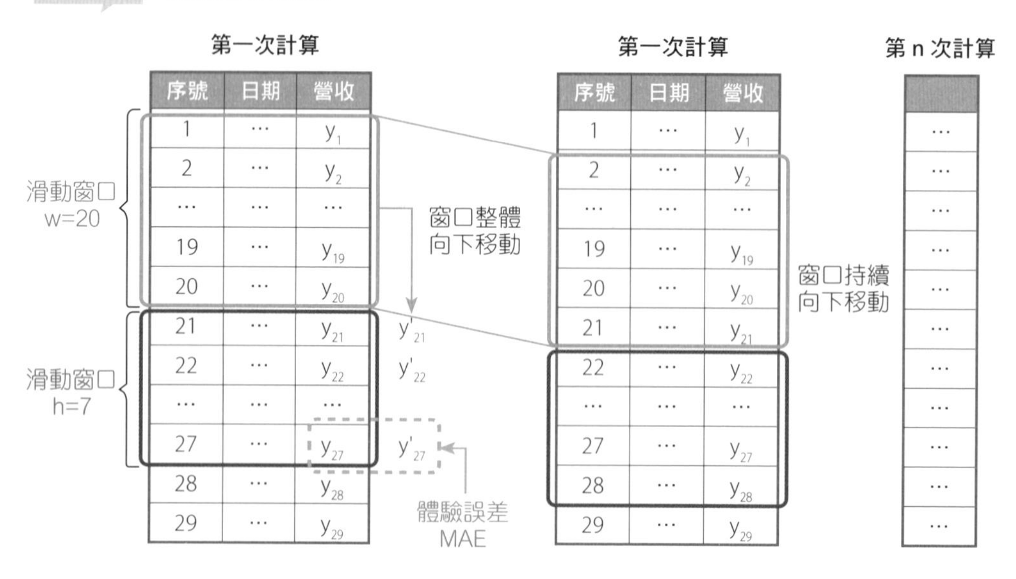

13.1.3 自我迴歸綜合移動平均（Autoregressive Integrated Moving Average, ARIMA）

自我迴歸（Autoregressive, AR）模型：營收 Y 的「自我迴歸」（p）

在多元線性迴歸中，輸出是多個輸入變數的線性組合。在自我迴歸模型的情況下，輸出是將來的數據點，並且可以將輸出表示為過去 p 個數據點的線性組合，其中 p 是**滯後窗口**。自我迴歸模型可表示為以下方程式：

$$r_t = C + \alpha_1 r_{t-1} + \alpha_2 r_{t-2} + \ldots + \alpha_p r_{t-p} + \varepsilon_t$$

其中，C 是常數，ε_t 是噪聲。α 是需要從數據中學習的係數。這可以稱為帶有 p 滯後的自迴歸模型或 AR(p) 模型。

平穩的時間序列：營收 Y 的「穩定度」（d）

平穩性（Stationary）是時間序列模型中的關鍵假設。它是時間序列中的均勻性質，表示其統計屬性（均值，方差）不會隨時間變化。實際上，平穩的序列在恆定的平均水平附近變化，不會隨著時間的推移而系統地減少或增加，所以具有恆定的方差。非平穩序列具有系統趨勢，例如線性，二次等。圖 13.1.3 顯示了平穩序列與非平穩序列的差異性，其中非平穩序列既有整體趨勢，也有季節性。當序列更加平穩時，更容易進行預測。

圖 13.1.3　平穩與非平穩序列

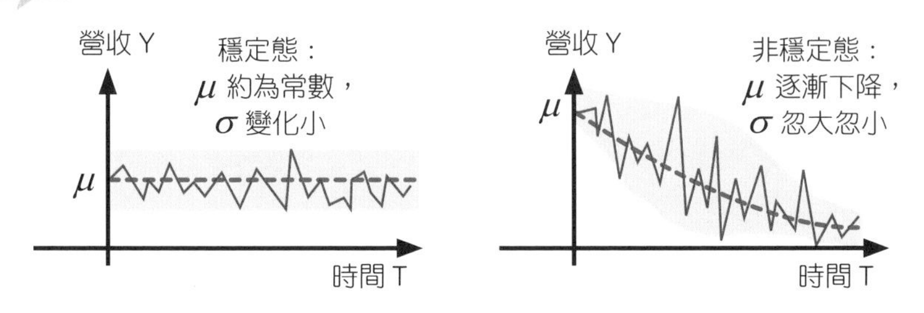

非平穩時間序列可以通過稱為**差分**（Differencing）的方式轉換為平穩時間序列。**差異序列**（Differencing Series）是序列中連續數據點之間的變化。第一階差分計算如下：

$$\nabla r_t = r_t - r_{t-1} = r_t - Lr_t = (1-L)r_t$$

其中 L 為**滯後運算子**（Lag Operator），或稱為**後移動運算子**（Backshift Operator），可對時間序列中的元素進行操作，來產生前一個元素，即：

$$L^2 r_t = Lr_{t-1} = r_{t-2}$$

結合以上兩式，可以推導出二階差分計算如右：

$$\begin{aligned}\nabla^2 r_t &= \nabla^1 r_t - \nabla^1 r_{t-1} \\ &= (r_t - r_{t-1}) - (r_{t-1} - r_{t-2}) \\ &= (1-2L+L^2)r_t \\ &= (1-L)^2 r_t\end{aligned}$$

同理，d 階差分的計算如右：

$$\nabla^d r_t = (1-L)^d r_t$$

移動平均（Moving Average）模型：殘差 ε 的「移動平均」（q）

移動平均模型涉及過去數據預測誤差的迴歸方程，可以用作預測變數。其公式表達為：

$$r_t = I + \varepsilon_t + \theta_1 \varepsilon_{t-1} + \theta_2 \varepsilon_{t-2} + \ldots + \theta_q \varepsilon_{t-q}$$

其中是 I 常數項，ε_i 是數據點 i 的預測誤差。這對過去的數據點有意義，但對數據點 t 沒有意義。因為它仍在公式中，因此，ε_t 被假定為白噪聲 (White Noise)。上式為有 q 滯後模型的移動平均模型或 MA（q）。

自我迴歸綜合移動平均（Autoregressive Integrated Moving Average, ARIMA）模型

ARIMA 代表自我迴歸綜合移動平均模型，是時間序列預測中最受歡迎的模型之一，也是自我迴歸模型與移動平均模型的組合，即為 ARIMA=AR+I+MA。其公式表達為：

$$\nabla^d r_t = C + \alpha_1 \nabla^d r_{t-1} + \alpha_2 \nabla^d r_{t-2} + \ldots + \alpha_p \nabla^d r_{t-p} + \varepsilon_t + \theta_1 \varepsilon_{t-1} + \theta_2 \varepsilon_{t-2} + \ldots + \theta_q \varepsilon_{t-q}$$

該方程式中 C 是常數項，其餘部分需要從以下三方面理解：

- $\alpha_1 \nabla^d r_{t-1} + \alpha_2 \nabla^d r_{t-2} + \ldots + \alpha_p \nabla^d r_{t-p}$ 為 AR 的部分，表示根據過去 p 個數據進行自我迴歸，其核心變數為 p。
- $\nabla^d r_t$ 為 I 的部分，表示將每個數據將進行 d 階差分，以使得數據具有平穩性，其關鍵變數為 d。
- $\varepsilon_t + \theta_1 \varepsilon_{t-1} + \theta_2 \varepsilon_{t-2} + \ldots + \theta_q \varepsilon_{t-q}$ 為 MA 的部分，表示預測誤差是過去 q 個誤差的線性組合，其關鍵變數為 q。

因為線性迴歸是由多項式所組成，多項式微分 1 次，次方（Order）會下降 1 次，次方越高其曲線會越彎曲。亦即，一點點 X 的變化就會對 Y 產生很大的影響；反之，次方越低曲線越平穩。因此，當預測對象不穩定時，可以透過微分逐漸使之趨近穩定。統計上有對於穩定度的檢定方法，大數據分析偏向於：就手上的數據資料，直接找出最穩定的參數，因此著重於參數的選擇。

ARIMA 模型的幾種特殊情況：

- ARIMA(0,1,0)：$y_t = y_{t-1} + \varepsilon$，隨機漫步模型。
- ARIMA(0,1,0)：$y_t = y_{t-1} + \varepsilon + c$，隨機漫步漂移。
- ARIMA(0,0,0)：$y_t = \varepsilon$，白噪聲。
- ARIMA(,0,0)：自我迴歸模型。
- ARIMA(0,0,)：移動平均模型。
- ARIMA(0,1,1)：簡單指數平滑模型。

如公司營收數據為例，使用 ARIMA 的分析基本過程如圖 13.1.4：

圖 13.1.4 ARIMA 分析過程

① 營收 Y 的自我迴歸，AR（p）

用過去的營收，迴歸預測未來的營收

$$r_t = C + \boxed{\alpha_1 r_{t-1} + \alpha_2 r_{t-2} + \ldots + \alpha_p r_{t-p}} + \boxed{\varepsilon_t}$$

本期營收與**過去** p **期的營收**有關稱為：p 階滯後的自我迴歸

r_t = 第 t 期（本期）的營收

r_{t-1} = 前 1 期的營收

ε_t = 本期的殘差（Residual，尚未算出）

穩定度（Stationarity）：
衡量營收的平均值（μ）與標準差（σ）
隨著時間變化的程度
μ：描述營收的變化趨勢，遞增或遞減
σ：描述營收的變化範圍，μ 的多少倍

噪音（Noise）
會干擾營收的外界因素，如油價上漲、COVID-19…等消息。有些使營收增加，有些使營收減少。使實際的營收 r_t 偏離預期 r_t'，偏差（bias）即為殘差

② 營收 Y 的穩定度，S（d）

穩定（Stationary），
營收 r_t 的平均值（μ）與標準差（σ），不隨時間改變
穩定度調整：微分越多次，曲線越平緩

$$\boxed{\nabla^d r_t = (1-L)^d r_t}$$

線性迴歸是由多項式表示
每微分一次，次方會降 1 次，營收的表現會更穩定
假設差分 d 次之後，營收達到**穩定態**，
稱為 d **階差分穩定態調整**

③ 殘差 ε 的移動平均，MA（q）

本期的殘差 ε_t 可以由過去 q 期的殘差 $\varepsilon_{t-1} \sim \varepsilon_{t-q}$
預測稱為 q 階滯後的移動平均

$$\boxed{r_t = I + \varepsilon_t + \theta_1 \varepsilon_{t-1} + \theta_2 \varepsilon_{t-2} + \ldots + \theta_q \varepsilon_{t-q}}$$

ε_{t-1} 為前 1 期的殘差，ε_t 為本期的殘差
I 為常數
若本期殘差實際值 ε_t 與過去的殘差無關，
即 $r_t = \varepsilon_t$ 則稱 ε_t 為白噪音（White Noise）

④ 自我迴歸綜合移動平均模型，ARIMA（p , d , q）

營收的**自迴歸** AR（q）經過**營收的穩定態調整** S（d）後，
與**殘差的移動平均** MA（q）整合起來的預測模型
用過去的營收，迴歸預測未來的營收

$$\nabla^d r_t = C + \boxed{\alpha_1 \nabla^d r_{t-1} + \alpha_2 \nabla^d r_{t-2} + \ldots + \alpha_p \nabla^d r_{t-p}} + \boxed{\varepsilon_t + \theta_1 \varepsilon_{t-1} + \theta_2 \varepsilon_{t-2} + \ldots + \theta_q \varepsilon_{t-q}}$$

描述營收的基本趨勢：
p 階滯後的 AR 自我迴歸

描述營收的擾動：
本期殘差 = 過去殘差 q 階滯後的移動平均

⑤ 預測未來營收

在軟體中使用 Apply Forecast 的參數 Forecast Horizon 指定要預測多少週的營收

13.2 實例操作 - 每週銷售數據預測

13.2.1 資料解析

本章範例為某超市每週的銷售數據，共包含 Date 和 Weekly_Sales 兩個欄位，以及 143 筆資料。前者為包含月 / 日 / 年等資訊，後者表示銷售額（美元 / 週）

表 13.2.1 範例資料 C13_WeeklySales.csv（僅節錄部分數據）

Date	Weekly_Sales
Feb 5, 2010	24924.5
Feb 12, 2010	46039.49
Feb 19, 2010	41595.55
Feb 26, 2010	19403.54
Mar 5, 2010	21827.9
...	...

13.2.2 匯入資料

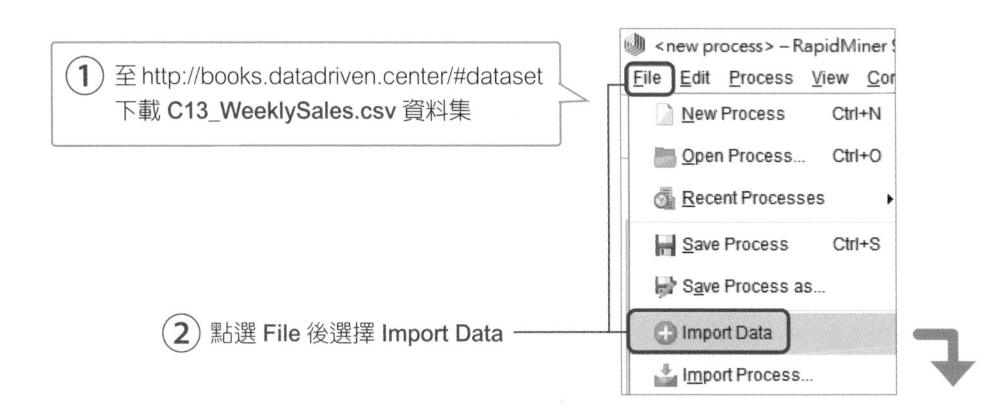

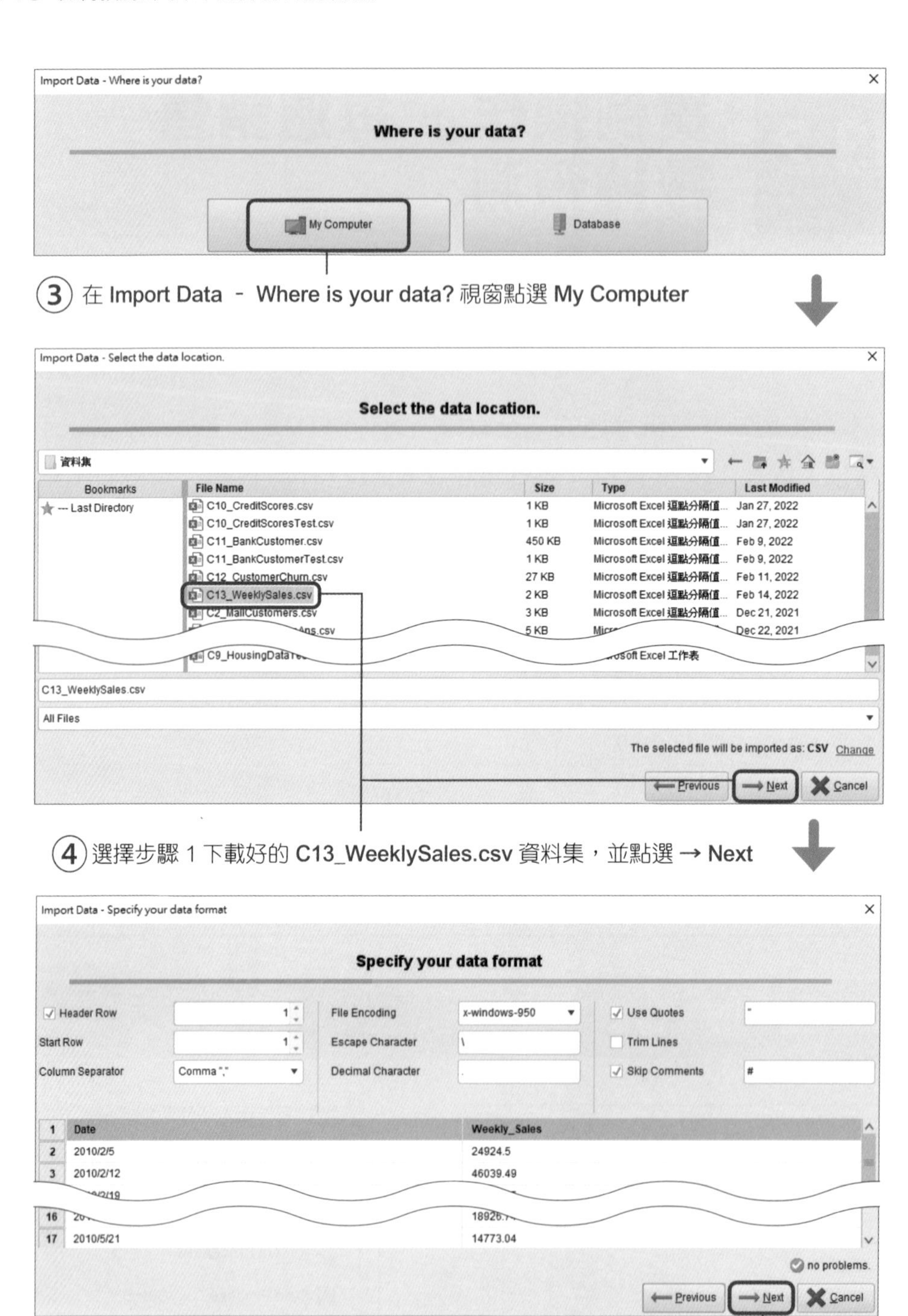
Import Data - Where is your data?
Where is your data?
My Computer
Database
③ 在 Import Data － Where is your data? 視窗點選 My Computer
Import Data - Select the data location.
Select the data location.
資料集
Bookmarks
--- Last Directory
File Name
Size
Type
Last Modified
C10_CreditScores.csv
C10_CreditScoresTest.csv
C11_BankCustomer.csv
C11_BankCustomerTest.csv
C12_CustomerChurn.csv
C13_WeeklySales.csv
C2_MallCustomers.csv
C9_HousingData
C13_WeeklySales.csv
All Files
The selected file will be imported as: CSV Change
Previous
Next
Cancel
④ 選擇步驟 1 下載好的 C13_WeeklySales.csv 資料集，並點選 → Next
Import Data - Specify your data format
Specify your data format
Header Row
Start Row
Column Separator
Comma ","
File Encoding
x-windows-950
Escape Character
Decimal Character
Use Quotes
Trim Lines
Skip Comments
Date
Weekly_Sales
2010/2/5
24924.5
2010/2/12
46039.49
2010/5/21
14773.04
no problems.
Previous
Next
Cancel
⑤ 預覽資料。接著點 → Next

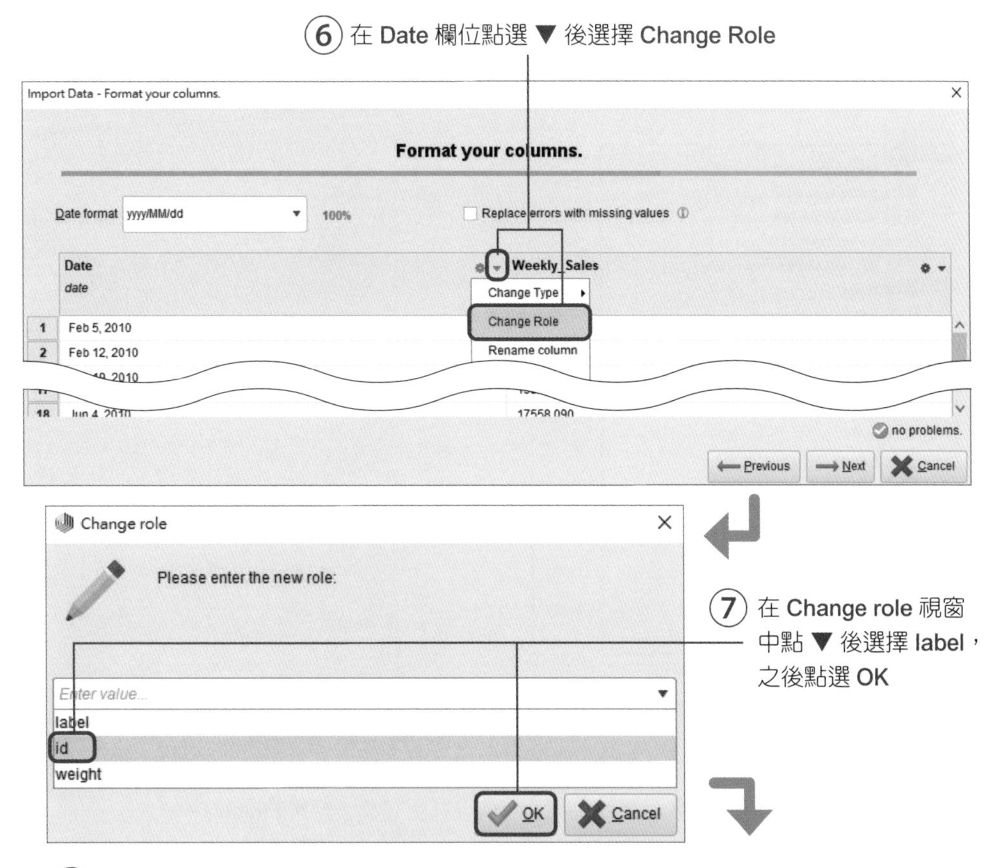

⑧ 勾選 Replace errors with missing values，讓軟體處理缺失值的錯誤，接著點 → Next

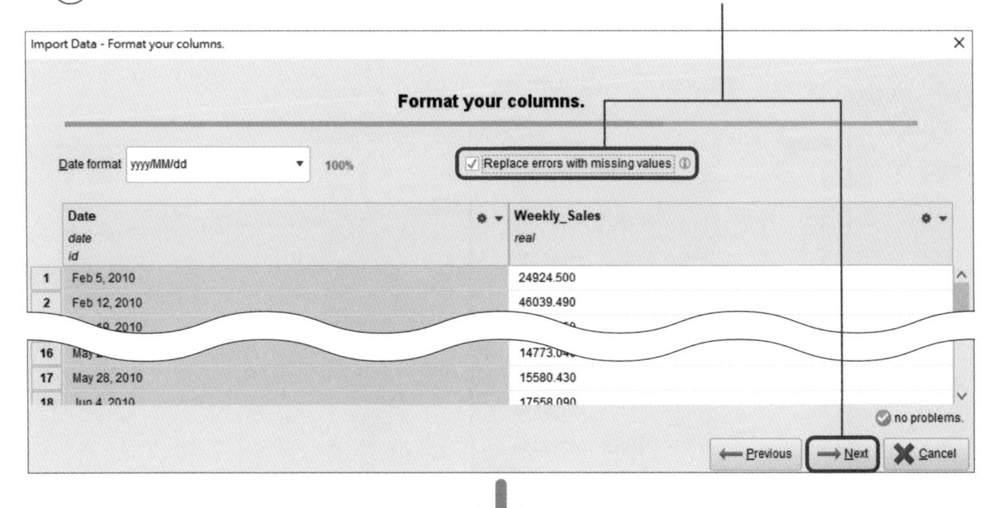

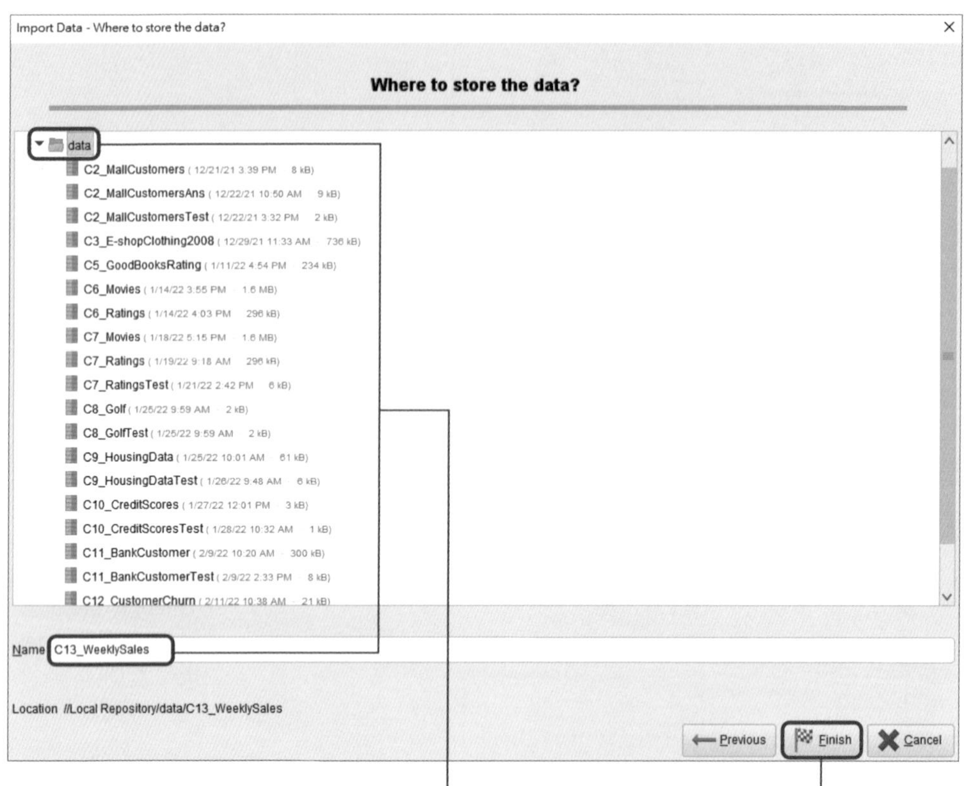

⑨ 選擇檔案儲存位置、檔案名稱，確認儲存路徑後，點選 Finish

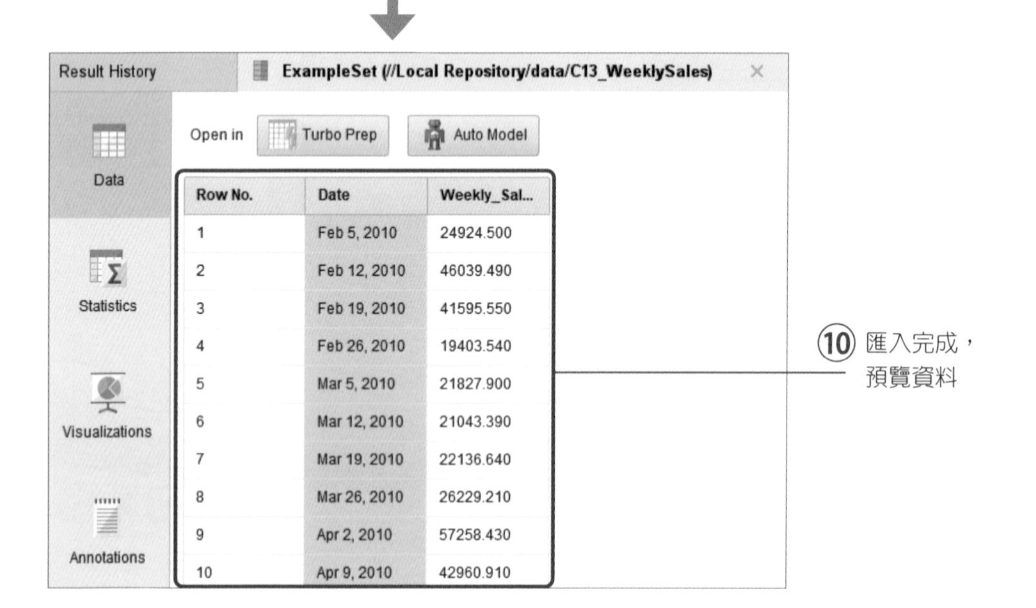

Row No.	Date	Weekly_Sal...
1	Feb 5, 2010	24924.500
2	Feb 12, 2010	46039.490
3	Feb 19, 2010	41595.550
4	Feb 26, 2010	19403.540
5	Mar 5, 2010	21827.900
6	Mar 12, 2010	21043.390
7	Mar 19, 2010	22136.640
8	Mar 26, 2010	26229.210
9	Apr 2, 2010	57258.430
10	Apr 9, 2010	42960.910

⑩ 匯入完成，預覽資料

13.2.3 選擇分析方法

分析目標

利用此資料集，建立一個模型：按過去銷售紀錄，預測未來銷售。

設計流程

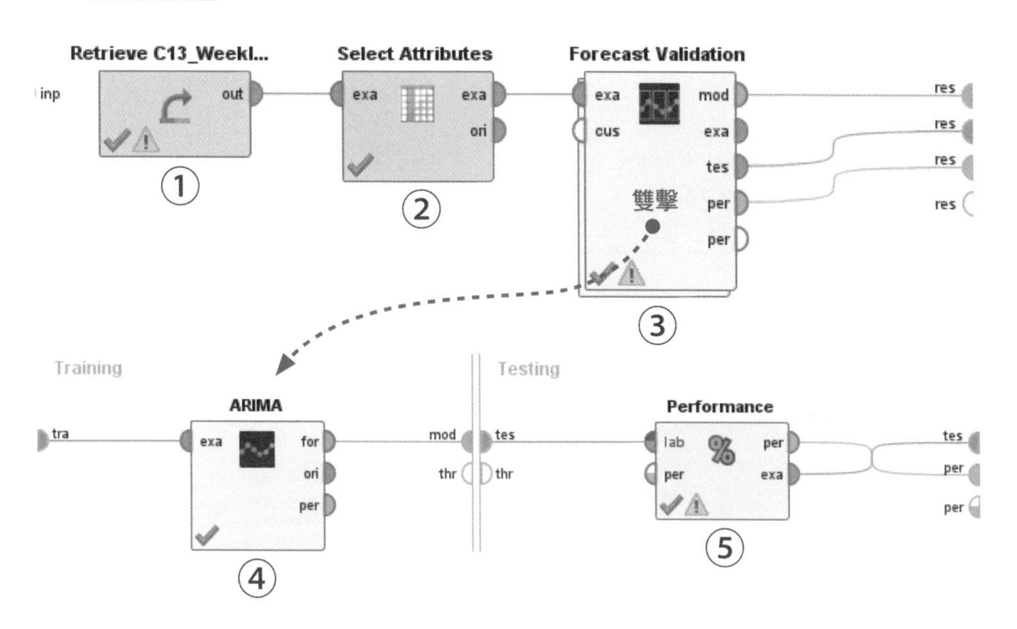

表 13.2.2 組件清單

組件索引	組件	操作	說明
1. 原始資料	Repository ↳ Local Repository ↳ data ↳ C13_WeeklySales	拖拉至畫布中	1 個變數 X、 1 個標籤 Y
2. 選取目標欄位	Operators ↳ Blending ↳ Attributes ↳ Selection ↳ Select Attributes	拖拉至畫布中	選取 Weekly_Sales

接下頁

組件索引	組件	操作	說明
3. 預測驗證	Modeling ↳ Time Series ↳ Validation ↳ Forecast Validation	拖拉至畫布中	設定 window size 以計算及預測
4. 自我迴歸綜合移動平均	Operators ↳ Modeling ↳ Time Series ↳ Forecasting ↳ ARIMA	拖拉至畫布中	預測模型
5. 績效評估	Operators ↳ Validation ↳ Performance ↳ Predictive ↳ Performance（Regression）	拖拉至畫布中	績效評估

13.2.4 設定參數

① 點選畫布中的 Select Attributes 組件，將 Parameter 視窗中的 Attribute filter type 選 single、attribute 選 Weekly_Sales

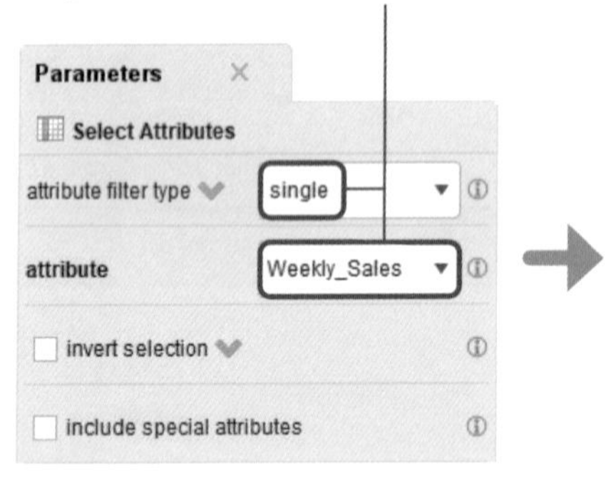

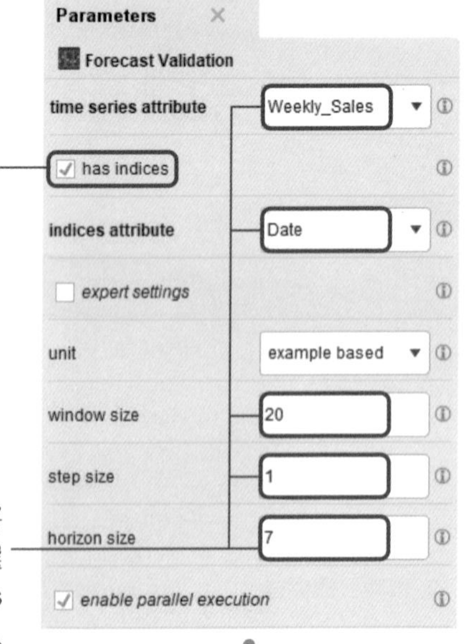

② 點選畫布上的 Forecast Validation 組件，將 Parameters 視窗中的 time series attribute 選 Weekly_Sales，勾選 has indices，並在 indices attribute 欄位選 Date。接著，window size 填入 20、step size 填入 1、horizon size 填入 7

Forecast Validation參數說明

- **window size**：表示目標範圍，在本例表示一次的計算窗格為 20 筆資料。
- **step size**：表示滑動步數大小，在本例表示一次移動距離為 1 筆。
- **horizon size**：表示預測長度，在本例中即為 7 週。

③ 點選畫布中的 ARIMA 組件，在 Parameter 視窗中的 time series attribute 選 Weekly_Sales，勾選 has indices，在 indices attribute 填入 Date。接著，在 p: order of the autoregressive model 填入 2、在 d: degree of differencing 填入 0、在 q: order of the moving-average model 填入 1。最後，main criterion 選 aic。我們從 ARIMA（2,0,1）模型開始，之後會使用 Optimize Parameters 模組進一步優化參數值，並且使用 Performance（Regression）進行驗證

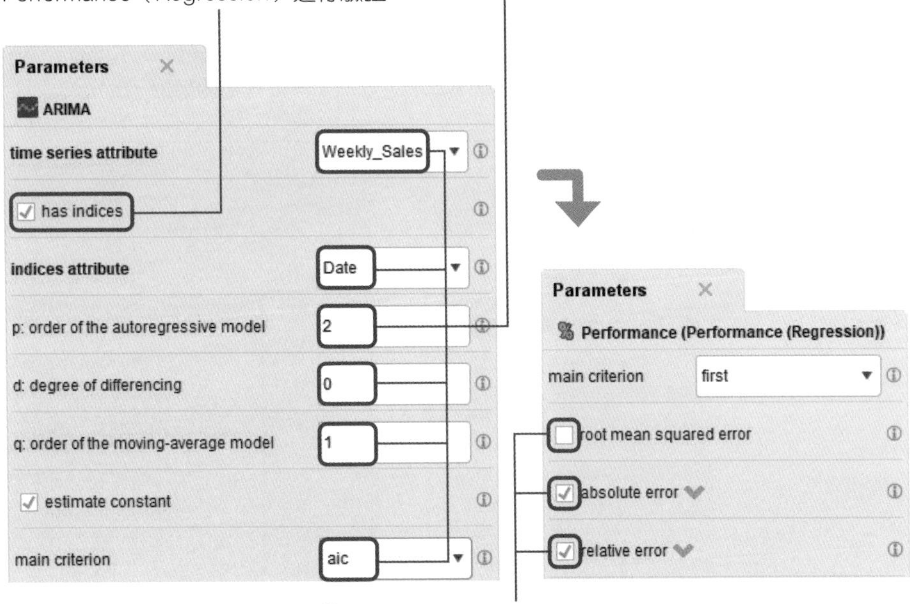

④ 點選畫布中的 Performance（Regression）組件，取消勾選 Parameter 視窗中的 root mean squared error，勾選 absolute error 以及 relative error

13.2.5 執行結果

① 點選 Start the execution of the current process

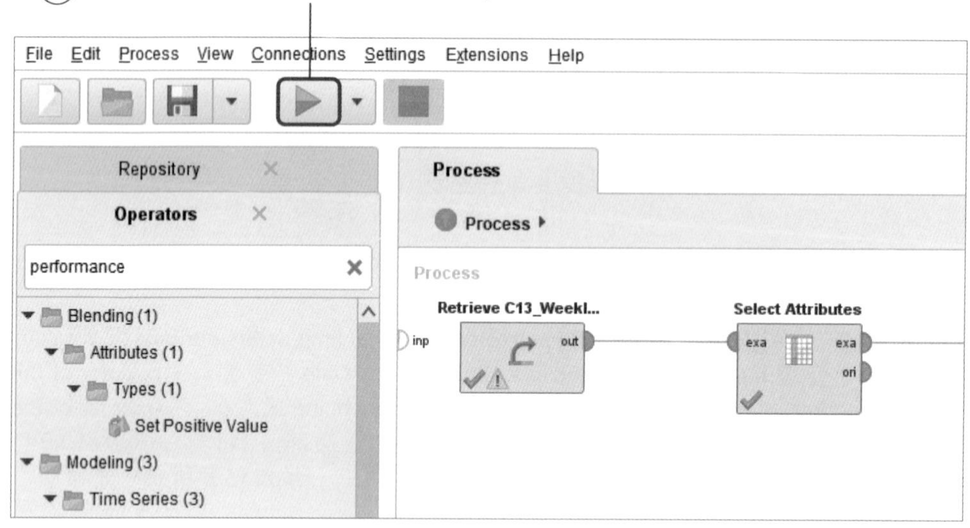

② 點選 ExampleSet（Forecast Validation）中的 Data，forecast of Weekly_Sales 欄位為預測結果

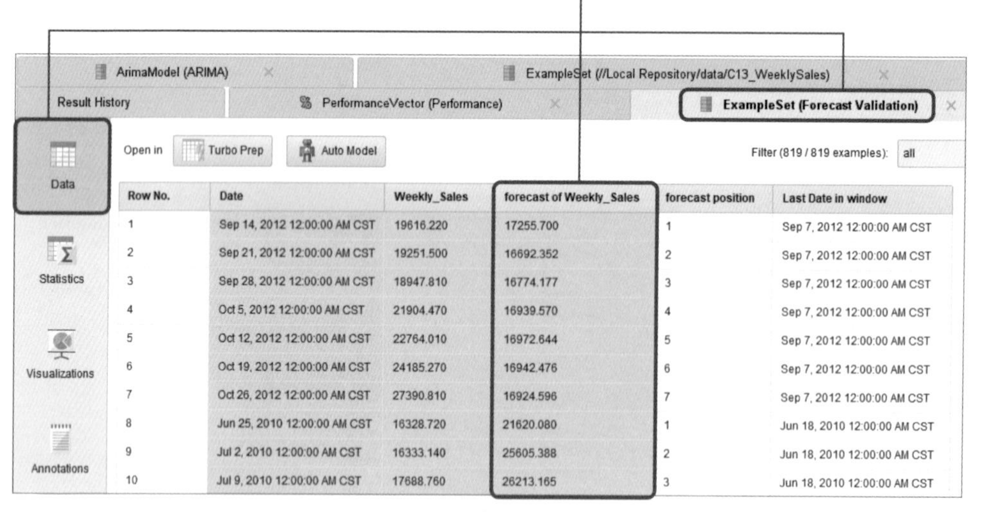

Row No.	Date	Weekly_Sales	forecast of Weekly_Sales	forecast position	Last Date in window
1	Sep 14, 2012 12:00:00 AM CST	19616.220	17255.700	1	Sep 7, 2012 12:00:00 AM CST
2	Sep 21, 2012 12:00:00 AM CST	19251.500	16692.352	2	Sep 7, 2012 12:00:00 AM CST
3	Sep 28, 2012 12:00:00 AM CST	18947.810	16774.177	3	Sep 7, 2012 12:00:00 AM CST
4	Oct 5, 2012 12:00:00 AM CST	21904.470	16939.570	4	Sep 7, 2012 12:00:00 AM CST
5	Oct 12, 2012 12:00:00 AM CST	22764.010	16972.644	5	Sep 7, 2012 12:00:00 AM CST
6	Oct 19, 2012 12:00:00 AM CST	24185.270	16942.476	6	Sep 7, 2012 12:00:00 AM CST
7	Oct 26, 2012 12:00:00 AM CST	27390.810	16924.596	7	Sep 7, 2012 12:00:00 AM CST
8	Jun 25, 2010 12:00:00 AM CST	16328.720	21620.080	1	Jun 18, 2010 12:00:00 AM CST
9	Jul 2, 2010 12:00:00 AM CST	16333.140	25605.388	2	Jun 18, 2010 12:00:00 AM CST
10	Jul 9, 2010 12:00:00 AM CST	17688.760	26213.165	3	Jun 18, 2010 12:00:00 AM CST

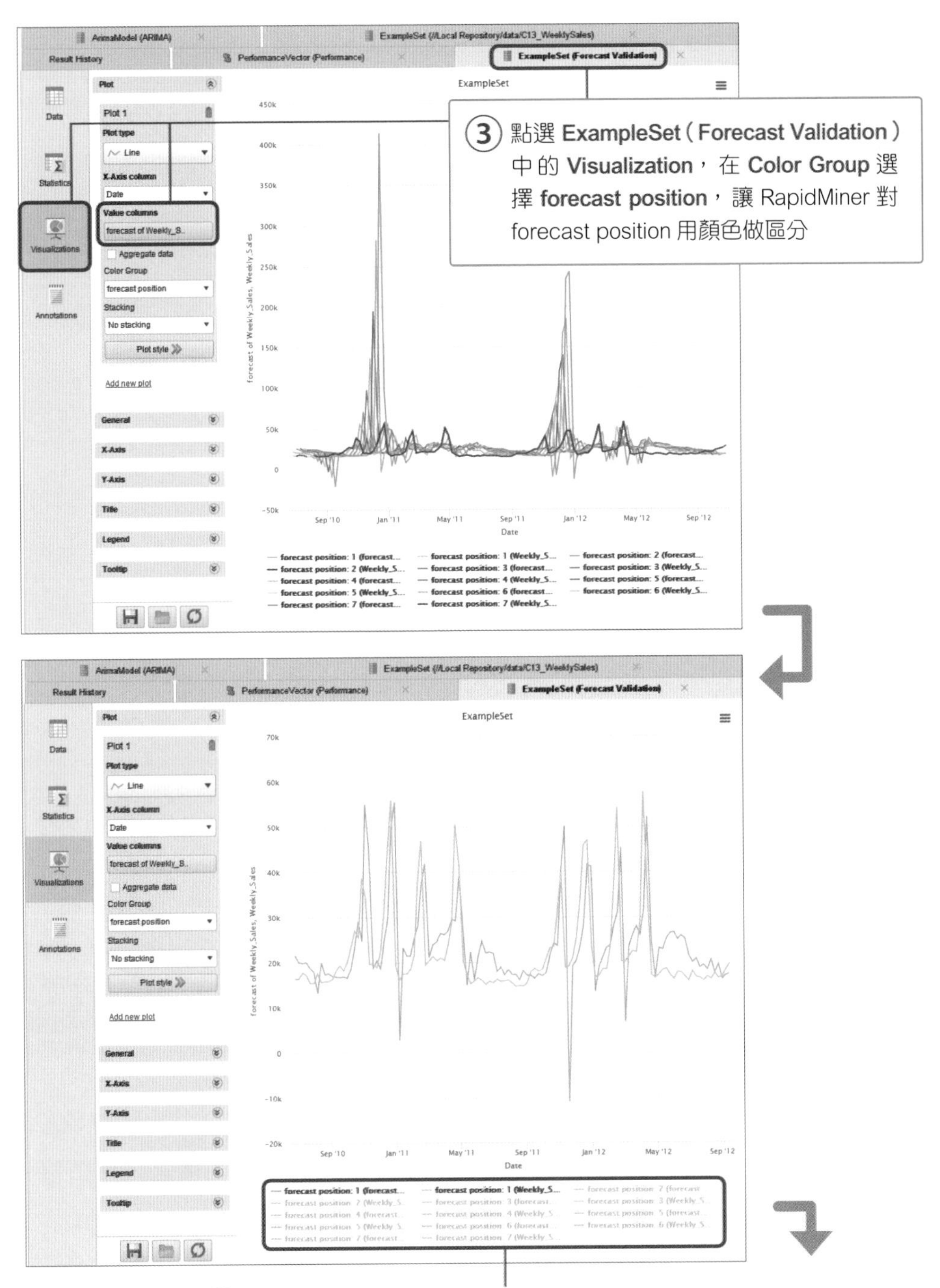

④ 點選下方的 legend，可以選擇或取消顯示資料。下圖僅顯示 position 1，即 1 週後的真實數據及預測結果

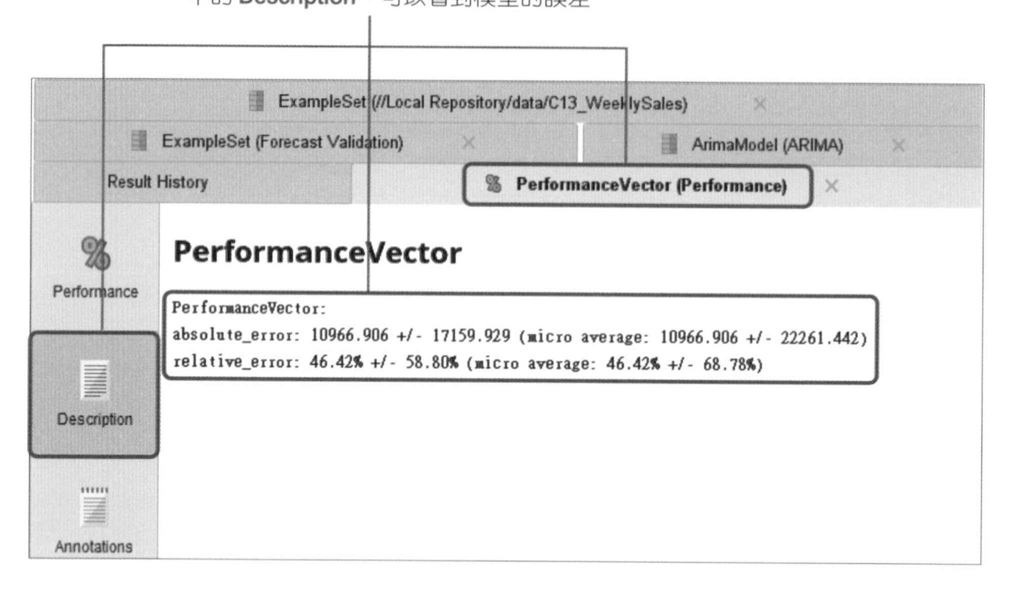

13.3 模型調整

13.3.1 選擇分析方法

分析目標

利用此資料集，建立一個最佳化模型：按過去銷售紀錄，預測未來銷售。

設計流程

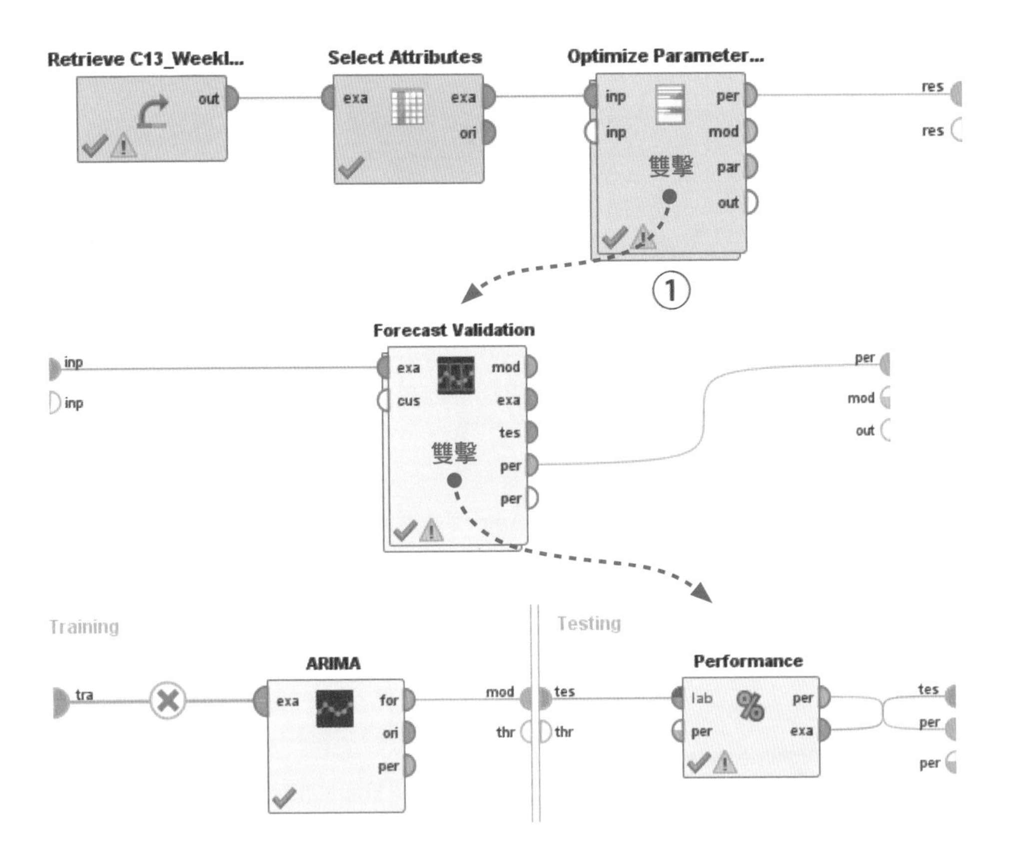

表 13.3.1 新增組件清單

組件索引	組件	操作	說明
1. 最佳化	Operators ↳ Modeling ↳ Optimization ↳ Parameters ↳ Optimize Parameters（Grid）	拖拉至畫布中	最佳化參數

13

13.3.2 設定參數

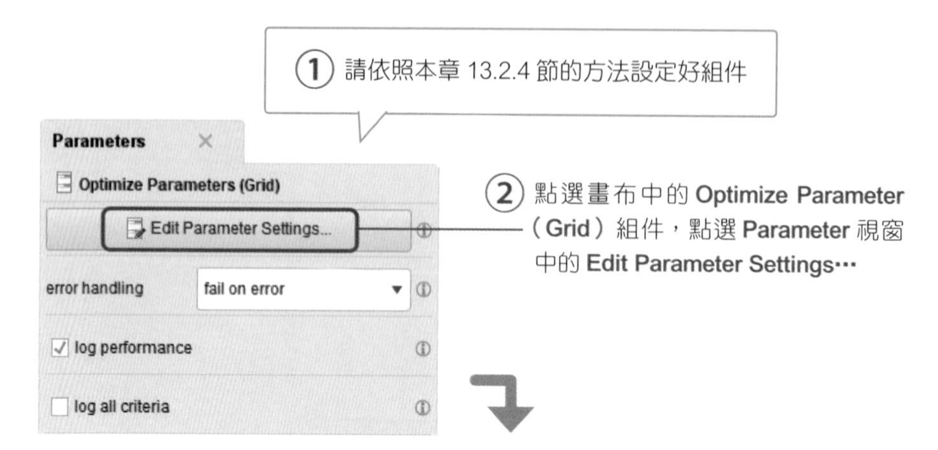

③ 在 **Select Parameters: configure operator** 視窗中的 **Operators** 區域，選擇 **ARIMA（ARIMA）**，接著使用 **→** 將 **Parameters** 區域的 **p:_order_of_the_autoregressive_model** 移至 **Selected Parameters** 區域。最後，在 **Grid/Range** 的區域設定 **Min** 為 **1**、**Max** 為 **5**、**Step** 為 **4**、**Scale** 為 **linear**

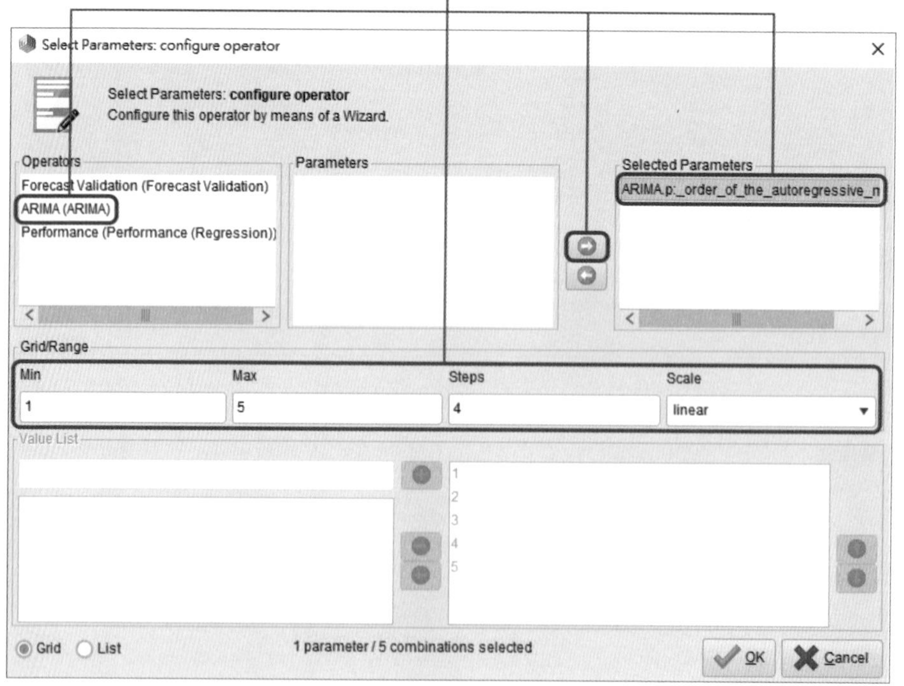

④ 在 **Select Parameters: configure operator** 視窗中的 **Operators** 區域，選擇 **ARIMA (ARIMA)**，接著使用 **→** 將 **Parameters** 區域的 **d:_degree_of_differencing** 移至 **Selected Parameters** 區域。最後，在 **Grid/Range** 的區域設定 **Min** 為 **0**、**Max** 為 **2**、**Step** 為 **3**、**Scale** 為 **linear**

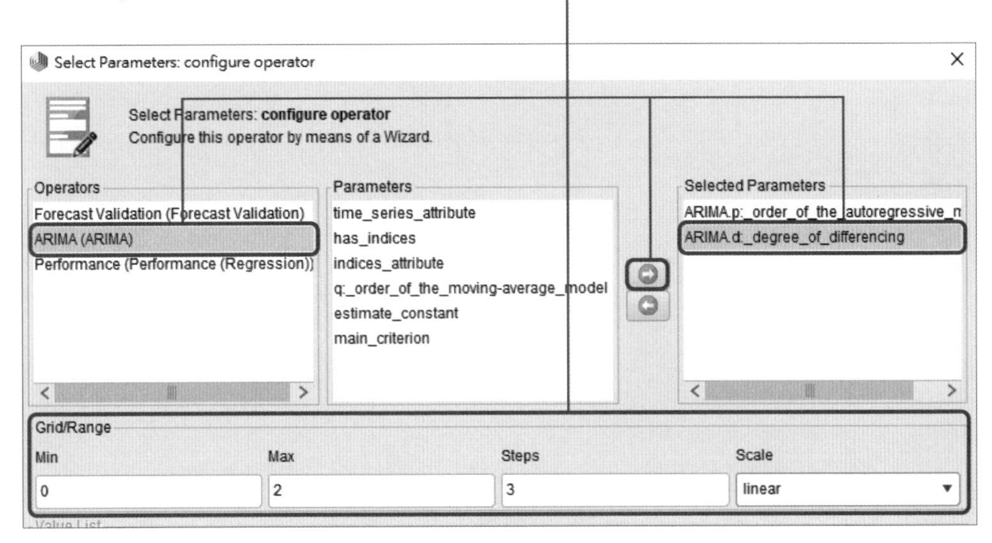

⑤ 在 **Select Parameters: configure operator** 視窗中的 **Operators** 區域，選擇 **ARIMA (ARIMA)**，接著使用 **→** 將 **Parameters** 區域的 **q:_order_of_the_moving-average_model** 移至 **Selected Parameters** 區域。最後，在 **Grid/Range** 的區域設定 **Min** 為 **0**、**Max** 為 **5**、**Step** 為 **6**、**Scale** 為 **linear**

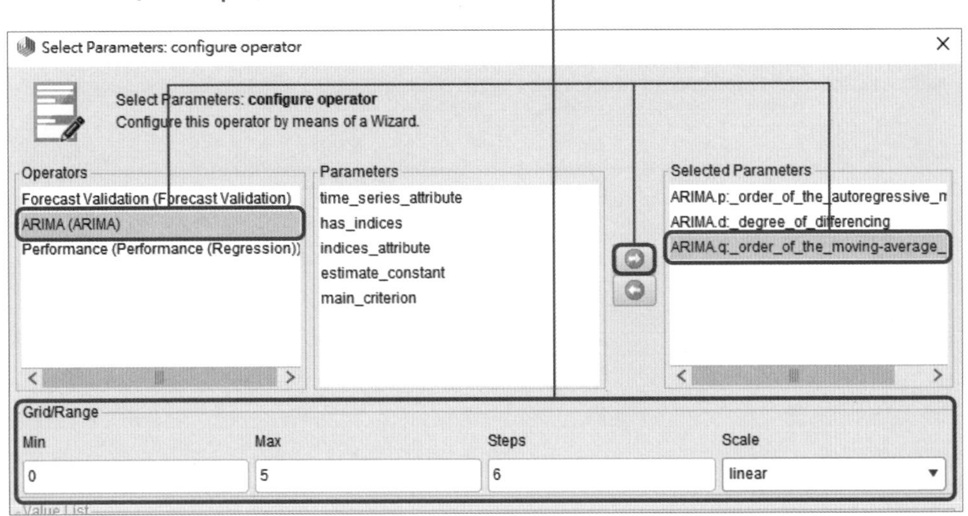

13.3.3 執行結果

① 點選 **Start the execution of the current process**

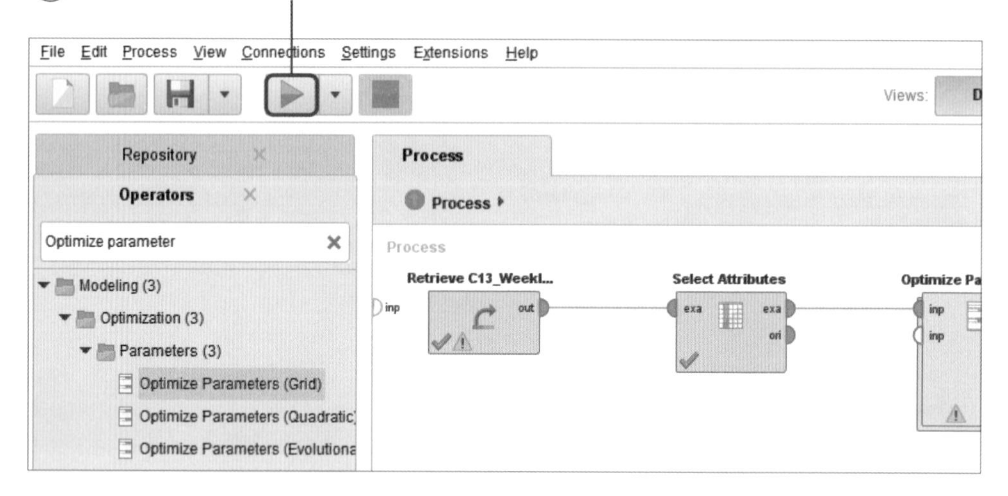

② 點選 **ExampleSet（Apply Model（2））**中的 **Data**，點 **absolute_error** 來根據誤差從小到大排列，可以發現 $p=2$、$d=0$、$q=0$ 為最佳模型

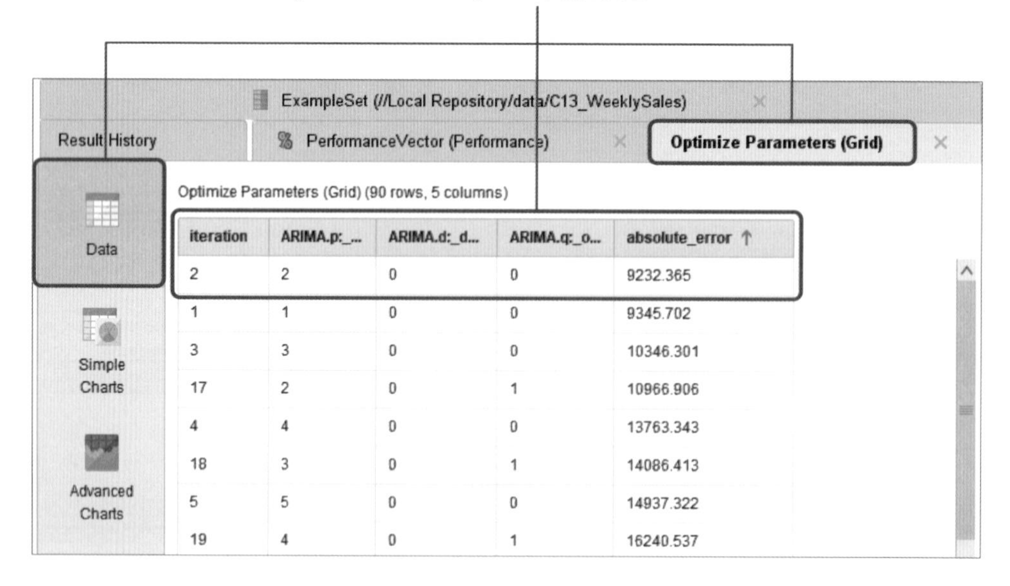

13.4 模型測試

13.4.1 選擇分析方法

分析目標

使用之前流程中所找到的 ARIMA 最佳參數，對未來 7 週銷售量進行預測。

設計流程

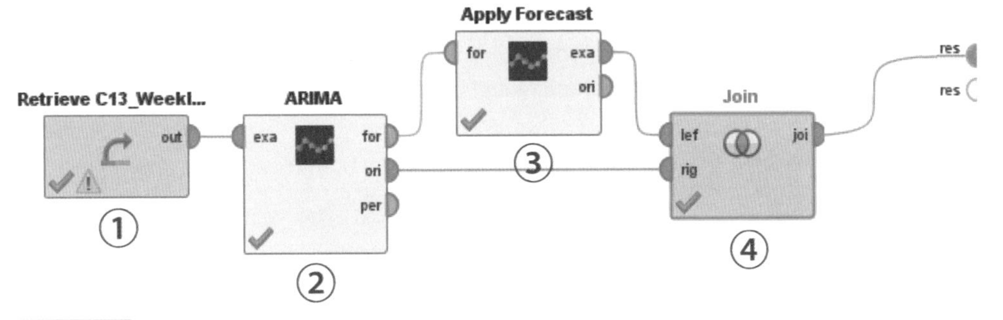

表 13.4.1　組件清單

組件索引	組件	操作	說明
1. 原始資料	Repository ↳ Local Repository ↳ data ↳ C13_WeeklySales	拖拉至畫布中	1 個變數 X、1 個標籤 Y
2. 自我迴歸綜合移動平均	Operators ↳ Modeling ↳ Time Series ↳ Forecasting ↳ ARIMA	拖拉至畫布中	預測模型

接下頁

組件索引	組件	操作	說明
3. 代入模型	Modeling ↳ Time Series ↳ Forecasting ↳ Apply Forecast	拖拉至畫布中	套用模型預測銷量
4. 交集資料	Operators ↳ Blending ↳ Table ↳ Joins ↳ Join	拖拉至畫布中	將預測值跟原始資料表格合併

13.4.2 設定參數

① 點選畫布中的 ARIMA 組件，在 Parameter 視窗中的 time series attribute 選 Weekly_Sales，勾選 has indices，在 indices attribute 填入 Date。接著，在 p: order of the autoregressive model 填入 2、在 d: degree of differencing 填入 0、在 q: order of the moving-average model 填入 0。最後，main criterion 選 aic

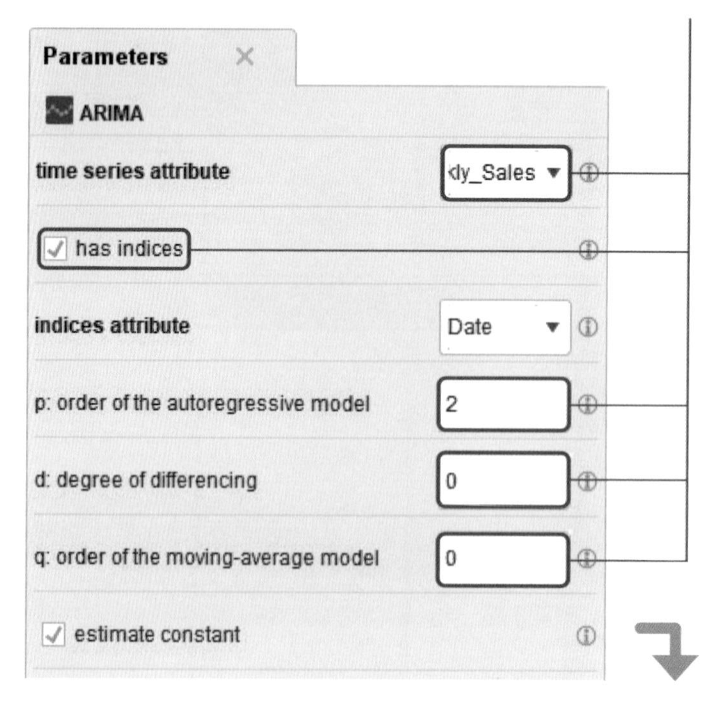

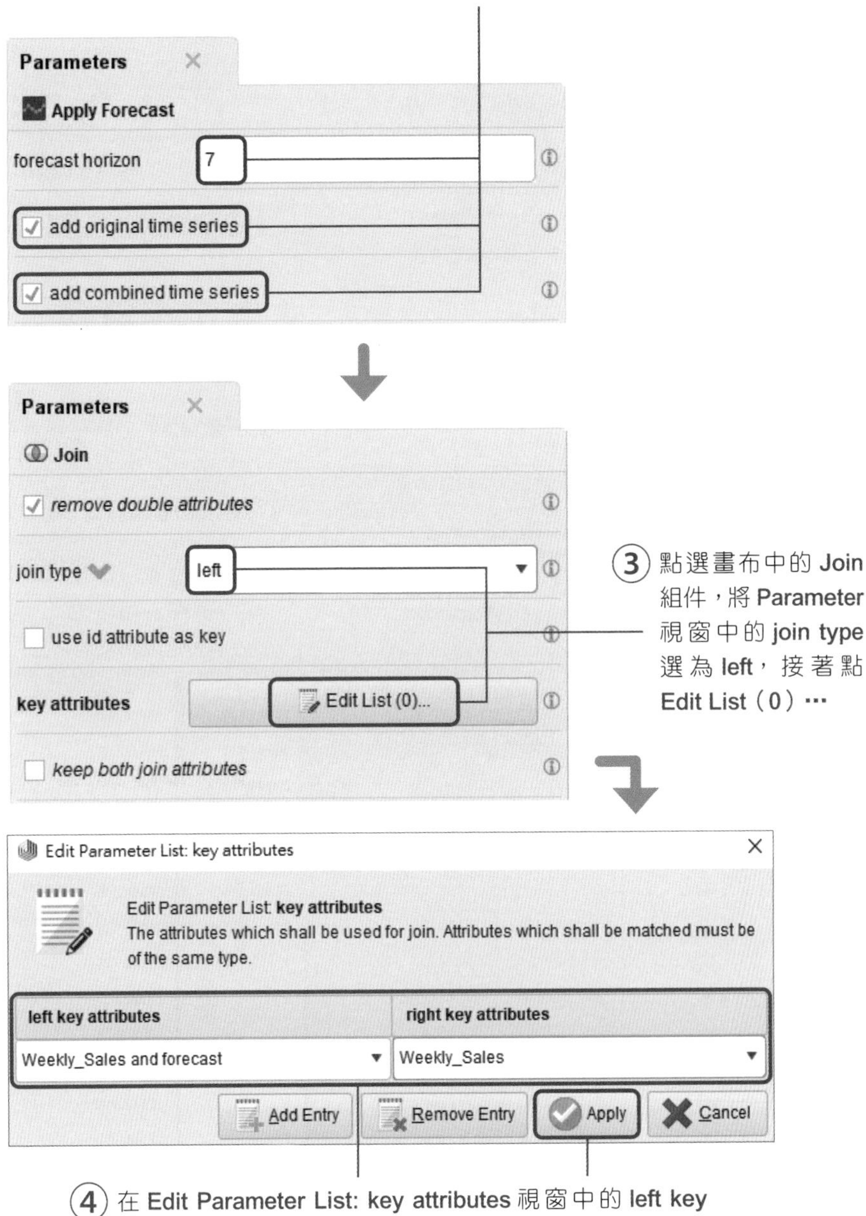

②點選畫布中的 Apply Forecast 組件，在 Parameter 視窗中的 forecast horizon 填入 7，勾選 add original time series 以及 add combined time series
Parameters
Apply Forecast
forecast horizon
7
add original time series
add combined time series
Parameters
Join
remove double attributes
join type
left
use id attribute as key
key attributes
Edit List (0)...
keep both join attributes
③點選畫布中的 Join 組件，將 Parameter 視窗中的 join type 選為 left，接著點 Edit List（0）…
Edit Parameter List: key attributes
Edit Parameter List: key attributes
The attributes which shall be used for join. Attributes which shall be matched must be of the same type.
left key attributes
right key attributes
Weekly_Sales and forecast
Weekly_Sales
Add Entry
Remove Entry
Apply
Cancel
④在 Edit Parameter List: key attributes 視窗中的 left key attributes 區域選 Weekly_Sales and forecast，在 right key attributes 區域選 Weekly_Sales。最後點 Apply

13.4.3 執行結果

① 點選 Start the execution of the current process

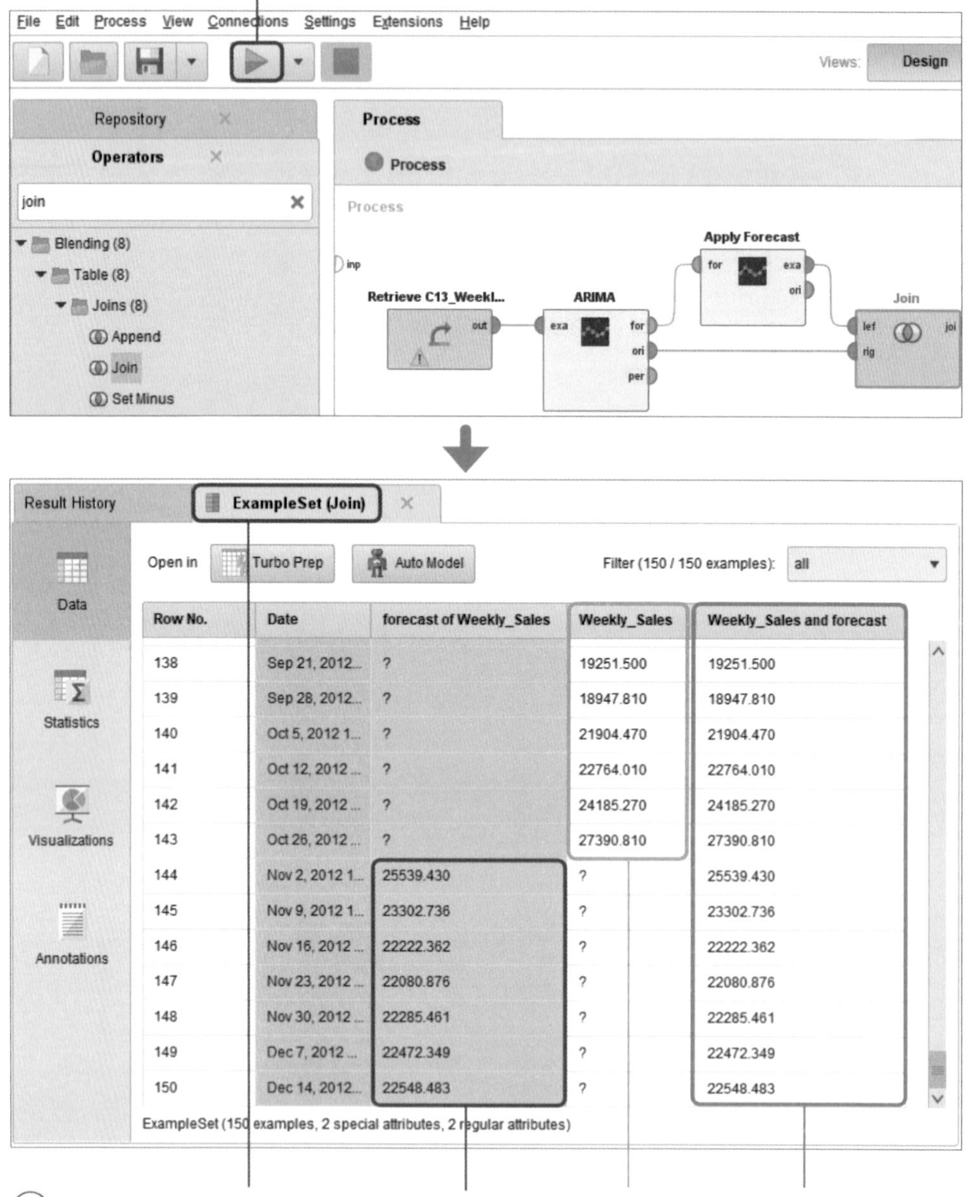

② 點選 ExampleSet（Join）中的 Data，Row No. 從 144 開始（紅色框），可以看到模型預測的未來 7 筆資料，藍色框為原始資料，綠色框為原始資料跟預測資料的聯集

③ 點選 ExampleSet（Join）中的 Visualization，在 Value columns 中選 forecast of Weekly_Sales 以及 Weekly_Sales。可以看到原始資料跟預測資料的折線圖

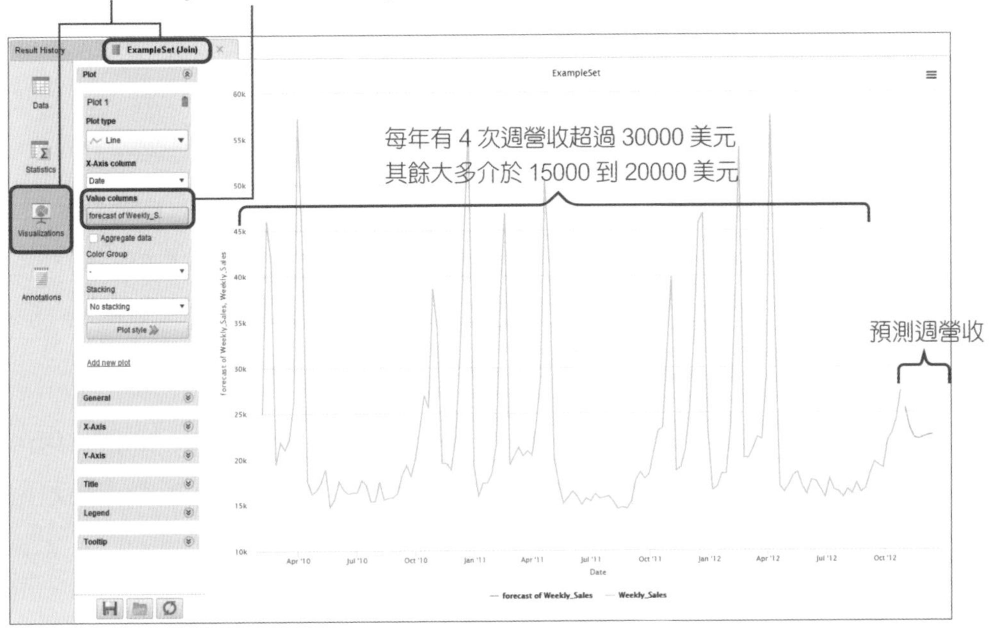

13.4.4 詮釋結果

本範例是「營收預測」，然而企業最終關心的是「獲利預測」。從營收到獲利的推論，超過本書的範圍。以下稍作一些延伸說明，提供給讀者參考。

預期獲利應用：企業評價

獲利預測的依據（以下為假設情境）為過去 36 個月「財務報表」所顯示的獲利，如稅後淨利 Net Income, NI）。

預期獲利整數

- **企業**：企業訂單持續增加，本月即下個月可能優於預期 0.1% 與 0.2%。但為了應付逐漸增加的長期訂單，因此需要擴充生產線，所以第 2 至第 9 個月，將會低於預期 0.1%~0.5%。第 10 個月起至第 14 個月因為產能增加，獲利將會高於預期 2% 至 12%。

- **產業**：公司主營產品所處的市場，在未來 10 個月的需求將會持續增加。基於公司產品競爭力等優勢，這些優勢預計在未來 10 個月將有助於提升 0.01% 至 0.1% 的獲利，預期在第 10 個月後仍可維持這個優勢一段時間 。

- **總經**：公司為出口導向，台幣升值不利於出口，預期未來 10 個月內台幣仍然會持續走升。因此換匯將侵蝕獲利 0.1% 至 1%，所幸市場預期第 11 個月起台幣將會逐漸貶值。

調整後獲利

預期的標準化獲利經過上述三種因素調整後，即得到調整後的預期的標準化獲利。即每個月的未來值（Future Value, FV），參考計算方法為：

$$\text{預期的標準化獲利} \times (1+\text{企業調整數}) \times (1+\text{產業}) \times (1+\text{總經})$$

折現率

評價人員考量上述風險，並經過適當計算，認為每個月 1% 的折現率（Discount Rate）是合理的（年化折現率 =12%），因此帶入計算得到每個月的現值（Present Value, PV）計算方式為：

$$\text{從第 n 年轉換到第 0 年的現值 PV} = \frac{\text{未來值 FV}}{(1+\text{折現率 r})^n}$$

企業價值

將所有的現值 PV 加總可得到淨現值（Net Present Value, NPV），即為企業價值。

$$企業價值 = \sum_{i=1}^{N} 各期現值\ PV_i$$

以本例而言，在「對於原始資料具有 68.37% 的詮釋能力」前提下推論，未來 14 個月的企業價值 =31.919（標準化之後的貨幣單位），詳如下頁表 13.4.2。

進階評價參考

企業評價可參考 NACVA 的相關內容，至於無形資產評價則考參考經濟部 iPAS 的相關資訊。

13

表 13.4.2 未來 14 個月的企業價值

月序	時間	預期標準化獲利	企業調整數	產業調整數	總體經濟調整數	調整後標準化獲利(未來值 FV)	現值 PV	淨現值 NPV
36	0	1.694	0.10%	0.01%	-0.10%	1.694	1.694	31.919
37	1	2.597	0.20%	0.02%	-0.20%	2.597	2.571	
38	2	2.693	-0.10%	0.03%	-0.30%	2.683	2.630	
39	3	2.196	-0.30%	0.03%	-0.40%	2.181	2.117	
40	4	1.457	-0.50%	0.04%	-0.50%	1.443	1.387	
41	5	1.457	-0.50%	0.05%	-0.60%	1.442	1.372	

接下頁

月序	時間	預期 標準化獲利	企業 調整數	產業 調整數	總體經濟 調整數	調整後 標準化獲利 (未來值 FV)	現值 PV	淨現值 NPV
42	6	2.087	-0.50%	0.06%	-0.70%	2.063	1.944	
43	7	2.784	-0.50%	0.07%	-0.80%	2.750	2.565	
44	8	2.807	-0.50%	0.08%	-0.90%	2.770	2.558	
45	9	2.265	-0.50%	0.09%	-1.00%	2.233	2.042	
46	10	1.720	-0.50%	0.10%	-1.00%	1.696	1.535	
47	11	1.816	2.00%	0.10%	-0.90%	1.837	1.647	
48	12	2.433	4.00%	0.10%	-0.80%	2.513	2.230	
49	13	2.974	8.00%	0.10%	-0.70%	3.193	2.806	
50	14	2.911	12.00%	0.10%	-0.60%	3.244	2.822	

13.5 章節練習 - Tesla 股價趨勢預測

上市是每一間公司的大事件，2010 年 6 月 29 日，全球電動汽車先驅 Tesla 公司在美國掛牌上市，掛牌價格約每股 17 美金。其後在業務蓬勃發展的同時，整體估價也在不斷達到新的高度，在 2020 年初，已高達 440 美元，十年間成長約 25 倍。

本練習使用的數據集為 E13_Tesla.csv，包含 2400 餘筆交易日數據。表 13.5.1 中是範例數據，其中 Date 表示日期、Open 表示開盤價、High 表示當日最高價、Low 表示當日最低價、Close 表示收盤價、Volume 表示當日交易量。

表 13.5.1 交易信用紀錄

Date	Open	High	Low	Close	Volume
2010/6/29	19	25	17.54	23.89	18766300
2010/6/30	25.79	30.42	23.3	23.83	17187100
2010/7/1	25	25.92	20.27	21.96	8218800
2010/7/2	23	23.1	18.71	19.2	5139800
2010/7/6	20	20	15.83	16.11	6866900

練習目標

請使用本章節中所介紹的 ARIMA 分析方法，預測 Tesla 股價的發展趨勢，如果可以請盡量減小預測值與真實值的差距。同時比較不同的預測長度，其準確性的變化是如何的。

提示

雖然僅靠基本股價資訊無法絕對準確的預測股價變化，因為影響股價的外部因素還有非常多。但在局部穩定階段，使用 ARIMA 方法也是可以大致估算出股價變化趨勢。

結語

由於每天的交易資料產生，因此企業積極尋求更有效的資料管理方式，以便符合決策的需求。而隨著全球化、合作夥伴關係、價值網路、社交網路的出現，以及企業對於內部和外部的大量資料需求，越來越多的企業利用大數據分析以解決問題（Elragal & Haddara, 2014）[註1]。Toon et. al.（2016）則進一步指出大數據常用於分析消費、金融活動等訊息的工具，可使我們進一步探詢資料間有用的隱藏訊息（Latent Information）[註2]。因此在過去的 20 年間，大數據分析對於各產業的影響越來越大，直到今日已成無所不在的趨勢（Bach et. al., 2019）[註3]。

大數據分析內容博大精深，雖吾輩竭力僅能管窺一二，幸賴 RapidMiner 提供免程式的視覺化軟體，本書得以用淺顯易懂的方式，向讀者介紹常見的 13 種大數據分析模型。我們的願景只有一個：普及大數據分析，讓所有想要學習大數據分析的讀者，都能有一本「低門檻、可實作、有深度」的工具書可以參考。本書僅為拋磚引玉之作，企盼未來在各界先進的努力下，可以有更多優秀的大數據分析著作以饗讀者。

(註 1) Elragal, A., & Haddara, M. (2014). Big data analytics: A text mining based literature analysis. In *NOKOBIT-Norsk konferanse for organisasjoners bruk av informasjonsteknologi* (Vol. 22, No. 1)

(註 2) Pejić Bach, M., Krstić, Ž ., Seljan, S., & Turulja, L. (2019). Text mining for big data analysis in financial sector: A literature review. *Sustainability*, 11 (5), 1277.

(註 3) Toon, E., Timmermann, C., & Worboys, M. (2016). Text mining and the history of medicine: big data, big questions?. *Medical History*, 60 (2), 294-296.

感謝您購買旗標書，記得到旗標網站
www.flag.com.tw
更多的加值內容等著您…

<請下載 QR Code App 來掃描>

- FB 官方粉絲專頁：旗標知識講堂
- 旗標「線上購買」專區：您不用出門就可選購旗標書！
- 如您對本書內容有不明瞭或建議改進之處，請連上旗標網站，點選首頁的 聯絡我們 專區。

  若需線上即時詢問問題，可點選旗標官方粉絲專頁留言詢問，小編客服隨時待命，盡速回覆。

  若是寄信聯絡旗標客服 email，我們收到您的訊息後，將由專業客服人員為您解答。

  我們所提供的售後服務範圍僅限於書籍本身或內容表達不清楚的地方，至於軟硬體的問題，請直接連絡廠商。

學生團體　訂購專線：(02)2396-3257 轉 362
　　　　　傳真專線：(02)2321-2545

經銷商　　服務專線：(02)2396-3257 轉 331
　　　　　將派專人拜訪
　　　　　傳真專線：(02)2321-2545

國家圖書館出版品預行編目資料

大數據驅動商業決策 - 13 個 RapidMiner 商業預測操作實務 / 沈金清、陳佩瑩 著. -- 臺北市：旗標, 2022.3　面；公分

ISBN 978-986-312-703-1(平裝)

1.CST: 資料探勘　2.CST: 商業資料處理
3.CST: 統計分析　4.CST: 企業預測

312.74　　　　110022284

作　　者／沈金清、陳佩瑩

發 行 所／旗標科技股份有限公司

台北市杭州南路一段15-1號19樓

電　　話／(02)2396-3257(代表號)

傳　　真／(02)2321-2545

劃撥帳號／1332727-9

帳　　戶／旗標科技股份有限公司

監　　督／陳彥發

執行企劃／李嘉豪

執行編輯／李嘉豪

美術編輯／林美麗

封面設計／林美麗

校　　對／陳彥發、李嘉豪

新台幣售價：630 元 初版

西元 2022 年 3 月

行政院新聞局核准登記-局版台業字第 4512 號

ISBN 978-986-312-703-1

大數據

驅動商業決策